低轨大规模
卫星星座理论与控制方法

胡 敏 阮永井 陶雪峰 薛 文◎著

北京航空航天大学出版社
BEIHANG UNIVERSITY PRESS

内 容 简 介

本书主要介绍低轨大规模卫星星座理论与控制方法。全书分为12章,系统地介绍了低轨大规模卫星星座的概念和发展现状,总结了低轨大规模卫星星座的相关理论和关键技术,包括星座优化设计方法、定轨方法、分阶段部署方法、星座维持控制方法、星座重构方法、星座内部与外部安全性分析方法以及低轨大规模卫星星座的评估方法。

本书可供从事卫星星座设计与控制方向的科研人员使用,也可作为高等院校航天专业的高年级本科生、研究生的教材。

图书在版编目(CIP)数据

低轨大规模卫星星座理论与控制方法 / 胡敏等著
. -- 北京 : 北京航空航天大学出版社,2024.6
ISBN 978 - 7 - 5124 - 4197 - 2

Ⅰ. ①低… Ⅱ. ①胡… Ⅲ. ①低轨道－卫星－星座－研究 Ⅳ. ①P185

中国国家版本馆 CIP 数据核字(2023)第 183726 号

低轨大规模卫星星座理论与控制方法
胡 敏 阮永井 陶雪峰 薛 文 著
策划编辑 杨国龙 责任编辑 孙玉杰

*

北京航空航天大学出版社出版发行

北京市海淀区学院路 37 号(邮编 100191) http://www.buaapress.com.cn
发行部电话:(010)82317024 传真:(010)82328026
读者信箱:qdpress@buaacm.com.cn 邮购电话:(010)82316936
北京建宏印刷有限公司印装 各地书店经销

*

开本:710×1 000 1/16 印张:22.5 字数:480 千字
2024 年 6 月第 1 版 2024 年 6 月第 1 次印刷
ISBN 978 - 7 - 5124 - 4197 - 2 定价:159.00 元

前　　言

　　低地球轨道(low earth orbit,LEO)因其轨道高度低、传输延时短、路径损耗小等特点引起了大规模卫星星座设计者和运营商的浓厚兴趣。1999年,随着铱星等公司的破产,低轨卫星星座项目受挫。进入21世纪以后,高度集成化和自动化技术的快速发展,使得发射成本逐渐降低、市场需求量不断扩大,低轨大规模卫星星座的研发和部署掀起前所未有的热潮。低轨大规模卫星星座能够提供全球覆盖,迅速提高整体能力;在通信宽带方面潜力巨大,能够以较低的信号传播延迟来提高服务质量。此外,将低轨大规模卫星星座应用于当前的全球导航卫星系统信号增强,能够实现快速精确定位。在过去的几年里,关于低轨大规模卫星星座的研究已经引起了整个业界的关注。大规模卫星星座的建设已经开始,低轨大规模卫星星座成为全世界航天领域的热门话题。

　　卫星星座的构型包括卫星的轨道类型、空间分布以及星间的相互关系。低轨大规模卫星星座是一个庞大的空间系统,其构型与系统各种性能之间的相互联系相当复杂,因此,低轨大规模卫星星座的构型设计、部署及组网控制研究也面临着诸多挑战。目前,国内外正大力开展低轨卫星星座的部署研究,亟需加快推进对低轨大规模卫星星座的理论研究。在充分调研的基础上,作者比较全面地了解了低轨大规模卫星星座的研究背景与研究进展,为低轨大规模卫星星座的构型设计、部署及组网的方法研究奠定了坚实的基础。国外低轨大规模卫星星座发展迅速,星链(Starlink)和一网(OneWeb)卫星星座已开始部署,并已提供服务。目前,低轨大规模卫星星座的设计与优化还在探索阶段,较优的卫星星座设计框架主要针对几十颗卫星的星座,存在卫星星座构型方案较为简单和优化效率低的问题。根据现有公开资料,国内外对低轨大规模卫星星座安全性的研究较多,对其具体构型和控制的研究相对较少。对于卫星星座分阶段部署问题的研究,国外主要集中在低轨通信卫星星座的分阶段部署策略的研究上,并且卫星星座规模较小;而国内主要集中在导航卫星星座的研究上,对于低轨大规模星座控制部署研究的相关公开资料较少。

　　卫星星座组网和运行的轨道控制包括卫星星座初始化和维持的轨道控制,即卫星入轨转移段的轨道控制和卫星工作运行段的轨道保持。轨道控制涉及控制技术、控制方法和最优控制等诸多方面,其中轨道运行控制策略的选取会直接影响卫星星座组网效率和运行成本,进而影响卫星星座的几何整体性、结构稳定性和服务可用性。

低轨大规模卫星星座对于增强太空系统弹性和提升航天任务能力至关重要。目前还未有权威文献严格定义大规模卫星星座(large satellite constellations)和巨型卫星星座(mega satellite constellation)的卫星数量范围。Jonathan 教授定义卫星数量大于 100 颗的卫星星座是大规模卫星星座,卫星数量大于 1 000 颗的卫星星座是巨型卫星星座。本书在此基础上,初步定义大规模卫星星座的卫星数量为 100 颗以上、1 000 颗以内的百颗量级,而巨型卫星星座的卫星数量为 1 000 颗以上的千颗量级。

本书系统介绍了低轨大规模卫星星座的概念和发展现状,结合多年的研究成果总结了低轨大规模卫星星座的相关理论和控制方法,对低轨大规模卫星星座的星座设计、轨道确定、分批部署、安全性、构型重构及控制过程中面临的主要问题给出了解决途径。全书共分 12 章。第 1 章概述低轨大规模卫星星座,介绍其发展现状和控制关键技术的相关研究。第 2 章介绍低轨大规模卫星星座控制的相关动力学理论。第 3 章介绍低轨大规模卫星星座的优化设计方法,并对低轨导航卫星星座导航增强性能进行仿真分析。第 4 章介绍低轨大规模卫星星座的定轨方法,包括初定轨算法、多站联合定轨算法、精密定轨算法,以及连续小推力条件下的定轨方法。第 5~7 章分别介绍低轨大规模卫星星座的分批部署方法、构型维持控制方法和构型重构控制方法。第 8 章和第 9 章分别介绍低轨大规模卫星星座的内部安全性分析与外部安全性分析方法。第 10 章和第 11 章分别介绍低轨大规模卫星星座离轨控制方法与评估方法。第 12 章重点对典型的低轨大规模卫星星座——星链卫星星座进行分析,包括卫星星座的部署现状分析、构型分析和覆盖性能分析。

本书部分内容的撰写得到了课题组焦娇、李玖阳、王许煜、云朝明、李菲菲和孙天宇等研究生的大力支持和帮助;同时,课题组杨学颖、黄刚、徐启丞、宋诗雯、郭雯、黄飞耀、林鹏、李安迪、王一珺、林骏茹等研究生在书稿编写校对中提供了帮助,在此对以上人员表示衷心的感谢。

由于作者水平有限,书中不妥之处,恳请读者批评指正。

作　者
2023 年 3 月于北京怀柔

目　　录

第1章

绪　论

　　1957年10月4日,人类发射了第一颗人造地球卫星,对探索太空和服务人类生活具有重要意义。卫星星座的概念被提出后,由于其巨大的技术优势和广阔的应用前景,引起了广泛的重视。最开始提出的卫星星座规模较小,一般都是由几颗或者几十颗卫星组成。一般情况下,几十颗卫星组成的低轨星座难以很好地满足全球覆盖的需求。随着微纳卫星技术的快速发展,以及进出空间成本和卫星制造成本的大幅度下降,低轨卫星星座逐渐成为主要航天大国的重点研究对象[1]。

　　随着商业航天技术的发展以及空间传输层、商业天基互联网等概念的提出,低轨大规模卫星星座凭借着全球覆盖方案更灵活、覆盖特性更多样的优势,受到世界各国的广泛关注,成为航天领域讨论、研究的热点。低轨大规模卫星星座拥有数量庞大的卫星群,这些卫星使得卫星星座组网控制和运行管理更加复杂化、规模化,增加了卫星星座经济高效组网和安全稳定运行的难度,成为航天控制领域的新挑战。

　　卫星星座一般由多颗卫星组成,并且这些卫星在空间中有着稳定的几何构型,一般情况下,破坏几何构型会影响卫星星座的功能。由于卫星星座会受到轨道摄动以及卫星自身控制精度的影响,因此需要通过卫星星座构型控制,来维持卫星星座中卫星的绝对位置和相对位置,使卫星星座的整体性能处于稳定状态。卫星星座构型控制是实现卫星星座构型稳定、确保卫星星座性能满足任务需求的重要保证。卫星从入轨到离轨都离不开控制,卫星星座构型控制主要包括构型初始化控制、构型保持控制、构型重构控制、安全性控制和离轨控制等,以完成对不同卫星星座的控制任务。

1.1　低轨大规模卫星星座概述

1.1.1　卫星星座的概念

　　由于单颗卫星难以满足全球通信、侦察等任务,因此卫星星座是由多颗卫星组成的,通过优化设计使各卫星之间保持特定的时空关系,利用多星协同工作可以高效地完成任务。Arthur C. Clarke最先提出卫星星座的概念,他指出在静止轨道上等间隔分布3颗卫星,可以实现全球除南北极以外区域的覆盖。

1957 年 10 月，随着第一颗人造地球卫星发射升空，人类正式开启了对空间的开发使用。在卫星应用早期主要通过单颗卫星来完成任务，但因为其覆盖能力有限、地球自转等因素，除地球同步轨道等特殊轨道外，卫星难以实现对全球或特定地区的稳定覆盖。为实现全球覆盖，专家们提出了多星协作的方法，该方法要求这些卫星轨道具有稳定的空间几何构型，且卫星之间保持固定的时空关系。随着多星协作技术不断成熟，这种用于完成特定航天任务的卫星系统被称为卫星星座。

卫星星座是一个复杂的工程系统，在设计之初就要考虑运营成本、整体性能以及用户服务需求。目前，成熟的卫星星座主要有以全球定位系统（GPS）、格洛纳斯导航卫星系统（GLONASS）、北斗卫星导航系统（BDS）、伽利略导航卫星系统（Galileo）为代表的全球导航星座，以 Starlink 星座和 OneWeb 星座为代表的低轨大规模通信星座，以吉林一号星座和 Skysat 星座为代表的低轨遥感星座等。随着航天技术的快速发展，卫星批量化生产技术不断成熟，卫星制造周期大大缩短，实现了小型化、模块化、批量化的生产模式，卫星发射成本越来越低、发射方式越来越灵活。此外，火箭的重复使用、一箭多星等技术的成熟，大幅提升了向太空发射卫星的效率。在此背景下，部署低轨大规模卫星星座成为可能，卫星星座开始从中高轨星座向低轨大规模微纳卫星星座转变。其中，以第二代铱星系统（Iridium Next）、全球星系统（GlobalStar）以及正在建设部署的星链（Starlink）、一网（OneWeb）卫星星座为代表的低轨通信卫星星座取得了一定成果。国内在以北斗导航卫星系统为代表的中高轨导航卫星星座建设上取得了一定成果。图 1-1 展示了国内外主要卫星星座的发展历程。

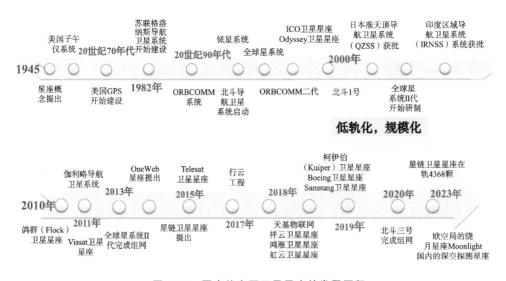

图 1-1　国内外主要卫星星座的发展历程

1.1.2 卫星星座的分类

卫星星座由一定数量的具有相似类型和功能的卫星组成,它们在共同的控制下,为共同的目的而被设计在相似的或互补的轨道上。然而,不同卫星星座的特征差异很大,根据覆盖类型(连续/间歇)、覆盖区域类型(全球/区域)、轨道类型(圆形/椭圆形/混合型),卫星星座可以分为不同的类别。卫星星座根据其功能可以进行以下分类。

1. 测绘卫星星座

测绘卫星星座是由多颗卫星组成的系统,这些卫星在地球轨道上运行,用于获取地球表面的高精度测绘数据;通常装备有高精度的测绘仪器,如立体相机、多光谱相机和激光测距仪等,能够提供地面高程、地形和其他地理信息的详细图像和数据。

测绘卫星星座有:

(1) Cartosat 卫星星座

Cartosat 卫星星座是印度空间研究组织(ISRO)推出的一组地球观测卫星系统,用于完成地球测绘和制图任务。这些卫星具备高空间分辨率和多光谱观测能力,用于制作数字高程模型、地图更新、城市规划等。

(2) Pleiades 卫星星座

Pleiades 卫星星座是法国航天局(CNES)和欧洲航天局(European Space Agency,ESA)合作推出的一组高分辨率光学卫星系统。这些卫星提供非常细致的遥感图像数据,用于制图和测绘,如城市规划、土地管理、环境监测等。

测绘卫星星座的数据广泛应用于自然资源管理、交通运输、应急管理、生态环境、住房和城乡建设、农业农村、水利、国防建设、国际合作等多个领域。测绘卫星星座通过获取高分辨率的遥感数据和多光谱信息为地球测绘和制图提供重要支持。这些数据可以用于绘制地形图、土地利用图、数字高程模型等各种测绘产品,对于促进土地规划、资源管理、灾害监测等具有重要意义。测绘卫星星座作为卫星技术的重要应用之一,也在不断发展和完善中。

2. 通信卫星星座

通信卫星星座旨在提供全球范围内的通信服务,通常由多颗卫星组成。它们以不同的轨道方式部署,以确保覆盖范围广泛且可靠。常见的通信卫星星座有:

(1) 低轨通信卫星星座

低轨通信卫星星座中的卫星通常位于低地球轨道,其轨道高度较低。这种卫星星座通常需要大量的卫星以确保全球覆盖,并具有较低的通信延迟。著名的低轨通信卫星星座有 ORBCOMM、铱星系统(Iridium)和全球星系统等。近几年提出的网络卫星星座,旨在提供全球范围内的互联网接入服务,通常由大量低轨道地球卫星组成,以提供高速宽带连接,覆盖那些难以接入传统互联网的地区。典型网络卫星星座有星链卫星星座和亚马逊公司(Amazon)的柯伊伯(Kuiper)星座。

(2)中轨通信卫星星座

中轨通信卫星星座中的卫星位于中地球轨道,其轨道高度介于低地球轨道和地球同步轨道之间。这些卫星可以提供较高的带宽和较好的覆盖范围,适用于移动通信。O3b 卫星星座的轨道高度为 8 063 km,是由 SES 公司建设和运营的中轨通信卫星星座,旨在为全球范围内未覆盖互联网服务的地区提供高速宽带连接。O3b 含义为"其他三十亿(Other 3 billion)"。

(3)高轨通信卫星星座

高轨通信卫星星座中的卫星位于地球同步轨道,其轨道高度较高。这种卫星星座通常由几颗卫星组成,用于提供广播、电视和宽带通信服务。著名的高轨通信卫星星座包括国际通信卫星组织的 Inertsat 和美国的天线直播卫星系统等。

3. 导航卫星星座[1~2]

导航卫星星座是一组通过多颗卫星相互配合工作的人造卫星网络,用于提供全球范围内的定位和导航服务。用户可以通过接收这些卫星发出的信号来确定自身的位置、速度和时间等信息,从而实现车辆导航、船舶定位、航空导航和个人定位等应用。不同的导航卫星星座在覆盖范围、精度和服务特点上可能有所差异,但它们都旨在提供区域导航以及全球导航服务。

全球导航卫星星座有:

(1)全球定位系统

全球定位系统是由美国国防部运营的卫星导航系统。它包括约 30 颗运行在中地球轨道的卫星,用于提供全球范围内的三维定位、速度和时间信息。

(2)格洛纳斯导航卫星系统

格洛纳斯导航卫星系统是由俄罗斯维持和运营的全球卫星导航系统。它包括约 24 颗运行在中地球轨道的卫星,可提供全球范围内的定位和导航服务。

(3)北斗导航卫星系统

北斗三号卫星星座有 30 颗卫星,包括 24 颗中轨道地球卫星(MEO)、3 颗地球静止轨道(GEO)卫星和 3 颗倾斜地球同步轨道(IGSO)卫星,为全球用户提供定位和导航服务。

（4）伽利略导航卫星系统

伽利略导航卫星系统是由欧洲航天局和欧盟共同建设的卫星导航系统。它包括一系列中轨道地球卫星，旨在为全球用户提供高精度的定位和导航服务。

区域导航卫星星座有：

（1）准天顶导航卫星系统

日本现阶段的准天顶导航卫星系统（Quasi-zenith Satellite System，QZSS）具备独立区域导航的能力。准天顶导航卫星系统的地面轨迹为非对称的"8"字形状，平均经度135°。其中1颗卫星始终定位在日本上方，保证当截止高度角大于70°时提供导航服务[2]。图1-2给出了当前准天顶导航卫星系统的星下点轨迹，在日本本土可以提供5重覆盖。

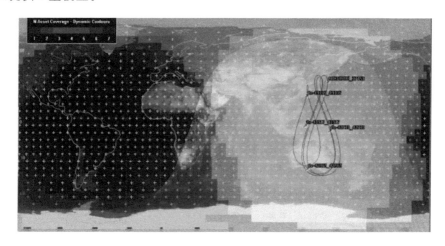

图1-2 准天顶导航卫星系统的覆盖情况

（2）印度区域导航卫星系统

2006年5月，印度政府批准开发印度区域导航卫星系统（Indian Regional Naviagtion Satellite System，IRNSS/NavIC），旨在为印度提供自主导航服务。系统空间段由7颗卫星组成，其中3颗为地球同步轨道卫星，经度分别为东经34°、东经83°和东经132°；另外4颗倾斜地球同步轨道卫星部署在两个轨道面上，轨道倾角为29°，升交点赤经（RAAN）分别为东经55°和东经111.75°。建成后的导航卫星系统服务区域将覆盖东经30°～东经150°、南北纬65°的区域，覆盖印度及其周边约1 500 km范围[3]。图1-3给出了当前印度区域导航卫星系统的星下点轨迹，最高可实现7重覆盖。

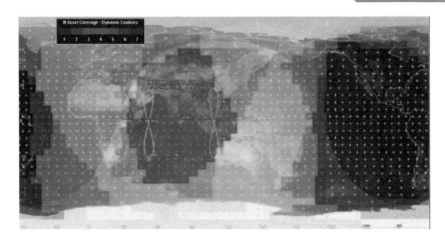

图 1 - 3　印度区域导航卫星系统的覆盖情况

4. 科学研究卫星星座

科学研究卫星星座旨在支持各种科学研究任务,如天文观测、空间物理实验等。它们通常由多颗卫星组成,具备特定的仪器和传感器,以收集数据来支持科学探索和实验。它们被用于研究太阳系中的行星、恒星等天体,以及其他物理、化学和生物过程。例如,哈勃太空望远镜和查塔里卡太空望远镜都属于科学研究卫星星座。

5. 遥感卫星星座

遥感卫星星座是由多颗遥感卫星组成的卫星系统,旨在通过收集和传输地球表面的遥感数据来执行地球观测任务。这些遥感卫星通常以不同的轨道类型、高度和分辨率等参数进行部署,以获取全球范围内的地球表面信息。常见的遥感卫星星座有:

(1) 美国的陆地卫星(Landsat)星座

陆地卫星星座是美国国家航空航天局(NASA)和美国地质调查局(USGS)联合开展的一项遥感计划,旨在提供连续的地球观测数据。该卫星星座包括多颗卫星,如陆地卫星 8 号(Landsat 8)和陆地卫星 9 号(Landsat 9)等,它们在中地球轨道运行,并提供高分辨率的遥感图像。

(2) 欧洲的哥白尼卫星星座

哥白尼卫星星座是欧洲航天局的地球观测卫星系统,用于观测和监测地球表面的气候、环境和地质等变化。该卫星星座包括多颗卫星,如哥白尼环境卫星 Sentinel - 1、Sentinel - 2、Sentinel - 3 等,它们以不同的轨道类型和传感器提供全球范围内的遥感数据。

遥感卫星星座通过收集地球表面的遥感数据,为科学研究、资源管理、环境监测、城市规划等领域提供重要的地球观测信息。它们在全球范围内提供高分辨率、长时间序列的遥感数据,有助于人们深入了解地球变化和环境状况。

以上只是卫星星座的一些常见分类,实际上还存在其他特定的卫星星座,如气象卫星星座、广播卫星星座等。每个卫星星座都有不同的设计和运行方式,以满足其特定的功能和需求。

1.1.3 低轨大规模卫星星座的特点

相较于传统卫星星座,低轨大规模卫星星座具有更多数量的卫星,其卫星数量可达到数千颗甚至上万颗,且具有更加复杂的空间结构。卫星数量的大幅增加,使得大规模星座呈现出很多新特点,因此对低轨大规模卫星星座的研究有很重要的意义。低轨大规模卫星星座更适用于通信,可满足人类无间断、低延迟的通信需求,也可满足很多信号较差地区的通信需求(例如荒野地区和海洋地区)。

低轨卫星星座的构型为一个整体,卫星在轨运行过程中由于受到各种摄动力的影响,运行轨迹会发生偏离,因此星座构型会发生变化,一段时间后构型会被破坏。低轨大规模卫星星座的单颗卫星成本较低,但是卫星数量庞大且卫星寿命短,对卫星星座的维持成本进行分析评估时需考虑发射成本。低轨大规模卫星星座的卫星一般都采用一箭多星的发射方式,这既能保证发射计划如期完成又能减少卫星星座建设的成本。相较于高轨卫星星座和中轨卫星星座,低轨大规模卫星星座有以下特点:

1. 低延时性

高轨道地球卫星和中轨道地球卫星距离地球表面较远,传输延时大是其最大不足,尤其是距地球表面的距离达到 36 000 km 时,以光速传输信息也需要 200 多毫秒(双程),这很难满足对通信的需求。低轨道地球卫星的轨道高度一般小于 1 500 km,这使得传输时延降为几十甚至十几毫秒,这样不仅能满足对精度的需求,还可以完成更高需求的通信任务。

2. 动态性

低轨卫星星座由于轨道高度低,单颗卫星的覆盖面积小,同时,卫星在轨运行速度快,这就使得每颗卫星的过境时间缩短。因此,地面用户需要频繁地切换不同的接入卫星以保证通信不中断,导致通信的过程中产生时延抖动。

3. 系统庞大

与中高轨卫星星座相比,低轨大规模卫星星座的最大特点是星座规模大、卫星数量多,这就使得它既庞大又复杂。低轨大规模卫星星座拥有更好的全球覆盖性能,使得偏远的地方也可以得到覆盖。它可以做到全球多重无缝覆盖,而且大大增加了卫星星座弹性,使得应对卫星维修、卫星故障等风险的能力得到大大提升。

4.轨道周期短

低地球轨道的卫星具有相对较短的轨道周期,通常在 $90\sim120$ min 范围。这也意味着低轨道地球卫星相对于其他轨道类型需要更多的卫星来实现全球连续覆盖。

5.应用领域多样

低轨大规模卫星星座的应用领域展现出了多样化的特点。这些卫星星座不仅在通信领域发挥着重要作用,为偏远地区、海上平台、航空及灾备等领域提供高速、稳定的通信能力,还在导航定位领域展现出了高精度、泛在化的定位服务,满足智能生活、驾驶智能、智慧物流以及机器人等领域的需求。此外,它们还在科学应用领域如空间环境监测、天气预报等方面提供了更高时空分辨率的监测数据。低轨大规模卫星星座的多领域应用,展现了其广泛的适用性和巨大的发展潜力。

1.2　低轨大规模卫星星座的发展现状

1.2.1　国外低轨大规模卫星星座的发展现状

1.星链卫星星座[4]

按照从美国联邦通信委员会(Federal Communications Commission,FCC)拿到的监管批文,太空探索技术公司(Space X)最终将可发射和运营多达 1.2 万颗互联网中继卫星。而根据它向国际电联申报的材料,该公司的远期目标是要部署多达 4.2 万颗星链卫星。星链卫星星座的总体规模庞大,卫星数量远超普通的大规模卫星星座,业界称之为巨型卫星星座。

太空探索技术公司的星链卫星星座经历了多次修改,其一期第一阶段参数修改对比如表 1-1 所列。

表 1-1　星链卫星星座一期第一阶段参数修改对比

轨道高度/km		轨道倾角/(°)		轨道面个数/个		每面卫星数/颗		卫星总数/颗	
修改前	修改后	修改前	修改后	修改前	修改后	修改前	修改后	修改前	修改后
1 150	550	53.0	53.0	32	72	50	22	1 600	1 584
1 110	540	53.8	53.2	32	72	50	22	1 600	1 584
1 130	570	74.0	70.0	8	36	50	20	400	720
1 275	560	81.0	97.6	5	6	75	58	375	348
1 325	560	70.0	97.6	6	4	75	43	450	172

从图 1 - 4 中可以看出,星链卫星星座并未按照预定的轨道壳层部署,截至 2023 年 6 月 25 日,星链卫星星座壳层 1 和壳层 4 已部署完成,其他壳层正在部署中。

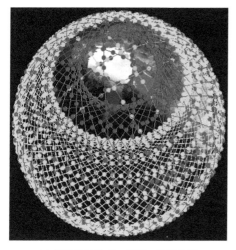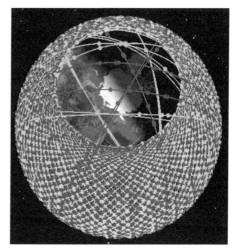

(a) 星链卫星星座一期第一阶段构型   (b) 星链卫星星座部署到位的75批卫星的构型

图 1 - 4 星链卫星星座构型示意图

2. 一网卫星星座[5]

一网卫星星座由一网公司于 2014 年提出,自 2020 年 2 月开始组网发射,截至 2022 年 3 月共进行了 12 次全面组网发射,加上 2019 年 2 月最初发射的 6 颗原型试验卫星,一网卫星星座在轨卫星数量已达 428 颗。一网卫星星座计划自提出以来经历了两次修改:2020 年 5 月,一网公司向美国联邦通信委员会提交文件,申请将 1 200 km 轨道高度的低轨道地球卫星数量增加到 47 844 颗;2021 年 1 月,一网公司第二次向美国联邦通信委员会申请,将 2020 年 5 月申请的低轨道地球卫星数量从 47 844 颗降低到 6 372 颗。一网卫星星座分三个阶段完成:第一阶段完成轨道高度 1 200 km、轨道倾角 87.9°的 648 颗卫星的部署;第二阶段将后续 5 724 颗低轨道地球卫星部署完成;第三阶段完成轨道高度为 8 500 km 的 1 280 颗卫星的部署。一网卫星星座构型示意图如图 1 - 5 所示,其星座布局设计情况如表 1 - 2 所列。

表 1 - 2 一网卫星星座布局设计情况

阶 段	轨道高度/km	轨道倾角/(°)	轨道面个数/个	每面卫星数/颗	卫星总数/颗
第一阶段	1 200	87.9	18	36	648
第二阶段	1 200	87.9	36	49	1 116
		55	32	72	2 304
		40	32	72	2 304
第三阶段	8 500		16	80	1 280

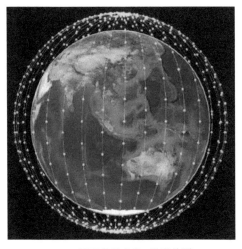
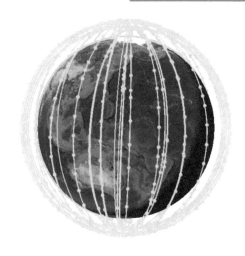

(a) 一网卫星星座第一阶段构型   (b) 一网卫星星座已部署到位的卫星构型

图 1-5 一网卫星星座构型示意图

3. 柯伊伯卫星星座[6]

2019 年 7 月,亚马逊公司向美国联邦通信委员会申请建立柯伊伯卫星星座,该卫星星座计划是由 3 236 颗低轨通信卫星组成的。柯伊伯卫星使用 Ka 频段,并采用先进的通信天线、子系统和半导体技术,为用户提供高效的宽带、互联网协定传送、无线回程等服务。2020 年 7 月,美国联邦通信委员会批准了亚马逊公司的申请,要求它在 2026 年 8 月前发射至少一半的卫星,开始运营并提供服务;在 2029 年 8 月前完成所有卫星的发射,并完成整套系统的建立。

柯伊伯卫星在设计时考虑了离轨问题,主动离轨时间小于 1 年,被动离轨时间小于 10 年。在第一阶段的 578 颗卫星发射完成后,柯伊伯卫星星座开始在南北纬 39°~56°提供服务,且轨道高度为 590 km、610 km、630 km 的卫星对应的最小仰角分别为 35°、35.2°和 35.4°。柯伊伯卫星星座分布在三组不同轨道高度和轨道倾角的轨道面上,分五个阶段部署。柯伊伯卫星星座部署阶段计划如表 1-3 所列,其构型示意图如图 1-6 所示。

表 1-3 柯伊伯卫星星座部署阶段计划

阶　段	轨道高度/km	轨道倾角/(°)	轨道面个数/个	每面卫星数/颗	卫星总数/颗
第一阶段	630	51.9	17	34	578
第二阶段	610	42.0	18	36	648
第三阶段	630	51.9	17	34	578
第四阶段	590	33.0	28	28	784
第五阶段	610	42.0	18	36	648

4. 鸽群(Flock)卫星星座[7]

鸽群卫星星座是美国 Planet 公司研制的 3U 遥感立方体卫星星座,是全球最大规模的地球影像卫星星座群,单颗卫星重约 5 kg。鸽群卫星星座主要有两类轨道:空际空间站释放轨道高度为 420 km、轨道倾角为 52°的空间站轨道;运载火箭释放轨道高度为 475 km、轨道倾角为 98°的太阳同步轨道。Planet 公司每 3~6 个月进行一次发射,维持 200 颗左右卫星可正常在轨运行。

鸽群卫星星座的 4 颗前期试验卫星分别于 2013 年 4 月 19 日(鸽子-2)、2013 年 4 月 21 日(鸽子-1)、2013 年 11 月 21 日(鸽子-3、鸽子-4)发射;鸽群-1 卫星星座于 2014 年 1 月 9 日首发,2015 年 6 月 28 日部署完成;鸽群-2 卫星星座于 2015 年 8 月 19 日首发,2017 年 7 月 14 日部署完成;鸽群-3 卫星星座于 2017 年 2 月 15 日首发,2018 年 12 月 27 日部署完成;鸽群-4 卫星星座于 2019 年 4 月 1 日首发。鸽群卫星太小不具备推进系统,采用差分拖拽控制算法,通过控制卫星飞行姿态改变受到的大气阻力,卫星最终能均匀地分布在轨道面内。鸽群卫星星座旨在每天更新地球的图像信息,监视地面的变化情况,为全球提供地球影像数据流。截至 2023 年 6 月 27 日,共发射 400 颗鸽群卫星,其中已坠落 196 颗。鸽群卫星星座构型示意图如图 1-7 所示。

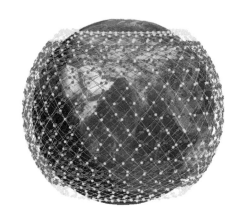

图 1-6 柯伊伯卫星星座构型示意图

图 1-7 鸽群卫星星座构型示意图

5. 铱星系统[8]

第一代铱星系统于 1987 年被提出并开始研发,1996 年开始发射试验卫星,1998 年完成卫星组网并正式投入使用。铱星系统共由 66 颗卫星组成,有 6 个轨道面,每个轨道面运行 11 颗卫星,卫星轨道高度为 780 km、轨道倾角为 86.4°,运行周期约为 100.4 min。

2007 年铱星公司提出第二代铱星系统,其参数设计与第一代铱星系统保持一致,第二代铱星系统部署进程缓慢,直到 2017 年才发射第一批卫星。2016 年,铱星公司宣布提供卫星授时和位置(STL)服务,该服务可用于现阶段中地球轨道全球导航卫星系统(GNSS)增强,利用其下行信道改进实现卫星导航信号和通信信号的卫星授时和位置融合,在保证用户接收其导航定位信息的同时不影响通信服务。尽管第二代铱星系统所提供的卫星授时和位置服务在导航精度方面与传统的四大导航系统差距较大,但其优势体现在低轨特性带来的抗干扰等能力上。截至 2023 年 6 月 26 日,space - track 网站公开的数据显示,对于第二代铱星系统,2017 年共发射 40 颗卫星,分布在 6 个轨道面;2018 年共发射 25 颗卫星,补充在 6 个轨道面中的 3 个轨道面上;2019 年共发射 10 颗卫星,补充在剩余的 3 个轨道面中的 1 个轨道面上;2023 年 5 月 20 日发射 5 颗卫星,部署在 2 个轨道面上。第二代铱星系统构型示意图如图 1-8 所示。

6. Telesat 卫星星座[9]

Telesat 卫星星座是位于加拿大渥太华的 Telesat 公司为全球互联网连接设计的一个由大约 300 颗卫星组成的星座,该公司的初始计划是从 2022 年开始主要为加拿大提供通信服务,从 2023 年开始为全球提供通信服务。Telesat 卫星星座的 Ka 频段星座包括 117 颗卫星,它们分别位于两组子卫星星座:一组是近极轨道,包括 6 个轨道面,轨道倾角为 99.5°,轨道高度为 1 000 km,每个轨道面至少有 12 颗卫星;另一组为倾斜轨道,包括不少于 5 个轨道面,轨道倾角为 37.4°,轨道高度为 1 200 km,每个轨道面至少有 10 颗卫星。从卫星星座的覆盖性能上来说,近极轨道主要提供对全球的覆盖,倾斜轨道主要针对全球大部分人口集中区域提供覆盖。

随后,Telesat 卫星星座更改组网计划,初始阶段发射 298 颗卫星,并在第二阶段将卫星的发射总数提高到 1 671 颗。卫星轨道分为极轨道和轨道倾角为 50.88°的倾斜轨道,使得 Telesat 卫星星座能够更有效地为客户提供服务:近极轨道旨在覆盖两极,倾斜轨道则将大部分容量集中在人口密集的地区。Telesat 卫星星座构型示意图如图 1-9 所示。

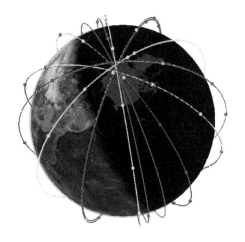

图 1-8　第二代铱星系统构型示意图　　　　图 1-9　Telesat 卫星星座构型示意图

7. 狐猴(Lemur)卫星星座[10]

狐猴卫星星座是由美国斯派尔全球(Spire Global)公司研发的,卫星采用 3U 立方体结构。该公司致力于研制立方体卫星组成覆盖全球的卫星星座,用于海运和天气监测。

全球导航卫星系统的建立为无线电掩星(RO)探测获取大气层的垂直温、湿廓线信息创造了契机,大幅度降低了资源成本。商业航天公司的介入,在无线电掩星上表现出快速发展态势,由低轨小卫星组成的狐猴卫星星座每天可提供超过 10 万个分布于全球的大气垂直廓线信息。

狐猴卫星星座部署分为三个阶段:2014 年完成试验卫星狐猴-1 的研制和发射;2015—2017 年完成狐猴-2 卫星研制,由 50 颗卫星组成第一批中型卫星星座;2018—2020 年完成狐猴-3 卫星研制,由 125 颗卫星(包括狐猴-2 卫星)组成大型卫星星座。狐猴卫星星座的发展是通过增加卫星数量,使重访时间降低到接近实时。斯派尔全球公司已向美国联邦通信委员会申请将狐猴卫星星座卫星数量增加到 900 颗。截至 2023 年 6 月,狐猴卫星星座在轨运行卫星 106 颗,其构型示意图如图 1-10 所示。

8. Space BEE 卫星星座[11]

美国硅谷初创公司 Swarm Technologies(以下简称 Swarm 公司)成立于 2016 年,主营业务是利用其仅重 400 g 的 Space BEE 卫星提供卫星通信和数据中继服务,应用于农业、海事交通运输等领域,并不是为游戏、媒体等提供高速的宽带通信服务。

随着物联网(IoT)技术的发展,传感器需要通过互联网来进行数据交换,在偏远的极地、海洋等地区并没有网络的接入,Space BEE 卫星星座可以为全球连接设备提供低价物联网连接服务,大幅降低成本。

Space BEE 卫星采用了表面贴装结构,有助于精简制造流程且有助于卫星释放入轨。2021 年 7 月 16 日,太空探索技术公司和 Swarm 公司签署了相关协议,Swarm 公司成为太空探索技术公司的全资子公司,将其所有美国联邦通信委员会许可证转让给太空探索技术公司。未来 Space BEE 卫星的发射可以搭乘太空探索技术公司的火箭,进一步降低成本,同时扩增其星链网络的能力。

截至 2023 年 6 月,Space BEE 卫星星座在轨运行卫星 103 颗,其构型示意图如图 1-11 所示。

9. 修娜(Xona)卫星星座[12]

Xona Space Systems 公司建立的修娜卫星星座目前定位在低轨道卫星导航系统。在自动化程度越来越高的时代,传统导航无法满足自动驾驶、无人机等行业在复杂环境下的苛刻需求,Xona Space Systems 公司旨在建立低地球轨道定位、导航与授时(PNT)商业化系统,与现有的中地球轨道全球导航卫星系统互补兼容,并且能够自成一体、独立运行。修娜卫星通过改进信号结构,利用原子钟的移动定轨等方法获得更好的信号强度以及更高的精度。2022 年 5 月 Xona Space Systems 公司宣称发射了两颗名为 Huginn 和 Muninn 的低轨导航试验卫星,但通过 space - track 网站公开的数据并尚找到 Xona Space Systems 公司发射的试验卫星,有报告称试验卫星出现"健康"问题,仍在调试,择机发射。

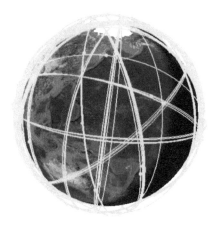 

图 1 - 10　狐猴卫星星座构型示意图　　　图 1 - 11　Space BEE 卫星星座构型示意图

　　修娜卫星星座建设采用分阶段部署的方式。第一阶段部署约 40 颗卫星,利用低地球轨道几何构型快速变化、信号落地功率高以及精密单点定位(PPP)快速收敛等特性为中纬度地区用户提供全球导航卫星系统增强服务。第二阶段部署近极轨道卫星,弥补两极地区的导航服务空缺,修娜卫星星座扩展到约 70 颗卫星。第三阶段将修娜卫星星座扩展到 300 颗卫星,为全球用户提供高质量的定位、导航与授时服务。图 1 - 12 是修娜卫星星座分阶段部署示意图[13]。

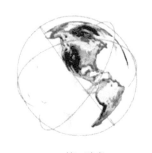  

(a) 第一阶段　　　　　　　(b) 第二阶段　　　　　　　(c) 第三阶段

图 1 - 12　修娜卫星星座分阶段部署示意图

1.2.2　国内低轨大规模卫星星座的发展现状

　　国内低轨大规模卫星星座正处于快速发展阶段,得到了国家层面的支持,吸引了国家队和民营企业的共同参与,并在技术创新和产业链发展方面取得了一定进展[14]。目前,已发射试验卫星以及正在部署的卫星星座分别为银河航天卫星星座、微厘空间卫星星座(Centi Space Constellation)、吉利卫星星座(GeeSAT)、吉林一号卫星星座、灵鹊卫星星座、星时代 AI 卫星星座等。

1. 银河航天卫星星座[14]

银河航天科技有限公司成立于 2018 年,其致力于通过敏捷开发、快速迭代模式,规模化研制低成本、高性能小卫星,打造全球领先的低轨宽带通信卫星星座,建立一个覆盖全球的天地融合 5G 通信网络,提供经济实用、快捷方便的宽带网络和服务。

2020 年 1 月,银河航天卫星星座首颗通信能力达 10 Gbit/S 的低轨宽带通信卫星发射升空。2022 年 3 月又发射 6 颗卫星,共在轨 7 颗卫星,组成首个低轨宽带通信试验卫星星座。银河航天卫星星座首期计划发射数百颗卫星,提升卫星星座带宽总量,随后扩展卫星数量至千颗量级,最后升级至 2 800 颗。图 1 - 13 为截至 2023 年 6 月的银河航天卫星星座构型示意图。

2. 微厘空间卫星星座[15]

微厘空间卫星星座是由 160 颗卫星组成的低轨卫星导航增强星座,隶属于北京未来导航科技有限公司。卫星轨道高度为 700 km,轨道倾角分别为 55°和 98.22°。目前微厘空间卫星星座在轨运行 5 颗卫星,其中,2018 年发射 1 颗轨道倾角为 98.22°的卫星,2022 年发射 4 颗轨道倾角为 55°的卫星。微厘空间卫星星座可对传统卫星导航系统进行导航增强,并在无人驾驶等领域为用户提供低成本、高精度、高可靠、快收敛的导航服务。图 1 - 14 为截至 2023 年 6 月的微厘空间卫星星座构型示意图。

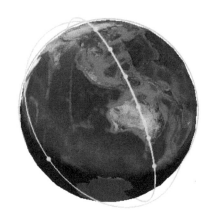 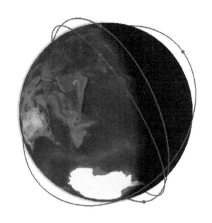

图 1 - 13　银河航天卫星星座构型示意图　　　图 1 - 14　微厘空间卫星星座构型示意图

3. 吉利卫星星座[16]

2021年吉利控股集团启动了吉利卫星星座研发项目,由浙江时空道宇科技有限公司负责研发。吉利卫星星座又称"吉利未来出行星座",卫星搭载了通信和导航两种载荷。吉利卫星星座是面向无人系统、智慧城市等领域的低轨卫星导航增强星座,不仅可以为全球用户提供高精度、高可靠、高性能的导航服务,还可以为大型赛事活动提供通信保障。吉利卫星星座一期部署72颗卫星,均匀分布在8个轨道面上。2022年6月,吉利卫星星座以一箭九星的方式部署了一个轨道面,卫星轨道高度约为610 km、轨道倾角为50°、运行周期约为97.03 min。图1-15为截至2023年6月的吉利卫星星座构型示意图。

4. 吉林一号卫星星座[17]

长光卫星技术有限公司成立于2014年,是我国第一家商业遥感卫星公司。2015年10月7日,由该公司自主研发的吉林一号组星成功发射,开创了我国商业卫星应用的先河。吉林一号卫星是我国第一颗自主研发的商用高分辨率遥感卫星、我国第一颗以一个省的名义冠名发射的自主研发卫星、世界上首颗米级高清彩色动态视频卫星、我国第一颗"星载一体化"卫星。吉林一号卫星星座由卫星研制方长光卫星技术有限公司自行组建,一期工程由138颗卫星组成,包括视频、高分、宽幅、红外、多光谱等系列光学遥感卫星。目前,通过20次发射,吉林一号卫星星座入轨卫星已达到79颗(当前在轨72颗),组成了全球最大的亚米级商业遥感卫星星座。基于当前在轨运行卫星,吉林一号卫星星座可实现对全球任意地点23~25次/天的重访频率,即对全球任意点实现1次/时的重访频率,进而可实现全国范围6次/年、全球范围2次/年的覆盖。图1-16为截至2023年6月的吉林一号卫星星座构型示意图。

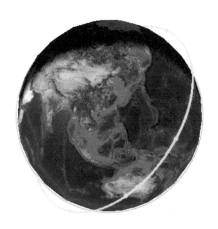

图1-15 吉利卫星星座构型示意图　　　图1-16 吉林一号卫星星座构型示意图

5. 灵鹊卫星星座[18]

2018 年 4 月,零重力实验室发布灵鹊卫星星座计划。灵鹊卫星星座计划由灵鹊一号、灵鹊二号、灵鹊三号组成 160 多颗卫星混合组网星座,后期计划扩展至 378 颗卫星。灵鹊一号由 132 颗 6U 立方体卫星构成,光学分辨率优于 4 m,分别运行在 500 km 高度的太阳同步轨道倾斜轨道上。2020 年 9 月 19 日,灵鹊 2.0 计划公布,它由多颗 0.7 m 光学分辨率遥感卫星构成,运行在高度为 500 km 的太阳同步轨道上,质量小于 200 kg,在轨寿命不少于 5 年。灵鹊卫星星座对标美国 Planet 公司的鸽群卫星星座,是国内自主可控的高时间分辨率卫星星座。

灵鹊卫星星座部署完成后,将形成覆盖全球的高时间分辨率对地观测能力,实现 12 h 全球覆盖,并对重点区域实现 30 min 重访。灵鹊卫星星座通过多源数据融合,数据产品经过分析处理后,可用于农业监测、防灾减灾等领域。截至 2023 年 6 月,space - track 网站公开的数据显示,灵鹊卫星星座在轨卫星有 6 颗,其构型示意图如图 1 - 17 所示。

6. 星时代 AI 卫星星座[19]

2018 年 6 月,成都国星宇航科技有限公司公布了星时代星座(Xingshidai constellation),也称星时代 AI 卫星星座。该卫星星座是我国首个人工智能卫星星座,采用 5 m、1 m、0.5 m 等多种分辨率的遥感卫星混合布局设计,共由 192 颗卫星组成,分布在 24 个轨道面,组合部署光学遥感卫星与合成孔径雷达(SAR)卫星。

该卫星星座的卫星采用了人工智能模块,能够大幅提高卫星的数据处理能力,使卫星在空间轨道中具备自主识别能力。卫星可以自主对所拍摄的照片进行处理,直接过滤掉受天气影响且没有回传价值的卫星影像,进一步提高在轨卫星数据回传的效率。星时代 AI 卫星星座建成后,能够在环保监测、交通管理等领域发挥重要作用。截至 2023 年 6 月,space - track 网站公开的数据显示,星时代 AI 卫星星座在轨卫星有 14 颗,其构型示意图如图 1 - 18 所示。

图 1 - 17 灵鹊卫星星座构型示意图

图 1 - 18 星时代 AI 卫星星座构型示意图

1.3　低轨大规模卫星星座控制关键技术

低轨大规模卫星星座由多颗卫星组网构成,通过众多卫星的协同工作能够完成某项特定的空间任务。与传统卫星星座的组网运行类似,低轨大规模卫星星座组网运行的关键技术涉及低轨大规模卫星星座的构型优化设计、分批部署、构型维持、构型重构、安全性分析以及卫星碰撞和离轨控制等。

1.3.1　低轨大规模卫星星座的构型优化设计

低轨大规模卫星星座的建设不能只关注卫星星座的移动通信功能,而应该注重创新升级,充分发挥低轨互联网卫星星座的能力,将低轨卫星和其他通信、遥感、导航卫星的信息相结合,进而提升资源利用效率并拓宽商业空间,使得方案更加经济有效。目前已有部分通信互联网项目提出导航增强的方案,未来通信、导航、授时、定位、遥感卫星一体化组网,打造空间信息网络将会是低轨大规模卫星星座的发展趋势。同时,低轨大规模卫星星座卫星数量庞大,因此它也将朝着星间链路以及自主运行管理的方向发展。

导航系统的安全、稳定运行与国家的经济和政治密切相关。以面向中轨导航星座卫星失效的低轨导航增强星座优化设计为例,通过实验仿真可知,任意一颗或两颗导航卫星的失效对全球导航卫星星座的系统性能影响较小,但失效卫星增多势必会对导航系统服务性能造成很大影响。分析导航卫星星座中存在的薄弱环节对于提高导航系统整体性能并促进其稳定运行具有重要的战略意义[20],尤其是在外太空的恶劣环境中,如何保证导航卫星在各种失效情况下依然能高效地提供导航定位服务、如何通过导航增强技术提高区域内导航信号强度,是导航工作者所关注的重点内容之一。

导航信号减弱和信号消失都会使导航卫星星座性能降级,寻找卫星星座的薄弱环节有利于导航卫星星座备份和提升用户服务。目前相关研究是先利用贝叶斯网络和马尔可夫链进行单星失效分析,再拓展到整个卫星星座中,并结合星座值(constellation value,CV)进行仿真评估[21-22]。其中,文献[23]在考虑时间和成本的情况下,采用基于改进粒子群算法对失效卫星星座进行重构。很少有文献分析同时段内出现多星失效带来的性能降级情况:一方面是因为出现 3 颗及以上卫星失效的概率较小;另一方面是因为卫星数量较多,多颗卫星失效有几千种可能,基于人工筛选工作量较大。

随着卫星星座参数增多、指标逐渐复杂以及计算能力增加,现代优化算法可以在考虑诸多因素的全局优化中获得更优的结果。YI H 等人[24]采用多目标粒子群优化(multi objective particle swarm optimization,MOPSO)算法,将位置精度衰减因子(position dilution of precision,PDOP)、可见卫星数和轨道高度作为目标函数,通过模糊集方法从最优解集中选取性能优越的卫星星座,对单一极轨道卫星星座、单一倾斜卫星星座以及混合构型卫星星座3种不同构型的卫星星座进行优化,结果表明,混合构型卫星星座具有更好的覆盖性能。ZHENG C 等人[25]将卫星星座成本和通信性能作为目标函数并建立模型,利用改进的非支配排序遗传算法Ⅱ(non dominant sorting genetic algorithm Ⅱ,NSGA-Ⅱ)对模型进行求解,获取最优通信卫星星座构型解集。DAI C Q 等人[26]采用多层禁忌搜索(multilayer tabu search,MLTS)优化算法,以用户体验质量(quality of experience,QoE)作为卫星物联网(satellite internet of things,SIoT)的评估指标,并利用覆盖重数、通信质量、区域需求和收益能力来评估用户体验质量,获取最优轨道参数。BUZZI P G 等人[27]通过改进多目标进化算法(multi-objective evolutionary algorithms,MOEA)增强算法的收敛性和收敛速度,探寻不同类型的卫星星座构型,同时这有利于减少轨道参数过多造成的组合爆炸问题。姜兴龙等人[28]为了解决卫星星座设计效率低、低轨同构卫星星座覆盖不均匀以及非支配领域免疫算法(nondominated neighbor immune algorithm,NNIA)约束处理复杂的问题,改进了非支配邻域免疫算法并推导出混合构型全球覆盖最少卫星数的公式。

GE H 等人[29-32]综述了低地球轨道增强型全球导航卫星系统(LEO enhanced global navigation satellite system,LeGNSS)在提高精密定轨、精密单点定位收敛、全球电离层建模等方面的优势,同时也明确了目前要克服的困难;对轨道面、卫星数量、轨道倾角等卫星星座参数进行考量,选取轨道倾角为90°、60°和35°的240颗卫星组成混合卫星星座,证明低地球轨道增强型全球导航卫星系统可以极大改善全球精密单点定位收敛速度;分析了低地球轨道对自身以及高、中、低轨卫星联合精密定轨(precise orbit determination,POD)的问题,并利用星载加速度计数据对低轨进行厘米级精度预测,相较于传统的方法,在20 min内预测精度优于5 cm。LI B 等人[33]以14颗北斗卫星、24颗全球定位系统卫星和66颗铱系统卫星为基础,分析了服务端和用户端的传输数据,表明低地球轨道增强型全球导航卫星系统在精密单点定位收敛方面的好处。

GUAN M 等人[34]利用NSGA-Ⅲ算法和遗传算法(GA)设计了低地球轨道全球独立导航卫星星座和增强卫星星座,并给出了不同高度、不同数目的近极轨道 Walker 星座,此外,还设计了混合构型卫星星座。LIU J 等人[35]利用 NSGA-Ⅲ算法设计了卫星总数为 177 颗和 186 颗的低轨增强卫星星座,表明了混合卫星星座在几何精度衰减因子(geometry dilution of precision,GDOP)、收敛时间和定位精度性能上有着极大的改善。MA F 等人[36]为实现低轨导航增强,利用遗传算法设计了不同卫星总数、不同配置的混合构型卫星星座,在 7°、15°和 20°仰角下可实现 100% 的全球均匀覆盖。

全球导航卫星系统的卫星在太空运行过程中可能会出现故障进而失效,从而影响用户的导航服务体验,低轨卫星星座可以弥补中轨导航卫星星座在卫星失效后性能上的缺陷。当导航卫星星座中的卫星发生故障,重新从地面发射并部署新卫星至目标轨道需要较长时间。在此期间,利用低轨导航增强技术可以补偿因卫星失效导致的性能下降,确保有足够的时间来完成卫星的重新部署。

1.3.2 低轨大规模卫星星座的分批部署

1. 低轨大规模卫星星座轨道控制策略

低轨大规模卫星星座由多颗卫星组网构成,能够实现全球连续覆盖。在卫星星座组网过程中,需要综合衡量卫星星座构型建立、推进剂消耗、轨控频率、测控资源、碰撞安全等因素;在卫星星座构型保持过程中,需要确保卫星星座在寿命周期内的几何构型稳定。因此,在卫星星座的组网部署阶段需要对卫星星座轨道控制策略进行详细的研究。目前,国内外对卫星星座轨道控制策略的研究取得了一定的理论成果,主要涉及控制阶段、控制内容、控制技术和方法、控制目标等方面。

(1)控制阶段

根据卫星星座功能(全球覆盖、时间分辨率等)和工作轨道(冻结轨道、圆轨道等)特性建立卫星星座构型,主要通过卫星初始轨道捕获和理论轨道维持实现卫星星座组网的控制任务,即卫星星座初始化和卫星星座维持阶段的轨道控制任务。因此,卫星星座部署过程主要分为卫星星座初始化和卫星星座维持两个阶段。

(2)控制内容

卫星星座轨道控制内容主要包括以下两个阶段的控制任务:一是卫星星座初始化过程中卫星轨道要素(主要包括半长轴、偏心率、近地点幅角等)的控制调整任务;二是卫星星座整体几何构型保持过程中卫星轨道要素(相位、升交点赤经、轨道高度等轨道参数)的控制保持任务。

(3)控制技术和方法

单颗卫星以及几颗卫星组网的轨道控制方法和工程应用技术已比较成熟,基于参数偏置的相位维持和升交点赤经维持是目前研究应用最为广泛的控制技术。文献[37]给出了一种融合半长轴、偏心率、近地点幅角联合控制的方法以及一种轨道相位捕获控制方法,并在给定约束条件下,提出了一种基于多冲量快速计算的轨道控制策略。

低轨大规模卫星星座组网涉及同轨道面控制和异轨道面控制。在卫星星座初始化过程中,如果卫星初始轨道和工作轨道不共面但轨道倾角相同,则一般考虑利用地球非球形 J_2 摄动,同时借助时间漂移,完成卫星星座不同阶段(初始轨道段、停泊轨道段、工作轨道段)轨道面的共面或非共面任务;如果初始轨道和工作轨道共面,则一般通过霍曼变轨实现轨道转移任务。卫星星座初始化轨道面部署以节约能量和时间为优化目标,因此,卫星星座初始化策略的选取需要在轨道机动能量消耗和轨道转移时间长短之间取得折中。孙俞等人[38]利用公开的两行轨道根数(TLE)数据对星链卫星星座中不同卫星之间的相对相位和升交点赤经偏差进行分析,反演得到星链卫星星座中不同卫星之间的平半长轴差,进而获得了星链卫星星座轨道参数控制频次和控制精度等重要控制参数信息,为卫星星座初始化策略提供了依据,能够为低轨大规模卫星星座的建设提供参考。

目前研究最多的卫星星座构型维持控制方法主要为绝对控制和相对控制。考虑到卫星初始轨道捕获、轨道长期维持受控制目标、控制原则、测控资源、星上自主性等约束条件的影响,文献[39-40]提出了保证中高轨卫星星座构型稳定的摄动补偿控制方法,同时建立了基于摄动补偿控制的卫星星座轨道绝对控制和相对控制解析方程,给出了卫星星座长期构型保持的相对控制策略。文献[41-42]提到考虑卫星入轨偏差和地面测控系统捕获控制执行偏差在各摄动力影响下,Walker 星座构型控制采用相对控制的方法。文献[39]针对卫星星座空间构型长期保持问题设计了卫星星座构型保持控制模型;文献[43-45]提出了基于标称卫星的卫星星座相位保持方法,并对卫星星座的绝对位置保持进行了详细的分析。大型复杂的低轨卫星星座会涉及异轨道面升交点赤经维持,文献[46]通过倾角偏置的方法实现对升交点赤经的偏差补偿。

(4)控制目标

1)初始化目标

将星箭分离时聚集在一起的多颗卫星分布在多个轨道面上,每个轨道面内均匀分布多颗卫星。例如,星链卫星星座 V1.0-L3、V1.0-L8 批次卫星利用地球非球形 J_2 项引力对轨道面的摄动,同时借助时间累积实现升交点赤经的漂移,通过抬升卫星星座中不同轨道面卫星的轨道高度,实现了卫星间的轨道面差的控制目标;利用不同轨道高度速度差的影响,同时借助时间累积,实现了同轨道面卫星相位差的控制目标。

2）卫星星座维持目标

保持卫星星座中每颗卫星的轨道偏差在允许的范围内，以确保卫星星座安全稳定运行。文献[42]结合某卫星星座实测轨道数据，通过卫星间相对相位控制，将卫星星座整体相位偏差控制在允许的范围内，实现了卫星星座整体几何构型的稳定。

2. 低轨大规模卫星星座轨道控制优化方法

低轨大规模卫星星座轨道控制问题主要涉及多批次有限小推力控制，目前相关研究不多，用有限推力实现轨道控制的方法主要包括解析法和数值法。

（1）解析法

目前最经典的轨道控制优化方法主要包括代数法和基于庞特里亚金（Pontrya-gin）最大值原理的最优控制法。

代数法的求解思路是将卫星轨道几何特性和轨道控制优化指标通过代数方程进行求解，这种方法主要适用于冲量式轨道控制。代数法求解过程和卫星轨道特性紧密相关，很难找到一种普遍适用的方法，因此它对多指标等轨道控制复杂问题的求解较为困难，具有一定的局限性。

基于庞特里亚金最大值原理的最优控制法的控制器设计比较简单，适用的范围比较广泛，但对于由最大值原理推出的最优控制律方法，存在的最棘手的问题是当约束条件过多时，难以得到两点边值的解[47]。表 1-4 给出了有限推力轨道控制方法（解析法）的详细对比。

表 1-4 有限推力轨道控制方法（解析法）对比

有限推力轨道控制方法（解析法）	优 点	缺 点
代数法	经典算法，具有明显的轨道几何特性，相对简单	控制方法和轨道特性紧密相关，很难找到一种普遍适用的方法，对复杂问题的求解相对困难，具有局限性
基于庞特里亚金最大值原理的最优控制法	控制器设计比较简单，适用范围广，对控制率要求低，可以为不连续的	指标比较单一，当问题的约束条件过多时，难以得到两点边值的解

（2）数值法

常见的求解连续小推力最优控制的数值法分为以下 4 种[48-49]：

1) 直接法

直接法的实质为问题转换,即将连续控制问题转化为参数优化问题。直接法的求解思路是采用非线性规划算法对原控制问题进行近似计算,进而得到近似的参数优化结果。其缺点是计算复杂度高,不能同时满足计算精度和效率。

2) 间接法

间接法的实质为根据连续小推力轨道优化求解问题等效于泛函极值问题的特点,给出最优问题的间接求解方法。间接法的求解思路是先结合边界约束条件提出两点边值问题,然后利用数值方法对它进行求解,进而得到较为准确的参数优化结果。其缺点是优化过程容易中断,对合适初值的选取有一定要求。

3) 混合法

混合法的实质为直接法和间接法的混合,即首先利用直接法离散协态变量,其次利用间接法得出最优控制律,最后在此基础上将它转化成参数估计问题进行求解。混合法克服了直接法和间接法的不足,其缺点是计算参数较多,求解效率仍不够高,不适于卫星自主计算。

4) 李雅普诺夫(Lyapunov)反馈制导律

李雅普诺夫反馈制导律的实质为将小推力变轨优化问题转化为状态反馈控制率寻优问题,即将小推力变轨问题看作一个可控闭环非线性系统,构造出满足全局渐进稳定条件的李雅普诺夫函数。李雅普诺夫反馈制导律克服了最优控制求解运算量多且不收敛的弊端,其缺点是推力矢量轨迹变化较快,对卫星自主控制要求高。

在连续小推力最优控制求解问题中,采用小推力变轨策略设计的李雅普诺夫最优反馈控制,对当前轨道和目标轨道进行矩阵变换计算,进而求解出变轨推力对应的推力方向和推力大小,当李雅普诺夫函数逐渐减少至零时,变轨机动完成。由于卫星在整个飞行过程中的几乎所有弧段内,连续小推力电推进器都在执行点火动作,因此卫星完全依赖地面测控系统实施轨道控制已不现实。李雅普诺夫最优反馈控制计算简单,在对李雅普诺夫权重系数离线优化的基础上,可用于卫星的自主变轨策略计算,进而可以解决推力实时控制与快速机动控制的难题。

针对经典轨道控制问题难以求解的问题,国内外相关学者对智能控制、模糊控制、鲁棒控制等方法进行了详细研究。文献[40]通过考虑地球非球形 J_2 项摄动影响,设计了相对参考卫星的鲁棒性轨道控制方法。文献[50]提出了智能控制方法和模糊控制方法,利用多目标进化算法(SPEA 方法)解决了卫星在轨道机动段、轨道转移段的轨道控制优化问题;同时利用模糊控制优化算法解决了基于卫星相对运动方程的有限推力控制问题。

目前针对卫星轨道控制算法的研究多集中于双脉冲法、遗传算法、时间-能量最优控制算法等。文献[51]针对大规模卫星集群问题,采用自主微推力算法实现卫星间自主规避能力,利用时间-能量最优控制算法解决了大规模卫星集群控制问题。文献[43]将时间和能量作为优化目标,对卫星星座控制的结构和算法进行了设计,但优化控制的研究尚处于理论阶段,工程实践还有很多现实问题需要解决。

3. 低轨大规模卫星星座部署策略

低轨大规模卫星星座中卫星数目较多,考虑到卫星生产制造测试、火箭发射能力和经济支持等因素,星座很难在短时间内完成部署建设,大多数星座都需要几年甚至十几年的时间才能够完成最终的部署。考虑到星座规模趋势和在该领域的竞争力,部署策略也是一个值得研究的问题。

文献[52-53]利用地球非球形 J_2 项摄动实现升交点赤经在预定时间内分离,从而实现多个轨道面部署,所提出的方法使得卫星星座部署成本和时间大大减少。CHOW N 等人[54]提出利用成本低、运载能力强的火箭通过地月 L_1 拉格朗日点将卫星部署在各个轨道面,仿真表明部署成本大大降低,太空探索技术公司的"星舰"为该方案的实施提供了可行性。JENKINS M G 等人[55]利用两个 3U 立方体卫星对比了离子电喷雾推进和地球非球形 J_2 项摄动引起的升交点赤经变化,验证了地球非球形 J_2 项摄动的优越性。CRISP N 等人[56]利用 NSGA-II 算法设计了卫星星座部署系统架构,并仿真分析了三组案例,证明了该系统在部署时间、系统质量、成本方面的优胜性。

文献[57-58]利用动力学公式给出圆形轨道转移最少燃料消耗方法,并给出卫星星座部署的三个阶段:首先利用推力进入停泊轨道,然后采用地球非球形 J_2 项摄动达到所需的升交点赤经,最后通过推力到达目标轨道。该方法可用于卫星星座部署,同样适用于空间碎片清除。同样,PONTANI M 等人[59]给出了轨道部署的三个阶段,即定轨、轨道面分离、卫星相位分离,并对比了化学推进结合 J_2 扰动以及低电力推进结合非线性轨道控制两种部署策略,证明了卫星星座部署时间和燃料存在均衡性。DI PASQUALE G 等人[60]利用多目标优化算法对卫星星座总燃料消耗以及部署时间进行优化,生成最优解。他们提出两种部署方法:一是卫星入轨后分批爬升至目标运行轨道,通过机动延迟进行升交点累积;二是利用 J_2 摄动使卫星在停泊轨道漂移,达到升交点累积到要求值。

在卫星星座部署中同样需要考虑卫星相位。文献[61]利用 KM 算法匹配卫星和目标纬度幅角,并利用 J_2 摄动实现半长轴和纬度幅角联合调整升交点赤经,使卫星燃料消耗最少。文献[62]利用人工势函数描述了卫星个体到卫星星座整体的映射关系,并给出了不同阶段不同载荷配置的卫星星座部署方案。

除成本和时间之外,卫星星座部署越来越重视部署的灵活性。ANDERSON J F 等人[63]提出了基于需求不确定性的大规模卫星星座多层分阶段部署系统,使得卫星星座预期生命周期成本(expected life cycle cost,ELCC)显著降低。DE WECK O L 等人[64]将灵活性和"实物期权"引入卫星星座部署中,所提出的分阶段部署策略不仅仅局限于卫星星座设计。MORANTEA D 等人[65]提出了一种轨道自主模拟器用于优化卫星星座部署,对卫星推进器故障、轨道误差、发射不确定等不确定事件进行了评估。

　　综上,卫星星座分阶段部署在卫星耗能最少以及部署时间最小的基础上,逐渐重视部署过程中的灵活性,以应对不确定事件的发生。卫星星座分阶段部署方法还被应用于碎片清除等领域,"星舰"试验推动了卫星星座部署多样化。然而,较少有文献分析在分阶段部署过程中卫星星座服务性能的提升,因此,在部署成本和时间最小的基础上,卫星星座部署应使卫星星座的服务逐步从区域扩展至全球。

1.3.3　低轨大规模卫星星座的构型维持

　　卫星星座会受到轨道摄动以及卫星自身控制精度的影响,因此需要利用卫星星座构型控制来维持卫星星座中卫星的绝对位置和相对位置,使卫星星座的整体性能处于稳定状态。卫星星座构型控制是实现卫星星座构型稳定、确保卫星星座性能满足任务需求的重要保证。

　　在卫星星座的构型控制中,初始化是一个特殊的过程,其控制时间短,摄动长期影响不明显。构型的初始化控制是通过一系列的变轨机动,改变卫星星座的主星和从星的轨道根数,形成所需要的构型。韩潮等人[66]研究了一种编队卫星群构型控制的初始化方式,并通过演算确定控制的定轨方式。王兆魁等人[67]研究了两次脉冲作用的分布式卫星初始化问题。李亚菲等人[68]通过摄动法给出圆参考轨道编队卫星相对动力学方程的二阶亚轨道周期解以及该编队构型解的初始化条件。雷博持等人[69]研究了椭圆参考轨道下的编队构型初始化问题,并对两脉冲、三迹向脉冲和四迹向脉冲的构型初始化方法进行了综合比较分析。

　　卫星星座构型控制旨在确保卫星星座性能的稳定性和连续性,维持卫星星座中卫星的站位,降低卫星星座运行维护成本和构型设计复杂度。文献[70]提出仅控制平面内的变轨,利用近地点点火调整远地点矢径的控制策略来维持卫星星座构型。张洪华等人[71]利用二次型最优控制理论提出了卫星星座相对位置保持、绝对位置可移动的卫星星座控制方法。杨晓龙等人[72]分析了 Walker-δ 星座中各星的相互协作关系,提出一种基于利用网格点仿真法获得覆盖性能的卫星星座构型保持策略。孙俊等人[38,73]基于两行轨道根数数据研究了铱星系统、一网卫星星座、星链卫星星座的控制规律,其中第二代铱星系统利用保持各星的平倾角与工作轨道卫星的平半长轴相同的方式来保证升交点赤经的漂移速率相同,进而保持卫星星座构型的长期稳定;一网卫星星座的卫星轨道高度受大气阻力的影响较小,主要通过升轨和降轨的交替进行来维持卫星的相位;虽然星链卫星星座也是通过卫星的升轨和降轨控制维持的,但其轨道高度较低,受大气影响较大,导致平半长轴衰减较快,卫星星座的升轨和降轨控制较为频繁。基于两行轨道根数数据反演得到的卫星星座构型保持控制数据能为我国未来低轨大规模卫星星座的建设提供参考。

1.3.4 低轨大规模卫星星座的构型重构

卫星星座构型重构是指卫星星座由初始构型变换到另一种构型。由于卫星星座性能提升、卫星星座任务需求改变、卫星星座中卫星失效等原因,需要对卫星星座构型进行重构。此外,大型卫星星座在某些情况下会通过分阶段部署的策略来逐步扩大容量,以最大程度地降低诸如发射失败和市场不确定性之类的偶然风险,这需要发射额外的卫星并重新配置在轨卫星。通过优化卫星星座轨道重构的方法,能够将初始的低容量卫星星座转换为新的高容量卫星星座,这种方法适用于通信卫星的低地球轨道卫星星座。LEE H W 等人[74]提出了一种灵活的多阶段通信卫星部署策略,通过最小的预期生命周期成本来找到每个阶段的设计,同时提供了卫星星座每个阶段的当前关注区域的覆盖范围以及将来潜在关注区域的附加覆盖范围。该策略的生命周期成本比全阶段系统和传统全球覆盖的极轨卫星星座要低。

卫星星座重构机动的优化是指根据推进剂消耗、转移时间或两者的组合,寻找最佳方式来调整现有卫星星座的轨道,以满足特定任务目标的过程。针对应急机动的卫星星座重构问题,于小红等人[75]提出了保持轨道属性和卫星星座基本构型的预置量机动方法,并给出了对应的卫星星座重构策略。APPEL 等人[76]通过基于一阶梯度和邻近极值的组合算法实现多卫星轨道转移耦合优化问题的求解。WANG J 等人[77]利用基于相对轨道元素的燃料最优脉冲编队重构策略,实现重构阶段卫星重分配问题的优化。

针对卫星星座构型重构过程的优化设计,基于朗伯定理的卫星星座重构方法能够较好地降低重构过程的成本。MAHDI 等人[78]以最小的成本实现卫星星座布置的重新配置,将混合入侵杂草优化/微粒群优化算法用于为卫星设计次优传输轨道,同时对问题的动态模型进行建模,将卫星对初始轨道和目标轨道的最佳分配与最佳轨道转移在一个步骤中组合在一起。PAEK S 等人[79]提出设计可用于进行常规地球观测和灾害监测的可重构卫星星座框架,利用系统工程的方法解决卫星设计和轨道设计的多学科共同优化问题。

卫星失效会影响卫星星座的覆盖及工作性能,当少数卫星失效时可以通过控制调整剩余工作卫星的轨道以及发射快速响应卫星的方法来对卫星星座的空间构型进行重构,从而降低失效影响,修复和改善卫星星座性能[80-82]。为了满足不断变化的任务要求和应对不可预见的挑战,需要反应灵敏和有弹性的卫星星座系统。WAGNER K M 等人[83]提出利用多目标遗传算法和基于模型的系统工程技术能够不断优化灵敏和有弹性的卫星星座系统。

1.3.5 低轨大规模卫星星座的安全性

根据卫星星座安全性的定义[84],卫星星座轨道安全主要研究卫星星座在寿命周期可能发生碰撞的概率、产生空间碎片的情况以及对空间环境可能造成的影响。随着卫星技术的发展,对低轨大规模卫星星座而言,卫星在执行任务过程中产生的空间碎片数量远远小于卫星发生一次碰撞产生的空间碎片数量。因此,卫星星座碰撞研究是低轨大规模卫星星座安全性研究的最主要内容。通过计算低轨大规模卫星星座的碰撞概率,可以对低轨大规模卫星星座部署后的星座自身碰撞风险、以及可能产生的空间碎片情况及后续影响进行评估,为更加安全的低轨大规模卫星星座的设计和部署提供参考。

1. 典型低轨大规模卫星星座轨道安全性现状

(1) 星链卫星星座

根据太空探索技术公司的报告,星链卫星星座失效卫星与空间编目目标的碰撞每 10 年有大约 1% 的可能性[85]。为了研究星链卫星的碰撞情况,LE MAY S 等人[86]使用流星体和空间环境参考模型(meteoroid and space debris terrestrial environment reference version-2009,MASTER - 2009)按照 5 年运行寿命对星链卫星星座进行了模拟,预测星链卫星星座在寿命周期内至少发生一次解体碰撞的概率为 0.458,失效卫星在 10 年内与没有编目的空间目标之间发生至少一次碰撞的概率为 0.124,并且发现在流星体和空间环境参考模型中实施缓解措施并没有显著降低运行期间卫星星座的碰撞概率。FOREMAN V L 和 SIDDIQI A 等人[87]使用轨道碎片工程模型(orbital debris engineering model,ORDEM),按照 7 年的运行寿命对星链卫星星座进行仿真模拟,发现星链卫星星座最初部署的 1 600 个航天器将会经历均值为68.42 次、标准差为 8.04 次的碰撞。

此外,还采取了一系列措施避免星链卫星发生碰撞:设计备份星轨道高度低于工作星轨道高度,防止备份星威胁工作星的安全;为了保证卫星星座构型漂移能够同步,对轨道倾角进行了偏置处理;搭载了自主碰撞规避系统;频繁对星链卫星轨道进行维持,使相邻卫星相位差基本维持在±0.2°等[38]。

(2) 一网卫星星座

根据文献[88],为了减少对低轨空间环境的影响,一网公司采取了诸多保护措施:一是与美国战略司令部(United States Strategic Command,USSTRATCOM)和联合空间作战中心(Joint Space Operations Center,JSpOC)达成数据共享协议,以减少定轨误差;二是一网卫星携带了 3~4 个电推力器,增加动力的可靠性,使卫星在整个寿命周期内能对空间物体进行主动碰撞规避;三是离轨处置方面,保证离轨处置成功率≥90%,任务后离轨处置时间为 5 年;四是为卫星配备夹具,便于主动进行空间碎片清除[89]。

一网公司的轨道碎片减缓计划报告称,使用轨道碎片工程模型仿真得到一网卫星与空间碎片碰撞失效的概率为 0.003。为了分析一网卫星星座部署可能带来的影响,众多学者对一网卫星星座碰撞进行了模拟研究。FOREMAN V L[87]使用轨道碎片工程模型通过 100 次蒙特卡洛仿真得到一网卫星星座在 7 年里与直径大于 1 cm 的空间碎片累计发生碰撞次数的平均值为 17.95 次、标准差为 3.86 次。RADTKE J 先将卫星的寿命分为 4 个阶段进行讨论,然后使用流星体和空间环境参考模型对一网卫星星座整体碰撞概率进行了估计。结果表明,它在第一阶段发生灾难性碰撞的概率为 0.35,但与其他轨道相比,该轨道空间密度较小,能够较好地降低卫星星座发生碰撞的概率,但是,一网卫星轨道高度较高。要想提高卫星星座安全性,必须要保证较高的离轨处置成功率。LE MAY S 等人[86]使用流星体和空间环境参考模型按照 5 年运行寿命对一网卫星星座进行了模拟,得到卫星发生灾难性碰撞的概率为 0.053,其中与不可追踪物体间发生灾难性碰撞的概率为 0.013。REILAND N 等人[90]对一网卫星星座内部接近情况进行了模拟仿真,设置 3 个近距离接近筛选距离分别是 $\tau_1 = 20$ km,$\tau_2 = 5$ km,$\tau_3 = 1$ km,在为期 90 天的仿真中,得到标称情况下少于 1 km 的接近距离次数为 2 522 次,其中最小的接近距离仅为 6.4 m。

此外,庞宝君等人[91]从卫星在轨爆炸解体方面评估了爆炸解体碎片对一网卫星星座产生的影响,通过计算得到一网卫星星座一颗卫星爆炸会对自身形成长期影响,造成平均碰撞次数增加 0.001 9～0.002 9 次/年,以卫星星座发生爆炸的概率阈值作为约束,提出卫星星座单颗卫星发生爆炸的概率必须低于 1.4×10^{-5}。

2. 低轨大规模卫星星座轨道安全性影响因素

地球轨道空间环境中有大量空间碎片和航天器,其中 80% 的空间碎片和大部分航天器都运行在低地球轨道[92],这些空间碎片和航天器在一定空间密度条件下发生碰撞的概率很低,并且在大气阻力的长期作用下,轨道会不断衰减直到再入大气层,使空间环境维持在一个稳定的状态。因此,对于每一个轨道而言,它能够容纳的空间物体数量有限,当数量超过一定阈值时,碰撞风险就会大大增加,给在轨航天器安全带来巨大的威胁。同时,轨道资源是宝贵的非再生资源,不是无限的资源。凯斯勒效应表明,当空间中物体密度达到一定程度时,内部会发生级联碰撞,最终导致整个轨道不可使用。因此,每一个轨道能够容纳的航天器或者空间碎片数量是有极限的,当数量超过这个阈值时,轨道内部就会陷入不断恶化的趋势。

低轨大规模卫星星座的出现导致空间轨道物体数量迅速增加,空间物体数量的增加提高了空间密度,提升了航天器发生碰撞的概率,而航天器一旦发生碰撞或者解体,会产生大量空间碎片,空间密度进一步增加,从而加剧航天器发生碰撞的概率,形成新的空间碎片,导致恶性循环,最终对整个卫星星座安全性产生严重影响。空间碎片碰撞级联效应示意图如图 1-19 所示。

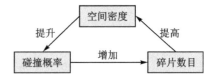

图 1-19 空间碎片碰撞级联效应示意图

为了研究空间密度对低轨大规模卫星

星座的影响,WALKER R 等人[93] 在 1997 年模拟了一个运行在 700 km 轨道高度、拥有 900 多颗卫星的低轨大规模卫星星座,通过研究发现,卫星星座在空间密度较高的环境中会破坏环境的稳定性,无法长期维持卫星星座运行,并且估计出在严格实施减缓措施的前提下,空间密度较大的轨道可以维持 100 颗卫星长期运行,空间密度较小的轨道可以维持 350 颗卫星长期运行。1999 年,ROSSI A 等人[94] 对铱星系统的碰撞概率进行了模拟计算,发现即使已经采取了一些措施来尽量减少碰撞的风险,但仍然不能排除碰撞解体的可能,并且概率达到每 10 年约 10%。

近年来,欧洲航天局的流星体和空间环境参考模型[95]、意大利的空间碎片减缓长期分析模型 SDM[96]、法国的地球碎片环境演化模型 MEDEE[97]、美国国家航空航天局的 LEGEND 模型[98] 以及中国的 SOLEM 模型[99]、中国空间技术研究院的 MODAOST 模型、哈尔滨工业大学的 ARMOR 与 ARMOR Ⅱ 模型、北京理工大学的 MODRAS 模型等越来越多的空间碎片环境演化模型,为低轨大规模卫星星座碰撞概率计算的发展提供了技术支撑,加速了低轨大规模卫星星座碰撞事件的模拟演化研究。

文献[100]分析了卫星面积、卫星质量对卫星碰撞的影响,发现面积和质量越大的卫星越容易发生碰撞。PARDINI C 和 ANSELMO L[101] 讨论了卫星质量、轨道高度、卫星数量、离轨处置成功率等对卫星碰撞的影响,发现在空间密度较大的轨道,卫星星座产生大约 100 颗非机动卫星就能够使目前在低地球轨道发生碰撞的概率增加约 10%,而在空间密度较低的轨道,则需要产生 200~500 颗卫星才能达到相同的效果;通过设置碰撞概率增加阈值和卫星任务后处置成功率,研究了不同轨道能够部署卫星的数量,卫星数量越多、离轨处置成功率越低,都会进一步增加卫星的碰撞概率;说明了卫星数量、卫星质量、离轨卫星处置轨道、采用处置策略、卫星可靠性等因素对卫星碰撞的影响。文献[86]的研究结果表明,实施减缓措施并没有显著降低低轨巨型卫星星座运行期间至少发生一次碰撞的概率,可能需要采取额外措施来确保这些卫星星座的安全性和可持续运行,包括但不限于减少发射卫星的数量,减小发射卫星的尺寸。

CHOBOTOV V A 等人[102] 假设样本卫星星座部署在空间站运行高度范围,评估得到卫星星座与空间站的碰撞概率为 0.2%,并且碰撞概率会随着卫星数量的增加而增加;另外,该作者还指出低轨巨型卫星星座由于具有较长的运行时间和较大的规模结构,因此 0.1~1.0 cm 的空间碎片对碰撞的影响将变得越来越重要。

RADTKE J 等人[89] 以一网卫星星座为例,计算了卫星在入轨、在轨运行和离轨处置阶段与尺寸大于 3 cm 的空间碎片碰撞的概率,发现卫星在离轨处置阶段和在轨运行阶段的碰撞概率都比较高。随着航天器逐步到寿以及因其他因素被更换,离轨处置卫星以及发射入轨的卫星在空间中也可能导致碰撞。文献[103]指出低轨巨型卫星星座在离轨处置过程发生碰撞的概率较高,对轨道空间环境的影响较大,需要将离轨卫星进行分散处理。文献[87]表明如果低轨大规模卫星星座离轨处置执行不当或根本不执行离轨操作,使得航天器不能完全离轨或置于安全的墓地轨道,损坏的航天器会增加低地球轨道上其他航天器的碰撞风险。李翠兰等人[104]研究发现低轨大规模卫星星座在无控再入时会对在轨大型航天器产生较高的碰撞风险,并且持续时间较长。

3. 低轨大规模卫星星座对空间环境的影响

由于卫星技术的限制,20世纪空间中碎片的主要来源为航天器爆炸产生的碎片、火箭箭体和有效载荷。随着卫星技术的发展以及航天活动的增加,火箭箭体、有效载荷以及它们碰撞解体产生的碎片逐渐成为空间碎片的主要来源。因此,限制轨道上火箭箭体和有效载荷的数量成为缓解空间碰撞风险的一项必要措施[105]。

低轨大规模卫星星座的出现为空间安全带来新的挑战,除了低轨大规模卫星星座自身引起的空间密度迅速增长以外,整个卫星星座建设部署过程中也会伴随大量空间碎片、失效卫星的产生,导致空间物体数量不断堆积,空间环境不断恶化。虽然缓解措施的制定使得低轨大规模卫星星座对空间环境的影响有所下降,但这不足以保持空间碎片环境的稳定。VIRGILI B B等人[106]对一个大规模卫星星座进行分析,发现在符合任务后处置准则的条件下,空间碎片的数量还是会不断增长。CHEN C等人[107]从空间碎片治理的角度指出减轻和控制低轨大规模卫星星座不利影响的关键在于任务后处置,提高任务后处置成功率可以大大减轻甚至消除卫星星座对空间碎片环境的中长期影响,缩短任务后处置时间不仅可以减少卫星星座对碎片环境的短期影响,还可以降低卫星在任务后处置过程与其他空间目标碰撞的风险。

HARDY B P[108]研究了星链卫星星座的不同任务后处置成功率以及不同空间碎片减缓策略对低地球轨道环境的影响,发现任务后处置成功率需要达到99%才能够防止重大碰撞事故的发生,对于次优的任务后处置成功率,想要缓解空间碎片环境,可以采用主动清除的办法。PARDINI C等人[101]的研究同样表明只有将任务后处置成功率提高到95%甚至99%的情况下,建设部署低轨大规模卫星星座才具有环境可持续性,同时他指出离轨阶段的卫星应当是受控的,只有这样才能减少离轨时间,避免卫星长期堆积在空间中,引起后续的碰撞。而LEWIS H G[109]通过研究发现,降低轨道高度能够大大减小卫星星座的总体影响,同时也能降低对高任务后处置成功率的需求。

SANCHEZ A H等人[100]的研究表明,卫星平台的可靠性是缓解空间碎片环境的关键之一。对于轨道高度较高、大气阻力不足以确保在允许的时间范围内自然衰减的卫星,需要实施主动处置机动,主动离轨处置成功率与卫星能够实现安全受控的程度密切相关。因此,卫星平台的可靠性对于以高成功率实现安全的受控处置至关重要,而低轨大规模卫星星座具有大量的卫星,使得卫星平台可靠性的重要性更加突出。

文献[100]分析了卫星面积、卫星质量对空间环境的影响,发现面积和质量越大的卫星不仅容易发生碰撞,而且碰撞产生的碎片较多,对空间环境的影响更大。沈丹等人[110]分析了低轨大规模卫星星座卫星发射数量、发射质量、发射面积等耦合情况对空间碎片环境的影响,发现发射数量主要影响碰撞的次数,发射质量是新增碎片数量的重要影响因素,在与发射面积相互作用下,通过影响空间物体的面质比,对空间物体自然衰减过程产生作用;此外,该学者还通过使用我国自主建立的空间碎片长期演化模型,模拟了满足当前减缓措施条件下低轨大规模卫星星座部署对空间碎片的影响,并得到空间碎片增长 47% 这一量化结果。在后续的研究中,该学者还对卫星星座的卫星数量、质量和面积,卫星星座部署高度及任务后处置策略等因素进行了耦合讨论,进一步验证了卫星星座的卫星数量、质量和面积对碰撞次数、碎片数量的影响[111]。

SOMMA G L 等人[112]研究了发射模型中发射率及大型卫星星座中卫星数量和剩余寿命对未来空间环境的影响,DOLADO－PEREZ J C 等人[113-114]研究了解体模型、碰撞模型、任务后处置成功率、主动碎片清除方法等对长期演化结果的影响。为了更好地量化低轨大规模卫星星座对空间环境的影响,ROSSI A 等人[115]定义了一个能够量化低轨大规模卫星星座对环境影响的指标——星座临界指数(criticality of constellation index,CCI),该指数考虑了巨型低轨卫星星座卫星质量、面积、故障率、避碰成功率、发射情况、离轨策略、卫星星座和单星寿命等星座卫星的物理和轨道特征以及每个卫星星座采用的减缓方法,并根据不同参数设置不同权重,得到低轨大规模卫星星座对空间环境影响的量化计算方法。

低轨大规模卫星星座和空间环境是相互影响的,低轨大规模卫星星座增加了空间环境的密度,破坏了空间环境的稳定性,导致空间环境反过来威胁低轨大规模卫星星座的安全。因此,保护近地空间环境的可持续性就是保护低轨大规模卫星星座的安全,必须重视低轨大规模卫星星座建设对空间环境的影响,并制定相应的减缓策略。

4. 碰撞概率分析方法

评估碰撞风险的经典方法有最小距离法和碰撞概率法。最小距离法通过判断目标进入的区域是警戒区还是规避区来评估交会的危险程度,但虚警次数高。为了提高碰撞预警精度,ÖPIK E J[116]提出了碰撞概率计算方法,然而随着卫星星座规模化发展,经典碰撞概率计算方法的计算复杂程度随卫星星座的卫星数量二阶增长,不利于卫星星座平均碰撞概率的计算,因此建立了多种碰撞概率计算模型,例如 Cube 模型及其改进类型[98,117]。但在实际情况下,低轨大规模卫星星座卫星尺寸较小、防护能力弱,较小的碎片就能对卫星产生威胁,因此还提出了泊松统计模型和"盒中粒子"(particle in a box,PIB)模型来计算难以观测和监视的空间碎片碰撞概率。这一系列的碰撞概率计算模型,为低轨大规模卫星星座轨道安全性的分析提供了理论支撑,促进了对典型低轨大规模卫星星座部署带来的碰撞风险的分析。

(1) Öpik 方法

空间中两目标的碰撞概率计算方法最早由 ÖPIK E J[116] 提出,该方法通过将两交会目标中的一个目标假设成圆轨道进行处理,得到交会碰撞的解析式。ROSSI A 和 FARINELLA P[118] 利用 Öpik 方法通过对目标进行两两判断,计算了低地球轨道上目标碰撞的概率,得到平均碰撞概率为$(1.105\pm0.812)\times10^{-9}/(m^2 \cdot a)$的结果。后来,ROSSI A 和 VALSECCHI G B[119] 使用 Öpik 方法对低轨区域的空间碎片环境进行了长期演化,验证了该方法的计算效率。

(2) Cube 模型及其改进类型

1) Cube 模型碰撞概率计算方法

低轨大规模卫星星座拥有成千上万颗卫星,若使用经典碰撞概率计算方法,则每次计算都需要对所有卫星进行两两配对分析来判断是否发生碰撞。假如有 N 个空间目标,则需要进行 $N(N-1)/2$ 次碰撞判断。由于碰撞判断的计算时间复杂度随卫星星座的卫星数量二阶增加,因此经典碰撞概率计算方法不适用于低轨大规模卫星星座平均碰撞概率的计算。

为了便于对大规模的碰撞进行计算,LIOU J C[98] 等人提出了 Cube 模型,以确定目标之间的相互碰撞概率。Cube 模型将空间划分为许多独立的网格,由于网格较小,因此可以认为当空间中两目标在相同时刻处于同一网格时,就可能发生碰撞。假设每个空间目标的半长轴、偏心率和轨道倾角是固定的,升交点赤经、近地点幅角和平近点角在 $0\sim2\pi$ 随机分布,即满足三维随机碰撞模型,因此,可以采用气体碰撞理论计算处于同一体积元内的两目标的碰撞概率。两目标 i 和 j 的碰撞概率为

$$P_{ij}=s_is_jA_cv_rdV \tag{1-1}$$

其中,s_i 和 s_j 表示目标 i、j 在该立方体元内的空间密度;A_c 表示两目标的横截面积;v_r 表示两目标的相对速度;dV 表示立方体元体积。其中,物体空间密度计算方法为

$$s(x)=\lim_{\Delta V\to V^+}\frac{\Delta t}{T\cdot\Delta V} \tag{1-2}$$

对 P_{ij} 进行时间积分后得到碰撞概率为

$$P_{ij}=s_is_j(t_{s+1}-t_s)A_cv_rdV=s_is_jA_cv_rdVdt \tag{1-3}$$

其中,dt 为两目标在同一立方体元内的时间。

2) I-Cube 模型碰撞概率计算方法

I-Cube 模型碰撞概率计算方法对 Cube 模型碰撞概率计算方法做了改进,将可

能发生碰撞的范围拓展到相邻体积元内,通过两目标之间的距离判断是否可能发生碰撞。I - Cube 模型空间体积元划分方法与 Cube 模型一致,但当搜索碰撞目标时,将搜索范围扩大到邻近立方体元内,通常将搜索范围的阈值 d_c 设置为小于立方体对角线的 $\sqrt{3}$ 倍。因此,I - Cube 模型碰撞概率计算方法中的体积表示为球体体积,当计算碰撞概率时和 ESA - MASTER 碎片模型碰撞概率计算方法类似,先计算平均碰撞次数 c,再通过泊松统计计算出发生碰撞的概率。计算公式为

$$c = s_i s_j A_c v_r \mathrm{d}V \mathrm{d}t \tag{1-4}$$

$$P_{ij} = 1 - \mathrm{e}^{-c} \tag{1-5}$$

（3）PIB 模型

低轨大规模卫星星座的卫星在足够长的时间内穿越的空间将呈环形壳状,将 Cube 模型的空间体积元尺寸扩大到整个环形壳,使壳层包含所有低轨大规模卫星星座的卫星,此时 Cube 模型退化为 PIB 模型。ANSELMO L 等人[120] 使用 PIB 模型计算低轨大规模卫星星座卫星间的碰撞概率

$$\mathrm{CR}_{\mathrm{O-D}} = \pi(r_\mathrm{O} + r_\mathrm{D}) 2 v_r \rho_\mathrm{O} \rho_\mathrm{D} V \tag{1-6}$$

其中,r_O 为卫星外包络半径,ρ_O 为卫星空间密度,v_r 为卫星相对目标的速度,V 为壳体体积,r_D 为空间碎片尺寸,ρ_D 为空间碎片密度。

（4）泊松统计模型

空间碎片尺寸有大有小,对于小于一定尺寸的碎片难以实现观测和监视,而且低轨大规模卫星星座卫星尺寸较小、防护能力弱,根据碰撞的能量质量比公式可知,较小的碎片就能对卫星产生威胁。若使用 Cube 模型碰撞概率计算方法或 I - Cube 模型碰撞概率计算方法进行碰撞计算,则计算结果会不准确。因此,提出了泊松统计模型。

泊松统计模型碰撞概率计算方法首先计算空间中各轨道高度的空间碎片通量,然后根据卫星星座各轨道高度空间碎片通量求出平均碰撞次数,最后基于平均碰撞次数使用指数模型求解出碰撞概率。卫星星座平均碰撞次数

$$N_{\mathrm{const}} = \sum_{i=1}^{A} F_i A_c t \tag{1-7}$$

其中,F_i 为不同时间的碎片通量,A_c 为卫星横截面积,t 为停留时间。低轨大规模卫星星座卫星大多为立方体卫星,已知立方体卫星长度为 L、宽度为 W,空间碎片半径为 r_D,卫星数量为 N,低轨大规模卫星星座立方体的组合截面[44] 为

$$A_c = N(LW + \pi r_\mathrm{D}^2 + 2r_\mathrm{D}W + 2r_\mathrm{D}L) \tag{1-8}$$

低轨大规模卫星星座至少发生一次碰撞的概率为

$$P_{\geqslant 1\mathrm{const}} = 1 - \mathrm{e}^{-N_{\mathrm{const}}} \tag{1-9}$$

不同碰撞概率分析方法的比较如表 1-5 所列。

表 1-5   不同碰撞概率分析方法的比较

碰撞概率分析方法	优 点	缺 点
Öpik 方法	计算精度高,能量化目标间的碰撞风险	计算复杂度随目标数量二阶增长,计算精度受误差变化影响大
Cube 模型碰撞概率计算方法	配对快速、适用性广	随着立方体大小选择精度会降低,没有考虑轨道动力学约束
I-Cube 模型碰撞概率计算方法	考虑了与相邻立方体的碰撞,采用严格表达式计算,碰撞概率计算精度高	计算复杂度和时间增加
PIB 模型碰撞概率计算方法	能够计算不同密度空间碎片的碰撞概率,计算资源需求小	计算准确度受空间密度分布均匀性影响
碰撞泊松统计模型碰撞概率计算方法	原理简单、计算快速,能够计算卫星星座不同时间段内的碰撞概率,能求解不同次数碰撞概率	时间越短,模型越不准确

1.3.6   低轨大规模卫星星座的卫星碰撞和离轨控制

由于低轨大规模卫星星座的大量部署强调降低成本和批量化生产,因此卫星星座卫星的故障率可能会提升,这可能导致空间碎片增加,威胁太空环境。例如星链卫星星座首先发射的 60 颗卫星中就有 3 颗卫星发生故障无法工作,这样的故障率可能使得整个计划的 600 颗卫星成为空间碎片,严重影响卫星星座的安全性。针对空间碎片,卫星需要进行有效规避,以免受到撞击。姚党鼐等人[121]提出了一种近距离自主规避以躲避无意识飞行的空间目标的机动策略。GUO X 等人[122]着重分析了航天器避碰的径向和轨迹分离方法,揭示了分离效果与控制量、控制位置和控制时间的关系。

此外,摄动力和轨道初始误差的相互作用会引起摄动力碰撞,卫星入轨、轨道维持、碰撞规避以及离轨处置等机动过程和观测误差等造成卫星位置不确定会引起非摄动力碰撞[123]。闫野等人[124]分析了赤道上空的严格碰撞现象,研究了卫星星座内部卫星间相对距离的变化规律,建立了广义的碰撞检测数学模型。刘广军等人[125]研究了卫星星座中卫星发生碰撞的机会和碰撞概率的问题,并从系统设计角度提出了减小卫星碰撞概率的措施,包括在保证卫星站位没有重叠的同时使卫星间的最小间隔最大化,合理处置在轨报废卫星,减少卫星星座的轨道数量,调整轨道倾角和相位并尽量增大卫星通过轨道面相交处的时间间隔。

文献[126]通过引入碰撞概率增加百分比,以评估低轨大规模卫星星座对环境的影响。对于低轨大规模卫星星座,如果被弃置的卫星不立即或在相对较短的时间内脱离轨道,则低地球轨道上的碰撞概率将进一步增加。因此,对于低轨大规模卫星星座,应尽可能提高卫星任务后处置成功率,使卫星的离轨阶段相当短或者完全受控,以避免成百上千的废弃卫星长期停留在轨道上。卫星在较高的低地球轨道高度上运行通常需要采取主动措施,即近地卫星在使命完成以后进行离轨机动。肖业伦等人[127]通过研究卫星的轨道参数、离轨机动的代价与存在寿命的关系来解决离轨机动问题。SMITH B G A 等人[128]通过研究寻求一种简单的机制(电离层阻力),使得微型航天器从高的低地球轨道高度脱离轨道,以符合减轻轨道碎片的准则。李玖阳等人[129]提出了基于增广拉格朗日粒子群算法的低轨卫星小推力离轨最优控制算法,用于解决低轨卫星小推力求解问题。王立武等人[130]提出了先利用空间绳网捕获废弃目标,再通过充气式增阻离轨方式进行被动离轨的方案。针对由于卫星设计或者故障而无法控制再入的卫星,重点是尽量减少卫星停留时间,以便快速将卫星移出轨道。铱星公司开发并实施了一项脱轨计划,以高效、合作和负责任的方式安全脱离了 64 颗卫星,完成了卫星星座的更新升级[131]。铱星离轨流程如图 1-20所示。

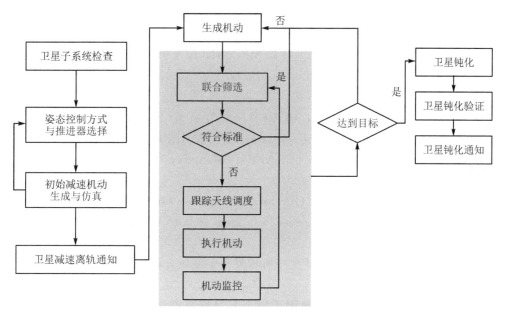

图 1-20 铱星离轨流程

参考文献

[1] 张育林. 卫星星座理论与设计[M].北京:科学出版社,2008.

[2] 楼益栋,郑福,龚晓鹏,等.QZSS 系统在中国区域增强服务性能评估与分析[J].

武汉大学学报(信息科学版),2016,41(3):298-303.

[3] 张琳.IRNSS 卫星导航系统性能分析[J].测绘科学,2018,43(11):27-32.

[4] 刘帅军,徐帆江,刘立祥,等.Starlink 第一期星座发展历程及性能分析[J].卫星与网络,2020(9):46-49.

[5] 李倬,周一鸣.美国 OneWeb 空间互联网星座的发展分析[J].卫星应用,2018(10):52-55.

[6] 刘帅军,胡月梅,刘立祥.低轨卫星星座 Kuiper 系统介绍与分析[J].卫星与网络,2019,200(12):66-71.

[7] SAFYAN M. Planet's dove satellite constellation[M]//. PELTON J N, MADRY S. Handbook of small satellites: technology, design, manufacture, applications, economics and regulation. Berlin: Springer, 2020: 1-17.

[8] 谢卓成.铱星 STL 信号体制及性能研究[D].武汉:华中科技大学,2019:10-30.

[9] 王韵涵,张祎莲,武珺,等.2022 年国外通信卫星发展综述[J].国际太空,2023(3):11-15.

[10] 吴珏人.美商业遥感卫星军事应用研究[D].长沙:国防科技大学,2019:16-18.

[11] ABASHIDZE A, CHERNYKH I, MEDNIKOVA M. Satellite constellations: international legal and technical aspects[J]. Acta astronautica, 2022, 196: 176-185.

[12] MILLER N S, KOZA J T, MORGAN S C, et al. SNAP: a xona Space systems and GPS software-defined receiver[C]//IEEE/ION position, location and navigation symposium (PLANS). Monterey, CA, USA: IEEE, 2023: 897-904.

[13] RAINBOW J. Xona to test GPS-alternative demo satellite with customer[EB/OL]. 2022-6-7. https://spacenews. com/xona-to-test-gps-alternative-demo-satellite-with-customer/.

[14] 王柏林,李佳.低轨互联卫星发展历程及气象领域合作模式展望[J].气象科技进展,2021,11(1):19-27.

[15] 江旭东,陈潇,马满帅,等.典型低轨卫星星座导航增强性能对比性评估研究[J].全球定位系统,2021,46(2):49-55.

[16] 张景熙,金媛,BENNEY.吉利未来出行星座建设进展及应用展望[J].卫星应用,2022,128(8):24-28.

[17] 李贝贝.吉林一号卫星星座[J].卫星应用,2020,99(3):78.

[18] 佚名."灵鹊"报喜！中国商业航天企业发布自主遥感星座计划[J].卫星与网络,2018(4):70-71.

[19] 佚名.国星宇航[J].国防科技工业,2019(1):24-25.

[20] 张小红,马福建.低轨导航增强 GNSS 发展综述[J].测绘学报,2019,48(9):

1073-1087.

[21] 王尔申，张晴，曲萍萍，等. 基于马尔可夫过程的 GNSS 星座可用性评估[J]. 系统工程与电子技术，2017，39(4)：814-820.

[22] 郑恒，李海生，杨卓鹏. 卫星导航系统星座可用性分析[J]. 航天控制，2011，29(3)：87-97.

[23] WANG H，GU Z，ZHANG Z，et al. Satellite constellation reconfiguration method using improved PSO algorithm for communication and navigation[J]. Journal of physics：conference series，2021，2033(1).

[24] YI H，LEI W，WENJU F，et al. LEO navigation augmentation constellation design with the multi-objective optimization approaches[J]. Chinese Journal of Aeronautics，2021，34(4)：265-278.

[25] ZHENG C，ZHAO B，GUO D. A local high-capacity LEO satellite constellation design based on an improved NSGA-Ⅱ algorithm[C]//Wireless and satellite systems：11th EAI international conference. 2021：391-403.

[26] DAI C Q，ZHANG M，LI C，et al. QoE-aware intelligent satellite constellation design in satellite internet of things[J]. IEEE internet of things journal，2020，8(6)：4855-4867.

[27] BUZZI P G，SELVA D. Multi-objective evolutionary formulations for design of hybrid Earth observing constellations[J]. acta astronautica，2022，200：420-434.

[28] 姜兴龙，姜泉江，刘会杰，等. 采用改进非支配邻域免疫算法的低轨混合星座设计优化[J]. 宇航学报，2014，35(9)：1007-1014.

[29] GE H，LI B，JIA S，et al. LEO enhanced global navigation satellite system (LeGNSS)：progress，opportunities，and challenges[J]. Geo-spatial information science，2022，25(1)：1-13.

[30] GE H，LI B，NIE L，et al. LEO constellation optimization for LEO enhanced global navigation satellite system (LeGNSS)[J]. Advances in space research，2020，66(3)：520-532.

[31] GE H，LI B，GE M，et al. Combined precise orbit determination for high-，medium-，and low-orbit navigation satellites[C]//China satellite navigation conference (CSNC) 2017 proceedings：Volume Ⅲ. Berlin：Springer，2017：165-180.

[32] GE H，LI B，GE M，et al. Improving low Earth orbit (LEO) prediction with accelerometer data[J]. Remote sensing，2020，12(10)：1599-1623.

[33] LI B，GE H，GE M，et al. LEO enhanced global navigation satellite system (LeGNSS) for real-time precise positioning services[J]. Advances in space re-

search，2019，63(1)：73-93.

[34] GUAN M，XU T，GAO F，et al. Optimal walker constellation design of LEO-based global navigation and augmentation system[J]. Remote sensing，2020，12(11)：1845-1883.

[35] LIU J，HAO J，YANG Y，et al. Design optimisation of low earth orbit constellation based on BeiDou Satellite Navigation System precise point positioning[J]. IET radar，sonar & navigation，2022，16(8)：1241-1252.

[36] MA F，ZHANG X，LI X，et al. Hybrid constellation design using a genetic algorithm for a LEO-based navigation augmentation system[J]. GPS solutions，2020，24：1-14.

[37] 杨盛庆,杜耀珂,贾艳胜,等.基于约化相对轨道拟平根数的长期稳定高精度卫星编队导航技术[J].空间控制技术与应用,2017,43(1):30-35.

[38] 孙俞,沈红新.基于 TLE 的低轨巨星座控制研究[J].力学与实践,2020,42(2):156-162.

[39] 胡松杰,陈立,刘林.卫星星座的结构演化[J].天文学报,2003,44(1):46-54.

[40] 李恒年,李济生,焦文海.全球星摄动运动及摄动补偿运控策略研究[J].宇航学报,2010,31(7):1756-1761.

[41] 姜宇.Walker 星座摄动分析与保持控制策略[J].空间控制技术与应用,2013,39(2):36-41.

[42] 陈雨.低轨 Walker 星座构型演化及维持策略分析[J].宇航学报,2019,40(11):1296-1303.

[43] LAMY A，PASCAL S. Station keeping strategies for constellations of satellites[J]. Spaceflight dynamics,1993,84:819-833.

[44] ULYBYSHEV U. Long-term formation keeping of satellite constellation using linear-quadratic controller[J]. Journal of guidance control and dynamics,1998,21(1):109-115.

[45] MARCELO E,OLIVERIRA L,ALMEIDA P. Multiobjective optimization approach applied to station keeping of satellite constellations[C]// Proceedirgs of the AAS /AIAA astrodynamics specialist conference. Quebec,Canada:[s.n.],2001.

[46] 杨盛庆.连续小推力条件下星座轨道机动方法研究[J].中国空间科学技术,2020,40(4):69-77.

[47] 杨大林.地球轨道卫星电推进变轨控制方法[J].航天器环境工程,2007,24(2):88-94.

[48] 李俊峰,蒋方华.连续小推力航天器的深空探测轨道优化方法综述[J].力学与实践,2011,33(3):1-6.

[49] 王功波.基于连续小推力的航天器轨道设计与控制方法研究[D].长沙:国防科技大学,2011.

[50] 王石.卫星轨道控制与轨道确定算法研究[D].长沙:国防科技大学,2002.

[51] 于彦君.J_2摄动下微推力小卫星自主集群动力学建模与优化控制[D].哈尔滨:哈尔滨工业大学,2020.

[52] JAN A, KING N J B. Method and apparatus for deploying a satellte network. U S 5199672[P]. 1993-04-06.

[53] MCGRATH C N, MACDONALD M. General perturbation method for satellite constellation deployment using nodal precession[J]. Journal of guidance, control, and dynamics, 2020, 43(4): 814-824.

[54] CHOW N, GRALLA E, KASDIN NJ. Low Earth orbit constellation design using the Earth-Moon L1 point[J]. [2015-04-29].

[55] JENKINS M G, KREJCI D, LOZANO P. CubeSat constellation management using ionic liquid electrospray propulsion[J]. Acta astronautica, 2018, 151: 243-252.

[56] CRISP N, SMITH K, HOLLINGSWORTH P. An integrated design methodology for the deployment of constellations of small satellites[J]. The aeronautical journal, 2019, 123(1266): 1193-1215.

[57] CERF M. Low-thrust transfer between circular orbits using natural precession[J]. Journal of guidance, control, and dynamics, 2016, 39(10): 2232-2239.

[58] CASALINO L, COLASURDO G. Improved Edelbaum's approach to optimize low earth/geostationary orbits low-thrust transfers[J]. Journal of guidance, control, and dynamics, 2007, 30(5): 1504-1511.

[59] PONTANI M, TEOFILATTO P. Deployment strategies of a satellite constellation for polar ice monitoring[J]. Acta astronautica, 2022, 193: 346-356.

[60] DI PASQUALE G, SANJURJO-RIVO M, GRANDE D P. Optimization of constellation deployment using on-board propulsion and Earth nodal regression[J]. Advances in space research, 2022, 70(11): 3281-3300.

[61] 刘思阳,蒙涛,雷家坤,等. 微纳卫星星座的 Kuhn-Munkres 匹配部署优化方法[J]. 宇航学报,2021,42(7):895-906.

[62] 白雪,王丹丹,白照广,等. 低轨大规模星座概念研究与分阶段部署方案[J]. 南京航空航天大学学报,2022,54(增刊):1-8.

[63] ANDERSON J F, CARDIN M A, GROGAN P T. Design and analysis of flexible multi-layer staged deployment for satellite mega-constellations under

demand uncertainty br[J]. Acta astronautica，2022,198(9)：179-193.

[64] De Weck O L，Neufville R D，Chaize M. Staged Deployment of Communications Satellite Constellations in Low Earth Orbit[J]. Journal of Aerospace Computing Information and Communication，2004，1(3)：119-136.

[65] MORANTEA D，HERMOSiNA P，DI CORATOB R，et al. Low-thrust trajectory optimization and autonomy analysis for a medium-earth-orbit constellation deployment[J]. 2022：1236-1258.

[66] 韩潮,谭田,杨宇.编队飞行卫星群构型保持及初始化[J].中国空间科学技术，2003(2):54-60.

[67] 王兆魁,张育林.分布式卫星群构型初始化控制策略[J].宇航学报,2004(3):334-337.

[68] 李亚菲,刘向东,肖余之.圆参考轨道相对动力学方程的亚轨道周期解[J].航天控制,2013,31(6):50-55.

[69] 雷博持,郑建华,李明涛.椭圆轨道编队构型的初始化控制研究[J].空间科学学报,2015,35(1):86-93.

[70] 李果.三颗冻结轨道卫星构成的星座轨道控制策略[J].控制工程,1994(5):49-54.

[71] 张洪华,李鸿铭,邹广瑞,等.圆轨道星座位置保持控制的仿真与研究[J].中国空间科学技术,2000(6):18-25.

[72] 杨晓龙,刘忠汉.基于覆盖性能的Walker-δ星座构型保持[J].空间控制技术与应用，2012，38(2):53-57.

[73] 孙俞,曹静,伍升钢,等.大型低轨星座自适应绝对站位保持方法[J].力学与实践,2021,43(5):680-686.

[74] LEE H W，JAKOB P C，KOKI H，et al. Optimization of satellite constellation deployment strategy considering uncertain areas of interest[J]. Acta astronautica，2018，153:213-228.

[75] 于小红,冯书兴.区域观察小卫星星座重构方法研究[J].宇航学报，2003(2):168-172.

[76] APPEL L，GUELMAN M，MISHNE D. Optimization of satellite constellation reconfiguration maneuvers[J]. Acta astronautica，2014,99:166-174.

[77] WANG J，ZHANG J，CAO X，et al. Optimal satellite formation reconfiguration strategy based on relative orbital elements[J]. Acta astronautica，2012，76:99-114.

[78] MAHDI F，MAJID B，MAHSHID S. Optimal design of the satellite constellation arrangement reconfiguration process[J]. Advances in space research，2016，58(3):372-386.

[79] PAEK S，KIM S，DE W O. Optimization of reconfigurable satellite constellations using simulated annealing and genetic algorithm[J]. Sensors，2019，19（4）:765.

[80] 胡伟,王劼. 基于遗传算法的全球导航星座重构研究[J]. 宇航学报,2008(6):1819-1823.

[81] 赵双,张雅声,戴桦宇. 基于快速响应的导航星座重构构型设计[J]. 空间控制技术与应用,2018,44(4):29-36.

[82] 李玖阳,胡敏,王许煜,等.考虑燃料消耗均衡性的低轨通信星座在轨星座构型重构方法研究[J].中国空间科学技术,2021,41(4):95-101.

[83] WAGNER K M，BLACK J T. Genetic-algorithm-based design for rideshare and heterogeneous constellations[J]. Journal of spacecraft and rockets，2020(1):1-12.

[84] 刘广军,张帅,沈怀荣.星座设计中的安全性问题研究[J].航天控制,2005(3):69-73.

[85] ANSELMO L，ROSS A，PARDINIC. Updated results on the long-term evolution of the space debris environment[J]. Advances in space research，1999，23(1): 201-211.

[86] LE MAY S，GEHLY S，CARTER B A，et al. Space debris collision probability analysis for proposed global broadband constellations[J]. Acta astronautica，2018，151(10.): 445-455.

[87] FOREMAN V L，SIDDIQI A，DE WECK O. Large satellite constellation orbital debris impacts:caseinvestigates of oneweb and spacex proposals[C]// Proceedings of AIAA space and astronautics forum and exposition. 2017: 5200.

[88] LINDSAY M. OneWeb:Overview[R]，2016.

[89] RADTKE J，KEBSCHULL C，STOLL E. Interactions of the space debris environment with mega constellations:using the example of the OneWeb constellation[J]. Acta astronautica，2017，131: 55-68.

[90] REILAND N，ROSENGREN A J，MALHOTRA R，et al. Assessing and minimizing collisions in satellite mega-constellations[J]. Advances in space research，2021，67(11): 3755-3774.

[91] 庞宝君,王东方,肖伟科.小卫星星座爆炸解体对空间碎片环境影响分析[J].空间碎片研究,2018,18(3):7-15.

[92] 冯昊,田百义,张相宇.巨型商业星座发展对轨道资源影响探索[J].空间碎片研究,2021,21(2):40-45.

[93] WALKER R，STOKES P H，WILKINSON J E. Long-term collision risk prediction for low earth orbit satellite constellations[J]. Acta astronautica，

2000，47(2/9)：707-717.

[94] ROSSI A，VALSECCHI G B，FARINELLA P. Risk of collisions for constellation satellites[J]. Nature，1999，399(6738)：743-743.

[95] FLEGEL S，GELHAUS J，WIEDEMANN C，et al. The MASTER-2009 space debris environment model[C]//Fifth european conference on space debris. Darmstadt，Germany：European Space Agency/European Space Operations Centre，2009，672：1-8.

[96] ROSSI A，ANSELMO L，PARDINI C，et al. The new space debris mitigation (SDM 4.0) long term evolution code[C]//Proceedings of the fifth european conference on space debris. Noordwijk，The Netherlands：ESA communication production office，2009.

[97] DOLADO-PEREZ J C，DI－COSTANZO R，REVELIN B. Introducing medee：a new orbital debris evolutionary model[C]//6th european conference on space debris. 2013：978-984.

[98] LIOU J C. Collision activities in the future orbital debris environment[J]. Advances in space research，2006，38(9)：2102-2106.

[99] WANG X W，LIU J. An introduction to a new space debris evolution model：SOLEM[J]. Advances in astronomy，2020,40(3)；349-356.

[100] SáNCHEZ A H，SOARES T，WOLAHAN A. Reliability aspects of mega-constellation satellites and their impact on the space debris environment [C]//2017 annual reliability and maintainability symposium (RAMS). Orlanclo,FL,USA：IEEE，2017：1-5.

[101] PARDINI C，ANSELMO L. Environmental sustainability of large satellite constellations in low earth orbit[J]. Acta astronautica，2020，170：27-36.

[102] CHOBOTOV V A，HERMAN D E，JOHNSON C G. Collision and debris hazard assessment for a low-earth-orbit space constellation[J]. Journal of spacecraft and rockets，1997，34(2)：233-238.

[103] KAWAMOTO S，HIRAI T，KITAJIMA S，et al. Evaluation of space debris mitigation measures using a debris evolutionary model[J]. Transactions of the Japan society for aeronautical and space sciences，aerospace technology Japan，2018，16(7)：599-603.

[104] 李翠兰,欧阳琦,陈明,等.大型低轨航天器与星座卫星的碰撞风险研究[J].宇航学报,2020,41(9);1158-1165.

[105] KESSLER D J. Collisional cascading：the limits of population growth in low earth orbit[J]. Advances in space research，1991，11(12)：63-66.

[106] VIRGILI B B，DOLADO J C，LEWIS H G，et al. Risk to space sustainabili-

ty from large constellations of satellites[J]. Acta astronautica，2016，126(9/10)：154-162.

[107] CHEN C，YANG W L，GONG Z Z，et al. Analysis of the impact of large constellations on the space debris environment and countermeasures[J]. Aerospace Cina，2020，21(2)：16-22.

[108] HARDY B P. Long-term effects of satellite megaconstellations on the debris environment in low earth orbit[D]. 2020.

[109] LEWIS H G. Evaluation of debris mitigation options for a large constellation [J]. Journal of space safety engineering，2020，7(3)：192-197.

[110] 沈丹，刘静. 卫星发射对空间碎片环境影响分析[J]. 空间科学学报，2020，40(3)：349-356.

[111] 沈丹，刘静. 大型低轨星座部署对空间碎片环境的影响分析[J]. 系统工程与电子技术，2020，42(9)：2041-2051.

[112] SOMMA G L，LEWIS H G，COLOMBO C. Sensitivity analysis of launch activities in low earth orbit[J]. Acta astronautica，2019，158：129-139.

[113] DOLADO-PEREZ J C，REVELIN B，DI-COSTANZO R. Sensitivity analysis of the long-term evolution of the spacedebris population in LEO[J]. Journal of space safety engineering，2015，2(1)：12-22.

[114] DOLADO-PEREZ J C，CARMEN P，LUCIANO A. Review of uncertainty sources affecting the long-term predictions of space debris evolutionary models[J]. Acta astronautica，2015，113：51-65.

[115] ROSSI A，ALESSI E M，VALSECCHI G B，et al. A quantitative evaluation of the environmental impact of the mega constellations[C]//7th european conference on space debris. Darmstadt：ESA space debris office，2017.

[116] ÖPIK E J. Collision probabilities with the planets and the distribution of interplanetary matter[J]. Proceedings of the royal Irish academy，section A：mathematical and physical sciences，1951，54：165-199.

[117] 王晓伟，刘静，崔双星. 一种应用于空间碎片演化模型的碰撞概率算法[J]. 宇航学报，2019，40(4)：482-488.

[118] ROSSI A，FARINELLA P. Collision rates and impact velocities for bodies in low Earth orbit[J]. ESA journal，1992，16(3)：339-348.

[119] ROSSI A，VALSECCHI G B. Collision risk against space debris in Earth orbits[J]. Celestial mechanics and dynamical astronomy，2006，95(1)：345-356.

[120] ANSELMO L，PARDINI C. Dimensional and scale analysis applied to the preliminary assessment of the environment criticality of large constellations

inLEO[J]. Acta astronautica，2019，158：121-128.

[121] 姚党鼐，王振国.航天器在轨防碰撞自主规避策略[J].国防科技大学学报，2012，34(6)：100-103.

[122] GUO X，XU X，LIN H，et al. Study on Quick Selection Technology of Low-Orbit Spacecraft Collision-Avoidance Strategy[C]// JIA Y M，DU J P. Proceedings of 2019 Chinese intelligent systems conference. Berlin：Springer，2020：318-324.

[123] 云朝明,胡敏,宋庆雷,等.巨型低轨星座安全性研究及其规避机动策略综述[J].空间碎片研究,2020,20(3)：17-23.

[124] 闫野，任萱.关于星座设计中碰撞检测问题的探讨[J].中国空间科学技术，1999(6)：3-5.

[125] 刘广军，沈怀荣.星座设计中避免卫星碰撞问题的研究[J].航天控制， 2004，22(6)：66-70.

[126] PARDINI C，ANSELMO L. Environmental sustainability of large satellite constellations in low earth orbit[J]. Acta astronautica，2020，170：27-36.

[127] 肖业伦，李晨光，陈绍龙.近地卫星和星座离轨机动研究[J].空间科学学报，2006(2)：155-160.

[128] SMITH B G A，CAPON C J，BROWN M，et al. Ionospheric drag for accelerated deorbit from upper low earth orbit[J]. Acta astronautica，2020，176：520-530.

[129] 李玖阳,胡敏,王许煜,等.基于 ALPSO 的低轨卫星小推力离轨最优控制方法[J].系统工程与电子技术,2021,43(1)：199-207.

[130] 王立武,刘安民,许望晶,等.一种低轨废弃目标的捕获与回收方案[J].中国空间科学技术,2021,41(1)：84-90.

[131] EVERETTS W，ROCK K，IOVANOV M. Iridium deorbit strategy，execution，and results[J]. Journal of space safety engineering，2020，7(3)：351-357.

第 2 章
低轨大规模卫星星座控制动力学理论

在低轨大规模卫星星座的初始化建立和构型保持过程中,卫星会受到各种摄动力的影响,主要摄动源包括地球非球形引力、大气阻力、太阳光压、日月三体引力等。各摄动力对卫星轨道要素产生不同程度的摄动影响(包括长期、长周期和短周期等),导致卫星轨道要素呈现不同的摄动规律,因此需要建立卫星星座轨道控制摄动模型,分析卫星星座初始化和卫星星座维持控制策略的可行性。

受发射部署和卫星测控系统能力条件的影响,卫星初始轨道参数捕获和发射入轨存在一定的偏差。在卫星星座运行过程中,各卫星之间的相对位置会产生漂移,卫星逐渐偏离最初的设计轨道,使卫星星座几何构型遭到破坏,卫星星座性能会不断下降,因此需要对低轨卫星星座的稳定性进行研究。

本章首先介绍 Walker 星座及常用坐标系定义;然后详细介绍地球非球形 J_2 项摄动、大气阻力和连续小推力数学模型,通过仿真实验得到不同轨道高度卫星星座的卫星升交点赤经、相位相对漂移曲线;最后通过考虑轨道要素初始偏差,建立卫星星座轨道要素摄动变分方程,量化分析卫星星座整体构型稳定性,为后续的低轨大规模卫星星座控制策略的研究奠定基础。

2.1 Walker 星座及常用坐标系定义

为了清楚地描述和分析卫星星座模型,本节对 Walker 星座及常用坐标系进行定义与说明。

2.1.1 Walker 星座

Walker 星座可以用构型码 $N/P/F$ 表示,其中,N 表示卫星星座中卫星总数量,P 表示卫星星座总轨道面数,F 表示卫星星座相邻轨道面卫星的相位因子。

定义低轨大规模卫星星座中卫星为 (i,j),它表示第 i 轨道面中的第 j 颗卫星。其中

$$i \leqslant P, \quad j \leqslant \frac{N}{P} \qquad (2-1)$$

设第 1 个轨道面第 1 颗卫星 $(1,1)$ 的轨道六根数分别为半长轴 a_{11}、偏心率 e_{11}、

轨道倾角 i_{11}、近地点幅角 ω_{11}、升交点赤经 Ω_{11}、初始相位 λ_{11}。根据 Walker 星座的定义,卫星 (i,j) 的升交点赤经

$$\Omega_{ij} = \text{floor}\left(S-1, \frac{S}{P}\right)\frac{2\pi}{P} + \Omega_{11} \tag{2-2}$$

卫星 (i,j) 的初始相位

$$\lambda_{ij} = \text{mod}\left(S-1, \frac{S}{P}\right)\frac{2\pi P}{S} + \text{floor}\left(S-1, \frac{S}{P}\right)\frac{2\pi F}{S} + \lambda_{11} \tag{2-3}$$

其中,$\text{floor}(a,b)$ 表示 a 除以 b 后向下取整;$i = 1,2,\cdots,S$;$j = 1,2,\cdots,S$;$F = 0,1,\cdots,$ $P-1$;Ω_{11} 表示卫星星座第 1 个轨道面第 1 颗卫星的升交点赤经;λ_{11} 表示卫星星座第 1 个轨道面第 1 颗卫星的初始相位。

以国内某低轨 Walker 星座为例,其构型为增强型 21/6/2Walker 星座,卫星发射入轨方式为一箭三星。布局安排是:01,02,03 批次 9 颗卫星均匀分布在 3 个轨道面上形成 9/3/2 标准 Walker 星座;04 批次的 3 颗卫星被发射到 03 批次卫星所在的轨道面内,并均匀布置在 2 颗卫星之间,构成 12/3/2 增强 Walker 星座;05,06,07 批次卫星所在轨道面分别位于前三批次卫星两两轨道面之间,且每个轨道面上的 3 颗卫星均匀分布。按照卫星星座构型设计,增补的三批次卫星与 01,02,03 及 04 批次卫星形成 21/6/2 的增强型 Walker 星座,实现对全球的均匀覆盖。6 个轨道面的升交点赤经(Ω_1、Ω_2、Ω_3、Ω_4、Ω_5、Ω_6)相差 $60°$,如图 2-1 所示。

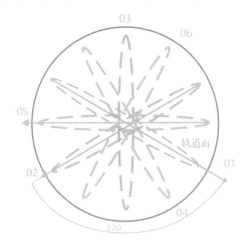

图 2-1 增强型 21/6/2Walker 星座轨道面部署示意图

2.1.2 常用坐标系定义

常用坐标系有 J2000 地心惯性坐标系、J2000 轨道混合坐标系和卫星质心轨道坐标系。

1. J2000 地心惯性坐标系

地心惯性坐标系的坐标原点为地球质心,根据 X 轴指向的历元时间可分为不同类型的地心惯性坐标系,常用于卫星轨道计算和太阳方位计算。

J2000 地心惯性坐标系的坐标原点为地球质心,X - Y 坐标面为 J2000.0 地球平赤道面,X 轴指向平春分点,Y 轴位于该标准历元的平赤道面内且与 X 轴垂直,Z 轴与 X 轴、Y 轴间满足右手定则。

2. J2000 轨道混合坐标系

J2000 轨道混合坐标系的原点为地球质心,X 轴指向 J2000.0 平春分点在真赤道上的投影。该点位于真春分点以东($\mu + \Delta\mu$)处,可以看成瞬时赤道上的一个"假想点"。其中 μ 为观测时刻距离 J2000.0 的赤经岁差,$\Delta\mu$ 为观测时刻的赤经章动。

3. 卫星质心轨道坐标系

卫星质心轨道坐标系的坐标原点为卫星质心 P,径向坐标轴(S)沿卫星矢径方向、正方向为地心指向卫星的方向;横向坐标轴(T)位于轨道面内,与径向坐标轴垂直,且以卫星运动方向为正方向;法向坐标轴(W)沿轨道面法线方向,正方向与轨道面正法向相同。卫星质心轨道坐标系是卫星在轨姿态确定的参考坐标系,它与地心惯性坐标系的关系如图 2-2 所示。

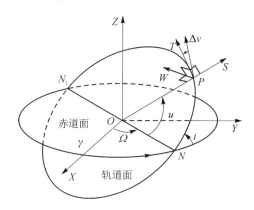

图 2-2　卫星质心轨道坐标系和地心惯性坐标系的关系

2.2　低轨大规模卫星星座轨道控制的摄动模型

低轨卫星在空间运行过程中受到的各摄动力对卫星轨道根数的摄动影响可分为长期变化的、长周期变化的和短周期变化的。轨道半长轴短期主要受地球引力摄动影响,按轨道周期振荡,其平根数长期受大气阻力摄动影响。轨道偏心率短期主要受地球引力摄动影响,存在按轨道周期振荡项;其平根数长期受地球引力摄动和第三体引力摄动影响,存在长周期变化项。轨道升交点赤经平根数长期受地球引力摄动和第三体引力摄动影响,地球引力摄动和第三体引力摄动导致轨道升交点赤经平根数按照近似线性变化[1]。

由于低轨大规模卫星星座的卫星的运行轨道高度较低,因此本节介绍的主要摄动源包括地球引力场、大气阻力和基于电推进发动机的连续小推力,分析的主要摄动模型包括地球非球形引力、大气阻力和连续小推力摄动数学模型。

2.2.1 摄动力模型建立

低轨卫星与中高轨卫星不同,除了受地球非球形摄动力这类保守力外,还受大气阻力这类非保守力影响。低轨卫星受到的主要摄动力包括地球非球形摄动力、大气阻力、太阳光压和日月三体引力,除此之外,还包括地球反辐射压、相对论效应和地球固体潮等,由于这些摄动力产生的加速度量级相对于主要摄动力产生的加速度量级小得多,因此在低轨卫星摄动力影响分析中不予考虑。图 2-3 给出了低轨卫星摄动加速度量级随轨道高度的变化情况。

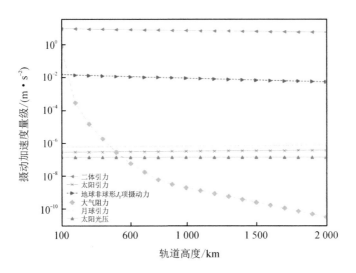

图 2-3 低轨卫星摄动加速度量级随轨道高度的变化情况

从图 2-3 中可以看出,地球非球形 J_2 项摄动力是主要摄动力;在轨道高度小于 600 km 的情况下,大气阻力大于太阳光压、日月三体引力;由于大气密度随着轨道高度的增加呈指数趋势衰减,因此大气阻力随着轨道高度的增加而迅速减小,当轨道高度大于 900 km 时,大气阻力可忽略不计;太阳光压、日月三体引力在 100～2 000 km 变化不大。低轨卫星的轨道高度普遍在 100～2 000 km,所受摄动力主要为地球非球形 J_2 项摄动力、大气阻力、太阳光压和日月三体引力,摄动加速度为

$$\boldsymbol{a}_{sum} = \boldsymbol{a}_0 + \boldsymbol{a}_{J_2} + \boldsymbol{a}_S + \boldsymbol{a}_M + \boldsymbol{a}_{sr} + \boldsymbol{a}_{atmo} \tag{2-4}$$

其中，a_0 表示地球中心引力项；a_{J_2} 表示地球非球形摄动项；a_S、a_M 分别表示太阳、月球引力摄动项；a_{sr} 表示太阳光压摄动项；a_{atmo} 表示大气阻力摄动项。

图 2-3 和式（2-4）从整体上分析了低轨卫星所受摄动力类型，实际的摄动力计算公式更为复杂。下面具体分析各摄动力对卫星产生的摄动。

1. 地球非球形 J_2 项摄动

在理想二体运动中，地球被视为质量均匀的球体，其引力场可被视为由质点产生的引力场。但实际上地球是一个不规则的扁球体，质量分布不均匀，而且地球一直在自转，在地球引力场范围内任意点的引力位都在不断变化。地心固连坐标系（Earth-Centered，Earth-Fixed，ECEF）简称地固系，是一种以地心为原点的地球固连坐标系（也称地球坐标系），同时也是一种笛卡尔坐标系。原点 O 为地球质心，z 轴与地轴平行指向北极点，x 轴指向本初子午线与赤道的交点，y 轴垂直于 xOy 平面（即东经90°与赤道的交点）构成右手坐标系，在地球固连坐标系下空间各点的引力位固定，引力位函数[2] 为

$$V(r,\varphi,\lambda) = \frac{\mu}{r}\left[1 - \sum_{l=1}^{\infty} J_l \left(\frac{a_e}{r}\right)^l P_l(\sin\varphi) + \sum_{l=1}^{\infty}\sum_{m=1}^{l}\left(\frac{a_e}{r}\right)^l P_{lm}(\sin\varphi)(C_{lm}\cos m\lambda + S_{lm}\sin m\lambda)\right]$$

$$(2-5)$$

其中，地球引力常数 $\mu = 3.986 \times 10^{14}\ \text{m}^3/\text{s}^2$；$a_e$ 为地球参考椭球体的赤道半径；r、λ、φ 分别为卫星在地固坐标系的地心距、经度与纬度；l、m 分别是地球重力场模型的阶数和次数；P_l 和 P_{lm} 分别为勒让德多项式与缔合勒让德多项式；J_l 为带谐系数；C_{lm} 和 S_{lm} 为田谐系数。

在受摄运动问题中，引力位函数由两部分组成，即

$$V = V_0 + R \qquad (2-6)$$

其中，$V_0 = \mu/r$ 为中心引力项，R 为摄动位函数。J_2 为一阶摄动因素，将上述摄动位函数中 J_2 项有关部分代入拉格朗日型摄动方程，可得各平根数在 J_2 项影响下的变化率[3]，即

$$\begin{cases} \dfrac{\mathrm{d}a}{\mathrm{d}t} = 0 \\[2mm] \dfrac{\mathrm{d}e}{\mathrm{d}t} = 0 \\[2mm] \dfrac{\mathrm{d}i}{\mathrm{d}t} = 0 \\[2mm] \dfrac{\mathrm{d}\Omega}{\mathrm{d}t} = -\dfrac{3nJ_2 R_e^2}{2(1-e^2)^2 a^2}\cos i \\[2mm] \dfrac{\mathrm{d}\omega}{\mathrm{d}t} = \dfrac{3nJ_2 R_e^2}{4(1-e^2)^2 a^2}(5\cos^2 i - 1) \\[2mm] \dfrac{\mathrm{d}M}{\mathrm{d}t} = n - \dfrac{3nJ_2 R_e^2}{4(1-e^2)^{\frac{3}{2}} a^2}(1-3\cos^2 i) \end{cases} \qquad (2-7)$$

其中，a 为半长轴，e 为偏心率，i 为轨道倾角，Ω 为升交点赤经，ω 为近地点幅角，M 为平近点角，n 为轨道角速度。

卫星相位和升交点赤经的漂移主要跟卫星轨道高度和轨道倾角有关。图 2-4 所示为卫星升交点赤经漂移率沿轨道高度的变化曲线，图 2-5 所示为卫星相位漂移率沿轨道高度的变化曲线。

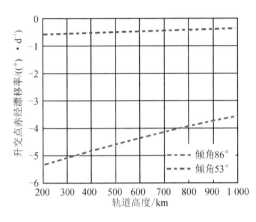

图 2-4 卫星升交点赤经漂移率沿
轨道高度的变化曲线

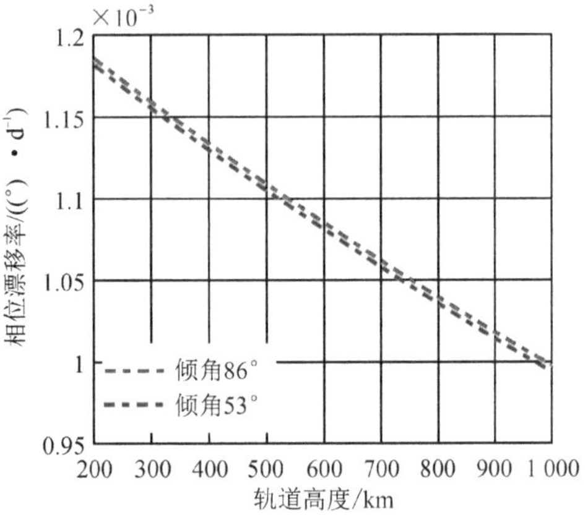

图 2-5 卫星相位漂移率沿轨道
高度的变化曲线

对于轨道倾角为 53° 的低轨大规模卫星星座，随着卫星轨道高度的增加，升交点赤经漂移率逐渐减小，相位漂移率呈大幅度线性减小趋势；对于轨道倾角为 86° 的大规模卫星星座，随着卫星轨道高度的增加，升交点赤经漂移率变化不大，相位漂移率呈大幅度线性减小趋势。因此，卫星轨道倾角是影响升交点赤经漂移的主要因素，卫星轨道高度变化在相位漂移过程中起主要作用。

2. 大气阻力摄动

地球大气特性随着高度不断变化，同时还受空间环境变化（如太阳风等）的影响，具体体现在大气密度的变化上。这些特性造成大气密度的不确定性，只能采取一定的模型（如 SA76、CIRA、MSIS 等大气密度模型）去估计。

对于低轨近圆轨道的卫星，大气阻力摄动主要会引起半长轴的衰减，进而引起相位的漂移。大气阻力引起的卫星半长轴的摄动主要取决于大气密度和卫星面质比，它在轨道周期内的变化率[3] 为

$$\dot{a} = -2\pi C_d \frac{S}{m} \rho a^2 \qquad (2-8)$$

其中，C_d 为大气阻力系数，S 为卫星迎风特征面积，m 为卫星质量，ρ 为卫星所在位置的大气密度。

　　大气密度随卫星轨道高度的增加而减小,其规律大致是随高度的增加呈指数递减的趋势。同时它也受太阳活动、季节变化、昼夜交替、光照条件、地磁场活动等因素的影响,其中太阳活动对大气密度的影响很大,主要通过太阳活动率(即太阳辐射指数 F10.7)来表示。太阳辐射指数 F10.7 长期预报公式[4]为

$$F = 145 + 75\cos\{\omega'(d - \varphi) + 0.35\sin[\omega'(d - \varphi)]\} \qquad (2-9)$$

其中,d 表示简约儒略日,ω'、φ 的取值分别为

$$\begin{cases} \omega' = 0.001\ 696 \\ \varphi = 44\ 605 \end{cases} \qquad (2-10)$$

　　随着太阳活动率(F10.7)的变化,大气密度将有周期约为 11 年的长周期变化,变化范围为 65~275。根据 10.7 cm 太阳射电流量的长期预报公式,太阳活动的第 25 个周期于 2019 年开始。2006—2031 年的 F10.7 变化规律如图 2-6 所示,变化范围为 70~150。

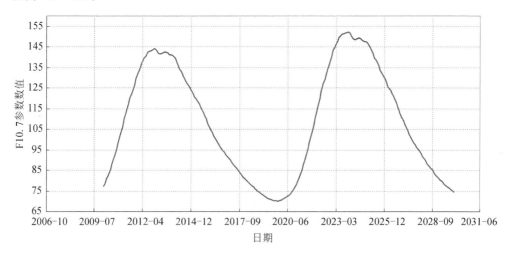

图 2-6　F10.7 参数变化规律

3. 日月三体引力对卫星产生的摄动加速度

　　其他天体对卫星产生的摄动称为第三体引力摄动。对于地球附近的卫星,第三体引力摄动主要是由太阳和月球引起的,卫星轨道越低,摄动力越小。图 2-7 为日月三体引力对卫星摄动作用的示意图,由于其他星体的距离较为遥远,因此可视为质点。太阳引力和月球引力对卫星产生的摄动加速度 a_S 和 a_M 的计算式[5]为

$$\boldsymbol{a}_S = -\mu_s\left(\frac{\boldsymbol{r} - \boldsymbol{r}_S}{|\boldsymbol{r} - \boldsymbol{r}_S|^3} + \frac{\boldsymbol{r}_S}{|\boldsymbol{r}_S|^3}\right)$$

$$\boldsymbol{a}_M = -\mu_m\left(\frac{\boldsymbol{r} - \boldsymbol{r}_M}{|\boldsymbol{r} - \boldsymbol{r}_M|^3} + \frac{\boldsymbol{r}_M}{|\boldsymbol{r}_M|^3}\right) \qquad (2-11)$$

其中,μ_S、μ_M 分别为太阳引力常数和月球引力常数,r 表示卫星在地心惯性坐标系中的位置矢量,$r-r_S$,$r-r_M$ 分别表示太阳、月球到卫星的位置矢量,日月位置可根据儒略日计算获得。

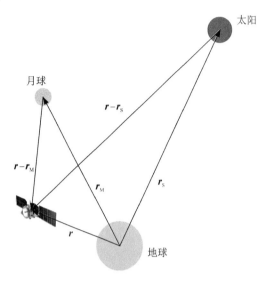

图 2-7 日月三体引力对卫星摄动作用的示意图

4. 太阳光压对卫星产生的摄动加速度

卫星在轨运行过程中,太阳光会照射在卫星表面,太阳光中的光子一部分被卫星表面吸收,一部分被反射,它们对卫星产生的压力称为太阳光压。太阳光压的大小与卫星表面的反射系数和面质比有关,卫星所受光压摄动加速度[4] 为

$$a_{sr} = \gamma P_S C_r r_S^2 \frac{S}{m} \frac{r-r_S}{|r-r_S|^3} \tag{2-12}$$

其中,γ 为阴影因子,当处于地影区域时 $\gamma=0$,当处于地影之外的光照区域时 $\gamma=1$;P_S 为太阳的辉光度;C_r 为卫星自身的光压系数。

2.2.2 卫星星座相对漂移摄动源分析

2.2.1小节分析总结了低轨卫星所受的摄动力。低轨卫星星座中各卫星的初始轨道参数具有一定差异,有些差异是 Walker 星座构型自身的结构差异,如同一轨道面内各卫星的初始相位不同、异轨道面升交点赤经不同等;有些差异由入轨偏差等因素造成。这些差异通过各种摄动力反映在 Walker 星座升交点赤经和相位的相对漂移上,造成卫星星座结构破坏,因此,需要通过仿真实验确定最主要的摄动力影响因素。卫星星座升交点赤经和相位相对漂移计算方法为

$$
\begin{cases}
\Delta\Omega_i = (\Omega_i - \Omega_i^*) - \dfrac{\displaystyle\sum_{i=1}^{N}(\Omega_i - \Omega_i^*)}{N} \\[3ex]
\Delta\lambda_i = (\lambda_i - \lambda_i^*) - \dfrac{\displaystyle\sum_{i=1}^{N/P}(\lambda_i - \lambda_i^*)}{N/P} \\[3ex]
\Delta\Omega_i' = \dfrac{\displaystyle\sum_{i=1}^{N}(\Omega_i - \Omega_i^*)}{N} \\[3ex]
\Delta\lambda_i' = \dfrac{\displaystyle\sum_{i=1}^{N/P}(\lambda_i - \lambda_i^*)}{N/P}
\end{cases}
\tag{2-13}
$$

其中，$\Delta\Omega_i$、$\Delta\lambda_i$ 为各卫星的升交点赤经和相位的相对漂移量；Ω_i、λ_i 为考虑摄动条件下各卫星的升交点赤经和相位；Ω_i^*、λ_i^* 为每颗卫星标称轨道的升交点赤经和相位；N 为卫星星座中卫星的数量；P 为轨道面数；$\Omega_i - \Omega_i^*$、$\lambda_i - \lambda_i^*$ 为卫星每颗卫星相对于标称卫星轨道的升交点赤经和相位的绝对漂移量；$\Delta\Omega_i'$、$\Delta\lambda_i'$ 为卫星星座的升交点赤经和相位的共同绝对漂移量，相当于在卫星星座升交点赤经方向和各轨道面内相位方向上转动 $\Delta\Omega_i'$、$\Delta\lambda_i'$。

实验采用 Python 进行仿真分析，轨道预报模型为长周期轨道预报（long-term orbit propagator，LOP），仿真时长为 365 天。根据 2.2.1 小节的分析可知，大气密度随轨道高度变化，因此，将卫星星座分为两组：第一组是轨道高度为 800 km、轨道倾角为 60°、构型为 24/3/1 的低轨 Walker 星座，第二组是轨道高度为 550 km、轨道倾角为 60°、构型为 24/3/1 的低轨 Walker 星座。两组卫星星座中的卫星参数如表 2-1 所列。

表 2-1 卫星参数

参 数	数 值
卫星质量/kg	1 000
大气阻力系数	2.3
大气阻力作用面积/m²	20
太阳光压系数	1.5
太阳光压作用面积/m²	20

对于低轨卫星，地球非球形 J_2 项摄动在所有摄动作用中占主导地位，因此，针对各卫星星座的实验可分为两组，一组只含有地球非球形 J_2 项摄动，另一组包含地球非球形 J_2 项摄动、大气阻力摄动、日月三体引力摄动和太阳光压摄动。

第一组卫星星座的相对漂移实验结果如图 2-8、图 2-9 所示。采用密切轨道要素定义卫星星座，因此相位的相对漂移量偏大[5]，图中不同颜色和线形代表不同的卫星与轨道面。从两组实验的实验结果可以看出，升交点赤经的相对漂移量和相位的相对漂移量均无大幅度变化,这说明地球非球形 J_2 项摄动在该卫星星座的相对漂移影响因素中占主要地位,其他摄动对其相对漂移几乎无影响。

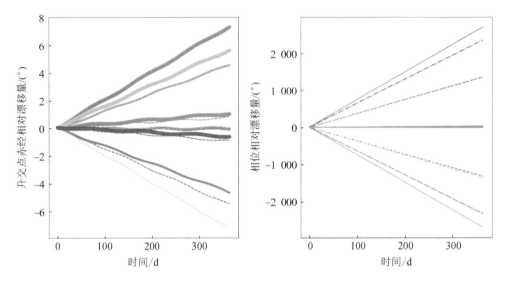

图 2 - 8　第一组卫星星座(只包含地球非球形 J_2 项摄动)的相对漂移实验结果

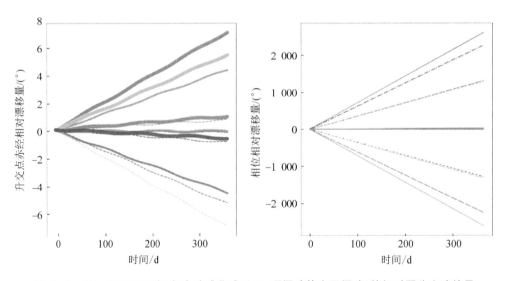

图 2 - 9　第一组卫星星座(包含地球非球形 J_2 项摄动等主要摄动)的相对漂移实验结果

　　第二组卫星星座的相对漂移实验结果如图 2 - 10、图 2 - 11 所示。该组卫星星座轨道高度较低,受大气阻力摄动的影响增大,升交点赤经和相位的相对漂移量整体上变化不大,相对漂移仍主要由地球非球形 J_2 项摄动引起,其他摄动(主要为大气阻力摄动)会使相对漂移量产生一定程度的增长,但幅度不大。

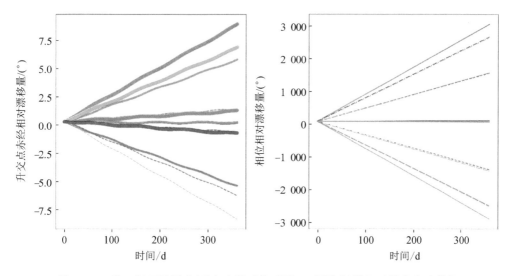

图 2 - 10　第二组卫星星座(只包含地球非球形 J_2 项摄动)的相对漂移实验结果

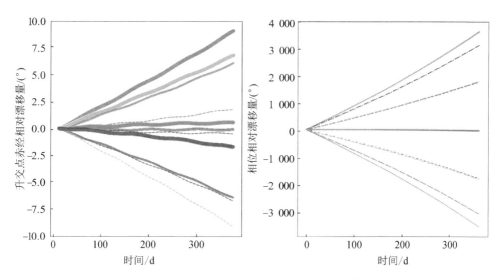

图 2 - 11　第二组卫星星座(包含地球非球形 J_2 项摄动等主要摄动)的相对漂移实验结果

以上实验验证了在大气阻力影响程度不同的两种轨道高度下低轨 Walker 星座的相对漂移情况,对于轨道高度在 550 km 以上的低轨 Walker 星座,地球非球形 J_2 项摄动在卫星星座相对漂移影响因素中占主导地位,大气阻力摄动的影响较小。在轨道高度 800 km 处升交点赤经和相位相对漂移的具体量级为 $0.1°$ 与 $10°$,在轨道高度 550 km 处升交点赤经和相位相对漂移的具体量级为 $1°$ 与 $100°$。因此,控制低轨 Walker 星座相对漂移,保证构型长期稳定性,应主要针对地球非球形 J_2 项摄动进行高精度补偿。

2.2.1小节与2.2.2小节根据低轨卫星力学环境特点分析了低轨卫星摄动力模型,具体分析了各摄动力的原理和摄动加速度的计算方法,并在此基础上设计了仿真实验,基于两种构型一致、轨道高度不同的低轨 Walker 星座对比地球非球形 J_2 项摄动和其他摄动对卫星星座升交点赤经与相位相对漂移的影响。结果表明:地球非球形 J_2 项摄动对卫星星座的相对漂移影响较大,是主要影响因素,随着轨道高度的降低,大气阻力摄动影响逐渐增大,但较地球非球形 J_2 项摄动影响仍为小量。

2.2.3　连续小推力下的轨道控制动力学方程

本小节分析连续小推力下卫星的轨道控制规律。不妨记推力发动机横向、径向、法向的控制力为 $(F_x, F_y, F_z)^T$,横向、径向和法向上所受控制力的加速度分量为 $(T, S, W)^T$,卫星轨道六根数为 $(a, e, i, \omega, \Omega, M)$,则在控制力 $(F_x, F_y, F_z)^T$ 作用下卫星轨道运动的摄动方程[6]为

$$
\begin{cases}
\dfrac{\mathrm{d}a}{\mathrm{d}t} = \dfrac{2}{n\sqrt{1-e^2}}\left[Se\sin f + T(1+e\cos f)\right] \\[2mm]
\dfrac{\mathrm{d}e}{\mathrm{d}t} = \dfrac{\sqrt{1-e^2}}{na}\left[S\sin f + T(\cos f + \cos E)\right] \\[2mm]
\dfrac{\mathrm{d}i}{\mathrm{d}t} = \dfrac{r\cos\mu}{na^2\sqrt{1-e^2}}W \\[2mm]
\dfrac{\mathrm{d}\Omega}{\mathrm{d}t} = \dfrac{r\sin\mu}{na^2\sqrt{1-e^2}\sin i}W \\[2mm]
\dfrac{\mathrm{d}\omega}{\mathrm{d}t} = \dfrac{\sqrt{1-e^2}}{nae}\left[-S\cos f + T\left(1+\dfrac{r}{p}\right)\sin f\right] - \cos i\,\dfrac{\mathrm{d}\Omega}{\mathrm{d}t} \\[2mm]
\dfrac{\mathrm{d}M}{\mathrm{d}t} = n - \dfrac{1-e^2}{nae}\left[-S\left(\cos f - 2e\dfrac{r}{p}\right) + T\left(1+\dfrac{r}{p}\right)\sin f\right]
\end{cases}
\tag{2-14}
$$

对于准圆轨道,考虑到偏心率较小,忽略小项,则得到简化的卫星连续小推力摄动方程为

$$
\begin{cases}
\Delta a = \dfrac{2}{n\sqrt{1-e^2}}\left[\Delta v_S e\sin f + \Delta v_T(1+e\cos f)\right] \\[2mm]
\Delta e = \dfrac{\sqrt{1-e^2}}{na}\left[\Delta v_S \sin f + \Delta v_T(\cos f + \cos E)\right] \\[2mm]
\Delta i = \dfrac{r\cos\mu}{na^2\sqrt{1-e^2}}\Delta v_W \\[2mm]
\Delta\Omega = \dfrac{r\sin\mu}{na^2\sqrt{1-e^2}\sin i}\Delta v_W \\[2mm]
\Delta\omega = \dfrac{\sqrt{1-e^2}}{nae}\left[-\Delta v_S\cos f + \Delta v_T\left(1+\dfrac{r}{p}\right)\sin f\right] - \Delta\Omega\cos i
\end{cases}
\tag{2-15}
$$

轨道控制时间 Δt 可通过求解下列微分方程得

$$\int_0^{\Delta t} \frac{F(t)}{m(t)} \mathrm{d}t = \Delta v \qquad (2-16)$$

其中，Δt 为轨道控制时间，单位为 s；$F(t)$ 为推力器推力，单位为 N；$m(t)$ 为卫星总质量，单位为 kg。

轨道控制的参考控制次数计算方法为

$$N = \mathrm{int}\left(\frac{\Delta t}{\Delta t_{\max}}\right) + 1 \qquad (2-17)$$

其中，N 为轨道控制的参考控制次数，无量纲；$\Delta t_{\max}$ 为单次轨道控制容许的最大时间，单位为 s。

2.3　低轨大规模卫星星座构型稳定性分析

在卫星星座的初始化建设中，卫星的发射部署受测控系统能力和卫星系统精度约束，存在轨道捕获误差和发射部署初态偏差，比如，由于火箭射入误差的影响，卫星星座初始轨道将存在相位和升交点赤经偏离标称值的初始偏差的情况。在卫星星座的构型保持中，轨道维持受各种摄动力的影响，卫星轨道要素存在摄动漂移，这种摄动偏差积累到一定程度会导致轨道面构型发散，进而影响卫星星座性能稳定。衡量卫星星座整体几何构型稳定性的主要指标有两个：一是表征轨道面稳定的相对升交点赤经差；二是表征轨道面内稳定的相对相位差。因此，需要在考虑轨道捕获、发射部署和轨道机动引起的轨道要素偏差的基础上，建立轨道要素摄动变分数学模型。

2.3.1　卫星轨道要素摄动变分数学模型分析

在考虑卫星存在轨道捕获和发射部署初始偏差的基础上，建立轨道面升交点赤经摄动演化变分方程和相位摄动演化变分方程[7]。为避免引入和堆砌过于复杂的计算公式，下面将仅以地球非球形 J_2 项摄动平均长周期项进行解析建模。

1. 轨道面升交点赤经摄动演化变分方程

在理想状态下，地球非球形 J_2 项摄动对 Walker 星座同轨道面卫星的升交点赤经和相位的长期摄动漂移率的影响完全一致。但由于卫星存在摄入误差和捕获偏差，因此卫星轨道要素偏差摄动存在长期积累，进而引起卫星星座轨道面构型不断发散。

表征卫星星座轨道面构型稳定性的参数一般用相对升交点赤经差变化率 $\Delta\dot{\Omega}$ 表

示,入轨偏差$(\Delta a,\Delta e,\Delta \Omega,\Delta i)$满足的初始偏差传播的升交点赤经摄动变分方程为

$$\Delta \dot{\Omega} = \begin{bmatrix} \dfrac{\partial \dot{\Omega}}{\partial a} & \dfrac{\partial \dot{\Omega}}{\partial e} & \dfrac{\partial \dot{\Omega}}{\partial \Omega} & \dfrac{\partial \dot{\Omega}}{\partial i} \end{bmatrix} \begin{bmatrix} \Delta a \\ \Delta e \\ \Delta \Omega \\ \Delta i \end{bmatrix} \qquad (2-18)$$

对于近圆轨道卫星,仅考虑初始偏差$(\Delta a,\Delta i)$,由式(2-18)可知引起表征卫星星座构型稳定性的升交点赤经差变化率$\Delta \dot{\Omega}$,它满足的初始偏差传播的升交点赤经摄动变分方程为

$$\Delta \dot{\Omega} = \begin{bmatrix} -\dfrac{7\dot{\Omega}}{2a} & -\dot{\Omega}\tan i \end{bmatrix} \begin{bmatrix} \Delta a \\ \Delta i \end{bmatrix} \qquad (2-19)$$

根据式(2-19),表2-2给出了不同轨道高度、轨道倾角的卫星星座的升交点赤经摄动变分方程系数。

表 2-2 不同轨道高度、轨道倾角的卫星星座的升交点赤经摄动变分方程系数

轨道高度/km	轨道倾角/(°)	升交点赤经摄动变分方程系数	
		半长轴/((°)·d⁻¹·km⁻¹)	轨道倾角/((°)·d⁻¹·(°)⁻¹)
550	53	0.002 3	0.103 9
1 100	86	0.000 2	0.099 4

2. 相位摄动演化变分方程

卫星星座轨道摄入误差和捕获偏差引起表征卫星星座构型稳定性的相对相位差变化率$\Delta \dot{\lambda}$,它满足的初始偏差传播的相对相位摄动变分方程可简化为

$$\Delta \dot{\lambda} = \begin{bmatrix} \dfrac{\partial \dot{\lambda}}{\partial a} & \dfrac{\partial \dot{\lambda}}{\partial e} & \dfrac{\partial \dot{\lambda}}{\partial \Omega} & \dfrac{\partial \dot{\lambda}}{\partial i} \end{bmatrix} \begin{bmatrix} \Delta a \\ \Delta e \\ \Delta \Omega \\ \Delta i \end{bmatrix} \qquad (2-20)$$

对于近圆轨道卫星,仅考虑初始偏差$(\Delta a,\Delta i)$,由式(2-20)可知星座构型稳定性的相对相位差变化率$\Delta \dot{\lambda}$可以影响星座构型稳定性,它满足的初始偏差传播的相对相位摄动变分方程可简化为

$$\Delta \dot{\lambda} = \begin{bmatrix} -\left(\dfrac{7\dot{\Omega}}{2a} + \dfrac{3n}{2a} \right) & -\dfrac{3J_2 R_e^2}{2a^2}n\sin(2i) \end{bmatrix} \begin{bmatrix} \Delta a \\ \Delta i \end{bmatrix} \qquad (2-21)$$

根据式(2-21),表2-3给出了不同轨道高度、轨道倾角的卫星星座的相位摄动变分方程系数。

表 2 - 3　不同轨道高度、轨道倾角的卫星星座的相位摄动变分方程系数

轨道高度/km	轨道倾角/(°)	相位摄动变分方程系数	
		半长轴/ ((°)·d^{-1}·km^{-1})	轨道倾角/((°)·d^{-1}·$(°)^{-1}$)
550	53	−1.183 4	−0.545 90
1 100	86	−1.000 1	−0.056 13

2.3.2　基于卫星轨道要素偏差摄动的卫星星座稳定性分析

对于低轨近圆轨道卫星,轨道半长轴和轨道倾角的初始偏差均可引起升交点赤经和相位的相对漂移,但各偏差值对相对漂移的影响程度不同。将卫星星座 1 的轨道要素(轨道高度 0～30 000 km、轨道倾角 53°、半长轴初始偏差 0～100 m)代入式(2-12),得到卫星星座 1 的卫星升交点赤经相对漂移曲线(见图 2-12(a))和相位相对漂移曲线(见图 2-13(a));将星座 2 的轨道要素(轨道高度 550 km、轨道倾角 53°、半长轴初始偏差 0～100 m、轨道倾角初始偏差 0～0.1°)代入式(2-14),得到卫星星座 2 的升交点赤经相对漂移曲线(见图 2-12(b))和相位相对漂移曲线(见图 2-13(b))。

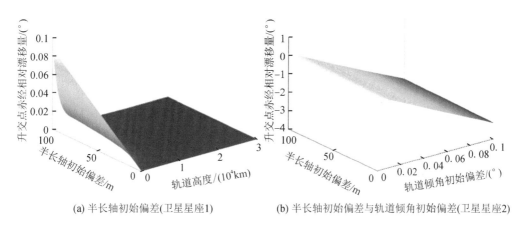

(a) 半长轴初始偏差(卫星星座1)　　　(b) 半长轴初始偏差与轨道倾角初始偏差(卫星星座2)

图 2 - 12　卫星升交点赤经相对漂移曲线

结合图 2-9、图 2-11 的仿真实验结果分析可知,升交点赤经相对漂移的主要影响因素是轨道倾角初始偏差,0.1°的轨道倾角初始偏差在一年内会引起近 4°的升交点赤经相对漂移量;相位相对漂移的主要影响因素是半长轴初始偏差,100 m 量级的平半长轴初始偏差在一年内会引起近 40°的相位相对漂移量。

基于以上分析,低轨卫星星座构型稳定性问题的实质是将卫星星座部署的初始偏差作为约束条件,分析轨道面内相对相位差和不同部署轨道面相对升交点赤经差对卫星星座整体几何构型的影响。因此,分析卫星星座构型的稳定性,需要回答两

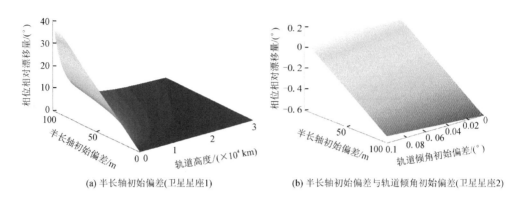

(a) 半长轴初始偏差(卫星星座1)　　　　(b) 半长轴初始偏差与轨道倾角初始偏差(卫星星座2)

图 2 - 13　卫星相位相对漂移曲线

个主要问题:一是提出对卫星星座轨道部署的误差量化约束;二是预估卫星星座构型演化和维持控制需求。这为开展后续的分析论证提供了思路。

参考文献

[1]汪宏波.太阳辐射指数 F10.7 中期预报方法[J].天文学报,2014,55(4):302-312.

[2]刘林.航天器轨道理论[M].北京:国防工业出版社,2000:75-76.

[3]陈雨.低轨 Walker 星座构型演化及维持策略分析[J].宇航学报,2019,40(11):1296-1303.

[4]罗志才,钟波,宁津生,等. GOCE 卫星轨道摄动的数值模拟与分析[J].武汉大学学报(信息科学版),2009,34(7):757-760.

[5]王瑞,向开恒,马兴瑞.平均轨道要素及其在卫星星座设计中的应用[J].中国空间科学技术,2002,22(5):14-20.

[6]迟哲敏.变比冲连续小推力轨迹优化方法综述[J].飞行与探测,2020,3(4):58-67.

[7]李恒年,袁静,沈红新.低轨卫星星座构型摄动演化方程及稳定性研究[J].宇航动力学学报,2020,10(2):1-6.

第 3 章
低轨大规模卫星星座优化设计方法

卫星星座构型设计主要是对卫星星座几何构型参数(包括卫星数目、轨道面数、轨道面内的卫星数、每颗卫星的轨道倾角、轨道高度、轨道偏心率等)的确定和优化。卫星星座构型设计是卫星星座部署和运行的前提,其设计的优劣在很大程度上决定了卫星星座的运行水平和应用水平。一个合理的卫星星座设计方案不仅能够使卫星星座的整体性能最优,达到各方面的综合平衡,而且能够使系统具有较好的协同工作和长期稳定运行的能力,有效减小卫星星座运行期间的任务代价[1]。本章以面向中轨导航卫星失效的低轨混合导航增强星座设计为例,介绍低轨大规模星座优化设计方法。

3.1 低轨卫星星座的基本构型

确定每颗卫星的位置需要六个轨道参数,因此卫星星座构型设计共包括 $6N$ 个参数(N 为卫星数目)。参数空间十分庞大,求解比较困难,因此需要选择合适的基本构型来降低解空间的维数。目前成熟的低轨卫星星座的基本构型有近极轨道卫星星座构型、Walker-δ星座构型和 Flower 星座构型。

3.1.1 近极轨道卫星星座构型

近极轨道卫星星座构型是近 Walker-star 星座构型,铱星系统、一网卫星星座的构型就是近极轨道卫星星座构型。近极轨道卫星星座构型常采用覆盖带(street of coverage,SOC)法进行覆盖约束与卫星星座构建[2]。根据极轨道卫星星座的星形结构特点,若要实现全球覆盖,则需要使每个轨道面上的卫星星下覆盖范围形成一个连续的覆盖带,如图 3-1 所示,即满足条件 $\pi/S < \alpha$,其中 S 代表一个轨道面内的卫星数,α 为卫星覆盖圆的半圆心角[3]。覆盖带法的思想是利用多条穿过地球两极点的卫星覆盖带实现全球覆盖。在保证了赤道连续覆盖的情况下,由于每个轨道上的卫星是均匀分布的,因此在纬度高的地区必然能实现连续覆盖。这一设计方法常用于低轨卫星星座,能够保证极地地区的信号覆盖且设计相对简单。在覆盖带设计方法中,相邻轨道卫星的运行方向相同,称为同向轨道;第一个轨道面和最后一个轨道面卫星的运动方向相反,称为反向轨道面。YANG M 等人基于覆盖带法提出了一种兼顾覆盖能力和进动的混合低地球轨道通信卫星星座设计方法,并比较了不同设

计星座的覆盖性能[4]。

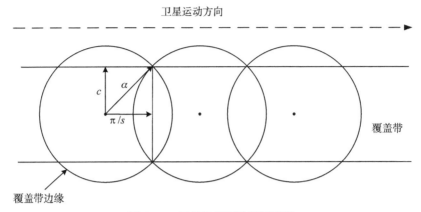

图 3-1 卫星星座覆盖带示意图

3.1.2 Walker-δ 星座构型

Walker-δ 星座的概念最早由英国皇家飞行研究中心的 J. G 沃克(Walker)于 1971 年提出。Walker-δ 星座又被称为 Walker 倾斜轨道星座,星座的均匀性和对称性使其同纬度的覆盖性能具有一致性,且能够保持构型的长期相对稳定。该构型的特征是所有卫星在同样的轨道高度上,且均匀地分布在倾斜圆轨道上,各轨道面对参考平面有相同的倾角。Walker-δ 星座在确定轨道高度和轨道倾角的情况下只需要三个参数($N/P/F$)就可描述整个星座的分布,极大地简化了参数空间,降低了计算量。其中 N 表示星座卫星总数;P 表示轨道面数;F 表示位于不同轨道卫星的相对位置,取值范围为($0 \sim P-1$)。对于 Walker-δ 星座,以赤道作为参考面,其轨道面和卫星分布示意图如图 3-2 所示。

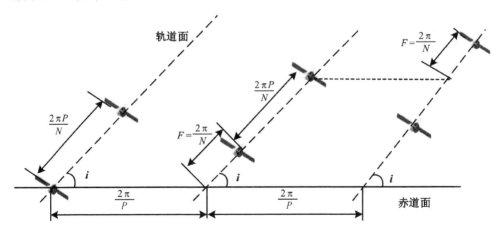

图 3-2 Walker-δ 星座的轨道面和卫星分布示意图

假设第一个轨道面上的升交点赤经为 Ω_0，初始时刻在该轨道面上命名一颗卫星为第一颗卫星，其初始相位记为 λ_0，则星座中第 i 个轨道面上的第 j 颗卫星的升交点赤经 Ω 和相位 λ 分别为

$$\begin{cases} \Omega = \Omega_0 + (i-1)\dfrac{2\pi}{P} \\ \lambda = \lambda_0 + (i-1)F\dfrac{2\pi}{N} + (j-1)P\dfrac{2\pi}{N} \end{cases} \tag{3-1}$$

3.1.3　Flower 星座构型

Flower 星座的概念由得克萨斯 A&M 大学的 Daniele Mortari 教授团队于 2003 年首次提出。Flower 星座为共地面轨迹星座，存在广泛的潜在应用，包括卫星通信、地球和深空观测、全球定位系统以及新型编队飞行方案等[5]。

Flower 星座构型由八个参数标识，其中五个参数是整数参数：花瓣数、重复地面轨道的恒星日数、卫星数以及控制相位的两个整数；另外三个参数是卫星常用的轨道参数：近地点幅角、轨道倾角和近地点高度。每一个参数对 Flower 星座的整体设计都有独特的影响。

对于一个经过 N_d 天卫星绕地运行 N_p 圈后重复的地面轨迹而言，其重复周期 T_r 为

$$T_r = N_p T_\Omega = N_d T_{\Omega G} \tag{3-2}$$

其中，T_Ω 为轨道节点周期（节点周期是相邻两个升交点之间的时间区间）；$T_{\Omega G}$ 为格林威治节点周期；N_p 不仅为卫星完成一个重复周期绕地运行的圈数，在地心固连坐标系中还表示围地球出现的花瓣数[6]。

根据开普勒定律，为得到半长轴、偏心率等卫星参数，需确定近点轨道周期 T，可根据轨道节点周期 T_Ω 来求解。

已知格林威治节点周期 $T_{\Omega G}$ 和卫星轨道节点周期 T_Ω 的计算方式为

$$T_{\Omega G} = \frac{2\pi}{\omega_\oplus - \dot{\Omega}} = \frac{2\pi}{\omega_\oplus}\left(1 - \frac{\dot{\Omega}}{\omega_\oplus}\right) \tag{3-3}$$

$$T_\Omega = \frac{2\pi}{\dot{M} - \dot{\omega}} = \frac{2\pi}{n + \dot{M}_0} = \frac{2\pi}{n}\left(1 + \frac{\dot{M}_0 + \dot{\omega}}{n}\right)^{-1} = T\left(1 + \frac{\dot{M}_0 + \dot{\omega}}{n}\right)^{-1} \tag{3-4}$$

其中，$\omega_\oplus$ 为地球自转角速度，$\dot{\Omega}$ 为升交点赤经漂移率，n 为卫星的平均角速度，$\dot{M}_0$ 为扰动造成的平近点角变化率，$\dot{\omega}$ 为近地点幅角变化率。

若考虑 J_2 项摄动影响，则

$$\begin{cases} \dot{\omega} = \xi n \left(4 - 5\sin^2 i\right) \\ \dot{\Omega} = -2\xi n \cos i \\ M_0 = -\xi n \sqrt{1-e^2} \left(3\sin^2 i - 2\right) \\ \xi = \dfrac{3R_\oplus^2 J_2}{4p^2} \end{cases} \tag{3-5}$$

其中,$R_\oplus = 6\,378.137$ km,为地球的平均半径;$J_2 = 1.082\,626\,9 \times 10^{-3}$;$p$ 为轨道半通径;i 为轨道倾角。

联立式(3-4)和式(3-5),并选择合理的 $T_\Omega = N_\mathrm{d} T_{\Omega G}/N_\mathrm{p}$,可得

$$T = \frac{N_\mathrm{d}}{N_\mathrm{p}} T_{\Omega G} \left\{ 1 + \xi \left[4 + 2\sqrt{1-e^2} - \left(5 + 3\sqrt{1-e^2}\right)\sin^2 i\right]\right\} \tag{3-6}$$

将式(3-3)和式(3-5)代入式(3-6)可得

$$T = \frac{2\pi}{\omega_\oplus}\frac{N_\mathrm{d}}{N_\mathrm{p}} \left(1 + 2\xi\frac{n}{\omega_\oplus}\cos i\right)^{-1} \left\{1 + \xi\left[4 + 2\sqrt{1-e^2} - \left(5 + 3\sqrt{1-e^2}\right)\sin^2 i\right]\right\}$$

$$\tag{3-7}$$

式(3-7)为 Flower 星座近点轨道周期通用描述方程。

分析 Flower 星座模型和开普勒定律可知,可以由参数 N_p 和 N_d 确定卫星轨道半长轴 a,即

$$\frac{2\pi}{\omega_\oplus}\frac{N_\mathrm{d}}{N_\mathrm{p}}\left(1 + 2\xi\frac{n}{\omega_\oplus}\cos i\right)^{-1}(1 + \xi\chi) = 2\pi\sqrt{\frac{a^3}{\mu_\oplus}} \tag{3-8}$$

其中

$$\chi = 4 + 2\sqrt{1-e^2} - \left(5 + 3\sqrt{1-e^2}\right)\sin^2 i \tag{3-9}$$

$$\xi = \frac{3R_\oplus^2 J_2}{4p^2} \tag{3-10}$$

$$e = 1 - \frac{R_\oplus + h_\mathrm{p}}{a} \tag{3-11}$$

其中,e 为卫星轨道偏心率;p 为轨道半通径;n 为卫星的平均角速度;h_p 为近地点高度;$R_\oplus = 6\,378.137$ km,为地球的平均半径;$\mu_\oplus$ 为地球重力常数。

接下来需要确定升交点赤经和平近点角,这取决于 Flower 星座中的卫星相位方案,即

$$\begin{cases} \Omega = f_\Omega(F_n, F_d) \\ M = f_\Omega(F_n, F_d, n, \omega_\oplus, \dot{\Omega}) \end{cases} \tag{3-12}$$

通过选择合适的整数参数 F_n 和 F_d 就可以使卫星在轨道中实现等时间间隔分布。一般对称相位方案可设置

$$F_n = N_\mathrm{d}, \quad F_d = N_\mathrm{s} \tag{3-13}$$

3.2　卫星星座设计方法

国内外很多学者在卫星星座设计方法上进行了研究,归纳起来,通用的卫星星座设计方法主要包括几何解析法、仿真比较法和基于优化算法的设计方法等。

3.2.1　几何解析法

几何解析法是通过轨道动力学理论与空间几何相结合、采用解析的方式对卫星星座进行设计的方法,是最早被提出的卫星星座设计方法。Arthur C. Clarke 在 1945 年最早提出卫星星座概念的同时提出在静止轨道上等间隔放置 3 颗卫星可以实现除两极地区以外的全球覆盖[7]。几何解析法根据轨道力学采用解析的方式分析轨道特性,以得到满足设计要求且星数最小的卫星星座方案,这种传统快捷的设计方法对全球覆盖卫星星座和纬度带覆盖卫星星座分析有着公认的优越性能,至今仍有不少学者不断对它进行研究。

在运用几何解析法进行卫星星座设计研究中,John Walker 做出了重大贡献,他于 1971 年采用外接圆法设计了星形星座和 δ 星座。该方法通过几何分析使得任意 3 颗卫星星下点的最大外接圆半径最小化,进而实现覆盖资源的最大化[8]。Walker 星座主要包括星形星座、δ 星座、σ 星座、ω 星座和玫瑰星座等,其中 δ 星座(俗称 Walker - δ 星座)被认为是最有效的全球、纬度带覆盖卫星星座[9]。

几何解析法也被用于近极轨道卫星星座设计,其中覆盖带法已经是常用的近极轨道卫星星座研究方法,可用于解决连续单重带状覆盖和多重覆盖的卫星星座设计问题[10]。对于椭圆轨道卫星星座设计,文献[11]采用几何解析法推导得出了具有临界倾角的大椭圆轨道卫星可以运用于太阳同步回归轨道这种特殊轨道设计;文献[12]将偏心率作为参数,利用摄动补偿减弱偏心率带来的构型破坏,提出了椭圆轨道的卫星星座设计方法;文献[13]采用几何解析法,以卫星载荷的工作高度范围作为约束条件,提出了一种充分利用卫星覆盖区域的卫星星座设计方法,并得到了相应的轨道根数和卫星星座参数。对于低轨大规模卫星星座设计,文献[14]提出一种低轨 Walker - 链形星座及其设计方法,利用覆盖需求和传感器的视场角推导得出了解析方法,并将所设计星座与常规 Walker 星座、共地面轨迹星座进行对比分析。

几何解析法广泛应用于卫星星座的构型设计阶段,比较适合全球连续覆盖的卫星星座,但是该方法也存在不足。首先,几何解析法得到的构型设计方法比较固定,缺乏灵活性,适合的卫星星座类型较少;其次,几何解析法对于区域覆盖和全球间歇覆盖的卫星星座适用性不佳;最后,几何解析法仅能保证卫星星座的覆盖性能,而无法判断卫星星座的其他性能[15]。

3.2.2　仿真比较法

随着计算机处理能力的不断提高,产生了可对卫星轨道运行和卫星星座性能进行仿真的软件,以更直观的数据对卫星星座理论进行补充和完善。仿真软件的种类较多,比较常见的有 FreeFlyer、STK、SaVi 等[16]。设计者可根据任务目标对卫星星座设计方案进行仿真比较,选取较优的方案,而方案的选取需要设计者具备一定的设计经验。仿真比较法在一定程度上弥补了几何解析法设计的卫星星座类型较为固定的不足,拓展了卫星星座设计的空间。

文献[17]利用 STK 对双层卫星星座进行了设计与仿真。LANG T J[18-19]利用数字仿真计算的方法研究了不同卫星数、不同轨道面、能够实现全球单重和多重覆盖的 Walker 星座,并验证了用该方法设计的多重覆盖倾斜轨道比用覆盖带法设计的极地轨道更具优越性,特别是在低纬度地区。MA D M 等人[20]通过枚举法对不同轨道卫星高度的近地轨道卫星星座进行了仿真研究,得出了满足覆盖目标的不同半径区域的卫星数目及相应轨道构型。张占月等人[21]基于 STK 进行了航天任务的仿真方案分析。李基等人[22]利用 STK 与 Matlab 进行联合仿真分析,通过 Matlab 命令实现对 STK 的连接、对象创建与数据提取功能,并应用于 Walker 星座的设计与优化。LIANG J 等人[23]利用仿真软件设计了极轨道和倾斜圆形低轨道卫星星座,模拟仿真发现,在一定条件下,极轨道卫星星座在全球覆盖、ISL 建立条件和网络同质性等方面优于倾斜圆轨道卫星星座,更适合构建全球低地球轨道卫星通信系统。仿真比较法已广泛应用于混合卫星星座构型的设计工作,特别是导航卫星星座和区域性卫星星座的设计。

总体来说,仿真比较法在卫星星座设计方面比几何解析法更为灵活,它可以设计各种轨道卫星组成的混合卫星星座。但是仿真比较法是对有限个卫星星座构型方案进行仿真分析,并通过经验进行选择,设计的方案可能只是可行方法中局部最优的,主要根据经验判断进行枚举仿真,这在一定程度上限制了其适用范围。

3.2.3　基于优化算法的设计方法

近些年,随着优化算法的发展,设计参数离散与连续混合、目标函数非线性问题的优化难题得到了有效的解决,卫星星座构型优化的设计空间被大大拓展,优化速度也在不断提高。基于优化算法的设计方法对目标函数和约束函数的要求宽松,克服了传统星座设计方法的不足。同时该方法可采用并行优化的方式极大地提高计算效率,有利于寻找较优解。该方法比几何解析法更加灵活,可实现不对称卫星星座的设计优化,同时比仿真比较法的求解空间更大,能够得到性能更加优异的卫星星座构型。但是,该方法对于特定问题需要选择合适的优化算法并且需要多次仿真使算法收敛于最优,对于算法的优化以及数据处理往往需要多平台共同工作,这也使卫星星座的设计难度增加[15]。

基于优化算法的设计方法通常指采用优化算法(遗传算法[24]、粒子群算法[25]、蚁群算法[26]、模拟退火算法[27]以及混合改进优化算法)进行卫星星座设计,国内外学者在这方面都进行了大量研究,其中,遗传算法的应用时间最早,应用范围也最广泛。为了使遗传算法更实用,优化目标也从单个向多个转变,多位学者对传统的遗传算法进行了改进,如改进的 NSGA 算法、NSGA-Ⅱ算法、NSGA-Ⅲ算法[28-30]。为了使粒子群算法更具适用性,蒙波、韩潮、陈锋等学者对它进行了改进优化。

基于优化算法的设计方法是近些年卫星星座设计采用的主要设计方法,比几何解析法和仿真比较法更为灵活,更适于各种卫星星座的优化设计。但它存在的主要问题是优化较为耗时,特别是对于大规模卫星星座,卫星数量增多使优化的搜索空间增加多个数量级,求解容易陷入局部最优,难以得到全局最优解。因此,选择高效合适的优化算法十分关键。

3.3　中轨导航卫星星座卫星失效影响分析

本节通过中轨导航卫星星座性能指标来反映卫星失效对卫星星座性能的影响。首先,对导航卫星星座可用性进行分析,建立导航卫星星座可用性模型,并进行仿真分析。其次,对卫星的不同失效模式进行分析,将卫星失效分为单星、双星和多星失效,其中,单星和双星失效模式较少,可以采取枚举的方法进行分析,而多星失效采用蒙特卡洛(Monte Carlo)方法对卫星的不同失效模式进行分析。通过数据分析,找出最能影响中轨导航卫星星座整体性能的卫星失效模式。

3.3.1　导航卫星星座可用性分析

相较于高轨导航卫星,中轨导航卫星数量更多,卫星在恶劣的太空环境中运行难免会出现硬件故障,导致卫星失效,影响卫星星座构型,进而使得导航性能下降。因此,有必要分析中轨卫星失效后卫星星座性能与卫星星座构型之间的关系。

1. 导航卫星星座原理及其性能指标

卫星发送带有时间和位置的信号给接收机,利用三星定位可以解算出接收机的位置,由于信息在传输过程中会出现误差,因此采用四颗卫星定位可以保证导航精度。接收机可同时收到多颗卫星的信号,从而选出误差最小的一组卫星用来导航。导航定位公式[31]为

$$\begin{cases} d_1 = \sqrt{(x_1-x)^2 + (y_1-y)^2 + (z_1-z)^2} + \delta_t \\ d_2 = \sqrt{(x_2-x)^2 + (y_2-y)^2 + (z_2-z)^2} + \delta_t \\ d_3 = \sqrt{(x_3-x)^2 + (y_3-y)^2 + (z_3-z)^2} + \delta_t \\ d_4 = \sqrt{(x_4-x)^2 + (y_4-y)^2 + (z_4-z)^2} + \delta_t \end{cases} \quad (3-14)$$

其中,d_i 为第 i 颗卫星与接收机间的距离,δ_t 为接收机钟差引起的等效伪距距离,(x_i, y_i, z_i) 为第 i 颗卫星在空间中的位置。

精度衰减因子(dilution of precision,DOP)常被用来评估卫星星座的服务性能,反映了卫星星座几何构型对导航精度的影响。精度衰减因子值越小,导航性能越好,说明卫星在空间中分布更均匀。导航定位误差公式为

$$\text{cov}(dX) = (\boldsymbol{H}^T \boldsymbol{H})^{-1} \sigma_{\text{UERE}}^2 \quad (3-15)$$

其中,$\text{cov}(dX)$ 为位置和钟差误差的协方差,σ_{UERE}^2 为伪距测量方差,$(\boldsymbol{H}^T \boldsymbol{H})^{-1}$ 是用户的测距方差到位置误差的放大因子矩阵,$\boldsymbol{H}$ 为用户可见性方向余弦矩阵[32-33]。

导航卫星星座精度衰减因子分为位置精度衰减因子、几何精度衰减因子、水平精度衰减因子(horizontal dilution of precision,HDOP)、垂直精度衰减因子(vertical dilution of precision,VDOP)、时间精度衰减因子(time dilution of precision,TDOP)。各个精度衰减因子可以用 $(\boldsymbol{H}^T \boldsymbol{H})^{-1}$ 的分量来表示,D_{ij} 表示矩阵中的不同数据,$(\boldsymbol{H}^T \boldsymbol{H})^{-1}$ 可表示[34]为

$$(\boldsymbol{H}^T \boldsymbol{H})^{-1} = \begin{bmatrix} D_{11} & D_{12} & D_{13} & D_{14} \\ D_{21} & D_{22} & D_{23} & D_{24} \\ D_{31} & D_{32} & D_{33} & D_{34} \\ D_{41} & D_{42} & D_{43} & D_{44} \end{bmatrix} \quad (3-16)$$

位置精度衰减因子可表示为

$$\text{PDOP} = \sqrt{D_{11} + D_{22} + D_{33}} \quad (3-17)$$

几何精度衰减因子可表示为

$$\text{GDOP} = \sqrt{D_{11} + D_{22} + D_{33} + D_{44}} \quad (3-18)$$

水平精度衰减因子可表示为

$$\text{HDOP} = \sqrt{D_{11} + D_{22}} \quad (3-19)$$

垂直精度衰减因子可表示为

$$\text{VDOP} = \sqrt{D_{33}} \quad (3-20)$$

时间精度衰减因子可表示为

$$\text{TDOP} = \sqrt{D_{44}} \quad (3-21)$$

各精度衰减因子之间的转换关系为

$$\begin{cases} \text{HDOP}^2 + \text{VDOP}^2 = \text{PDOP}^2 \\ \text{PDOP}^2 + \text{TDOP}^2 = \text{GDOP}^2 \end{cases} \quad (3-22)$$

在导航卫星星座设计中,一般采用位置精度衰减因子或几何精度衰减因子评估导航卫星星座的性能,而本节只采用位置精度衰减因子。

可见卫星指的是卫星与接收机之间的高度角高于截止高度角而被观测到的卫星,可见卫星数越多,可供用户选择的卫星越多,导航精度和可靠性越高。可见卫星数表示为

$$\mathrm{VisNum} = \sum_{i=1}^{N} N_i , \quad \varepsilon_{\min}^j \geqslant \gamma \qquad (3-23)$$

其中,N 为卫星星座中卫星总数,$\varepsilon_{\min}^j$ 为第 i 颗卫星与接收机形成的最小高度角,γ 为设置的截止高度角。

2. 导航卫星星座可用性模型

导航卫星星座可提供定位、导航与授时服务,而卫星状态决定着导航卫星星座能否提供连续、可靠、可用的导航服务[35]。导航卫星星座的薄弱环节影响着卫星星座整体的服务性能,有效保证导航卫星星座在复杂空间环境中的服务能力,是导航卫星星座研究中需要重点关注的问题之一。

导航卫星星座性能指标主要有连续覆盖指标、服务可用性指标、服务可靠性指标和定位精度指标等[36]。其中,位置精度衰减因子在卫星星座可用性方面具有较好的代表性,位置精度衰减因子值越小代表卫星星座的服务性能越好、精度越高[37]。部分导航卫星失效导致目标区域的可见卫星数少于 4 颗,从而使卫星星座无法提供服务。美国国防部在发布的《GPS 标准定位服务性能标准》报告中指出,全球定位系统的位置精度衰减因子可用性为:在任意 24 h 内,导航系统对其服务区内的任意用户提供导航服务的位置精度衰减因子值小于等于某个给定阈值时间所占的百分比[38]。

假定中轨导航卫星星座卫星失效的概率相同,卫星星座共有 y 颗卫星,其中 x 颗卫星失效,失效卫星有 C_y^x 种组合,且提供导航服务的卫星有 $y-x$ 颗。

卫星星座可用性(即星座值)可以衡量当卫星失效时不同卫星星座构型的导航性能,反映卫星星座在特定阈值下的可用性,星座值公式[39]为

$$\mathrm{CV} = \frac{\sum_{t=t_0}^{t_0+\Delta t} \sum_{j=1}^{L} \mathrm{bool}(\mathrm{PDOF}_{t,j} \leqslant \mathrm{Th_{DOP}}) \times \mathrm{area}_j}{\Delta t \times \sum_{j=1}^{L} \mathrm{area}_j} \qquad (3-24)$$

其中,t_0 为仿真的初始时刻,Δt 为仿真的总时长,$\mathrm{PDOP}_{t,j}$ 为 t 时刻第 j 个网格的位置精度衰减因子值,$\mathrm{Th_{DOP}}$ 为精度衰减因子阈值,$bool$ 为布尔函数,L 为网格点总数,area 为第 j 个网格点的面积。

3.3.2 卫星失效分析

根据失效卫星所处的轨道位置以及失效卫星的数量,本小节将失效模式分为单星失效、双星失效和多星失效,其中卫星失效又分为共面卫星失效和非共面卫星失效[32]。失效卫星 mn 表示第 m 个轨道面第 n 颗卫星,如失效卫星 11 表示第 1 个轨道面第 1 颗卫星。本小节所假设的卫星失效是指卫星出现故障或卫星信号关闭造成卫星星座短期内不能提供导航服务,由于导航卫星星座 3 颗及以上卫星失效的概率较小,因此本节介绍的多星失效为 3 颗卫星失效的情况。

1. 单星失效分析

本小节给出了一个具有普适性的中地球轨道(MEO)全球导航卫星星座,以 24 颗中轨道地球卫星组成的 Walker 24/3/1 全球导航卫星星座为例,卫星轨道高度为 21 000 km,轨道倾角为 55°,位置精度衰减因子 ≤4,沿用 3σ 原则,最小观测仰角为 5°,网格为 5°×5°,仿真分析 24 h 内部分卫星失效对全球范围内导航服务性能的影响。其卫星相位示意图如图 3-3 所示。

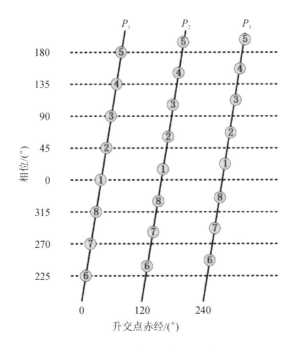

图 3-3 中轨卫星相位示意图

图 3-3 中 P_1、P_2 和 P_3 代表卫星星座的 3 个轨道面,每个轨道面有 8 颗卫星且面内卫星的相位差为 45°,相邻轨道面的升交点赤经相差 120°。

单星失效共有 24 种模式,可采用枚举方法分析每颗卫星失效对卫星星座性能的影响。表3-1给出了不同失效类型中位置精度衰减因子最小值以及最小星座值。

表3-1　不同失效类型中位置精度衰减因子最小值以及最小星座值

失效类型	位置精度衰减因子最小值	最小星座值/%	失效类型	位置精度衰减因子最小值	最小星座值/%
未失效	2.102	100	25	2.183	99.774
11	2.184	99.835	26	2.179	99.774
12	2.178	99.835	27	2.179	99.774
13	2.180	99.774	28	2.183	99.774
14	2.174	99.835	31	2.178	99.835
15	2.174	99.835	32	2.180	99.774
16	2.181	99.774	33	2.182	99.835
17	2.181	99.774	34	2.183	99.835
18	2.179	99.774	35	2.179	99.774
21	2.183	99.835	36	2.179	99.774
22	2.182	99.774	37	2.176	99.774
23	2.175	99.774	38	2.179	99.835
24	2.179	99.835			

从表3-1可知,当卫星未失效时,位置精度衰减因子最小值为2.102,最小星座值为100%。假设卫星星座各卫星发生故障的概率相同。在单星失效中,11卫星失效的影响最大,14、15卫星失效的影响最小。其中,11表示第1个轨道面第1颗卫星,当它失效时,位置精度衰减因子最小值为2.184,最小星座值为99.835%;14、15分别表示第1个轨道面第4颗卫星、第1个轨道面第5颗卫星,当它们分别失效时,位置精度衰减因子最小值都为2.174,最小星座值都为99.835%。从中可以看出,单星失效对卫星星座整体性能并无明显影响,因此有必要对多星失效进行仿真分析,同时为中轨卫星星座在轨备份提供借鉴。

2. 双星失效分析

双星失效共有C_{24}^2种(即276种)组合,失效模式较少,依然可以采用枚举方法分析双星失效对卫星星座性能的影响。双星失效场景设置条件同单星失效相同。图3-4给出了双星失效的星座值与仿真次数的关系。

从图3-4可知,星座值均值为98%左右,大部分星座值都在96%~100%波动,且通过数据分析可知,276种组合中最小星座值约为93%。其中当双星失效模式为12-28时对卫星星座性能影响最大,位置精度衰减因子最小值为2.502,最小星座值约为93.193%。12-28表示第1个轨道面第2颗卫星、第2个轨道面第8颗卫星。卫星星座还能为用户提供较好的导航服务。

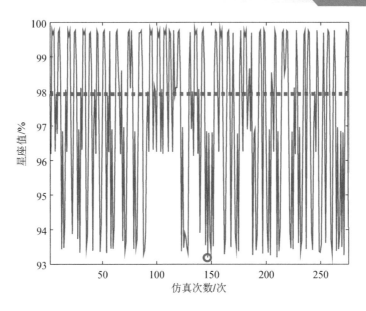

图 3－4　双星失效的星座值与仿真次数的关系

3. 基于蒙特卡洛方法的多星失效分析

中轨道地球卫星在空间均匀分布,假定各卫星失效的概率相同,由本小节前面部分对星座值进行仿真分析可知,单星失效或双星失效并不会对卫星星座服务性能产生明显影响,本部分分析 3 颗卫星失效对卫星星座性能的影响。由于多星失效共有 C_{24}^3 种(即 2 024 种)组合,失效模式较多,采用枚举方法工作量较大,因此采用蒙特卡洛方法。

蒙特卡洛方法被广泛应用于解决随机概率事件,具有受几何限制小、结构简单等特点。在定积分求解、选择排队问题、规划问题等方面应用广泛。对于蒙特卡洛方法,采样次数越多,越能逼近最优解,与此同时计算耗能会大幅提高,因此还需要根据实际情况确定仿真次数[40]。

（1）基于蒙特卡洛方法的多星失效模型

1）建立模型

导航卫星星座可用性模型已在 3.3.1 节给出,确定输入与输出之间的关系。其数学模型简化为 X 和 Y 的关系,即 $Y＝f(X_1,X_2,\cdots,X_n)$。

2）确定变量取值范围

输入变量的取值范围由卫星星座总数确定,即 $X_1(X_1(1),X_1(2),X_1(3))\in$ $(1,y)$,且输入变量不重复,即 $X_1(1)\neq X_1(2)\neq X_1(3)$。

3）确定仿真次数

蒙特卡洛方法的仿真次数越多,越能模拟实验真实情况,同时会增加计算开销,仿真次数较少会使结果具有不确定性,因此需要根据实际情况确定仿真次数。

4）随机抽样

随机变量采用软件自带函数进行取值。

5）仿真计算

根据仿真结果对实验数据进行相关分析。

基于蒙特卡洛方法的多星失效分析流程如图 3-5 所示。

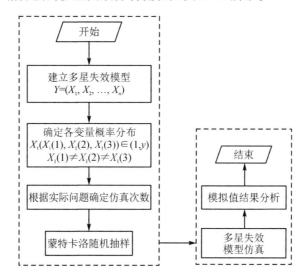

图 3-5　基于蒙特卡洛方法的多星失效分析流程

（2）仿真分析

将多星失效后的卫星星座健康状态分为 4 个等级：

① CV≥96％：卫星星座健康状态为优。

② 95％≥CV≥91％：卫星星座健康状态为良。

③ 90％≥CV≥86％：卫星星座健康状态为中。

④ 85％≥CV≥81％：卫星星座健康状态为差。

多星失效仿真参数的设置和单星、双星失效仿真参数的设置相同。利用蒙特卡洛方法对多星失效模型进行 1 600 次仿真，仿真结果如图 3-6 所示。

由图 3-6 可知，利用蒙特卡洛方法随机模拟 3 颗卫星失效，位置精度衰减因子阈值≤4，星座值在 96％～100％的占 22.98％，星座值在 91％～95％、86％～90％以及 81％～85％的分别占 59.17％、15.53％和 2.32％。3 颗卫星失效有极小的概率致使卫星星座健康状态由优降级为差。随着失效卫星数量的增加，星座值随之下降，提供的全球导航服务性能也随之下降。

仿真次数与星座值的关系如图 3-7 所示。从图 3-7 可以看出，星座值均值在 95％左右，大部分星座值都在 89％～98％波动，且通过数据分析可知，星座值约为 84％的数据均源于每个轨道面失效 1 颗卫星。其中当失效模式为 11－24－32 时对

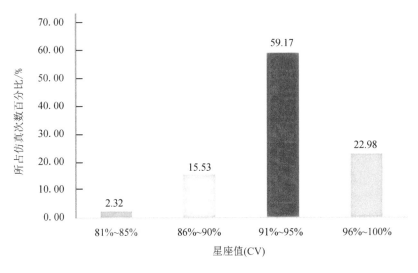

图 3-6　不同卫星失效模式占比

卫星星座性能影响最大,最小星座值为 84.105%。11—24—32 表示第 1 个轨道面第 1 颗卫星、第 2 个轨道面第 4 颗卫星、第 3 个轨道面第 2 颗卫星。

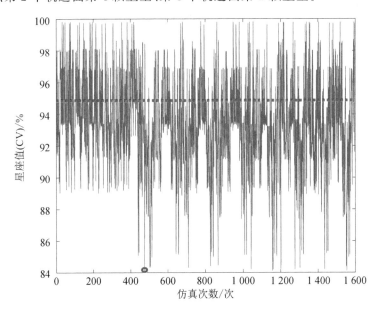

图 3-7　仿真次数与星座值的关系

　　不同卫星失效模式的最小星座值及所占仿真次数的百分比如图 3-8 所示。图 3-8 分析了 10 种失效模式,左侧柱状图代表每种失效模式在仿真次数中的占比,右侧柱状图代表此种失效模式的最小星座值。其中每个轨道面 1 颗卫星失效对卫星星座的整体性能影响较大,仿真发生的概率为 25.99%,最小星座值为 84.11%。同一个轨道面3颗卫星失效对卫星星座影响较小,它们出现的概率分别为2.88%、2.69%和2.38%,最小星座值分别为92.51%、92.56%和92.58%。异轨2颗或1颗卫星失效对卫星星座的影响次于前3种模式,第5~10种失效模式出现的概率分别为11.33%、11.08%、10.33%、11.08%、10.77%和11.46%,最小星座值分别为88.99%、88.99%、89.06%、89.11%、88.99%和89.05%。

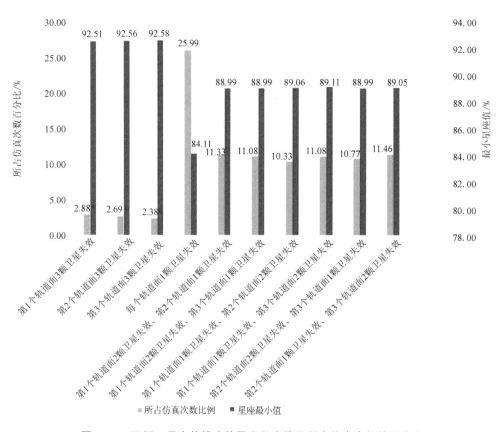

图3-8　不同卫星失效模式的最小星座值及所占仿真次数的百分比

10种不同卫星失效模式与卫星星座健康状态的关系如表3-2所列。

表3-2　卫星失效模式与卫星星座健康状态的关系

单位:%

卫星失效模式	卫星星座健康状态			
	优	良	中	差
第1个轨道面3颗卫星失效	45.65	54.35	—	—
第2个轨道面3颗卫星失效	51.16	48.84	—	—
第3个轨道面3颗卫星失效	44.74	55.26	—	—
每个轨道面1颗卫星失效	14.94	41.45	34.8	8.93

卫星失效模式	卫星星座健康状态			
	优	良	中	差
第1个轨道面2颗卫星失效、第2个轨道面1颗卫星失效	17.68	72.93	9.39	—
第1个轨道面2颗卫星失效、第3个轨道面1颗卫星失效	23.16	67.24	9.6	—
第1个轨道面1颗卫星失效、第2个轨道面2颗卫星失效	16.36	70.91	12.73	—
第1个轨道面1颗卫星失效、第3个轨道面2颗卫星失效	25.42	67.23	7.35	—
第2个轨道面2颗卫星失效、第3个轨道面1颗卫星失效	27.33	61.62	11.05	—
第2个轨道面1颗卫星失效、第3个轨道面2颗卫星失效	28.95	61.75	9.3	—

从表 3 - 2 可知,对于前 3 种卫星失效模式,卫星星座健康状态为优和良,且卫星星座健康状态为良的概率较大。其中,卫星星座健康状态为优的概率分别为 45.65%、51.16%和 44.74%,良的概率分别为 54.35%、48.84%和 55.26%,卫星星座还能为用户提供较好的导航服务。

对于第 5~10 种卫星失效模式,卫星星座健康状态为良的概率最大、为优的概率次之、为中的概率较小,卫星星座为用户提供的导航服务较前 3 种卫星失效模式有所降低。其中,卫星星座健康状态为优的概率分别为 17.68%、23.16%、16.36%、25.42%和 27.33%,卫星星座健康状态为良的概率分别为 72.93%、67.24%、70.91%、67.23%、61.62%、61.75%和 28.95%,中的概率分别为 9.39%、9.6%、12.73%、7.35%、11.05%和 9.3%。

对于第 4 种卫星失效模式,卫星星座健康状态为良的概率最大、为中的概率次之、为优的概率较小、为差的概率最小,同时它也是 10 种卫星失效模式中使得卫星星座出现差健康状态的模式,在这种模式下卫星星座的导航服务效果有较小概率降为差。其中,卫星星座健康状态为优的概率为 14.94%,卫星星座健康状态为良的概率为 41.45%,卫星星座健康状态为中的概率为 34.8%,卫星星座健康状态为差的概率为 8.93%。

为了观察最小星座值数据,表 3 - 3 给出了在仿真 1 600 次中最小星座值最差的前 10 个卫星失效模式,最小星座值由 100%降为 84%,卫星星座健康状态降为差。最小星座值最差的前 10 个卫星失效模式都是在每个轨道面有 1 颗卫星失效。最小星座值模式为 11—24—32,最小星座值为 84.105%。

表 3-3　仿真 1 600 次中最小星座值最差的前 10 个卫星失效模式

编　号	失效模式	最小星座值/%	编　号	失效模式	最小星座值/%
1	11—24—32	84.105	6	17—25—33	84.208
2	15—23—31	84.111	7	14—27—35	84.209
3	18—26—34	84.117	8	15—28—36	84.233
4	15—23—36	84.200	9	16—24—32	84.296
5	16—21—37	84.208	10	12—28—36	84.313

在 1 600 次仿真中最小星座值最差的前 4 个卫星失效模式的相位如图 3-9 所示。卫星失效模式分别为 11—24—32（第 1 个轨道面第 1 颗卫星、第 2 个轨道面第 4

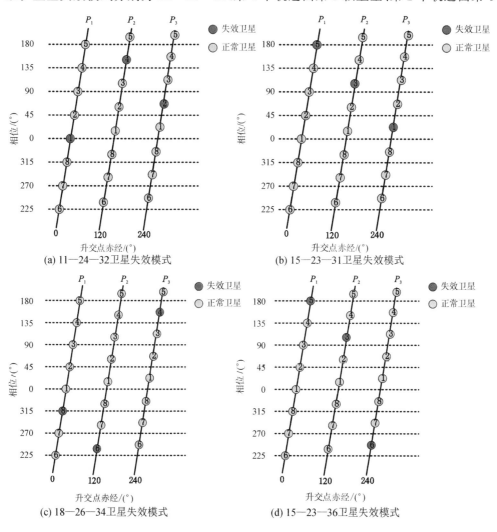

(a) 11—24—32卫星失效模式　　(b) 15—23—31卫星失效模式

(c) 18—26—34卫星失效模式　　(d) 15—23—36卫星失效模式

图 3-9　在 1 600 次仿真中最小星座值最差的前 4 个卫星失效模式的相位

颗卫星、第 3 个轨道面第 2 颗卫星)、15—23—31(第 1 个轨道面第 5 颗卫星、第 2 个轨道面第 3 颗卫星、第 3 个轨道面第 1 颗卫星)、18—26—34(第 1 个轨道面第 8 颗卫星、第 2 个轨道面第 6 颗卫星、第 3 个轨道面第 4 颗卫星)和 15—23—36(第 1 个轨道面第 5 颗卫星、第 2 个轨道面第 3 颗卫星、第 3 个轨道面第 6 颗卫星)。其中,卫星失效模式都为在每个轨道面有 1 颗卫星失效,且相邻失效卫星的相位较为接近。

在 1 600 次仿真中最小星座值最差的失效模式 11—24—32 的空间构型如图 3-10 所示。

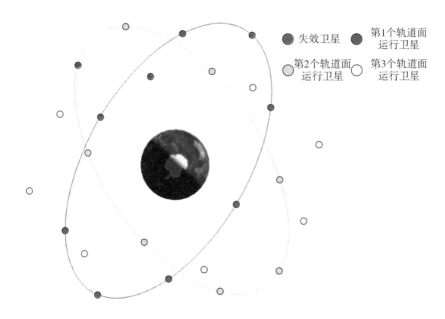

图 3-10　1 600 次仿真中最小星座值最差的失效模式 11—24—32 的空间构型

单星和双星失效对卫星星座性能产生的影响较小,利用蒙特卡洛方法对多星失效仿真 1 600 次,仿真结果的最小星座值为 84.105%,对应的卫星失效模式为 11—24—32。通过数据分析可知,当每个轨道面有 1 颗卫星失效且相邻失效卫星的相位较为接近时,对星座值影响最大,卫星星座健康状态由优降为差。

3.4　低轨混合导航卫星星座构型优化设计

随着卫星制造技术和火箭发射技术的快速发展,卫星实现了批量化生产、一箭多星快速发射部署,星座整体成本大幅降低。商业航天的蓬勃发展(如星链、一网、吉林等国内外商业卫星星座的规划建设)给航天领域注入了新的活力。相较于昂贵的全球导航卫星系统,低轨导航卫星星座部署快、成本低、功率高,使实现低轨独立导航以及导航增强服务成为可能。

一般来说,导航卫星星座的卫星数量越多,导航服务性能越好,但部署和运营成本也相应的提高,这是设计者在最初设计时需考虑的。将低轨导航卫星星座设计转化为多目标优化(multi-objective programming,MOP)问题,与以往的卫星星座相比解空间变得更大,目标函数之间还存在相互制约的关系,需要同时兼顾以求得最优帕累托(Pareto)解。本节首先对低轨导航特点进行分析;其次建立与卫星星座优化相关的决策变量和目标函数,并将中轨导航卫星星座失效作为低轨导航卫星星座构型优化设计的一个约束,利用 NSGA - Ⅱ 算法进行优化,给出最优的低轨倾斜卫星星座,同时给低轨倾斜卫星星座配置最优的极轨道卫星星座;最后仿真低轨混合卫星星座的独立导航性能和中、低轨混合导航卫星星座性能。

3.4.1　低轨导航特点分析

1. 低轨独立导航

随着低轨卫星发射模式的成熟以及商业航天市场的发展,各国商业航天公司积极部署抢占市场份额以及轨道频率资源,频繁向美国联邦通信委员会(FCC)递交申请文件。近年来发射的太空卫星数量逐渐逼近历年累计总和。

图 3 - 11 显示了全球卫星发射次数以及有效载荷记录。从图 3 - 11 可以看出,1957—2016 年全球卫星发射次数以及有效载荷呈先上升后下降再逐渐平缓变化的趋势;2017—2022 年全球卫星发射次数以及有效载荷急剧增长,有效载荷数量达到历史最高峰,这源于星链卫星、一网卫星等低轨卫星的发射。

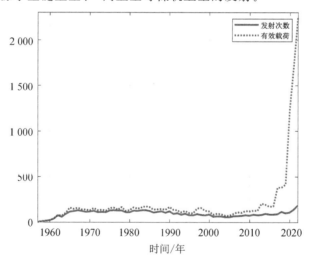

图 3 - 11　全球卫星发射次数以及有效载荷记录

（1）多普勒频移和信号传输损耗

测站中心与低轨卫星之间产生的径向相对运动使信号频率发生偏移,由多普勒效应引起的信号频移称为多普勒频移[41],国内外众多学者利用低轨多普勒频移进行定位。同时,在相同时间内,低轨卫星相较中轨卫星在天空中划过的轨迹更长,这有助于信号的快速收敛,而且信号在自由空间传输中的损耗大大降低。低轨卫星可视球冠和信号空间传输示意图如图 3-12 所示。

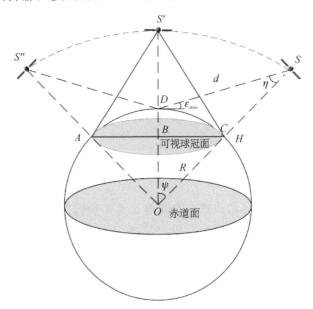

图 3-12 低轨卫星可视球冠和信号空间传输示意图

地球半径 $R=OC$,卫星轨道半长轴为 H,卫星 S 传输信号到接收机 D 的传输距离为 d,两者的夹角为 η,卫星仰角为 $\varepsilon_{\min}$。信号自由空间传输损耗公式为

$$\begin{cases} L_0 = 10\log\left(\dfrac{4\pi d}{\lambda}\right)^2 \\ d = \dfrac{H\cos\,(\eta + \varepsilon_{\min})}{\cos\,(\varepsilon_{\min})} \\ \eta = \arcsin\left(\dfrac{\varepsilon_{\min}}{H}\right) \end{cases} \tag{3-25}$$

其中,λ 为传输信号的波长。

全球定位系统、铱星系统和一网卫星星座 500 km～36 000 km 范围内在不同仰角下的信号自由空间传输损耗如图 3-13 所示。卫星信号自由空间传输损耗与轨道高度呈正相关、与仰角呈负相关。在 5°仰角下,铱星系统的信号落地功率比全球定位系统高约 30 dB。

低轨卫星与中轨卫星在 15 min 内划过天空的轨迹对比如图 3-14 所示。图 3-14 中的卫星分别为北斗三号卫星星座 NORAD 编号 43245 卫星、格洛纳斯导航卫星系统 NORAD 编号 42939 卫星、伽利略导航卫星系统 NORAD 编号 40890 卫星、全球定位系统 NORAD 编号 36585 卫星、铱星系统 NORAD 编号 43931 卫星、一网卫星星座 NORAD 编号 47283 卫星、星链卫星星座 NORAD 编号 44927 卫星。由图 3-14 可知,低轨卫星在 15 min 内的运行轨迹明显比中轨卫星的运行轨迹更长,

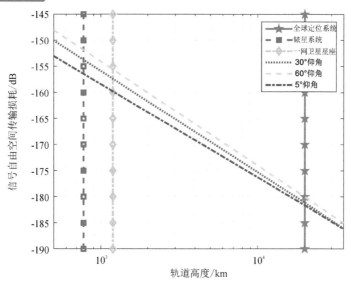

图 3-13　全球定位系统、铱系统和一网卫星星座在不同轨道高度和仰角下的信号自由空间传输损耗

几何构型变化更快,这有助于加快收敛速度。其中,星链卫星星座轨道高度比铱星系统和一网卫星星座的轨道高度更低,卫星星座几何构型变化更快。

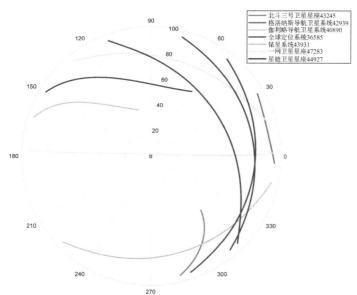

图 3-14　低轨卫星与中轨卫星在 15 min 内划过天空的轨迹对比

（2）覆盖特性

导航系统提供服务需要在地面最少观测到 4 颗卫星,鉴于低轨卫星的轨道特性,且在不同仰角下卫星可见性不同,如果要达到与四大导航系统相同的导航性能,低轨导航卫星星座需要更多卫星。

由图 3-12 可知,用户端 D、可见卫星 S 和地心 O 构成三角形 SDO,根据正弦定理可求得半中心角 ψ,计算公式[42]为

$$
\begin{cases}
\dfrac{R}{\sin\left[\pi - \psi - (\pi/2 + \varepsilon_{\min})\right]} = \dfrac{H}{\sin(\pi/2 + \varepsilon_{\min})} \\
\psi = \arccos\left[\dfrac{R\cos(\varepsilon_{\min})}{H}\right] - \varepsilon_{\min}
\end{cases}
\tag{3-26}
$$

其中,R 为地球半径,H 为卫星半长轴,$\varepsilon_{\min}$ 为最小仰角。由半中心角 ψ 可以求得低轨卫星可视球冠的表面积 $S_{球冠}$ 为

$$
S_{球冠} = 2\pi R(R - R\cos\psi)
\tag{3-27}
$$

低轨卫星在不同高度和仰角下的覆盖面积如图 3-15 所示。卫星覆盖面积与仰角呈负相关、与轨道高度呈正相关。

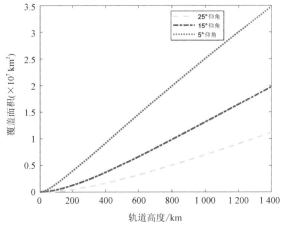

(a) 低轨卫星在不同高度下覆盖面积

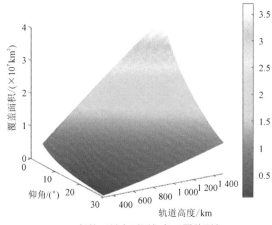

(b) 低轨卫星在不同仰角下覆盖面积

图 3-15 低轨卫星在不同轨道高度和仰角下的覆盖面积

　　图 3-16 仿真了四大导航系统与铱星系统、星链卫星星座以及一网卫星星座的覆盖重数。覆盖重数采用 3σ 原则，避免极值干扰。其中，仿真了铱星系统目前在轨的 75 颗卫星，星链卫星星座壳层 1 轨道高度为 550 km、轨道倾角为 53° 的 1 584 颗卫星，一网卫星星座轨道高度为 1 200 km、轨道倾角为 87.9° 的 1 764 颗卫星。

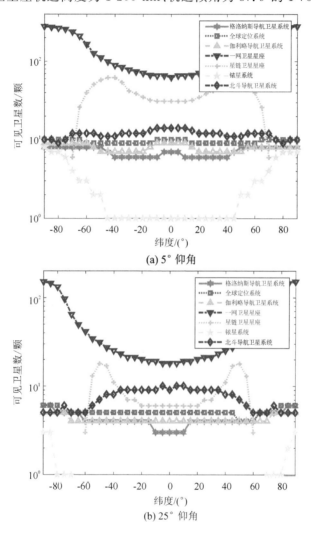

图 3-16　不同仰角下 7 种卫星星座可见卫星数对比

　　图 3-16(a) 和图 3-16(b) 分别给出了 5° 仰角、25° 仰角下 7 种卫星星座的可见卫星数。在 5° 仰角下四大导航系统可见卫星数在 10 颗左右，北斗导航卫星系统卫星数目较多，可见卫星数也较多。铱星系统在高纬度地区可见卫星数接近 10 颗，随着纬度降低其可见卫星数降至 1。一网卫星星座比星链卫星星座卫星数量多，其可见卫星数也多。星链卫星星座轨道倾角为 53°，一网卫星星座轨道倾角为 87.9°，一网卫星星座在两极地区可见卫星数多，而星链卫星星座在中纬度地区可见卫星数多，

轨道倾角不同导致卫星星座可见卫星数趋势不同。随着仰角升至 25°，低轨卫星星座的可见卫星数下降最为严重，四大导航系统的可见卫星数降至 8 颗左右。

（3）位置精度衰减因子

仿真参数设置同 3.3 节，图 3 - 17 给出了四大导航系统与铱星系统、星链卫星星座以及一网卫星星座的位置精度衰减因子值。位置精度衰减因子采用 3σ 原则，避免极值干扰。

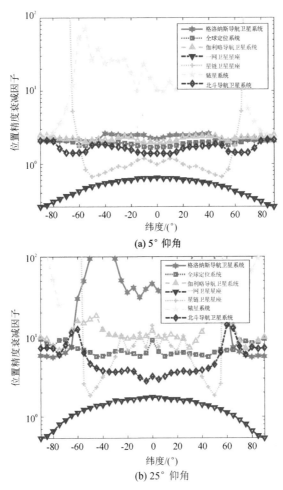

(a) 5° 仰角

(b) 25° 仰角

图 3 - 17　不同仰角下 7 种卫星星座位置精度衰减因子值对比

图 3 - 17(a)和图 3 - 17(b)分别给出了 5°仰角、25°仰角下 7 种卫星星座的位置精度衰减因子，其中四大导航系统中北斗导航卫星系统性能相对较优。铱星系统由于其轨道为极轨道，因此它在高纬度地区的性能接近四大导航系统。一网卫星星座的位置精度衰减因子值优于星链卫星星座、优于四大导航系统，三者在卫星数量上却相差 50 倍。星链与一网卫星的轨道倾角不同，导致位置精度衰减因子值变化趋势

不同,星链卫星星座只能在中纬度地区提供服务,一网卫星星座可为两极地区提供服务。随着仰角升至 25°,四大导航系统中的格洛纳斯导航卫星系统因其卫星轨道倾角为 63.4°,其位置精度衰减因子值在中纬度地区降级最严重;低轨卫星星座中铱星系统卫星数量少,其值同样在中纬度地区降级严重。

2. 低轨导航增强

前面介绍了低轨卫星在导航方面的优势,若低轨卫星星座为用户提供独立的导航服务,则卫星数目将是传统中高轨导航卫星星座的数十倍。低轨卫星星座与现有的全球导航卫星系统联合导航可实现更高的导航精度,图 3 - 18 给出北斗三号卫星星座与铱星系统组成的混合卫星星座的整体性能。

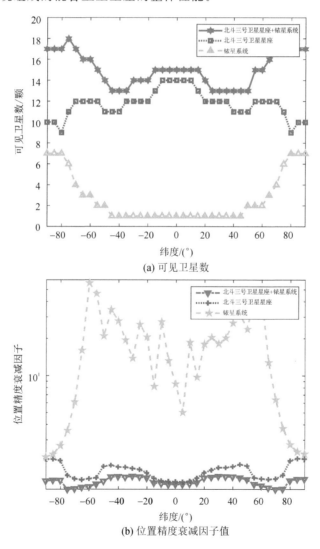

(a) 可见卫星数

(b) 位置精度衰减因子值

图 3 - 18　北斗三号卫星星座与铱系统组成的混合卫星星座的整体性能

从图 3-18(a)和图 3-18(b)看出,北斗三号卫星星座与铱星系统组成的混合卫星星座在两极地区的可见卫星数和导航精度有较大的提高,在中高轨卫星出现故障时可补偿其性能。然而,因单一的同构卫星星座会出现导航精度随着纬度不同而不同的情况,故 3.4.5 节将低轨卫星星座设计成倾斜卫星星座和极轨道卫星星座混合的卫星星座。

3.4.2 低轨倾斜卫星星座设计

1. 卫星轨道高度分析

低轨卫星轨道高度越高,覆盖面积越大,同时卫星轨道高度的选取也需考虑空间中的电离层、范·艾伦辐射带(Van Allen radiation belt)以及回归轨道等因素的影响[43]。

(1)电离层

电离层是指轨道高度在 60~1 000 km 处大气被电离的区域,电离层存在许多自由电子和离子会使信号产生折射、反射和散射等现象。全球导航卫星系统的信号利用电离层进行传输,同样电离层会使信号减弱和延时,对通信质量以及导航定位精度影响较大。电离层受太阳风暴影响尤为明显,星链卫星星座部署的第 36 批卫星在爬升时,受到太阳风暴引起的地磁暴的影响从而导致大气阻力增大,损失了约 30 颗卫星。因此,本设计将卫星轨道高度部署在 1 000 km 以上,在更好地接收全球导航卫星系统的信号的同时减少电离层带来的损伤。

(2)范·艾伦辐射带

范·艾伦辐射带分为内带和外带,内带高度为 1 500~5 000 km,外带高度为 13 000~20 000 km,其中内带高能质子较为稳定,外带高能电子变化明显。这些高能粒子同样易受到太阳磁暴引发的地磁暴影响,会对卫星及其载荷造成极大的危害,因此卫星轨道应避免在此区间内。图 3-19 给出电离层、范·艾伦辐射带以及部分卫星的轨道分布示意图。

(3)回归轨道

低轨卫星星座的卫星数量较多,对卫星测运控带来了挑战,采用共星下点轨迹构型可以减少地面测站压力,同时满足任务需求。温生林等人[44]基于平均轨道根数,考虑 J_2 和大气阻力建立的星下点漂移模型可有效实现轨道控制。张雅声等人[45]同样利用平均轨道根数建立了考虑 J_4 条件下的星下点轨迹模型,给出了不同轨道高度的轨道倾角方案。回归轨道公式为

$$\begin{cases} NT_\Omega = DT_{\Omega G} \\ T_\Omega = \dfrac{2\pi}{\dot\omega + \dot M} \\ T_{\Omega G} = \dfrac{2\pi}{\omega_E - \dot\Omega} \\ T = 2\pi\sqrt{\dfrac{a^3}{\mu}} \end{cases} \tag{3-28}$$

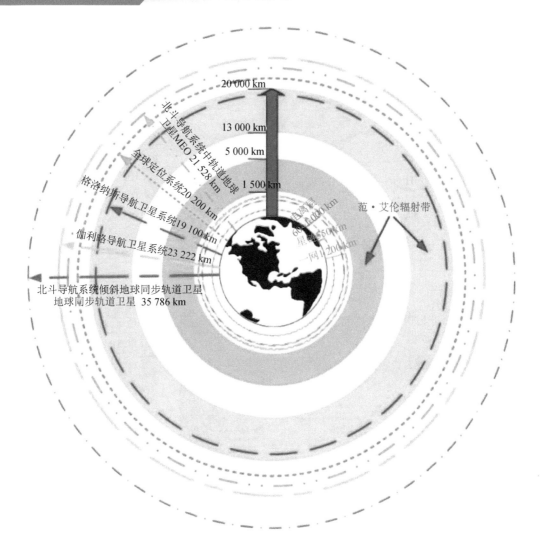

图 3－19 电离层、范艾伦辐射带以及部分卫星的轨道分布示意图

其中，N 为一个回归周期内卫星运行圈数；D 为地球在一个回归周期内旋转的恒星天数；T_Ω 为卫星交点周期；$T_{\Omega G}$ 为卫星两次经过升交点周期；$\omega_E = 7.292 \times 10^{-5}$ rad/s，为地球自转角速度[45]。地球非球形摄动会对卫星轨道根数产生周期性影响，若卫星采用近圆轨道且只考虑 J_2 摄动，则利用平均轨道根数忽略短周期项带来的影响。

卫星轨道高度、轨道倾角与 N/D 的关系如图 3－20 所示，星链、一网卫星轨道高度、轨道倾角与 N/D 的关系如图 3－21 所示。其中，轨道高度范围为 $500 \sim 2\ 500$ km，轨道倾角范围为 $10° \sim 89°$。

由图 3－20 可以看出，在一个回归周期内，N/D 随着卫星轨道高度的增加逐渐降低，且变化较为明显；N/D 随着轨道倾角的增加而增加，但是变化不明显。由

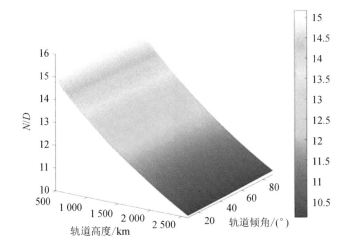

图 3 - 20　卫星轨道高度、轨道倾角与 N/D 的关系

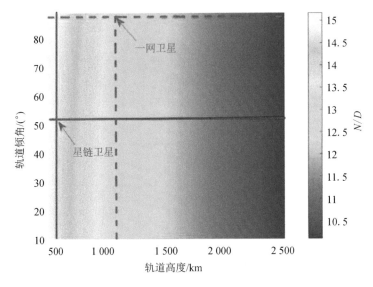

图 3 - 21　星链、一网卫星轨道高度、
轨道倾角与 N/D 的关系

图 3 - 21 可以看出,星链卫星一天绕地球 15 圈,一网卫星一天绕地球 13 圈。卫星轨道高度过高会导致部署成本增加,轨道高度过低会受到大气阻力等摄动力影响,因此,在权衡影响因素后选取卫星高度优化范围为 1 100～1 200 km。

2. 卫星轨道倾角分析

以轨道高度为 1 100 km、仰角为 5°的卫星为例,仿真其轨道倾角与平均可见卫星数的关系,分析轨道倾角在 0°～90°内单颗卫星平均覆盖重数沿纬度的分布特性。

图 3-22 给出了沿纬度分布的不同轨道倾角下的平均可见卫星数,图 3-23 给出了倾角约束条件。

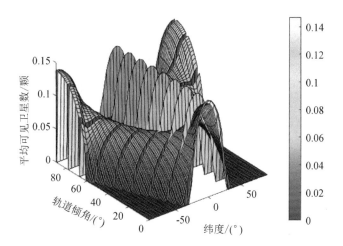

图 3-22　沿纬度分布的不同轨道倾角下的平均可见卫星数

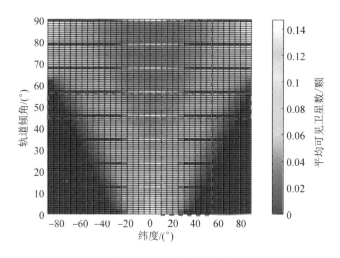

图 3-23　倾角约束条件

由图 3-22 可以看出,轨道倾角越大,可见卫星数越多,其中在两极地区尤为突出,卫星轨道倾角的选择还须考虑地面火箭的运载能力,轨道倾角越大,消耗运载火箭的能量就越多。从图 3-23 可以看出,轨道倾角为 55°～89°的卫星在全球范围平均可见卫星数最多,倾角为 25°～55°的卫星在北纬 10°～55°平均可见卫星数较多。低轨倾斜卫星星座主要服务于中纬度地区,我国纬度处于北纬 10°～55°,低轨倾斜卫星星座卫星轨道倾角选取范围为 45°～55°。

3.4.3　基于 NSGA‑Ⅱ 算法的卫星星座优化设计方法

1. 多目标优化算法对比

1995 年 SRINIVAS 和 DEB 提出的非支配排序遗传（NSGA）算法[46]较传统的算法有很好的优化效果。2002 年 DEB 又提出了 NSGA‑Ⅱ 算法[47]，相较于第一代算法，它引入了快速非支配排序法来减少耗时，采用了精英策略保留优秀个体，摒弃共享半径采用拥挤度方法使解集在目标空间中更加均匀。曾喻江[48]将 NSGA‑Ⅱ 算法应用于卫星星座设计中，根据不同任务需求给出相应的性能评价准则，并得到满足要求的卫星星座设计方案。

双目标函数三层帕累托等级如图 3‑24 所示。由图 3‑24 可知，对于双目标的任何两个解，若解 S_1 均优于解 S_2，称 S_1 支配 S_2，S_1 不受其他解支配，则 S_1 为非支配解，又称帕累托最优解，所形成的曲线为帕累托前沿。将非支配解定义为帕累托等级 1，将非支配解从解集中删除，剩下的解定义为帕累托等级 2，依次类推。

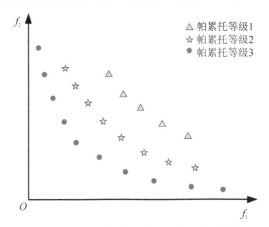

图 3‑24　双目标函数三层帕累托等级

精英策略选择示意图如图 3‑25 所示，由图 3‑25 可以看出，精英策略选择是将子代种群 P_t 和父代种群 Q_t 合并成新种群 R_t，对新种群 R_t 进行非支配排序，将最好的帕累托等级进行拥挤度计算形成新父代种群 P_{t+1}，淘汰帕累托等级低的个体。

利用测试函数 ZDT1 对多目标粒子群优化算法、非支配邻域免疫算法和 NSGA‑Ⅱ 算法进行对比。选用多样性评价指标中的超体积（hypervolume，HV）指标以及无效解修复评价指标作为衡量准则[49‑50]，其中若 HV 越大，则表明解集越优。

ZDT1 测试函数为

$$\begin{cases} \min f_1(x_1)=x_1 \\ \min f_2(x)=g\left(1-\sqrt{(f_1/g)}\right) \\ g(x)=1+9\sum_{i=2}^{m}x_i/(m-1) \quad \text{s.t.} \quad 0\leqslant x_i\leqslant 1, \quad i=1,2,\cdots,30 \end{cases} \tag{3-29}$$

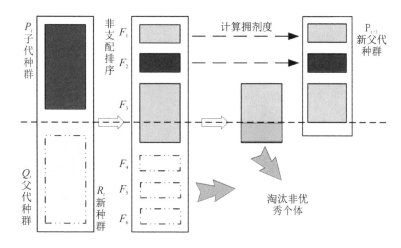

图 3-25 精英策略选择示意图

评价指标 HV 下的最优解如图 3-26 所示,无效解修复评价指标如图 3-27 所示。

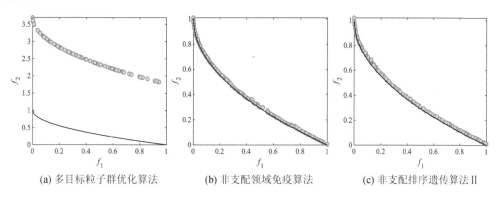

(a) 多目标粒子群优化算法   (b) 非支配领域免疫算法   (c) 非支配排序遗传算法Ⅱ

图 3-26 评价指标 HV 下的最优解

从图 3-26、图 3-27 可以看出,在评价指标 HV 下的最优解中非支配领域免疫算法和 NSGA-Ⅱ算法优于多目标粒子群优化算法,NSGA-Ⅱ算法比非支配领域免疫算法分布更为均匀,且无效解修复评价指标较为平缓。因此,采用 NSGA-Ⅱ算法。

基于 NSGA-Ⅱ算法的卫星星座优化设计流程如图 3-28 所示。

2. 决策变量与目标函数

卫星参数采用通用的 Walker 星座模型,即 3 个卫星星座参数和 2 个卫星参数都作为低轨导航卫星星座模型参数,简化采用圆轨道以及 Walker 构型,因此卫星参数为 $\{h,i\}$,Walker 构型参数为 $\{N,P,F\}$,故卫星星座的优化参数集为

$$X=\{N,P,F,h,i\} \tag{3-30}$$

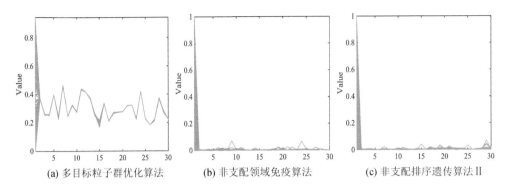

(a) 多目标粒子群优化算法   (b) 非支配领域免疫算法   (c) 非支配排序遗传算法 II

图 3-27　无效解修复评价指标

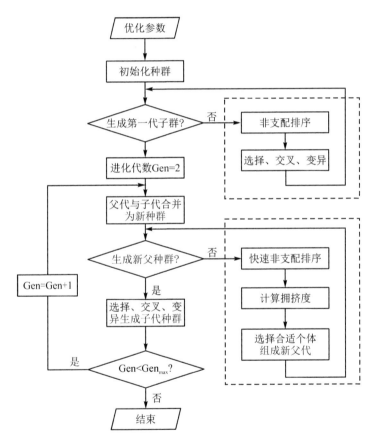

图 3-28　基于 NSGA-Ⅱ算法的卫星星座优化设计流程

评估导航卫星星座性能的指标有可见卫星数、精度衰减因子、导航精度等。根据前面的分析,目标函数取可见卫星数和位置精度衰减因子,且采用 3σ 原则尽可能避免数据出现极值情况,则目标函数为

$$\begin{cases} f_1 = \min(\text{PDOP}) \\ f_2 = \max(\text{VisNum}) \end{cases} \qquad (3-31)$$

其中,PDOP 取最小值;VisNum 为可见卫星数,取最大值。

3. 参数设置与结果分析

参数设置:最小观测仰角为 5°,空间网格为 5°×5°,区域为全球。

卫星星座的优化参数的上下限为

$$\begin{cases} X_{\text{low}} = \{100, 8, 0, 1\ 100, 45\} \\ X_{\text{up}} = \{330, 36, P-1, 1\ 200, 55\} \end{cases} \qquad (3-32)$$

为避免优化结果出现两极情况,在保证目标函数最优的同时使卫星总数最少,以减少成本。将中轨导航卫星星座失效作为低轨导航卫星星座构型优化设计的一个约束,低轨与中轨卫星星座组成的混合卫星星座的位置精度衰减因子以四大全球导航卫星系统中纬度值为边界,轨道倾角尽量最小,故约束条件为

$$\begin{cases} \text{PDOP}_{\min}^{\text{latitude}低轨+中轨} \leqslant \text{GNSS} \\ N_{\max}^{\text{walker}} \leqslant N_{\text{total}} \\ i_{\max}^{\text{walker}} \leqslant i \end{cases} \qquad (3-33)$$

用 NSGA -Ⅱ算法对目标函数进行优化,通过对算法参数进行调试,确定种群规模为 50,最大进化代数为 300,优化结果和评价指标 HV 如图 3-29 所示。

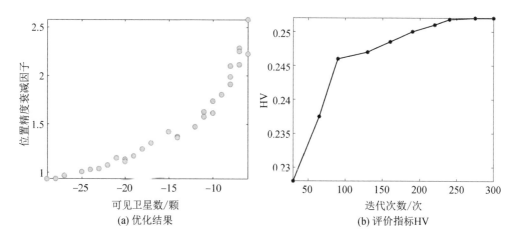

(a) 优化结果　　　　　　　　(b) 评价指标HV

图 3 - 29　低轨倾斜卫星星座优化结果和评价指标 HV

由图 3-29 可知,评价指标 HV 在进化代数为 300 时收敛,HV 最大值约为 0.252。优化结果对应帕累托前沿,给出了最大可见卫星数和位置精度衰减因子值,最大可见卫星数对应区间为[6,28],位置精度衰减因子对应的区间为[1,2.51]。最优解集如表 3-4 所列。

表 3-4   低轨倾斜卫星星座优化设计方案

参　数	方案一	方案二	方案三	方案四
轨道高度 h/km	1 125	1 141	1 175	1 183
轨道倾角 i	49	53	50	53
偏心率 e	0	0	0	0
近地点幅角 ω	0	0	0	0
卫星总数 N	300	300	297	297
轨道面 P	30	25	27	33
相位因子 F	16	3	8	8
覆盖重数	20	20	21	20
PDOP	1.121	1.108	1.11	1.105

表 3-4 给出了 4 种优化结果，4 种方案之间覆盖重数相差 1 重，位置精度衰减因子值相差 0.002~0.016。综合考虑卫星总数量、轨道倾角、轨道面数以及卫星星座性能，选择方案三，即 Walker 297/27/8:1 175/50（$N=297$，$P=27$，$F=8$，$h=1$ 175 km，$i=50°$）为低轨倾斜卫星星座部署建设方案。方案一（Walker 300/30/16:1 125/49（$N=300$，$P=30$，$F=16$，$h=1$ 125 km，$i=49°$）、方案二（Walker 300/25/3:1141/53（$N=300$，$P=25$，$F=3$，$h=1$ 141 km，$i=53°$））和方案四（Walker 297/33/8:1 183/53（$N=297$，$P=33$，$F=8$，$h=1$ 183 km，$i=53°$））作为备份方案。

方案三的卫星星座空间构型示意图如图 3-30 所示。

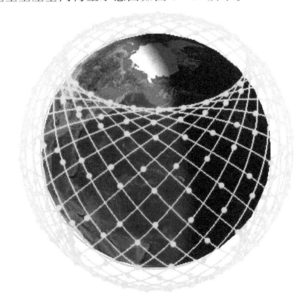

图 3-30   低轨倾斜导航卫星星座空间构型示意图(方案三)

　　4种卫星星座优化设计方案与全球导航卫星系统的位置精度衰减因子的对比如图 3-31 所示。从图 3-31 中可以看出,在南北纬 55°范围内低轨倾斜卫星星座的位置精度衰减因子值优于伽利略导航卫星系统、格洛纳斯导航卫星系统,在南北纬 20°范围内,北斗三号卫星星座的位置精度衰减因子值优于低轨倾斜轨道卫星星座的位置精度衰减因子值。主要原因是北斗三号卫星星座的地球同步轨道卫星和倾斜地球同步轨道卫星增加了全球区域的导航精度。低轨倾斜卫星星座用于中纬度地区的导航服务,若要实现全球导航则需要设计极轨道卫星星座增强两极地区的覆盖和导航精度。

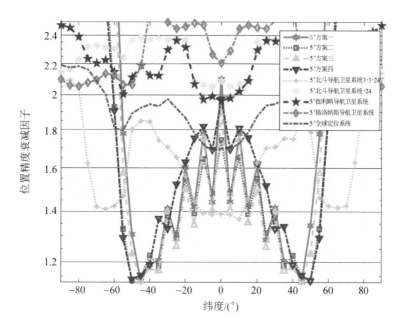

图 3-31　4种卫星星座优化设计方案与全球导航卫星系统的位置精度衰减因子的对比

3.4.4　低轨极轨道卫星星座设计

　　文献[51-52]研究了几何精度衰减因子最小定位构型集,提出最小几何精度衰减因子混合 Walker 构型,并推导出混合 Walker 构型在地心处几何精度衰减因子取极值的条件为

$$\sum_{k=1}^{s} N_s \cos^2 i_s = \frac{1}{3} \sum_{k=1}^{s} N_s \qquad (3-34)$$

其中,$s=2$ 为 Walker 构型数量,N_s 为第 s 个 Walker 星座卫星数量,i_s 为第 s 个 Walker 星座卫星轨道倾角。参考式(3-34),给出极轨道卫星星座卫星轨道倾角的优化范围,如图 3-32 所示。

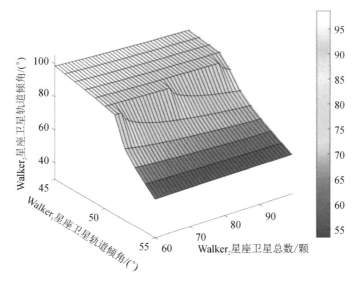

图 3-32　极轨道卫星星座卫星轨道倾角的优化范围

由图 3-32 可知,通过低轨倾斜卫星星座构型,获取极轨 Walker 星座构型最优的轨道倾角优化范围。Walker$_1$ 星座表示低轨倾斜卫星星座,Walker$_2$ 星座表示低轨极轨道卫星星座。仿真分析了 Walker$_1$ 星座 330 颗卫星,轨道倾角为 45°~55°,给定极轨道 Walker$_2$ 星座卫星总数 60~100 颗,极轨道卫星星座倾角范围为 55°~89°。因此,卫星参数为 $\{h,i\}$,Walker 构型参数为 $\{N,P,F\}$。

低轨道卫星星座的优化参数集为

$$X=\{N,P,F,h,i\} \tag{3-35}$$

卫星星座的优化参数的上下限为

$$\begin{cases} X_{\text{low}}=\{60,7,0,1\,100,55\} \\ X_{\text{up}}=\{100,12,P-1,1\,200,89\} \end{cases} \tag{3-36}$$

将单一卫星星座的位置精度衰减因子约束条件改为混合导航卫星星座的,其余约束条件与倾斜卫星星座相同,即

$$\begin{cases} \text{PDOP}_{\min}^{\text{walker低轨+极轨+中轨}} \leqslant \text{GNSS} \\ N_{\max}^{\text{walker}} \leqslant N_{\text{total}} \\ i_{\max}^{\text{walker}} \leqslant i \end{cases} \tag{3-37}$$

基于 NSGA-Ⅱ算法对目标函数进行优化,通过对算法参数进行调试,确定种群规模为 50,最大进化代数为 1 000,给出不同低轨倾斜卫星星座最佳配置的极轨道卫星星座。优化结果和评价指标 HV 如图 3-33 所示。

由图 3-33 可知,评价指标 HV 在进化代数为 1 000 时收敛,HV 最大值为 0.26。优化结果对应帕累托前沿,给出了最大可见卫星数和位置精度衰减因子值,

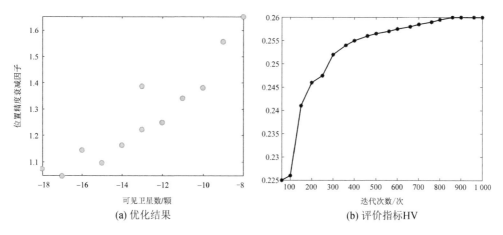

(a) 优化结果 　　　　　　　　　(b) 评价指标HV

图 3 - 33　低轨极轨道卫星星座优化结果和评价指标 HV

最大可见卫星数对应区间为[8,18],位置精度衰减因子对应的区间为[1,1.65]。最优解集如表 3 - 5 所列。

表 3 - 5　低轨极轨道卫星星座优化设计方案

参　　数	方案一	方案二	方案三	方案四
轨道高度 h/km	1 148	1 170	1 150	1 167
轨道倾角 i	87	86	87	88
偏心率 e	0	0	0	0
近地点幅角 ω	0	0	0	0
卫星总数 N	84	88	80	72
轨道面 P	12	11	10	9
相位因子 F	2	4	7	5
覆盖重数最大	12	13	12	11
PDOP 最小	1.32	1.27	1.29	1.33

基于倾斜卫星星座的主要方案以及 3 种备份方案,表 3 - 5 给出针对不同方案最优的极轨道卫星星座配置。4 种方案覆盖重数相差 1~2 重,位置精度衰减因子值相差 0.02~0.06。选择方案三,即 Walker 80/10/7:1 150/87($N=80$,$P=10$, $F=7$, $h=1$ 150 km,$i=87°$)为低轨极轨道卫星星座部署建设方案。方案一:Walker 84/12/2:1 148/87($N=84$, $P=12$,$F=2$,$h=1$ 148 km,$i=87°$)、方案二:Walker 88/11/4:1 170/86($N=88$,$P=11$, $F=4$,$h=1$ 170 km,$i=86°$)和方案四:Walker 72/9/5:1 167/88($N=72$, $P=9$,$F=5$,$h=1$ 167 km,$i=88°$)作为备份方案。

低轨极轨道导航卫星星座空间构型示意图(方案三)如图 3 - 34 所示。

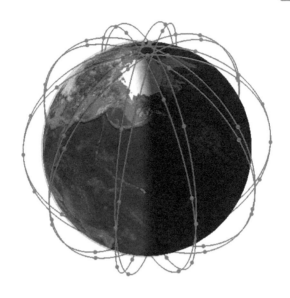

图 3 - 34　低轨极轨道导航卫星星座空间构型示意图(方案三)

3.4.5　低轨混合导航卫星星座性能分析

基于 3.4.3 小节与 3.4.4 小节的优化结果,选取低轨混合导航卫星星座构型:低轨倾斜卫星星座为 Walker 297/27/8:1 175/50($N=297$,$P=27$,$F=8$,$h=1\ 175$ km,$i=50°$);低轨极轨道卫星星座为 Walker 80/10/7:1 150/87($N=80$,$P=10$,$F=7$,$h=1\ 150$ km,$i=87°$)。低轨混合导航卫星星座空间构型示意图如图 3 - 35 所示。

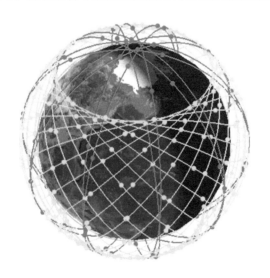

图 3 - 35　低轨混合导航卫星星座空间构型示意图

对低轨混合导航卫星星座的独立导航性能进行仿真,仿真时间为 1 天,步长为 60 s,区域为全球,最小观测仰角为 5°,网格为 5°×5°,采用 3σ 原则,位置精度衰减因子值和可见卫星数参数设置为 95%,并与北斗导航卫星系统以及全球定位系统的可见卫星数和位置精度衰减因子进行对比(见图 3-36)。

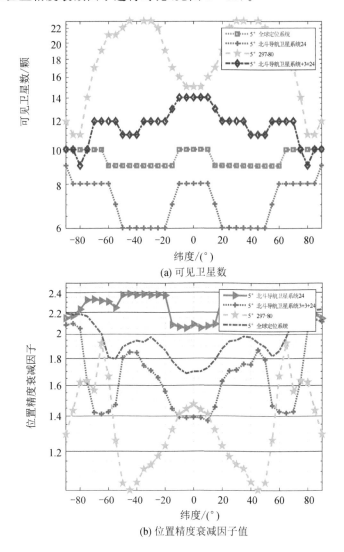

(a) 可见卫星数

(b) 位置精度衰减因子值

图 3-36　北斗导航卫星系统、全球定位系统与低轨混合导航卫星星座的性能对比

由图 3-36 可以看出,低轨混合导航卫星星座的综合性能优于北斗导航卫星系统和全球定位系统,北斗导航卫星系统由于部署高轨卫星,在特定纬度上位置精度衰减因子值优于低轨混合导航卫星星座。若低轨混合导航卫星星座在位置精度衰减因子性能上超越北斗导航卫星系统,则需要增加低轨倾斜卫星的数量。由于低轨极轨道卫星星座卫星的高倾角以及低轨倾斜卫星星座的卫星数量较多,因此,低轨混合导航卫星星座在中纬度以及两极地区可见卫星数高于其他导航卫星星座。

低轨混合导航卫星星座全球覆盖重数和位置精度衰减因子示意图如图 3 - 37 所示。

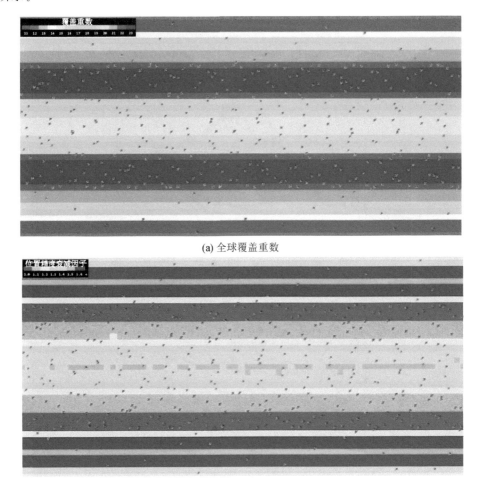

(a) 全球覆盖重数

(b) 全球位置精度衰减因子

图 3 - 37　低轨混合导航卫星星座全球覆盖重数和位置精度衰减因子示意图

由图 3 - 37 可知,低轨混合导航卫星星座全球覆盖重数最低为 11 重、最高为 23 重,全球位置精度衰减因子值最低为 1、最高为 1.63。其中,位置精度衰减因子值和覆盖重数大致分为 4 个纬度带:在南北纬 0°~25°,位置精度衰减因子值为 1.2~1.4,覆盖重数为 15~22 重;在南北纬 25°~55°,位置精度衰减因子值为 1~1.25,覆盖重数为 21~23 重;在南北纬 55°~80°,位置精度衰减因子值为 1.25~1.63,覆盖重数为 14~21 重;在南北纬 80°~90°,位置精度衰减因子值为 1.3~1.43,覆盖重数为 11~12 重。

3.4.6　低轨混合导航卫星星座导航增强性能分析

在中轨导航卫星星座卫星失效的基础上，仿真分析中轨导航卫星星座在失效 3 颗卫星时的性能变化，并通过低轨混合导航卫星星座进行导航增强，实现中、低轨混合导航卫星星座整体性能的提升。

1. 低轨混合导航卫星星座对可见卫星数的影响

低轨混合导航卫星星座构型：低轨倾斜卫星星座为 Walker 297/27/8:1 175/50 ($N=297,P=27,F=8,h=1\ 175\ \text{km},i=50°$)；低轨极轨道卫星星座为 Walker 80/10/7:1 150/87($N=80,P=10,F=7,h=1\ 150\ \text{km},i=87°$)。中轨导航道卫星星座构型：Walker 24/3/1:21 000/55($N=24,P=3,F=1,h=21\ 000\ \text{km},i=55°$)。中、低轨混合导航卫星星座空间构型示意图如图 3-38 所示。

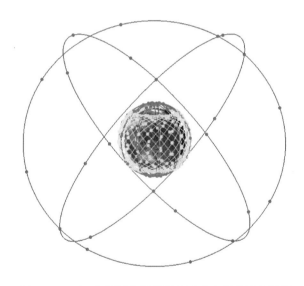

图 3-38　中、低轨混合导航卫星星座空间构型示意图

仿真分析中轨导航卫星星座卫星未失效、中轨导航卫星星座失效 3 颗卫星 11—24—32，(即第 1 个轨道面第 1 颗卫星、第 2 个轨道面第 4 颗卫星、第 3 个轨道面第 2 颗卫星)，以及中轨导航卫星星座卫星失效后与低轨卫星星座组成的中、低轨混合导航卫星星座三种不同场景下的全球覆盖重数。仿真条件为位置精度衰减因子≤4，沿用 3σ 原则，最小观测仰角为 5°，区域为全球，网格为 5°×5°，仿真时长为 24 h，步长为 60 s。

三种不同场景下的全球覆盖重数如图 3-39 所示。

(a) 中轨导航卫星星座卫星未失效的全球覆盖重数

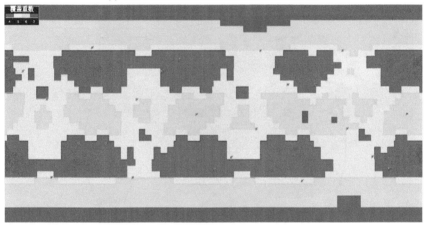

(b) 中轨导航卫星星座失效3颗卫星的全球覆盖重数

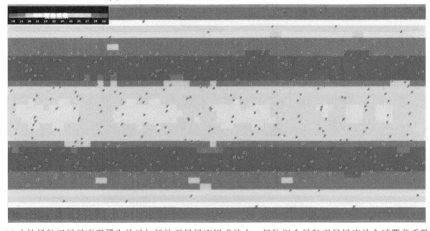

(c) 中轨导航卫星星座卫星失效后与低轨卫星星座组成的中、低轨混合导航卫星星座的全球覆盖重数

图 3-39 三种不同场景下的全球覆盖重数

由图3-39(a)可知,当中轨导航卫星星座卫星未失效时,全球覆盖重数为6～9重。由图3-39(b)可知,当中轨导航卫星星座失效3颗卫星(11-24-32,第1个轨道面第1颗卫星、第2个轨道面第4颗卫星、第3个轨道面第2颗卫星)时,全球覆盖重数降至4～7重。由图3-39(c)可知,中轨导航卫星星座卫星失效后通过低轨导航卫星星座增强,全球覆盖重数增至18～29重。中、低轨联合导航不仅弥补了中轨导航卫星星座卫星失效后带来性能降级的不足,而且满足了更高精度的服务需求。

2. 低轨混合导航卫星星座对位置精度衰减因子的影响

仿真分析中轨导航卫星星座未失效、中轨导航卫星星座失效3颗卫星(11-24-32,即第1个轨道面第1颗卫星、第2个轨道面第4颗卫星、第3个轨道面第2颗卫星),以及中轨导航卫星星座卫星失效后与低轨卫星星座组成的中、低轨混合导航卫星星座三种不同场景下的全球位置精度衰减因子值。仿真条件为位置精度衰减因子≤4,采用3σ原则,最小观测仰角为5°,区域为全球,网格为5°×5°,仿真时长为24 h,步长为60 s。

三种不同场景下的全球位置精度衰减因子如图3-40所示。

由图3-40(a)可知,当中轨导航卫星星座卫星未失效时,全球位置精度衰减因子值为2～2.5。由图3-40(b)可知,当中轨导航卫星星座失效3颗卫星(11-24-32,第1个轨道面第1颗卫星、第2个轨道面第4颗卫星、第3个轨道面第2颗卫星)时,全球位置精度衰减因子值升至2.6～4.8,卫星星座可用性、可靠性、服务性降级严重。由图3-40(c)可知,中轨导航卫星星座卫星失效后通过低轨导航卫星星座增强,全球位置精度衰减因子值降为0.8～1.3。这说明中、低轨联合导航可以满足用户在苛刻环境下的需求,可应用于自动驾驶、无人机等高精度需求行业。

(a) 中轨导航卫星星座卫星未失效的全球位置精度衰减因子

图3-40　三种不同场景下的全球位置精度衰减因子

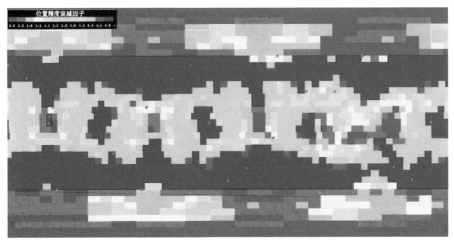

(b) 中轨导航卫星星座失效3颗卫星的全球位置精度衰减因子

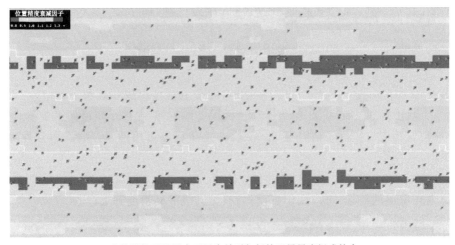

(c) 中轨导航卫星星座卫星失效后与低轨卫星星座组成的中、
低轨混合导航卫星星座的全球卫星星座

图 3 - 40　三种不同场景下的全球位置精度衰减因子(续)

参考文献

[1] 张育林,范丽,张艳,等. 卫星星座理论与设计[M]. 北京:科学出版社,2008.

[2] ULLOCK M H,SCHOEN A H. Optimum polar satellite networks for continuous earth coverage[J]. Aiaa journal,1963,1(1):69-72.

[3] 刘思航. 基于遗传算法的全球卫星通信系统星座设计[D].北京:北京邮电大学,2018.

[4] YANG M，DONG X，HU M. Design and simulation for hybrid LEO communication and navigation constellation[c]// Proceedings of the 2016 IEEE Chinese guidance，navigation and control conference. Washington D. C.，USA：IEEE，2016.

[5] WILKINS M P. The flower constellations：theory，design process，and applications[D]. Texas：Texas A&M University，2004.

[6] 曾喻江，胡修林，王贤辉. Flower 卫星星座设计方法研究[J]. 宇航学报，2007，28(3)：659-662.

[7] CLARKE A C. Extra-terrestrial relays：can rocket stations give world-wide radio coverage? [J]. Progress in astronautics and rocketry，1966，19：3-6.

[8] WALKER J. Some circular orbit patterns providing continuous whole earth coverage[J]. Journal of the British interplanetary society，1971，24：369-84.

[9] 刘林. 航天动力学引论[M]. 南京：南京大学出版社，2006.

[10] ADAMS W，RIDER L. Circular polar constellations providing continuous single or multiple coverage above a specified latitude[J]. Journal of the astronautical sciences，1987，35：155-92.

[11] DRAIM J E. A common-period four-satellite continuous global coverage constellation[J]. Journal of guidance，control，and dynamics，1987，10(5)：492-499.

[12] PALMERINI G，GRAZIANI F. Polar elliptic orbits for global coverage constellations[C]// Proceedings of the astrodynamics conference. Socttsdale，AZ,USA：AIAA,1994.

[13] 高化猛，徐晓晗. 解析法区域覆盖卫星星座设计[J]. 现代防御技术，2012，40(2)：24-26.

[14] 郑鹏飞，陈宏宇，郭崇滨. 低轨巨型链形星座解析设计及效能分析[J]. 西北工业大学学报，2022，40(1)：148-157.

[15] 姜兴龙. 基于多目标优化的低轨存储转发通信星座设计[D]. 北京：中国科学院大学,2015.

[16] 周砚茜，冯旭哲，代建中. 卫星星座设计仿真软件综述[J]. 计算机与现代化，2019(8)：63-68,84.

[17] 张基伟，梁俊，田斌. 基于 STK 的双层卫星星座设计及仿真[J]. 无线电通信技术，2010，36(6)：52-54.

[18] LANG T J. Symmetric circular orbit satellite constellations for continuous global coverage[J]. Astrodynamics，1988：1111-1132.

[19] LANG T J. Optimal low Earth orbit constellations for continuous global coverage[J]. Astrodynamics，1994：1199-1216.

[20] MA D M，HONG Z C，LEE T H，et al. Design of a micro-satellite constellation for communication[J]. acta Astronautica，2013，82(1)：54-59.

[21] 张占月，徐艳丽，曾国强. 基于 STK 的航天任务仿真方案分析[J]. 装备指挥技术学院学报，2006 (1)：48-51.

[22] 李基，邵琼玲. 基于 STK/Matlab 的 Walker 星座设计与优化[J]. 兵工自动化，2017，36(12)：67-70.

[23] LIANG J，XAN X，ZHANG J. Constellation design and performance simulation of LEO satellite communication system[C]// Proceedings of the international conference on applied informatics and communication. Berlin：Springer，2011.

[24] GOGOI B B，KUMARI A，NIRMALA S，et al. IRNSS constellation optimization：a multi-objective genetic algorithm approach[M]. Singpore：Springer，2020：11-19.

[25] QIN Z，LIANG Y G. Sensor management of LEO constellation using modified binary particle swarm optimization[J]. Optik，2018，172：879-891.

[26] HE Q，HAN C. Satellite constellation design with adaptively continuous ant system algorithm[J]. Chinese journal of aeronautics，2007，20(4)：297-303.

[27] PAEK S W，KIM S，DE WECK O. Optimization of reconfigurable satellite constellations using simulated annealing and genetic algorithm[J]. Sensors，2019，19(4)：765.

[28] WANG L，WANG Y J，CHEN K W，et al. Optimization of regional coverage reconnaissance satellite constellation by NSGA-II algorithm[C]// Proceedings of the 2008 international conference on information and automation. New York：IEEE，2008：1111-1116.

[29] MEZIANE-TANI I，MéTRIS G，LION G，et al. Optimization of small satellite constellation design for continuous mutual regional coverage with multi-objective genetic algorithm[J]. International journal of computational intelligence systems，2016，9(4)：627-637.

[30] MENG S F，SHU J S，YANG Q，et al. Analysis of detection capabilities of LEO reconnaissance satellite constellation based on coverage performance[J]. Journal of systems engineering electronics，2018，29(1)：98-104.

[31] 王棣星. 低轨卫星导航增强技术研究[D]. 西安：长安大学，2021：28-36.

[32] 王菁，刘战合，王晓璐，等. GPS/BDS 星座导航性能仿真分析[J]. 电子设计工程，2018，26(17)：162-166.

[33] 周先林. GNSS/INS 模式导航性能改善技术研究[D]. 北京：中国科学院大学，2020：65-72.

［34］ HAN S，GUI Q，LI G，et al. Minimum of PDOP and its applications in inter-satellite links（ISL）establishment of Walker-δ constellation［J］. Advances in space research，2014，54（4）：726-733.

［35］ 张小林，顾黎明，吴献忠. 美国下一代太空体系架构的发展分析［J］. 航天电子对抗，2020，36（6）：1-6.

［36］ 赵双，张雅声，戴桦宇，等. 卫星导航系统失效性能分析与重构方法研究［J］. 空间控制技术与应用，2018，44（2）：49-55.

［37］ 徐嘉. 故障星分布对星座 PDOP 可用性影响的建模及评价［J］. 航空学报，2008（5）：1139-1143.

［38］ 胡建龙，韩潮. 导航星座损伤模式优化分析［J］. 现代防御技术，2016，44（5）：71-76.

［39］ 王许煜，胡敏，张学阳，等. 基于 Petri 网的导航卫星星座备份策略分析评估方法［J］. 系统工程与电子技术，2021，43（2）：434-442.

［40］ 罗渊文. 基于蒙特卡洛法的无人机控制律测试场景研究与实现［D］. 成都：电子科技大学，2022：52-64.

［41］ 王梧贵，郑肇健. 低轨非同步卫星的多普勒频移分析［J］. 电信快报，2022（11）：40-43.

［42］ 田野，张立新，边朗. 低轨导航增强卫星星座设计［J］. 中国空间科学技术，2019，39（6）：55-61.

［43］ DECCIA C M A，WIESE D N，NEREM R S. Using a multiobjective genetic algorithm to design satellite constellations for recovering Earth system mass change［J］. Remote sensing，2022，14（14）：3340-3360.

［44］ 温生林，闫野，张华. 低轨回归轨道卫星轨迹漂移特性分析与控制［J］. 系统工程与电子技术，2015，37（3）：613-619.

［45］ 张雅声，贾璐，于金龙，等. 星下点轨迹恒定的低轨星座构型设计方法［J］. 中国空间科学技术，2023，43（3）：116-122.

［46］ SRINIVAS N，DEB K. Muiltiobjective optimization using nondominated sorting in genetic algorithms［J］. Evolutionary computation，1994，2（3）：221-248.

［47］ DEB K，PRATAP A，AGARWAL S，et al. A fast and elitist multiobjective genetic algorithm：NSGA-Ⅱ［J］. IEEE transactions on evolutionary computation，2002，6（2）：182-197.

［48］ 曾喻江. 基于遗传算法的卫星星座设计［D］. 武汉：华中科技大学，2007：36-57.

［49］ 王丽萍，任宇，邱启仓，等. 多目标进化算法性能评价指标研究综述［J］. 计算机学报，2021，44（8）：1590-1619.

［50］TIAN Y，CHENG R，ZHANG X，et al. PlatEMO：a MATLAB platform for evolutionary multi-objective optimization［J］. IEEE computational intelligence magazine，2017，12(4)：73-87.

［51］薛树强，杨元喜. 最小 GDOP 模式 Walker 星座构型［J］. 武汉大学学报（信息科学版），2016，41(3)：380-387.

［52］薛树强，杨元喜，陈武，等. 正交三角函数导出的最小 GDOP 定位构型解集［J］. 武汉大学学报（信息科学版），2014，39(7)：820-825.

第4章
低轨大规模卫星星座定轨方法

轨道确定简称定轨,是指根据对空间目标或运动天体的跟踪测量数据,用相应的数学方法确定其在某一时刻的运动状态。定轨问题通常分为两类:一是初定轨;二是精密定轨。初定轨是指从较短的观测弧段中估计出某时刻的空间目标状态。精密定轨是根据大量观测资料所做的轨道确定工作,可以提供航天器或天体的精密轨道。

近地空间目标运行于大气层外,在地球引力的作用下,其运行轨迹为圆锥曲线。除地球引力外,空间目标受到地球非球形摄动力、高层大气阻力、太阳光压、其他天体引力等摄动力。这些摄动力量级较小,且能够进行相对精确的建模,因此,空间目标的轨道是可以被准确计算的。

低轨大规模卫星星座的出现给现有空间目标监视系统带来了新的挑战。一方面,大规模卫星星座的卫星数目众多,监视需求迅速增长;另一方面,大规模卫星星座的卫星通常携带电推进系统,难以精确掌握的推力特性(大小、方向、开关机时间等)增加了动力学模型的不确定性,定轨精度将大大降低。此外,采用一箭多星方式发射的多颗卫星在入轨的初始阶段往往距离较近,传感器难以区分不同卫星的观测数据,使定轨更加困难。

本章聚焦低轨大规模卫星星座的定轨编目问题。首先,简单分析低轨大规模卫星星座的探测方法;其次,分别介绍初定轨算法、多站联合定轨算法和精密定轨算法;最后,介绍连续小推力条件下的航天器定轨方法。

4.1 低轨大规模卫星星座探测方法

空间目标监视的核心业务可以分为三类:一是编目管理,是指对大批量空间目标的持续探测和定轨编目,维护管理轨道数据库;二是精密测轨预报,关注重点目标的精密跟踪测量;三是目标识别,关注空间目标特性测量和精细识别。

大规模卫星星座的监视需求主要是长期稳定的编目管理,当前使用的主力装备是相控阵雷达,可以探测目标的距离、方位角、俯仰角、速度等信息,且能够同时探测数十个目标。然而,随着卫星数目的增长,雷达探测资源将难以满足需求,必须拓展新的探测体制。

光学传感器通常只能获得一组角度测量数据(赤经/赤纬或方位角/俯仰角),无法获得空间目标到传感器的距离信息。光学探测是被动探测,需要在夜间且卫星被阳光照亮的情况下才能观测,且容易受到云雨天气的影响。但是,光学传感器探测距离远,能够观测到地球同步轨道目标甚至深空目标。相比于系统庞大、成本极高的雷达系统,中小口径光学传感器体积小、质量轻、成本低,具备分布式、规模化部署条件,能够有效填补监视资源缺口。

1. 地基广角望远镜阵列探测

广角望远镜是指具有超大视场角(几度至几十度)的望远镜。一般来说,望远镜口径越大,视场越小,因此广角望远镜通常是小口径的。图 4-1 是一种 18 cm 口径的广角望远镜,视场大小为 $10°×10°$。对于地球静止轨道目标,该望远镜在 2 s 曝光模式下的探测极限约为 15 星等;对于低轨目标,该望远镜在 0.1 s 曝光模式下的探测极限约为 12 星等。

图 4-1 18 cm 口径的广角望远镜(视场角 10°)

超大的视场角使得广角望远镜能够同时监视多个空间目标,也能发现未编目的目标。广角望远镜的使用方式更加灵活,不再局限于对少数目标的跟踪。例如,它可以在一段时间内保持中心视场指向固定方向,对固定的天区进行凝视普查,如图 4-2 所示。

以 $10°×10°$ 视场望远镜为例,若望远镜指向保持固定,则低轨道地球卫星从视场中划过的时间最长可达 60 s(近圆轨道,轨道高度为 500 km,斜距 2 000 km),大部分目标在视场中出现的时间将保持在 20~40 s。这样的弧段长度虽远远低于跟踪模式得到的弧长(分钟量级),但能够探测的目标数目却大大增加。

通过拼接多个广角望远镜的视场,可等效形成更大的视场,提升单个目标的探

图4-2　对固定天区凝视普查示意图

测时间;通过多地分布式部署,可有效改善光学探测定轨的几何条件,弥补被动光学测量无法获得距离信息的缺陷,提升定轨精度。

2. 天基光学空间目标监视

光学传感器体积小、质量轻,具有天基部署的天然优势。天基光学传感器不受地球气象条件影响,不必在夜晚观测,平台绕地球运动,不受国土范围限制。因此,天基光学观测可避免地基光学观测的不利因素影响。当然,天基光学观测也存在一定的缺陷,如平台运动速度快、观测弧段普遍较短、观测数据处理与传输问题等。

总之,为应对低轨大规模卫星星座带来的挑战,必须提前筹划,充分利用多种测量体制,从硬件、软件多层面入手,全面提升空间目标编目能力。

4.2　初定轨算法

4.2.1　初定轨算法的发展

初定轨通常使用短弧段观测数据,在无先验信息的情况下估计空间目标或天体状态,通常使用二体动力学模型,即将中心天体等效为全部质量集中于位于质心的质点,只考虑该质点的引力作用。初定轨对于新空间目标的发现是必不可少的工作,初定轨结果可以为精密定轨提供初始信息(初值),以保证精密定轨算法的收敛。

初定轨问题是一个古老的问题,最初用于行星、小行星的轨道计算。因此,早期的初定轨算法均基于测角数据（赤经/赤纬或方位角/俯仰角），主要包括拉普拉斯（Laplace）算法、高斯（Gauss）算法、Double – R 算法、Gooding 算法等[1-3]。这些算法使用三组或四组观测数据，在二体动力学模型下定出目标的初始轨道。

随着第一颗人造地球卫星的发射，近地空间目标的定轨问题成为新的课题。随着雷达等设备的出现，人们可获得目标的距离信息。使用两组观测数据，可通过求解兰伯特问题定轨；使用三组观测数据，可使用吉布斯（Gibbs）算法或赫里克-吉布斯（Herrick – Gibbs）算法定轨[4]。

随着传感器性能的不断提升，当前能够获得的观测资料早已不再是寥寥几组。针对当今的计算条件，学者们对拉普拉斯算法进行了改进，提出了广义拉普拉斯算法（或改进的拉普拉斯方法）。它能够使用多组观测数据，且不限于光学测量，成为当前广泛应用的初定轨算法[5-10]。

在同时有测角和测距信息的情况下，初定轨更加容易。同时，鉴于光学传感器在大规模卫星星座监视中的发展前景，本节重点介绍仅测角的初定轨算法。

4.2.2　改进的拉普拉斯算法

1. 光学观测数据

传统的初定轨算法使用两组或三组测量数据，通常通过巧妙的理论推导得到轨道状态的求解方法。现代空间目标监视传感器种类多，数据量大，计算机性能也大幅提高。在此背景下，学者们提出了基于迭代的初定轨算法。

假设光学传感器获取了 m 组赤经、赤纬的含噪声测量值，即

$$\tilde{\boldsymbol{y}}_i = (t_i, \tilde{\alpha}_i, \tilde{\delta}_i), \quad i = 1, 2, \cdots, m \tag{4-1}$$

则可将一段光学测量弧段记为 $T = \{(t_i, \tilde{\alpha}_i, \tilde{\delta}_i)\}(i = 1, 2, \cdots, m)$。当观测弧段时间跨度较短时，通常使用改进的拉普拉斯算法求解空间目标的初始轨道。该方法的基本思想是根据三次或多次观测资料，借助力学条件，确定在所选定历元航天器的位置和速度矢量，从而得到六个轨道根数。具体方法如下：

t_i 时刻空间目标视线在地心惯性坐标系中的方向余弦为 $\boldsymbol{\rho}_i^0(\lambda_i, \eta_i, \nu_i)$，其中

$$\begin{bmatrix} \lambda_i \\ \eta_i \\ \nu_i \end{bmatrix} = \begin{bmatrix} \cos \tilde{\alpha}_i \cos \tilde{\delta}_i \\ \sin \tilde{\alpha}_i \cos \tilde{\delta}_i \\ \sin \tilde{\delta}_i \end{bmatrix}, \quad i = 1, 2, \cdots, m \tag{4-2}$$

设 t_i 时刻相应测站的坐标为 $\boldsymbol{R}_i = (R_{xi}, R_{yi}, R_{zi})$，根据测站与空间目标的几何关系，有

$$\boldsymbol{r}_i = \rho_i \boldsymbol{\rho}_i^0 + \boldsymbol{R}_i \tag{4-3}$$

由力学关系，有

$$\boldsymbol{r}_i = F_i \boldsymbol{r}_0 + G_i \dot{\boldsymbol{r}}_0 \tag{4-4}$$

其中,F_i 和 G_i 是 t_i 时刻空间目标的拉格朗日系数。使用偏近点角表示的拉格朗日系数为

$$\begin{cases} F_i = 1 - \dfrac{a}{r_0}[1 - \cos(E_i - E_0)] \\[2mm] G_i = \dfrac{a\sigma_0}{\sqrt{\mu}}[1 - \cos(E_i - E_0)] + r_0\sqrt{\dfrac{a}{\mu}}\sin(E_i - E_0) \end{cases} \tag{4-5}$$

结合几何条件和力学条件,可得

$$F_i \boldsymbol{r}_0 + G_i \dot{\boldsymbol{r}}_0 = \rho_i \boldsymbol{\rho}_i^0 + \boldsymbol{R}_i \tag{4-6}$$

将 $\boldsymbol{\rho}_i^0$ 与式(4-6)叉乘,可消去距离信息,得到初定轨的条件方程:

$$F_i(\boldsymbol{\rho}_i^0 \times \boldsymbol{r}_0) + G_i(\boldsymbol{\rho}_i^0 \times \dot{\boldsymbol{r}}_0) = \boldsymbol{\rho}_i^0 \times \boldsymbol{R}_i \tag{4-7}$$

其标量形式为

$$\begin{cases} F_i(\eta_i x_0 - \lambda_i y_0) + G_i(\eta_i \dot{x}_0 - \lambda_i \dot{y}_0) = \eta_i R_{xi} - \lambda_i R_{yi} \\[1mm] F_i(\nu_i y_0 - \eta_i z_0) + G_i(\nu_i \dot{y}_0 - \eta_i \dot{z}_0) = \nu_i R_{yi} - \eta_i R_{zi}, \quad i = 1, 2, \cdots, m \\[1mm] F_i(\lambda_i z_0 - \nu_i x_0) + G_i(\lambda_i \dot{z}_0 - \nu_i \dot{x}_0) = \lambda_i R_{zi} - \nu_i R_{xi} \end{cases} \tag{4-8}$$

其中,x_0、y_0、z_0、$\dot{x}_0$、$\dot{y}_0$ 和 $\dot{z}_0$ 是轨道状态 $\boldsymbol{x}_0$ 的笛卡尔坐标(位置和速度)分量。式(4-8)中共有 $3m$ 个方程,但只有 $2m$ 个方程是独立的,包含 x_0、y_0、z_0、$\dot{x}_0$、$\dot{y}_0$ 和 $\dot{z}_0$ 六个未知数,当 m 大于等于 3 时可以求解。

式(4-8)在形式上可表示为 $\boldsymbol{A}(\boldsymbol{x}_0)\boldsymbol{x}_0 = \boldsymbol{Y}$,其中

$$\boldsymbol{A} = \begin{bmatrix} F_1\eta_1 & -F_1\lambda_1 & 0 & G_1\eta_1 & -G_1\lambda_1 & 0 \\ 0 & F_1\nu_1 & -F_1\eta_1 & 0 & G_1\nu_1 & -G_1\eta_1 \\ -F_1\nu_1 & 0 & F_1\lambda_1 & -G_1\nu_1 & 0 & G_1\lambda_1 \\ \vdots & \vdots & \vdots & \vdots & \vdots & \vdots \\ F_m\eta_m & -F_m\lambda_m & 0 & G_m\eta_m & -G_m\lambda_m & 0 \\ 0 & F_m\nu_m & -F_m\eta_m & 0 & G_m\nu_m & -G_m\eta_m \\ -F_m\nu_m & 0 & F_m\lambda_m & -G_m\nu_m & 0 & G_m\lambda_m \end{bmatrix}_{3m\times 6}, \quad \boldsymbol{Y} = \begin{bmatrix} \eta_1 R_{x1} - \lambda_1 R_{y1} \\ \nu_1 R_{y1} - \eta_1 R_{z1} \\ \lambda_1 R_{z1} - \nu_1 R_{x1} \\ \vdots \\ \eta_m R_{xm} - \lambda_m R_{ym} \\ \nu_m R_{ym} - \eta_m R_{zm} \\ \lambda_m R_{zm} - \nu_m R_{xm} \end{bmatrix}_{3m\times 1} \tag{4-9}$$

由于矩阵 $\boldsymbol{A}$ 中的元素受到 $\boldsymbol{x}_0$ 的影响,因此方程(4-7)本质上是非线性的。

虽然拉格朗日系数是随 $\boldsymbol{x}_0$ 和 t_i 变化的,但通过分析其级数展开式,很容易计算它们的近似值。当时间间隔 Δt_i 为小量时,拉格朗日系数可直接表达为以时间为自变量的级数展开形式,即

$$\begin{cases} F_i = 1 - \dfrac{\mu}{2r_0^3}\Delta t_i^2 + \dfrac{1}{2}u_0 p_0 \Delta t_i^3 + \cdots \\[2mm] G_i = \Delta t_i - \dfrac{\mu}{6r_0^3}\Delta t_i^3 + \dfrac{1}{4}u_0 p_0 \Delta t_i^4 + \cdots \end{cases}, \quad \Delta t_i = t_i - t_0 \tag{4-10}$$

其中,$u_0 = \dfrac{\mu}{r_0^3}$,$p_0 = \dfrac{\dot{r}_0}{r_0}$。

因此，拉格朗日系数的近似值可表示为

$$\begin{cases} F_i \approx 1 \\ G_i \approx \Delta t_i = t_i - t_0 \end{cases} \qquad (4-11)$$

使用拉格朗日系数的近似值计算矩阵 $\boldsymbol{A}$，则式（4-8）变为一个线性方程组，可解出一个 $\boldsymbol{x}_0$。利用这个解可根据拉格朗日系数的封闭表达式得到更加精确的 F_i、G_i，再更新 $\boldsymbol{x}_0$ 的值。迭代流程如下：

① 选取定轨历元 t_0，取 $F_i = 1$，$G_i = t_i - t_0$。

② 计算矩阵 $\boldsymbol{A}$。

③ 求轨道状态的最小二乘解

$$\boldsymbol{x}_0 = (\boldsymbol{A}^{\mathrm{T}}\boldsymbol{A})^{-1}\boldsymbol{A}^{\mathrm{T}}\boldsymbol{Y} \qquad (4-12)$$

④ 根据 $\boldsymbol{x}_0$ 更新 F_i、G_i。

⑤ 转至步骤②，直至迭代收敛。

在步骤④中，可根据平近点角和偏近点角的关系更新拉格朗日系数 F_i、G_i。平近点角与偏近点角有如下关系：

$$M = E - e\sin E \qquad (4-13)$$

设 t_0 时刻的平近点角为 M_0、偏近点角为 E_0，t 时刻的平近点角为 M、偏近点角为 E，则有

$$M - M_0 = (E - E_0) - e(\sin E - \sin E_0) \qquad (4-14)$$

式（4-14）等价于

$$M - M_0 = (E - E_0) + \frac{\sigma_0}{a}\left[1 - \cos(E - E_0)\right] - \left(1 - \frac{r_0}{a}\right)\sin(E - E_0) \qquad (4-15)$$

即

$$\Delta M = \Delta E + \frac{\sigma_0}{a}\left[1 - \cos \Delta E\right] - \left(1 - \frac{r_0}{a}\right)\sin \Delta E \qquad (4-16)$$

其中，已知 $\sigma_0 = (\boldsymbol{r}_0 \cdot \dot{\boldsymbol{r}}_0)/\sqrt{\mu}$，$\Delta M = n\Delta t$，可通过牛顿迭代法求解 ΔE，迭代初值设为 ΔM。

牛顿迭代法原理如下：

设 r 是 $f(x) = 0$ 的根，给定一个初值，通过牛顿迭代法可逐渐逼近 r 的值，迭代方法为

$$x_{k+1} = x_k - \frac{f(x_k)}{f'(x_k)} \qquad (4-17)$$

2. 雷达观测数据

经过适当变形，改进的拉普拉斯算法可以应用于雷达观测数据、导航定位数据等。

与光学传感器不同，雷达可以同时获得目标的方位角、俯仰角和距离信息。将

雷达观测弧段记为 $T=\{(t_i,\tilde{A}_i,\tilde{E}_i,\tilde{\rho}_i)\}(i=1,2,\cdots,m)$，其中，$A$ 表示方位角，E 表示俯仰角，ρ 表示雷达与目标的距离，t 为观测时刻。改进的拉普拉斯算法可以很容易地拓展到雷达观测资料定轨中。

根据观测几何关系，有观测方程为

$$r_j=\boldsymbol{M}_{\text{ECEF}}^{\text{ECI}}\left[\boldsymbol{R}_{\text{Fac}}^{\text{ECEF}}+\boldsymbol{M}_{\text{Fac}}^{\text{ECEF}}\tilde{\rho}_j\begin{bmatrix}\cos(\tilde{E}_j)\cos(\pi-\tilde{A}_j)\\\cos(\tilde{E}_j)\sin(\pi-\tilde{A}_j)\\\sin(\tilde{E}_j)\end{bmatrix}\right]\quad(4-18)$$

其中，$\boldsymbol{M}_{\text{ECEF}}^{\text{ECI}}$ 为地固坐标系到地心惯性坐标系的转换矩阵，$\boldsymbol{M}_{\text{Fac}}^{\text{ECEF}}$ 为测站地平坐标系到地固坐标系的转换矩阵，$\boldsymbol{R}_{\text{Fac}}^{\text{ECEF}}$ 为测站在地固坐标系下的坐标。记

$$\boldsymbol{M}_{\text{ECEF}}^{\text{ECI}}\boldsymbol{R}_{\text{Fac}}^{\text{ECEF}}\triangleq\begin{bmatrix}R_{xj}\\R_{yj}\\R_{zj}\end{bmatrix},\quad \boldsymbol{M}_{\text{ECEF}}^{\text{ECI}}\boldsymbol{M}_{\text{Fac}}^{\text{ECEF}}\begin{bmatrix}\cos(\tilde{E}_j)\cos(\pi-\tilde{A}_j)\\\cos(\tilde{E}_j)\sin(\pi-\tilde{A}_j)\\\sin(\tilde{E}_j)\end{bmatrix}\triangleq\begin{bmatrix}\lambda_j\\\mu_j\\\upsilon_j\end{bmatrix}(4-19)$$

结合力学条件和几何方程，可得到定轨条件方程组为

$$\begin{cases}F_jx_0+G_j\dot{x}_0=R_{xj}+\tilde{\rho}_j\lambda_j\\F_jy_0+G_j\dot{y}_0=R_{yj}+\tilde{\rho}_j\mu_j,\quad j=1,2,\cdots,m\\F_jz_0+G_j\dot{z}_0=R_{zj}+\tilde{\rho}_j\upsilon_j\end{cases}\quad(4-20)$$

方程组(4-20)在形式上是线性的，可抽象为

$$\boldsymbol{A}(\boldsymbol{x})\boldsymbol{x}=\boldsymbol{Y}\quad(4-21)$$

其中

$$\boldsymbol{A}=\begin{bmatrix}F_1&0&0&G_1&0&0\\0&F_1&0&0&G_1&0\\0&0&F_1&0&0&G_1\\\vdots&\vdots&\vdots&\vdots&\vdots&\vdots\\F_m&0&0&G_m&0&0\\0&F_m&0&0&G_m&0\\0&0&F_m&0&0&G_m\end{bmatrix},\quad \boldsymbol{x}=\begin{bmatrix}x_0\\y_0\\z_0\\\dot{x}_0\\\dot{y}_0\\\dot{z}_0\end{bmatrix},\quad \boldsymbol{Y}=\begin{bmatrix}R_{x1}+\tilde{\rho}_1\lambda_1\\R_{y1}+\tilde{\rho}_1\mu_1\\R_{z1}+\tilde{\rho}_1\upsilon_1\\\vdots\\R_{xm}+\tilde{\rho}_m\lambda_m\\R_{ym}+\tilde{\rho}_m\mu_m\\R_{zm}+\tilde{\rho}_m\upsilon_m\end{bmatrix}(4-22)$$

使用与光学资料相同的初值和迭代方法，即可求得定轨结果。

3. 导航定位数据

为解决地基监视资源不足、时效性低的问题，可在卫星上安装全球导航卫星系统接收机，直接获取卫星在地固坐标系下的位置信息，经过坐标转换即可得到卫星在地心惯性坐标系下的位置。利用导航信息，也可方便地进行定轨。

对改进的拉普拉斯算法进行变形，可以直接使用全球导航卫星系统数据进行初

定轨。对于导航定位数据，几何条件变为

$$\boldsymbol{r}_i = \boldsymbol{M}_{\mathrm{ECEF}}^{\mathrm{ECI}} \begin{bmatrix} x_i^{(\mathrm{ECEF})} \\ y_i^{(\mathrm{ECEF})} \\ z_i^{(\mathrm{ECEF})} \end{bmatrix} \tag{4-23}$$

定轨条件方程变为

$$\boldsymbol{M}_{\mathrm{ECEF}}^{\mathrm{ECI}} \left[x_i^{(\mathrm{ECEF})}, y_i^{(\mathrm{ECEF})}, z_i^{(\mathrm{ECEF})} \right]^{\mathrm{T}} = F_i \boldsymbol{r}_0 + G_i \dot{\boldsymbol{r}}_0 \tag{4-24}$$

分量形式为

$$\begin{cases} F_i x_0 + G_i \dot{x}_0 = x_i^{(\mathrm{ECI})} \\ F_i y_0 + G_i \dot{y}_0 = y_i^{(\mathrm{ECI})} , \quad i = 1, 2, \cdots, m \\ F_i z_0 + G_i \dot{z}_0 = z_i^{(\mathrm{ECI})} \end{cases} \tag{4-25}$$

迭代求解过程与光学资料类似。

4.2.3 短弧光学初定轨的 Gooding 算法

由于光学测量数据缺少距离信息，因此当在极短弧条件下（如观测弧段时间跨度小于轨道周期的 1%）定轨时，极易产生半长轴定轨误差极大的情况。此时，通常采用 Gooding 算法定轨。Gooding 算法假设起始时刻和终止时刻目标与传感器的距离，根据观测数据对假设的距离量进行寻优，最终找到合理的轨道状态。

1. 兰伯特问题

如图 4-3 所示，已知空间目标在两个测量时刻的位置矢量 $\boldsymbol{r}_1$、$\boldsymbol{r}_2$ 及飞行时间 Δt，求解飞行轨道问题称为兰伯特问题。兰伯特问题是最常见的一类轨道边值问题，在轨道确定、轨道拦截、轨道交会等问题中应用广泛。很多学者给出了兰伯特问题的不同解法，如高斯、Thorne、Battin 等。这里介绍一种使用普适变量求该问题的方法，适用于椭圆、抛物线、双曲线三种类型的轨道。

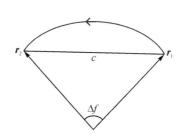

图 4-3 兰伯特问题示意图

（1）真近点角差表示的拉格朗日系数

在二体模型中，$\boldsymbol{r}_2$、$\boldsymbol{v}_2$ 可表示为

$$\begin{cases} \boldsymbol{r}_2 = F \boldsymbol{r}_1 + G \boldsymbol{v}_1 \\ \boldsymbol{v}_2 = F_t \boldsymbol{r}_1 + G_t \boldsymbol{v}_1 \end{cases} \tag{4-26}$$

其中，F、G、F_t、G_t 为拉格朗日系数，可用真近点角差表示为

$$\begin{cases} F = 1 - \dfrac{r_2}{p}(1 - \cos \Delta f) \\[2mm] G = \dfrac{r_1 r_2}{\sqrt{\mu p}} \sin \Delta f \\[2mm] F_t = \sqrt{\dfrac{\mu}{p}} \left(\dfrac{1 - \cos \Delta f}{\sin \Delta f} \right) \left(\dfrac{1 - \cos \Delta f}{p} - \dfrac{1}{r_2} - \dfrac{1}{r_1} \right) \\[2mm] G_t = 1 - \dfrac{r_1}{p}(1 - \cos \Delta f) \end{cases} \quad (4-27)$$

（2）普适变量表示的拉格朗日系数

普适变量 χ 是一种广义的近点角，用 χ 替代时间 t 作为独立变量，可以将圆锥曲线运动的方程统一起来。为简洁起见，这里不介绍普适变量理论的推导过程，仅介绍其使用方法。

定义参数 α 为半长轴的倒数，即

$$\alpha = \frac{1}{a} = \frac{2}{r} - \frac{v^2}{\mu} \quad (4-28)$$

普适变量 χ 可通过下式迭代求解（牛顿迭代法）

$$\sqrt{\mu}\,\Delta t = \frac{r_0 v_{r0}}{\sqrt{\mu}} \chi^2 C(\alpha \chi^2) + (1 - \alpha r_0) \chi^3 S(\alpha \chi^2) + r_0 \chi \quad (4-29)$$

其中，r_0、v_{r0} 为初始时刻的地心距和径向速度。定义

$$\psi = \alpha \chi^2 \quad (4-30)$$

$S(\psi)$、$C(\psi)$ 的表达式分别为

$$S(\psi) = \sum_{k=0}^{\infty} (-1)^k \frac{\psi^k}{(2k+3)!} = \begin{cases} \dfrac{\sqrt{\psi} - \sin \sqrt{\psi}}{\sqrt{\psi^3}} & (\psi > 0) \\[3mm] \dfrac{\sinh \sqrt{-\psi} - \sqrt{-\psi}}{\sqrt{-\psi^3}} & (\psi < 0) \\[3mm] \dfrac{1}{6} & (\psi = 0) \end{cases} \quad (4-31)$$

$$C(\psi) = \sum_{k=0}^{\infty} (-1)^k \frac{\psi^k}{(2k+2)!} = \begin{cases} \dfrac{1 - \cos \sqrt{\psi}}{\psi} & (\psi > 0) \\[3mm] \dfrac{\cosh \sqrt{-\psi} - 1}{-\psi} & (\psi < 0) \\[3mm] \dfrac{1}{2} & (\psi = 0) \end{cases} \quad (4-32)$$

由普适变量表示的拉格朗日系数表达式为

$$\begin{cases} F = 1 - \dfrac{\chi^2}{r_1} C(\psi) \\[2mm] G = \Delta t - \dfrac{1}{\sqrt{\mu}} \chi^3 S(\psi) \\[2mm] F_t = \dfrac{\sqrt{\mu}}{r_1 r_2} \chi \left[\psi S(\psi) - 1 \right] \\[2mm] G_t = 1 - \dfrac{\chi^2}{r_2} C(\psi) \end{cases} \qquad (4-33)$$

（3）兰伯特问题求解方法

将式（4-26）的第一式变形，可得

$$\boldsymbol{v}_1 = \frac{\boldsymbol{r}_2 - F\boldsymbol{r}_1}{G} \qquad (4-34)$$

因此，只要求出拉格朗日系数 F、G，轨道即可唯一确定，定轨问题即解决。

比较式（4-27）和式（4-33）中 F 的表达式，可得

$$\frac{\chi^2}{r_1} C(\psi) = \frac{r_2}{p} (1 - \cos \Delta f) \qquad (4-35)$$

故

$$p = \frac{r_1 r_2 (1 - \cos \Delta f)}{\chi^2 C(\psi)} \qquad (4-36)$$

比较式（4-27）和式（4-33）中 G 的表达式，有

$$\Delta t - \frac{1}{\sqrt{\mu}} \chi^3 S(\psi) = \frac{r_1 r_2}{\sqrt{\mu p}} \sin \Delta f \qquad (4-37)$$

消去 p，可得

$$\sqrt{\mu}\,\Delta t = \chi^3 S(\psi) + \chi \sqrt{C(\psi)} \left(\sin \Delta f \sqrt{\frac{r_1 r_2}{1 - \cos \Delta f}} \right) \qquad (4-38)$$

记

$$A = \sin \Delta f \sqrt{\frac{r_1 r_2}{1 - \cos \Delta f}} \qquad (4-39)$$

则 A 可由问题初始条件直接计算得出。式（4-38）简化为

$$\sqrt{\mu}\,\Delta t = \chi^3 S(\psi) + A\chi \sqrt{C(\psi)} \qquad (4-40)$$

比较式（4-27）和式（4-33）中 F_t 的表达式，可得

$$\sqrt{\frac{\mu}{p}} \left(\frac{1 - \cos \Delta f}{\sin \Delta f} \right) \left(\frac{1 - \cos \Delta f}{p} - \frac{1}{r_2} - \frac{1}{r_1} \right) = \frac{\sqrt{\mu}}{r_1 r_2} \chi \left[\psi S(\psi) - 1 \right]$$

$$(4-41)$$

消去 p，整理可得

$$\chi^2 C(\psi) = r_1 + r_2 + A \frac{\psi S(\psi) - 1}{\sqrt{C(\psi)}} \qquad (4-42)$$

将式(4-42)等号右侧部分记为

$$y(\psi) = r_1 + r_2 + A \frac{\psi S(\psi) - 1}{\sqrt{C(\psi)}} \qquad (4-43)$$

则 χ 可表示为

$$\chi = \sqrt{\frac{y(\psi)}{C(\psi)}} \qquad (4-44)$$

至此,得到了 χ 与 ψ 的关系。将式(4-44)代入式(4-40),可得

$$\sqrt{\mu}\,\Delta t = \left(\frac{y(\psi)}{C(\psi)}\right)^{\frac{3}{2}} S(\psi) + A\,\sqrt{y(\psi)} \qquad (4-45)$$

方程(4-45)只包含 ψ 一个未知数,可通过牛顿迭代法求解。在得出 ψ 后,可依次计算 χ、$C(\psi)$、$S(\psi)$,进而求解拉格朗日系数和 $\boldsymbol{v}_2$,兰伯特问题得以解决。

2. Gooding 初定轨算法流程

Gooding 仅测角初定轨算法的思想为:假设 t_1 时刻和 t_3 时刻目标距离测站的距离为 ρ_1、ρ_3,这两个距离和测角量可确定一条虚拟轨道(兰伯特问题),这条虚拟轨道在中间时刻可生成虚拟观测值。通过最小化虚拟观测值和实际观测值的误差,即可得到定轨结果。

沿用上文符号,Gooding 算法的定轨步骤为:

① 给定 ρ_1、ρ_3 的初始值。

② 根据 ρ_1、ρ_3 及几何关系计算 $\boldsymbol{r}_1$、$\boldsymbol{r}_3$。

③ 根据 $\boldsymbol{r}_1$、$\boldsymbol{r}_3$ 及 $(t_3 - t_1)$ 求解兰伯特问题,得到轨道状态参数。

④ 计算轨道在 t_2 时刻的位置 $\boldsymbol{r}_2$ 及理论观测值,比较它与实际观测值的误差。

⑤ 根据误差改进 ρ_1、ρ_3 的估计值,转至步骤①,直至收敛。

可见,Gooding 算法定轨实际上是解决一个二变量的非线性优化问题,ρ_1、ρ_3 的迭代可使用高斯-牛顿(Gauss - Newton)算法或 Levenberg - Marquardt(L - M)算法,这里不再赘述。

4.2.4　圆轨道假设下的初定轨算法

若观测数据的时间长度在轨道周期中占比极小,则可能导致初定轨算法求解失败。例如,一个持续 20 s 的低地球轨道目标弧段。在这种情况下可以假设目标为圆轨道,在圆轨道假设下求解轨道参数更加容易。由于低轨大规模卫星星座中卫星的偏心率一般很小,因此该假设是合理的。

1. 算法原理

首先介绍一种轨道坐标系——EQW 坐标系。如图 4-4 所示,$O - XYZ$ 表示地

心惯性坐标系,在 EQW 坐标系中,E 轴从地心指向轨道升交点 N,在轨道面内将 E 轴逆时针旋转 $90°$ 得到 Q 轴,W 轴垂直于轨道面且与 E 轴、Q 轴构成右手坐标系。EQW 坐标系到 $O-XYZ$ 地心惯性坐标系的转换矩阵为

$$\boldsymbol{C}_{O}^{I}=\boldsymbol{M}_{3}(-\Omega)\boldsymbol{M}_{1}(-i) \tag{4-46}$$

轨道倾角 i 和升交点赤经 Ω 完全定义了轨道面在空间中的位置。对圆轨道来说,卫星在 EQW 坐标系中的位置则完全取决于两个参数:半长轴 a 和纬度幅角 u,如图 4-5 所示。

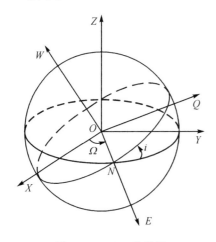

图 4-4　EQW 坐标系

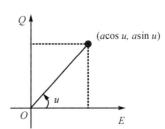

图 4-5　圆轨道航天器在 EQW 坐标系中的位置

　　假设一段光学观测序列为 $(t_i,\widetilde{\alpha}_i,\widetilde{\delta}_i)$,$(i=1,2,\cdots,m)$,希望通过该序列确定历元 t_0 时刻的四个轨道根数为 (a,i,Ω,u_0)。对于圆轨道,其角速度是固定的,即

$$n=\sqrt{\mu/a^3} \tag{4-47}$$

则在任意时刻 t 的纬度幅角为

$$u(t)=u_0+n(t-t_0) \tag{4-48}$$

　　卫星在 EQW 坐标系中的位置矢量为 $\boldsymbol{R}_O(t)=(a\cos u(t),a\sin u(t),0)^T$,通过坐标转换可获得卫星在地心惯性坐标系中的位置矢量为

$$\boldsymbol{R}_I(t)=\boldsymbol{C}_O^I\boldsymbol{R}_O(t) \tag{4-49}$$

　　根据观测模型,即可得到理论测角观测序列 (t_i,α_i,δ_i),$(i=1,2,\cdots,m)$。考虑到赤经观测值误差大于赤纬观测值误差,取加权的误差平方和衡量圆轨道 (a,i,Ω,u_0) 与真实轨道的差异为

$$M(a,i,\Omega,u_0)=\sum_{i=1}^{m}\left[\frac{(\alpha_i-\widetilde{\alpha}_i)^2}{\sigma^2/\cos^2\widetilde{\delta}_i}+\frac{(\delta_i-\widetilde{\delta}_i)^2}{\sigma^2}\right] \tag{4-50}$$

　　至此,圆轨道假设下的定轨问题可转化为四变量的优化问题:寻找最优的参数组合,使得 $M(a,i,\Omega,u_0)$ 最小。

2. 优化问题求解

上述优化问题属于有边界约束的非线性最小二乘问题,可使用凸优化理论中的信赖域反射算法求解。半长轴 a 的取值范围为 6 400～44 000 km,轨道倾角 i 的取值范围为 $0°$～$180°$,升交点赤经 Ω 和纬度幅角 u 的取值范围为 $0°$～$360°$。

优化初值的选择是一个关键问题。圆轨道定轨算法对初值并不敏感,但如果初值偏差过大,则依然有可能导致算法不收敛。在不考虑任何先验信息的情况下,有时需要尝试多组优化初值才能得到最好的优化结果。受初值影响较大的参数为半长轴、轨道倾角和升交点赤经。下面对初值的选取方式进行分析。

对于运动速度较快的目标(如低地球轨道目标)和运动速度较慢的目标(如中地球轨道目标、地球静止轨道目标),观测模式是有显著区别的。例如,当观测中地球轨道目标或地球静止轨道目标时,为积累能量,相机曝光时间需要达到秒量级,而观测低地球轨道目标的曝光时间仅为毫秒量级。此外,受观测条件限制,低地球轨道目标只有在晨昏时段才能被观测到。换言之,通过回溯观测文件的时间段和对应的观测策略,可以大致确定目标的轨道高度范围。对于快目标,可设半长轴初值为 7 000 km;对于慢目标,可设半长轴初值为 34 400 km(为导航卫星轨道和地球静止轨道半长轴均值)。

绝大多数目标为顺行轨道,即轨道倾角小于 $90°$。对于特殊而常见的太阳同步轨道,轨道倾角约为 $98°$。因此,可尝试三组轨道倾角值作为初值:$0°$、$45°$、$90°$。

对于升交点赤经,没有太多先验信息可以利用,因此可尝试四组初值:$0°$、$90°$、$180°$、$270°$。该优化问题对纬度幅角的初值不敏感,将其初值设为 $180°$ 即可。

综上,设计极短弧圆轨道定轨算法的伪代码如下:

确定目标性质:慢/快目标

给定半长轴初值 a_0:7 000 km(快目标)/ 34 400 km(慢目标)

给定纬度幅角初值 $u_0 = 180°$

for 轨道倾角初值 $i_0 = 0°, 45°, 90°$

    for 升交点赤经初值 Ω_0 $0°, 90°, 180°, 270°$

        以 $(a_0, i_0, \Omega_0, u_0)$ 为初值,使用信赖域反射算法最小化目标函数 M

        if $M < 10^{-2}$

        跳出循环,输出定轨结果

        end if

    end for

end for

需要指出的是,只要算法收敛(优化目标 M 小于某阈值,这里设为 10^{-2}),即可停止循环,不需要遍历所有初值组合。

4.2.5　仅测角短弧初定轨不确定性分析算法

由于缺少距离信息的约束,因此极短弧初定轨结果存在着相当大的不确定性。使用确定性的初定轨算法给出一个定轨结果是远远不够的,必须给出定轨结果的不确定信息。从概率的角度来说,应给出轨道状态的概率密度函数。定轨结果的概率描述将有利于不同弧段的目标关联、碰撞概率计算,也可为后续轨道改进提供更加合理的初值。

短弧初定轨结果的大误差直接体现在半长轴和偏心率上,基于此特点,不妨在 $a-e$ 平面内研究所有可能的轨道状态,思路如下:

① 在 $a-e$ 平面内进行均匀采样。对每个采样点,在限定 a、e 取值的情况下进行定轨,得到该 a、e 取值下观测误差最小的轨道(称为采样轨道)。

② 设定观测误差阈值,判断是否接受采样轨道为可能的轨道状态(即可行轨道)。

③ 为可行轨道代表真实轨道的可能性大小赋予权重。

④ 使用所有可行轨道及权重描述轨道状态的概率分布。

1. 限定半长轴和偏心率条件下的定轨

在限定半长轴和偏心率后,待优化变量变为 $\boldsymbol{\theta}=(i,\Omega,\omega,f)^{\mathrm{T}}$,假设在该参数组合下的轨道对应的理论观测值序列为

$$(\alpha_1(\boldsymbol{\theta}),\delta_1(\boldsymbol{\theta}),\cdots,\alpha_m(\boldsymbol{\theta}),\delta_m(\boldsymbol{\theta})) \tag{4-51}$$

理论观测值与实际观测值误差的加权平方和则表征了该轨道与实际轨道的差异,即

$$\sum_{i=1}^{m}\left\{\frac{[\alpha_i(\boldsymbol{\theta})-\widetilde{\alpha}_i]^2}{\sigma^2/\cos^2\widetilde{\delta}_i}+\frac{[\delta_i(\boldsymbol{\theta})-\widetilde{\delta}_i]^2}{\sigma^2}\right\} \tag{4-52}$$

忽略传感器误差 σ,定义观测序列角度误差的均方根误差为目标函数 $J(\boldsymbol{\theta})$,用以表征该轨道相对于观测值的偏差,记为角度均方差。定轨问题可描述为如下优化问题:

$$\min_{\boldsymbol{\theta}}J(\boldsymbol{\theta})=\frac{1}{\sqrt{2m}}\sqrt{\sum_{i=1}^{m}[\alpha_i(\boldsymbol{\theta})-\widetilde{\alpha}_i]^2\cdot\cos^2\widetilde{\delta}_i+[\delta_i(\boldsymbol{\theta})-\widetilde{\delta}_i]^2} \tag{4-53}$$

这是一个典型的非线性最小二乘问题,可使用 Levenberg - Marquardt(L - M)算法求解[11]。该优化问题的解与限定的半长轴、偏心率相结合,便得到了采样轨道,记为

$$\boldsymbol{x}_0=(a,e,i,\Omega,\omega,f)^{\mathrm{T}} \tag{4-54}$$

采样轨道代表在给定半长轴、偏心率下与观测序列差异最小的轨道。

2. 接受阈值

对于某个采样轨道,需要根据其理论观测值与实际观测值的误差来判断是否接

受它为可行轨道。下面通过分析观测值的误差分布规律,提出一种 χ^2 检验的方式,能够使得真实轨道被接受的概率大于 $1-\alpha$(α 为显著性水平)。具体方法如下:

在实际应用中,仅有一组带噪声的观测序列 $\widetilde{\boldsymbol{Y}}=(\widetilde{\alpha}_1,\widetilde{\delta}_1,\widetilde{\alpha}_2,\widetilde{\delta}_2,\cdots,\widetilde{\alpha}_m,\widetilde{\delta}_m)$,而真实轨道的理论观测序列 $\bar{\boldsymbol{Y}}=(\bar{\alpha}_1,\bar{\delta}_1,\bar{\alpha}_2,\bar{\delta}_2,\cdots,\bar{\alpha}_m,\bar{\delta}_m)$ 与实际观测序列之间将存在误差。该误差可以用角度均方差衡量,记为 $J(\bar{\boldsymbol{x}}_0)$。进一步可以分析 $J(\bar{\boldsymbol{x}}_0)$ 的统计特性。

假设观测误差服从正态分布,探测器视线误差均方差为 σ^2,则观测值的统计特性为

$$\begin{cases} \widetilde{\alpha}_i \sim N(\bar{\alpha}_i,\sigma^2/\cos\widetilde{\delta}_i^2) \\ \widetilde{\delta}_i \sim N(\bar{\delta}_i,\sigma^2) \end{cases} \quad (4-55)$$

对式(4-55)进行变形,可得真值真实轨道状态 $\bar{\boldsymbol{x}}$ 对应测量值的误差的分布规律为

$$\frac{\bar{\alpha}_i(\bar{\boldsymbol{x}}_0)-\widetilde{\alpha}_i}{\sigma/\cos\widetilde{\delta}_i} \sim N(0,1), \quad \frac{\bar{\delta}_i(\bar{\boldsymbol{x}}_0)-\widetilde{\delta}_i}{\sigma} \sim N(0,1) \quad (4-56)$$

假设观测误差是相互独立的,则测角误差的平方和服从自由度为 $2m$ 的卡方分布,即

$$\chi^2 \triangleq \sum_{i=1}^m \left[\frac{\bar{\alpha}_i(\bar{\boldsymbol{x}}_0)-\widetilde{\alpha}_i}{\sigma/\cos\widetilde{\delta}_i}\right]^2 + \left[\frac{\bar{\delta}_i(\bar{\boldsymbol{x}}_0)-\widetilde{\delta}_i}{\sigma}\right]^2 \sim \chi^2_{2m} \quad (4-57)$$

设其 α 分位数为 $\chi^2_{2m}(\alpha)$,即

$$P[\chi^2 < \chi^2_{2m}(\alpha)]=1-\alpha \quad (4-58)$$

则有

$$P\left(\sqrt{\frac{\chi^2}{2m}}\sigma < \sqrt{\frac{\chi^2_{2m}(\alpha)}{2m}}\sigma\right)=1-\alpha \quad (4-59)$$

即

$$P\left(J(\bar{\boldsymbol{x}}_0) < \sqrt{\frac{\chi^2_{2m}(\alpha)}{2m}}\sigma\right)=1-\alpha \quad (4-60)$$

将接受阈值设为 $\sqrt{\chi^2_{2m}(\alpha)/2m}\,\sigma$,当目标函数 $J(\bar{\boldsymbol{x}}_0)$ 小于该值时,接受采样轨道为可行轨道,反之则拒绝该轨道。该策略可以保证真值被接受的概率为 $1-\alpha$。

3. 可行轨道权重

在高斯噪声的假设下,该定轨结果的概率密度可用贝叶斯公式计算为

$$p(\boldsymbol{x}_0\mid\widetilde{\boldsymbol{Y}})=\frac{p(\widetilde{\boldsymbol{Y}}\mid\boldsymbol{x}_0)p(\boldsymbol{x}_0)}{\displaystyle\int_{\boldsymbol{x}_0}p(\widetilde{\boldsymbol{Y}}\mid\boldsymbol{x}_0)p(\boldsymbol{x}_0)\mathrm{d}\boldsymbol{x}_0} \quad (4-61)$$

在没有先验信息的情况下($\boldsymbol{x}_0$ 服从均匀分布),根据 $p(\widetilde{\boldsymbol{Y}}\mid\boldsymbol{x}_0)$ 表达式,有

$$p(\boldsymbol{x}_0 \mid \widetilde{\boldsymbol{Y}}) \propto p(\widetilde{\boldsymbol{Y}} \mid \boldsymbol{x}_0) \propto \exp\left[\sum_{i=1}^{m}\left(-\frac{(\widetilde{\alpha}_i - \bar{\alpha}_i(\boldsymbol{x}_0, t_i))^2}{2\sigma^2/\cos^2\widetilde{\delta}_i} - \frac{(\widetilde{\delta}_i - \bar{\delta}_i(\boldsymbol{x}_0, t_i))^2}{2\sigma^2}\right)\right] =$$
$$\exp\left[-\frac{m}{\sigma^2}J^2(\boldsymbol{x}_0)\right] \tag{4-62}$$

定义权重系数

$$w(\boldsymbol{x}_0) = \exp\left[-\frac{m}{\sigma^2}J^2(\boldsymbol{x}_0)\right] \tag{4-63}$$

该系数正比于概率密度,可用于表征某条轨道出现的概率大小。

有时可以通过其他手段获得轨道的一些先验信息。这些先验信息用于修正权重系数,提升定轨精度。例如,若能够通过观测数据的分析确定某条轨道为地球静止轨道,则可认为真实轨道的半长轴服从以地球静止轨道标准半长轴 a_{GEO} 为均值,以 σ_a 为标准差的正态分布,即

$$\begin{cases} p_{prior}(\boldsymbol{x}_0) \propto w_{prior} \\ w_{prior} = p(a(\boldsymbol{x}_0)) = \dfrac{1}{\sqrt{2\pi}\sigma_a}\exp\left\{-\dfrac{[a(\boldsymbol{x}_0) - a_{GEO}]^2}{2\sigma_a^2}\right\} \end{cases} \tag{4-64}$$

类似地,由于绝大多数卫星都是小偏心率轨道,假定某条轨道的偏心率不会大于某个上限 e_{max},则有

$$\begin{cases} p_{prior}(\boldsymbol{x}_0) \propto w_{prior} \\ w_{prior} = p[e(\boldsymbol{x}_0)] = \begin{cases} 1, & e(\boldsymbol{x}_0) < e_{max} \\ 0, & e(\boldsymbol{x}_0) \geqslant e_{max} \end{cases} \end{cases} \tag{4-65}$$

当有先验信息时,权重系数需要修正为

$$w(\boldsymbol{x}_0) = \exp\left[-\frac{m}{\sigma^2}J^2(\boldsymbol{x}_0)\right] \cdot w_{prior} \tag{4-66}$$

4. 轨道状态的概率密度函数

通过以上步骤得到了一系列可行轨道以及正比于其概率密度的权重。通过这些可行轨道,可以估计轨道状态的概率密度函数。

通过样本估计总体概率密度函数的方法有很多,通常分为参数估计方法、非参数估计方法和半参数估计方法。参数估计方法是指假定变量服从某种特定形式的概率分布(如正态分布),根据样本估计少量能够完全描述该分布的参数;非参数估计方法是不需要假设总体服从的概率分布形式,可直接根据样本给出概率密度函数;半参数估计方法考虑模型的不确定性,是参数估计方法与非参数估计方法的结合。由于初定轨问题的强非线性特点,定轨结果不一定服从正态分布或其他特定形式的分布,因此参数估计方法和半参数估计方法都不再适用。

核密度估计(kernel density estimation,KDE)属于非参数估计方法之一,又名 Parzen 窗,是当前最有效和应用最广泛的一种非参数概率密度估计算法。使用核密度

估计方法进行概率密度函数估计的关键问题,在于核函数的选择及窗口宽度的确定。

设 $x_1,x_2,\cdots,x_n$ 是对一维随机变量 x 采样得到的样本(独立同分布),则 x 的概率密度函数 $f(x)$ 可估计为

$$\hat{f}_h(x)=\frac{1}{nh}\sum_{i=1}^{n}K\left(\frac{x-x_i}{h}\right) \tag{4-67}$$

其中,$K(\cdot)$ 为核函数,可以是高斯函数、Epanechnikov 函数、Biweight 函数等;h 为窗口宽度。当各变量权重不同时,$1/n$ 需要修正为各变量的权重值 w_i,即

$$f(x)=\frac{1}{h}\sum_{i=1}^{n}w_iK\left(\frac{x-x_i}{h}\right) \tag{4-68}$$

对于 d 维随机变量 $\boldsymbol{X}=(x_1,x_2,\cdots,x_d)^{\mathrm{T}}$,设样本为 $\boldsymbol{X}_i=(x_{i1},x_{i2},\cdots,x_{id})^{\mathrm{T}}$ $(i=1,2,\cdots,n)$,令 $\boldsymbol{h}=(h_1,h_2,\cdots,h_d)$ 为一个窗宽向量,则 $\boldsymbol{X}$ 的核密度估计为

$$\hat{f}_{\boldsymbol{h}}(\boldsymbol{X})=\frac{1}{n}\sum_{i=1}^{n}K_{\boldsymbol{h}}(\boldsymbol{X}-\boldsymbol{X}_i) \tag{4-69}$$

$$K_{\boldsymbol{h}}(\boldsymbol{X}-\boldsymbol{X}_i)=\frac{1}{h_1h_2\cdots h_d}\left[K\left(\frac{x_1-x_{i1}}{h_1}\right)K\left(\frac{x_2-x_{i2}}{h_2}\right)\cdots K\left(\frac{x_1-x_{in}}{h_n}\right)\right] \tag{4-70}$$

选取高斯函数为核函数,表达式为

$$K\left(\frac{x-x_i}{h}\right)=\frac{1}{\sqrt{2\pi}}\mathrm{e}^{-\frac{(x-x_i)^2}{2h^2}} \tag{4-71}$$

5. 仿真及验证

(1) 仿真定轨实验

使用一颗低轨卫星检验本小节提出的初定轨不确定性分析算法,卫星参考轨道使用两行轨道根数数据外推获得,模拟测站选为国家天文台兴隆观测站。选取 30 s 的可见观测弧段,占轨道周期的 0.49%。在参考观测值的基础上施加标准差为 3″的随机观测噪声(赤经误差的标准差需除以相应赤纬的余弦值),定义为实际观测序列。实际观测序列是含噪声观测的一次具体实现,初定轨不确定性分析算法的验证基于实际观测序列展开,卫星参数如表 4-1 所列。

使用本小节所述方法对三颗卫星分别进行定轨计算,结果如图 4-6 所示。图中红点代表角度均方差最小的轨道,也称为最小二乘轨道;绿色菱形代表真实轨道状态。在最小二乘解附近轨道的角度均方差并没有明显的升高,而是存在一个梯度几乎为零的区域,该区域内的所有采样轨道均有可能是真实轨道。根据前面的分析,若以 $\sqrt{\chi_{2m}^2(\alpha)/2m}\sigma$ 为该区域的边界,则真值将以 $1-\alpha$ 的概率位于边界内。边界 $\sqrt{\chi_{2m}^2(\alpha)/2m}\sigma$ 称为 $1-\alpha$ 置信边界,置信边界围成的区域称为 $1-\alpha$ 置信区域。

图 4-6 中的红色实线即为本次定轨的 99.5% 置信边界及 99.5% 置信区域。可行轨道全部位于置信区域内,各轨道(各点)的权重用颜色的深浅表示。其中,轨道

权重已归一化。可以看出,由于轨道偏心率介于 0~1,当偏心率接近 0 时,轨道状态很难服从正态分布。

表 4-1　用于初定轨不确定性分析算法验证的卫星参数

测试目标	风云 3A
轨道类型	LEO
Norad 编号	32958
历元(UTC)	2019.10.20 10:08:00
a/km	7 211.961
e	0.001 1
$i/(°)$	98.280
$\Omega/(°)$	286.665
$w/(°)$	50.458
$f/(°)$	330.805

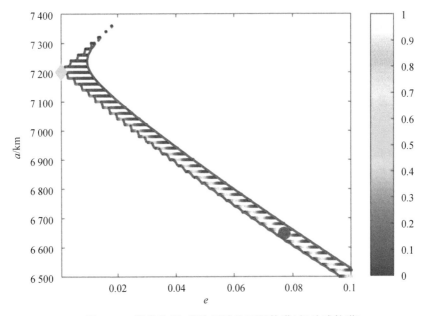

图 4-6　置信边界、置信区域及可行轨道(低地球轨道)

(2) 方法验证

使用可行轨道及其权重描述真实轨道的概率分布,其合理性可以通过蒙特卡洛仿真验证,原理如下:

实际观测是理论值(真值)带噪声的一次实现。真值是未知的,但其分布规律是已知的。将式(4-56)变形,可得

$$\begin{cases} \bar{Y} \sim N(\tilde{Y}, \Sigma) \\ \Sigma = \mathrm{diag}(\sigma^2/\cos\tilde{\delta}_1^2, \sigma^2, \sigma^2/\cos\tilde{\delta}_2^2, \sigma^2, \cdots, \sigma^2/\cos\tilde{\delta}_m^2, \sigma^2) \end{cases} \quad (4-72)$$

事实上,这里是将真值当作随机变量,其均值为含噪声的实际观测值,方差与观测噪声一致。在实际观测序列的基础上施加噪声并定轨,所得轨道即可能为真实轨道状态。将该过程重复一定次数,所有定轨结果记为蒙特卡洛轨道。大量蒙特卡洛轨道的状态能够描述真实轨道状态的概率分布情况。若本小节的采样方法是合理的,那么使用可行轨道描述的概率密度函数与蒙特卡洛轨道描述的概率分布应该是接近的。

使用两种坐标系统描述定轨结果:一种是开普勒轨道根数 $\boldsymbol{K} = (a, e, i, \Omega, \omega, f)^{\mathrm{T}}$,另一种是地心惯性坐标系下的位置-速度矢量 $\boldsymbol{X} = (x, y, z, v_x, v_y, v_z)^{\mathrm{T}}$。其中,位置和速度量已经过归一化处理,单位距离为 6 378.136 6 km,单位速度为 7.905 km/s。

图 4-7 显示了 2 000 组蒙特卡洛轨道和可行轨道在不同参数平面的投影。其中,开普勒轨道根数分别投影到了 $a-e$、$i-\Omega$、$\omega-f$ 平面;卫星的位置-速度状态则分别投影到了 $x-y$、$z-v_x$、v_y-v_z 平面。可行轨道的颜色代表了轨道的权重,蒙特卡洛轨道各个点的权重是相同的。分析图 4-6 可以得到一个结论:由于偏心率取值限定在 0~1,且 4 个角度变量取值限定在 0°~360°,因此使用开普勒轨道根数表示的轨道状态不一定服从正态分布。但是,使用笛卡尔坐标表示的轨道状态没有取值范围的限制,是近似服从正态分布的。这一点为验证可行轨道的合理性提供了一个简单方法:只须对比可行轨道(带权重)和蒙特卡洛轨道的均值与协方差,即可判别二者描述的总体分布是否一致。

表 4-2 显示了均值和协方差的验证结果。其中,可行轨道数为 515,蒙特卡洛轨道样本数均为 2 000。根据统计结果,由蒙特卡洛轨道计算的轨道状态均值、标准差与可行轨道的计算结果基本一致。因此,可行轨道能够很好地描述真实轨道的概率分布情况。

表 4-2　LEO 可行轨道(低地球轨道)验证(笛卡尔坐标)

分量	真实轨道	最小二乘解	均值		标准差	
			可行轨道	蒙特卡洛轨道	可行轨道	蒙特卡洛轨道
x/km	1 565.069	1 591.960	1 590.658	1 591.871	13.454	14.248
y/km	$-6\ 540.338$	$-6\ 456.471$	$-6\ 460.534$	$-6\ 456.749$	41.932	44.405
z/km	2 585.667	2 642.626	2 639.866	2 642.437	28.472	30.150
v_x/(km·s^{-1})	-1.732	-1.648	-1.654	-1.648	0.049	0.050
v_y/(km·s^{-1})	2.303	2.229	2.228	2.231	0.041	0.044
v_z/(km·s^{-1})	6.861	6.615	6.623	6.616	0.116	0.124

(3)可行轨道的进一步修正——加入先验信息

根据角度均方差的检验得到的可行轨道未加入任何先验信息,也未考虑轨道是

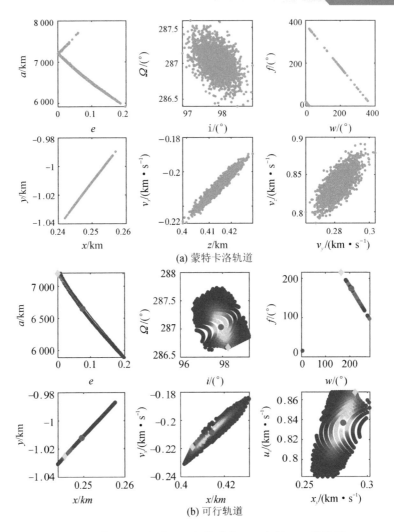

(a) 蒙特卡洛轨道

(b) 可行轨道

图 4 - 7　蒙特卡洛轨道和可行轨道在不同参数平面的投影

否满足一些限制条件。下面将讨论如何利用一些先验信息和限制条件对轨道进行进一步修正，包括可行轨道的进一步筛选和权重的修正。

由图 4 - 7 可知，一些可行轨道的半长轴已经小于地球半径，这显然是不符合实际的。可以根据可行轨道是否与地球相交，确定是否将该轨道排除。

轨道近地点的地心距为 $r_p = a(1-e)$。设地球半径为 R_e，则拒绝一条可行轨道的条件可设为

$$r_p < R_e + 100 \tag{4-73}$$

图 4 - 8 显示了排除与地球相交的轨道后的可行轨道。在 432 条可行轨道（低地球轨道）中，有 212 条被排除、220 条被保留。将近一半的可行轨道均被排除，说明通过近地点地心距对可行轨道进行筛选是非常有必要的。值得注意的是，本算例中最

小二乘轨道与地球相交,也被排除了,这进一步印证了最小二乘解不可靠的特点。

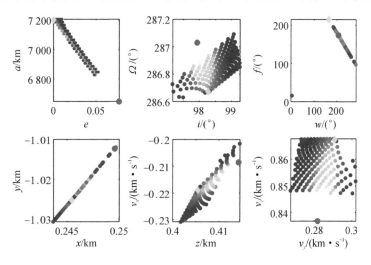

图 4 - 8　筛选后的可行轨道（低地球轨道）

（4）最大后验概率轨道

对可行轨道的进一步筛选会导致后验概率密度的变化,最佳轨道状态估计不再是只考虑角度误差的最小二乘轨道解,而是后验概率密度最大的轨道。等价地,即找到如下优化问题的解:

$$\max_{\boldsymbol{x}_0} w(\boldsymbol{x}_0) = \exp\left[-\frac{m}{\sigma^2}J^2(x_0)\right] \cdot w_{\text{prior}} \tag{4-74}$$

对于加入筛选条件的情形,可以定义

$$w_{\text{prior}} = \begin{cases} 1, & \text{如果条件满足} \\ 0, & \text{如果条件不满足} \end{cases} \tag{4-75}$$

但是这样的定义将造成待优化目标函数不连续。为便于优化,可以通过一个技巧将筛选条件转换为连续函数。以近地点地心距 r_p 的筛选条件为例,可定义

$$w_{\text{prior}} = \exp[-\exp(R_e + 100 - r_p)] \tag{4-76}$$

当 r_p 大于 $R_e + 100$ 时,w_{prior} 近似为 1;当 r_p 小于 $R_e + 100$ 时,w_{prior} 近似为 0。实际上,可以定义许多类似的函数,例如 $w_{\text{prior}} = [1 + \tanh(r_p - R_e - 100)]/2$。但是使用这样的权重表达形式有一个额外的好处,即该函数的外层是指数形式的,有利于优化问题的简化:

$$\max_{\boldsymbol{x}_0} w(\boldsymbol{x}_0) = \exp\left[-\frac{m}{\sigma^2}J^2(\boldsymbol{x}_0)\right] \cdot \exp\left[-\exp(r_p - R_e - 100)\right] \Leftrightarrow$$

$$\min_{\boldsymbol{x}_0} \frac{m}{\sigma^2}J^2(\boldsymbol{x}_0) + \exp(r_p - R_e - 100) \tag{4-77}$$

解该优化问题可得到最大后验概率（maximum a posteriori probability,MAP）

轨道。表 4 - 3 所列为真实轨道、最小二乘轨道和最大后验概率轨道三个算例的轨道状态。可以看出,加入先验信息能够提升定轨精度。

表 4 - 3   三个算例的轨道状态

类　型	a/km	e	$i/(°)$	$\Omega/(°)$	$w/(°)$	$f/(°)$	$u=(w+f)/(°)$
真实轨道	7 211.961	0.001 1	98.280	286.665	50.458	330.805	21.263
最小二乘轨道	6 640.905	0.077 1	97.929	287.031	208.047	173.856	21.903
最大后验概率轨道	6 828.399	0.050 8	98.081	286.908	208.076	173.595	21.671

（5）概率密度函数估计与验证

在得到可行轨道后,使用核密度估计方法对轨道状态的概率密度函数进行估计。为避免经典轨道根数的奇异性,使用笛卡尔坐标描述定轨结果。

对可行轨道的筛选不涉及权重的变化,同样可使用蒙特卡洛轨道对概率密度函数估计的有效性进行验证。具体方法为:对蒙特卡洛轨道进行同样的筛选过程,即去除近地点高度过低甚至与地球相交的轨道,使用筛选后的蒙特卡洛轨道进行核密度估计,并与可行轨道的估计结果进行对比。

图 4 - 9 显示了低地球轨道轨道状态的概率密度函数在二维空间的投影。其中,

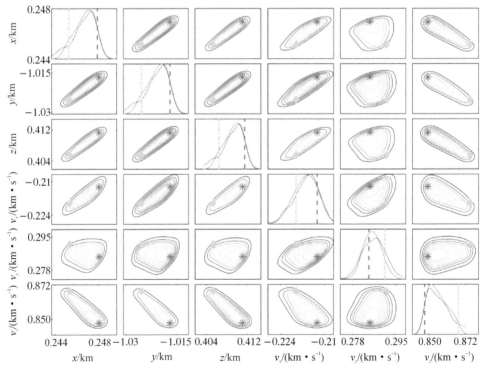

图 4 - 9   低地球轨道定轨结果概率密度函数的二维投影

对角线的图片分别表示一维变量 x,y,z,v_x,v_y,v_z 的边缘分布,其他图片表示两变量间的联合概率分布的等高线图。在一维变量的边缘分布图中,蓝色实线为使用带权重可行轨道估计的概率密度函数,黑色点线为使用蒙特卡洛轨道估计的概率密度函数,绿色点划线为轨道真值所在位置,品红色虚线为最大后验概率轨道所在位置。在二维联合概率分布图中,绿色菱形为真实轨道所在位置,品红色星形为最大后验概率轨道所在位置。

可以看出,由可行轨道和蒙特卡洛轨道估计的边缘概率密度函数基本一致,证明用本小节的采样方法获得的可行轨道是合理的。由核密度估计获得的概率密度函数的最大值点(边缘分布图的最高点)与最大后验概率轨道参数基本一致,进一步证明了方法的合理性。

4.3 多站联合定轨算法

4.3.1 问题分析

理论和实践均表明,单测站、极短弧定轨结果有很大的不确定性,其根本原因在于缺少距离信息的约束。图 4 - 10 所示为一个光学观测资料极短弧定轨的场景:若使用单站的测量数据定轨,则将获得大量可行轨道。在定轨历元,这些可行轨道都在观测的视线方向上。

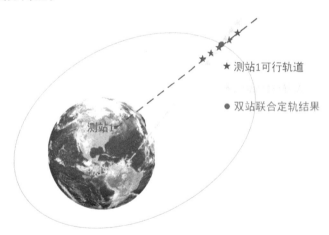

图 4 - 10 双站联合定轨示意图

光学望远镜的测角信息是非常准确的,误差仅为角秒量级。若能够增加测站数目,使用多台望远镜在同一时段观测同一空间目标,则距离信息就可以很好地被估计。以图 4 - 10 为例,图中红色五角星代表测站 1 单独定轨得到的可行轨道,它们近似位于一条直线上;同样,测站 2 单独定轨得到的可行轨道也近似位于一条直线上。若能够同时利用两测站的观测信息,则可以很容易地排除错误的可行轨道,准确估计空间目标在惯性空间中的位置,大大降低极短弧定轨的不确定性。对雷达观测资料,多站联合定轨同样可以降低定轨状态的不确定性。

4.3.2 多站拉普拉斯定轨算法

本小节以光学观测资料为例说明多站拉普拉斯定轨算法的原理。

假设 N 个测站 $S_1, S_2, \cdots, S_N$ 对同一目标展开观测,分别获得 $m_1, m_2, \cdots, m_N$ 组赤经、赤纬观测数据。将测站 S_j 的第 i 次测量记为

$$\tilde{\boldsymbol{y}}_i^j = (t_i^j, \tilde{\alpha}_i^j, \tilde{\delta}_i^j), \qquad (i=1,2,\cdots,m_j, j=1,2,\cdots,N) \tag{4-78}$$

对于上述测量,有观测方程

$$\boldsymbol{r}_i^j = \rho_i^j \boldsymbol{\rho}_i^{j0} + \boldsymbol{R}_i^j \tag{4-79}$$

其中,$\boldsymbol{r}_i^j$ 为航天器在 t_i^j 时刻的位置矢量,ρ_i^j 为测站 S_j 到航天器的距离,$\boldsymbol{R}_i^j$ 为测站 S_j 在地心惯性坐标系中的位置矢量,$\boldsymbol{\rho}_i^{j0}$ 为观测视线方向的单位矢量,即

$$\boldsymbol{\rho}_i^{j0} = \begin{bmatrix} \lambda_i^j \\ \eta_i^j \\ \nu_i^j \end{bmatrix} = \begin{bmatrix} \cos\tilde{\delta}_i^j \cos\tilde{\alpha}_i^j \\ \cos\tilde{\delta}_i^j \sin\tilde{\alpha}_i^j \\ \sin\tilde{\delta}_i^j \end{bmatrix} \tag{4-80}$$

假设定轨历元为 t_0,初定轨的目标为确定航天器在 t_0 时刻的位置 $\boldsymbol{r}_0 = (x_0, y_0, z_0)$ 和速度 $\dot{\boldsymbol{r}}_0 = (\dot{x}_0, \dot{y}_0, \dot{z}_0)$。根据轨道动力学模型,有如下力学条件:

$$\boldsymbol{r}_i^j = F_i^j \boldsymbol{r}_0 + G_i^j \dot{\boldsymbol{r}}_0 \tag{4-81}$$

其中,F_i^j、G_i^j 为 t_i^j 时刻的拉格朗日系数,只与初始状态 $\boldsymbol{x}_0 = (\boldsymbol{r}_0, \dot{\boldsymbol{r}}_0)$ 和时间差 $t_i^j - t_0$ 有关。

结合力学条件与几何条件,可得

$$F_i^j \boldsymbol{r}_0 + G_i^j \dot{\boldsymbol{r}}_0 = \rho_i^j \boldsymbol{\rho}_i^{j0} + \boldsymbol{R}_i^j \tag{4-82}$$

在光学测量中没有距离信息 ρ_i^j,将式(4-83)左右两侧同时与 $\boldsymbol{\rho}_i^{j0}$ 作外积,可以得到定轨条件方程

$$F_i^j \boldsymbol{\rho}_i^{j0} \times \boldsymbol{r}_0 + G_i^j \boldsymbol{\rho}_i^{j0} \times \dot{\boldsymbol{r}}_0 = \boldsymbol{\rho}_i^{j0} \times \boldsymbol{R}_i^j \tag{4-83}$$

将式(4-83)展开成标量形式,即可得到定轨的条件方程组

$$\begin{cases} F_i^j(\eta_i^j x_0 - \lambda_i^j y_0) + G_i^j(\eta_i^j \dot{x}_0 - \lambda_i^j \dot{y}_0) = \eta_i^j R_{xi} - \lambda_i^j R_{yi} \\ F_i^j(\nu_i^j y_0 - \eta_i z_0) + G_i^j(\nu_i^j \dot{y}_0 - \eta_i^j \dot{z}_0) = \nu_i^j R_{yi} - \eta_i^j R_{zi} \quad (i=1,2,\cdots,m_j, j=1,2,\cdots,N) \\ F_i^j(\lambda_i^j z_0 - \nu_i^j x_0) + G_i^j(\lambda_i^j \dot{z}_0 - \nu_i^j \dot{x}_0) = \lambda_i^j R_{zi} - \nu_i^j R_{xi} \end{cases} \tag{4-84}$$

方程组(4-84)在形式上是线性的,可抽象为

$$A(\boldsymbol{x}_0)\boldsymbol{x}_0 = Y \tag{4-85}$$

在方程组 (4-84) 中有 6 个未知数,共 $3\sum\limits_{j=1}^{N} m_j$ 个方程,其中 $2\sum\limits_{j=1}^{N} m_j$ 个方程相互独立,当 $2\sum\limits_{j=1}^{N} m_j > 6$ 时可解。定轨问题转化为如下优化问题:

$$\min_{\boldsymbol{x}_0} \| A(\boldsymbol{x}_0)\boldsymbol{x}_0 - Y \|_2 \tag{4-86}$$

仿照改进拉普拉斯算法的迭代方式,该优化问题很容易求解,此处不再赘述。

4.3.3　多站拉普拉斯算法定轨结果的最小二乘改进

多站拉普拉斯算法的核心在于最小化条件方程组的残差,使各个条件方程地位均等。若各测站的测量精度不同,则这样得到的定轨结果显然不是最优的。然而,经过条件方程的变换,测站测量误差的原始统计特性早已改变,无法对条件方程组进行简单的加权处理。为此,使用加权最小二乘法,从原始观测资料着手,对拉普拉斯算法定轨结果进行进一步改进。

假设测站 S_j 的测量精度为 σ_j,则该测站的赤经、赤纬分别服从如下正态分布:

$$\begin{cases} \widetilde{\alpha}_i^j \sim N(\bar{\alpha}_i^j, \sigma_j^2/\cos^2 \widetilde{\delta}_i^j) \\ \widetilde{\delta}_i^j \sim N(\bar{\delta}_i^j, \sigma_j^2) \end{cases} \quad (i=1,2,\cdots,m_j) \tag{4-87}$$

其中,$\bar{\alpha}_i^j$、$\bar{\delta}_i^j$ 为相应观测时刻的真值(未知)。对于 t_0 时刻任意的轨道状态 $\boldsymbol{x}_0$,均可通过动力学模型和观测模型计算出该轨道对应的理论观测值 $\alpha_i^j(\boldsymbol{x}_0)$、$\delta_i^j(\boldsymbol{x}_0)$。所有观测资料的理论观测值与实际观测值的加权残差平方和则表征了该轨道和真实轨道状态的差异。根据最小二乘理论,权重应选为观测值的标准差。因此,选取如下目标函数:

$$J(\boldsymbol{x}_0) = \sum_{j=1}^{N} \sum_{i=1}^{m_j} \frac{[\alpha_i^j(\boldsymbol{x}_0) - \widetilde{\alpha}_i^j]^2}{\sigma_j^2/\cos^2 \widetilde{\delta}_i^j} + \frac{[\delta_i^j(\boldsymbol{x}_0) - \widetilde{\delta}_i^j]^2}{\sigma_j^2} \tag{4-88}$$

使 $J(\boldsymbol{x}_0)$ 最小的初始状态 $\boldsymbol{x}_0$ 即为定轨问题的最小二乘解,即解决一个六变量的优化问题:

$$\min_{\boldsymbol{x}_0} J(\boldsymbol{x}_0) \tag{4-89}$$

以多站拉普拉斯算法定轨结果作为初值,使用 Levenberg—Marquardt 算法求解该优化问题,只须 1～2 次迭代即可收敛。

经过最小二乘改进后的定轨结果,是最小二乘意义下轨道状态的最优估计,即满足估计的无偏性和最小方差特性。需要强调的是,若不同测站的测量精度相近,则最小二乘改进前与改进后结果的差别是很小的。在这种情况下,为节省计算资源,可直接采用多站拉普拉斯算法定轨结果。

4.3.4　多站联合定轨结果的不确定性

对于多站联合定轨算法,人们同样希望得到定轨结果的不确定性信息。本小节使用无迹变换的方法给出轨道状态的协方差。在真值未知的情况下,协方差在一定程度上可表征定轨精度。

将某测站 S_j 的所有观测数据记为一个观测序列为

$$\tilde{\boldsymbol{Y}}_j = (\tilde{\alpha}_1^j, \tilde{\delta}_1^j, \tilde{\alpha}_2^j, \tilde{\delta}_2^j, \cdots, \tilde{\alpha}_{m_j}^j, \tilde{\delta}_{m_j}^j) \qquad (4-90)$$

相应观测序列的真值为

$$\bar{\boldsymbol{Y}}_j = (\bar{\alpha}_1^j, \bar{\delta}_1^j, \bar{\alpha}_2^j, \bar{\delta}_2^j, \cdots, \bar{\alpha}_{m_j}^j, \bar{\delta}_{m_j}^j) \qquad (4-91)$$

测量值是已知的,真值是未知的,但其统计特性是已知的,即 $\bar{\boldsymbol{Y}}_j$ 服从如下正态分布:

$$\bar{\boldsymbol{Y}}_j \sim \boldsymbol{N}(\tilde{\boldsymbol{Y}}_j, \boldsymbol{\Sigma}_j) \qquad (4-92)$$

其中,$\boldsymbol{\Sigma}_j = \mathrm{diag}(\sigma_j^2/\cos^2\tilde{\delta}_1^j, \sigma_j^2, \sigma_j^2/\cos^2\tilde{\delta}_2^j, \sigma_j^2, \cdots, \sigma_j^2/\cos^2\tilde{\delta}_{m_j}^j, \sigma_j^2)$。将所有用于定轨的观测数据记为 $\tilde{\boldsymbol{Y}} = (\tilde{\boldsymbol{Y}}_1, \tilde{\boldsymbol{Y}}_2, \cdots, \tilde{\boldsymbol{Y}}_N)$,相应真值记为 $\bar{\boldsymbol{Y}} = (\bar{\boldsymbol{Y}}_1, \bar{\boldsymbol{Y}}_2, \cdots, \bar{\boldsymbol{Y}}_N)$,则

$$\bar{\boldsymbol{Y}} \sim \boldsymbol{N}(\tilde{\boldsymbol{Y}}, \boldsymbol{\Sigma}) \qquad (4-93)$$

其中,$\boldsymbol{\Sigma} = \mathrm{diag}(\boldsymbol{\Sigma}_1, \boldsymbol{\Sigma}_2, \cdots, \boldsymbol{\Sigma}_N)$。将定轨算法记为非线性变换函数 F,通过无迹变换,可以得到轨道状态真值 $\boldsymbol{x}_0$ 的均值和协方差,步骤如下:

① 确定算法输入和输出。算法输入为真实观测数据的均值 $\tilde{\boldsymbol{Y}}$ 和协方差 $\boldsymbol{\Sigma}$,输入维度为 $n = 2\sum_{j=1}^{N} m_j$。算法输出为真实轨道状态 $\boldsymbol{x}_0$ 的均值 $\boldsymbol{\mu}_{\bar{x}_0}$ 和协方差 $\boldsymbol{\Sigma}_{\bar{x}_0}$。

② 选取 $2n$ 个确定点 $\boldsymbol{R}^{(i)}$(称为 sigma 点),规则如下:

$$\begin{cases} \boldsymbol{R}^{(i)} = \tilde{\boldsymbol{Y}} + \hat{\boldsymbol{R}}^{(i)}, & i = 1, 2, \cdots, 2n \\ \hat{\boldsymbol{R}}^{(i)} = (\sqrt{n\boldsymbol{\Sigma}})_i^{\mathrm{T}}, & i = 1, 2, \cdots, n \\ \hat{\boldsymbol{R}}^{(n+i)} = -(\sqrt{n\boldsymbol{\Sigma}})_i^{\mathrm{T}}, & i = 1, 2, \cdots, n \end{cases} \qquad (4-94)$$

其中,$\sqrt{n\boldsymbol{\Sigma}}$ 是 $n\boldsymbol{\Sigma}$ 的矩阵平方根,$(\sqrt{n\boldsymbol{\Sigma}})_i$ 是其第 i 行。

③ 计算 sigma 点对应的观测值为

$$\boldsymbol{x}_0^{(i)} = F(\boldsymbol{R}^{(i)}) \qquad (4-95)$$

④ 计算 $\boldsymbol{x}_0$ 的均值和协方差为

$$\begin{cases} \boldsymbol{\mu}_{\bar{x}_0} = \dfrac{1}{2n} \sum_{i=1}^{2n} \boldsymbol{x}_0^{(i)} \\ \boldsymbol{\Sigma}_{\bar{x}_0} = \dfrac{1}{2n} \sum_{i=1}^{2n} (\boldsymbol{x}_0^{(i)} - \boldsymbol{\mu}_{\bar{x}_0})(\boldsymbol{x}_0^{(i)} - \boldsymbol{\mu}_{\bar{x}_0})^{\mathrm{T}} \end{cases} \qquad (4-96)$$

在通常情况下,$\boldsymbol{\mu}_{\bar{x}_0}$ 与 $F(\tilde{\boldsymbol{Y}})$ 差别很小,两者均可作为最终的定轨结果。$\boldsymbol{\Sigma}_{\bar{x}_0}$ 为协方差,表征了定轨结果的可信度。

4.3.5　多站联合定轨算法仿真验证

本小节以一颗低轨道地球卫星为研究对象,验证多站联合定轨算法的效果。

1. 仿真参数设计

以两个光学测站的联合观测为例。假设两个测站分别位于国家天文台和云南天文台,两个测站在同一时段分别对某颗卫星开展观测,两测站的测量精度、测量频率均不同。测站相关参数如表 4-4 所列,卫星相关参数如表 4-5 所列。

为使数据符合实际,仿真观测时段考虑卫星的光学可见性。将低轨道地球卫星的观测时长设为 5 s,占轨道周期的 0.07%,属于极短弧观测。

仿真观测数据的生成方法为:首先根据"真实"轨道计算理论观测值,即观测真值;然后在真值的基础上加入观测噪声。噪声服从如下正态分布:

$$\begin{cases} \upsilon_i^j \equiv \widetilde{\alpha}_i^j - \bar{\alpha}_i^j \sim N(0, \sigma_j^2/\cos^2 \widetilde{\delta}_i^j) \\ \nu_i^j \equiv \widetilde{\delta}_i^j - \bar{\delta}_i^j \sim N(0, \sigma_j^2) \end{cases} \quad (i=1,2,\cdots,m_j) \qquad (4-97)$$

表 4-4 多站联合定轨算法仿真——测站相关参数

相关参数	测 站	
	测站 1(国家天文台)	测站 2(云南天文台)
测站坐标	(117.57°E, 40.40°N, 960 m)	(102.79°E, 25.03°N, 2 000 m)
测量频率	1 Hz	2 Hz
观测精度(1″)	1″	5″

表 4-5 多站联合定轨算法仿真——卫星相关参数

卫星相关参数	参数值
初始状态历元(UTC)	2019.10.20 12:00:00
a/km	7 500
e	0
i/(°)	30
Ω/(°)	20
w/(°)	30
f/(°)	60
观测时段	12:05:00 — 12:05:05
观测弧长/s	5
定轨历元	2019.04.20 12:05:00

2. 对比算法——单站定轨结果融合法

为验证多站联合定轨算法的优越性,使用另一种定轨算法——单站定轨结果融合法作为对比。

首先,使用单站定轨算法,对两个测站的观测数据单独定轨,定轨结果分别记为 x_{01}、x_{02}。仿照 4.3.4 小节介绍的算法求出轨道状态的协方差,分别记为 P_1、P_2。

其次,使用协方差交叉的算法对单站定轨结果进行融合,定轨结果和协方差分别记为 x_{0f}、P_f。协方差交叉的具体算法为:

$$\begin{cases} x_{0f} = (P_1^{-1} + P_2^{-1})^{-1}(P_1^{-1}x_{01} + P_2^{-1}x_{02}) \\ P_f = (P_1^{-1} + P_2^{-1})^{-1} \end{cases} \qquad (4-98)$$

最后,使用本节提出的多站联合定轨算法定轨,定轨结果和协方差分别记为 x_{0LS}、P_{LS}。

3. 定轨结果

表 4-6、图 4-11 为低轨道地球卫星的定轨结果。由于定轨误差太大,因此图中不再画出单站定轨结果。基本结论为:单测站极短弧定轨结果不可信,单站定轨结果融合法的误差和不确定性显著降低,而双站联合定轨算法可进一步提高定轨精度,降低轨道状态不确定性。对低地球轨道目标进行 5 s 的观测,半长轴精度可达百米量级。此外,双站联合定轨算法的定位精度(位置精度)比半长轴精度更高。对于本小节的算例,位置误差仅为 0.765 m。

表 4-6 低轨道地球卫星定轨结果(观测时长:5 s)

项 目	参数值				
	a/km	e	$i/(°)$	$w/(°)$	$(w+f)/(°)$
测站 1 定轨结果	11 526.411	0.329	28.470	28.016	96.716
测站 2 定轨结果	-2 658.875	4.361	33.830	31.409	91.881
单站定轨结果融合	7 503.408	0.001	29.999	30.031	96.682
双站联合定轨	7 500.226	0.000	30.000	30.001	96.707
真值	7 500	0	30	30	96.708

仿真表明,多站联合定轨能够显著提高轨道状态的估计精度。本节介绍的多站联合定轨算法简单高效,不要求多测站同步观测,对测站的测量精度、测量频率也无要求。实际上,对定轨条件方程进行不同的变形,此方法也可用于多雷达测站的联合定轨、光学测量和雷达测量的联合定轨等。联合定轨大大提高了观测数据的利用效率。协调不同测站开展联合观测,可节省观测资源,满足未来低轨大规模卫星星座的监视需求。

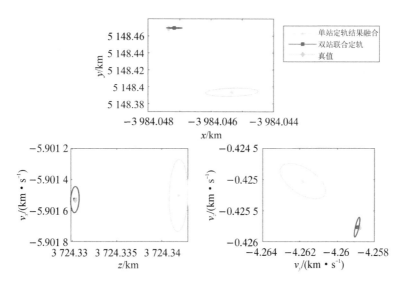

图4-11 低轨道地球卫星定轨结果的二维投影(观测时长:5 s)

4.4 精密定轨算法

精密定轨是指通过大量观测资料进行空间目标轨道状态的确定,同时估计动力学参数的过程。不同于只使用二体模型的定轨,精密定轨使用更加精确的动力学模型,以保证定轨结果的准确性。以低轨航天器为例,除二体引力外,通常需要考虑高阶非球形摄动(引力体形状不规则引起的摄动)、高层大气阻力摄动、太阳光压摄动、其他天体(太阳、月球、木星等)引力摄动、地球固体潮摄动、海洋潮汐摄动、地球自转形变摄动、广义相对论效应等。定轨计算一般采用基于线性估计技术的统计算法,因此也称为统计定轨。

根据观测资料的使用方法,精密定轨通常可分为批处理最小二乘定轨和扩展卡尔曼滤波定轨两种方式。

4.4.1 一般非线性最小二乘问题

非线性最小二乘问题,即目标函数可以表示成多个函数平方和的无约束优化问题。将一般的非线性最小二乘问题表示如下:

设待估参数为 x,由 x 到观测向量 y 的映射为 f,实际观测向量为 $\tilde{y}$,则残差向量可表示为

$$\Delta y(x) = \tilde{y} - f(x) \tag{4-99}$$

最小二乘法的任务是寻找使

$$\min_x J(x) = \frac{1}{2}\Delta y(x)^{\top} W \Delta y(x) \tag{4-100}$$

中的残差平方和 J 最小的参数 $\hat{x}$。其中，W 为权重矩阵。

解决非线性最小二乘问题一般采用两种方法：高斯–牛顿算法和 Levenberg–Marquardt 算法，这里仅介绍最经典的高斯–牛顿算法。

考虑迭代求解的方法。假设 x 的当前估计值为 x_c，最优估计值 $\hat{x}$ 和 x_c 相差一个未知的修正量 Δx，即

$$\hat{x} = x_c + \Delta x \tag{4-101}$$

如果 Δx 足够小，则有可能求解其近似值，并根据式(4-101)更新 x_c。利用一阶泰勒级数展开式，可将 $f(\hat{x})$ 在 x_c 处线性化为

$$f(\hat{x}) \approx f(x_c) + H\Delta x \tag{4-102}$$

其中，H 为雅可比(Jacobian)矩阵，即

$$H = \frac{\partial f}{\partial x}\bigg|_{x_c} \tag{4-103}$$

测量残差 Δy 可近似表示为

$$\Delta y \equiv \tilde{y} - f(\hat{x}) \approx \tilde{y} - f(x_c) - H\Delta x = \Delta y_c - H\Delta x \tag{4-104}$$

其中，修正前的残差为

$$\Delta y_c \equiv \tilde{y} - f(x_c) \tag{4-105}$$

若使用 $\Delta y_c - H\Delta x$ 作为 Δy 的近似值，则残差平方和 J 变为

$$\min_{\Delta x} J_p = \frac{1}{2}(\Delta y_c - H\Delta x)^{\top} W(\Delta y_c - H\Delta x) \tag{4-106}$$

式(4-106)是线性最小二乘问题，其解为

$$\Delta x^* = (H^{\top} W H)^{-1} H^{\top} W \Delta y_c \tag{4-107}$$

这样就得到了对 x_c 的最佳修正值 Δx^*。根据式(4-101)更新当前估计值 x_c，重复该步骤，直至 x_c 收敛至准确的最小二乘估计即可。

此外，最小二乘法可以给出待估参数的协方差为

$$P = (A^{\top} W A)^{-1} \tag{4-108}$$

4.4.2 批处理最小二乘定轨

1. 问题描述

批处理最小二乘定轨是指通过处理一段时间内的全部观测资料来估计某一历元的轨道状态[6]。使用符号 $\boldsymbol{\beta}$ 表示弹道系数、太阳光压面值比等待估参数，则精密定轨中的状态量可记为

$$\boldsymbol{X} = \begin{pmatrix} \boldsymbol{r} \\ \boldsymbol{v} \\ \boldsymbol{\beta} \end{pmatrix} \tag{4-109}$$

其中，$\boldsymbol{r}$ 为位置矢量，$\boldsymbol{v}$ 为速度矢量。根据轨道动力学模型，可以得到状态量 $\boldsymbol{X}$ 满足的微分方程

$$\begin{cases} \dot{\boldsymbol{X}}(t) = \boldsymbol{f}(\boldsymbol{X}(t), t) \\ \boldsymbol{X}(t_0) = \boldsymbol{X}_0 \end{cases} \tag{4-110}$$

相应的解即为状态方程，即

$$\boldsymbol{X}(t) = \boldsymbol{X}(t; t_0, \boldsymbol{X}_0) \tag{4-111}$$

使用符号 z 表示单次测量的观测值，观测值与状态量 $\boldsymbol{X}$ 之间的函数关系记为

$$z = \boldsymbol{h}(\boldsymbol{X}(t), t) + v \tag{4-112}$$

其中，v 为测量误差。设共有 m 组观测数据，记

$$\boldsymbol{Z} = \begin{bmatrix} z_1 \\ z_2 \\ \vdots \\ z_m \end{bmatrix}, \quad \boldsymbol{H}(\boldsymbol{X}_0) = \begin{bmatrix} \boldsymbol{h}[\boldsymbol{X}(t_1)] \\ \boldsymbol{h}[\boldsymbol{X}(t_2)] \\ \vdots \\ \boldsymbol{h}[\boldsymbol{X}(t_m)] \end{bmatrix} \tag{4-113}$$

系统观测方程可表示为

$$\boldsymbol{Z} = \boldsymbol{H}(\boldsymbol{X}_0) + \boldsymbol{V} \tag{4-114}$$

批处理最小二乘定轨就是在最小二乘准则下，求解在某历元时刻 t_0 轨道状态 $\boldsymbol{X}_0$ 的最优估计值，使得理论观测值与实际观测值的加权残差平方和最小，即

$$\min_{\boldsymbol{X}_0} J(\boldsymbol{X}_0) = \frac{1}{2} [\boldsymbol{Z} - \boldsymbol{H}(\boldsymbol{X}_0)]^{\mathrm{T}} \boldsymbol{W} [\boldsymbol{Z} - \boldsymbol{H}(\boldsymbol{X}_0)] \tag{4-115}$$

其中，$\boldsymbol{W}$ 为考虑不同观测资料精度给出的权重矩阵，通常使用观测资料误差 σ 的倒数加权。

2. 求解方法

参照一般非线性最小二乘问题的解法，分析批处理最小二乘定轨的迭代求解过程。将待估状态量 $\boldsymbol{X}_0$ 的当前估计值记为 $\boldsymbol{X}_{0c}$，根据 $\boldsymbol{X}_{0c}$ 和动力学模型求解的轨道状态记为 $\boldsymbol{X}_c(t)$，则有

$$\boldsymbol{X}_c(t) = \boldsymbol{X}(t; t_0, \boldsymbol{X}_{0c}) \tag{4-116}$$

设状态量的最优估计值 $\hat{\boldsymbol{X}}_0$ 与 $\boldsymbol{X}_{0c}$ 相差一个未知的修正量 $\Delta\boldsymbol{X}_0$，即

$$\hat{\boldsymbol{X}}_0 = \boldsymbol{X}_{0c} + \Delta\boldsymbol{X}_0 \tag{4-117}$$

接下来介绍如何确定 $\Delta\boldsymbol{X}_0$。将 $\boldsymbol{H}(\hat{\boldsymbol{X}}_0)$ 在 $\boldsymbol{X}_{0c}$ 处展开，只取一阶项，可得

$$\boldsymbol{H}(\hat{\boldsymbol{X}}_0) \approx \boldsymbol{H}(\boldsymbol{X}_{0c}) + \boldsymbol{J}\Delta\boldsymbol{X}_0 \tag{4-118}$$

其中

$$\boldsymbol{J} = \left. \frac{\partial \boldsymbol{H}(\boldsymbol{X}_0)}{\partial \boldsymbol{X}_0} \right|_{\boldsymbol{X}_{0c}} \tag{4-119}$$

由 $\hat{\boldsymbol{X}}_0$ 计算的测量残差可近似表示为

$$\boldsymbol{Z} - \boldsymbol{H}(\hat{\boldsymbol{X}}_0) \approx \boldsymbol{Z} - \boldsymbol{H}(\boldsymbol{X}_{0c}) - \boldsymbol{J}\Delta\boldsymbol{X}_0 = \Delta\boldsymbol{Z}_c - \boldsymbol{J}\Delta\boldsymbol{X}_0 \qquad (4-120)$$

其中,$\Delta\boldsymbol{Z}_c = \boldsymbol{Z} - \boldsymbol{H}(\boldsymbol{X}_{0c})$ 为修正前的残差。使用 $\Delta\boldsymbol{Z}_c - \boldsymbol{J}\Delta\boldsymbol{X}_0$ 作为 $\boldsymbol{Z} - \boldsymbol{H}(\hat{\boldsymbol{X}}_0)$ 的近似值,则 J 变为

$$\min_{\Delta\boldsymbol{X}_0} J(\Delta\boldsymbol{X}_0) = \frac{1}{2}(\Delta\boldsymbol{Z}_c - \boldsymbol{J}\Delta\boldsymbol{X}_0)^{\mathrm{T}} \boldsymbol{W}(\Delta\boldsymbol{Z}_c - \boldsymbol{J}\Delta\boldsymbol{X}_0) \qquad (4-121)$$

即找到最优的状态修正量 $\Delta\boldsymbol{X}_0$,使得式(4-121)取极小值。式(4-121)为线性最小二乘问题,其解为

$$\Delta\boldsymbol{X}_0^{\mathrm{LS}} = (\boldsymbol{J}^{\mathrm{T}}\boldsymbol{W}\boldsymbol{J})^{-1}\boldsymbol{J}^{\mathrm{T}}\boldsymbol{W}\Delta\boldsymbol{Z}_c \qquad (4-122)$$

这样就得到了对当前估计值 $\boldsymbol{X}_{0c}$ 的最佳修正值 $\Delta\boldsymbol{X}_0^{\mathrm{LS}}$。重复该过程直至算法收敛,即完成了批处理最小二乘定轨。相应的,状态协方差的估计为 $\boldsymbol{P} = (\boldsymbol{J}^{\mathrm{T}}\boldsymbol{W}\boldsymbol{J})^{-1}$。

3. 雅可比矩阵的分解

由上述分析可以看出,批处理最小二乘定轨的核心在于雅可比矩阵 $\boldsymbol{J} = \partial\boldsymbol{H}(\boldsymbol{X}_0)/\partial\boldsymbol{X}_0$ 的求解。由于 $\boldsymbol{H}(\boldsymbol{X}_0)$ 是由不同时刻的观测值构成的,因此只须求解 $\partial\boldsymbol{h}[\boldsymbol{X}(t_i)]/\partial\boldsymbol{X}_0$ 的表达式。记 $\boldsymbol{X}_i = \boldsymbol{X}(t_i)$,根据链式法则,有

$$\frac{\partial\boldsymbol{h}(\boldsymbol{X}_i)}{\partial\boldsymbol{X}_0} = \frac{\partial\boldsymbol{h}(\boldsymbol{X}_i)}{\partial\boldsymbol{X}_i}\frac{\partial\boldsymbol{X}_i}{\partial\boldsymbol{X}_0} \qquad (4-123)$$

其中,$\boldsymbol{G}_i = \partial\boldsymbol{h}(\boldsymbol{X}_i)/\partial\boldsymbol{X}_i$ 为观测值对状态量的偏导数,称为测量矩阵,一般有解析表达式;$\partial\boldsymbol{X}_i/\partial\boldsymbol{X}_0$ 为 t_i 时刻的状态对初始状态的偏导数,称为状态转移矩阵,一般记为 $\boldsymbol{\Phi}(t_i, t_0)$。

4. 观测方程及其偏导数

下面阐述典型观测资料(雷达、光学、全球导航卫星系统定位)的观测方程 $\boldsymbol{h}(\boldsymbol{X})$ 及其对状态量的偏导数 $\partial\boldsymbol{h}(\boldsymbol{X}_i)/\partial\boldsymbol{X}_i$ 的计算方法。考虑简单的情形,设状态量仅由空间目标的位置矢量 $\boldsymbol{r}$ 和速度矢量 $\boldsymbol{v}$ 构成,即

$$\boldsymbol{X} = \begin{bmatrix} \boldsymbol{r} \\ \boldsymbol{v} \end{bmatrix} \qquad (4-124)$$

(1)雷达观测资料

根据几何关系,在东-北-天测站地平坐标系下,测站到空间目标的视线方向矢量为

$$\boldsymbol{\rho} = \boldsymbol{M}_{\mathrm{ECEF}}^{\mathrm{Fac}}(\boldsymbol{M}_{\mathrm{ECI}}^{\mathrm{ECEF}}\boldsymbol{r} - \boldsymbol{R}_{\mathrm{Fac}}) \triangleq \boldsymbol{E}(\boldsymbol{U}\boldsymbol{r} - \boldsymbol{R}) \triangleq \begin{bmatrix} \rho_x \\ \rho_y \\ \rho_z \end{bmatrix} \qquad (4-125)$$

则观测量方位角、俯仰角、距离可分别表示为

$$\begin{cases} A = \arctan(\rho_x/\rho_y) \\ E = \arcsin(\rho_z/\rho) \\ \rho = \sqrt{\rho_x^2 + \rho_y^2 + \rho_z^2} \end{cases} \qquad (4-126)$$

任意测量值 z 对 r 的偏导数为

$$\frac{\partial z}{\partial r} = \frac{\partial z}{\partial \rho} EU \qquad (4-127)$$

计算可得

$$\begin{cases} \dfrac{\partial A}{\partial r} = \begin{bmatrix} \dfrac{\rho_y}{\rho_x^2 + \rho_y^2} & \dfrac{-\rho_x}{\rho_x^2 + \rho_y^2} & 0 \end{bmatrix} EU \\[3mm] \dfrac{\partial E}{\partial r} = \begin{bmatrix} \dfrac{-\rho_x \rho_z}{\rho^2 \sqrt{\rho_x^2 + \rho_y^2}} & \dfrac{-\rho_y \rho_z}{\rho^2 \sqrt{\rho_x^2 + \rho_y^2}} & \dfrac{\sqrt{\rho_x^2 + \rho_y^2}}{\rho^2} \end{bmatrix} EU \\[3mm] \dfrac{\partial \rho}{\partial r} = \dfrac{\rho}{\rho} EU \end{cases} \qquad (4-128)$$

方位角、俯仰角、距离观测值对速度矢量的偏导数均为零。

（2）光学观测资料

以赤经、赤纬为例，在地心惯性坐标系下，测站到空间目标的视线矢量为

$$\rho = r - M_{\text{ECEF}}^{\text{ECI}} R_{\text{Fac}} \triangleq \begin{bmatrix} x \\ y \\ z \end{bmatrix} \qquad (4-129)$$

则赤经、赤纬观测量可表示为

$$\begin{cases} \alpha = \arctan(y/x) \\ \delta = \arcsin(z/\rho) \end{cases} \qquad (4-130)$$

其中，$\rho = \sqrt{x^2 + y^2 + z^2}$。

任意观测量 z 对 r 的偏导数为

$$\frac{\partial z}{\partial r} = \frac{\partial z}{\partial \rho} \qquad (4-131)$$

计算可得

$$\begin{cases} \dfrac{\partial \alpha}{\partial r} = \begin{bmatrix} -\dfrac{y}{x^2 + y^2} & \dfrac{x}{x^2 + y^2} & 0 \end{bmatrix} \\[3mm] \dfrac{\partial \delta}{\partial r} = \begin{bmatrix} \dfrac{-xz}{\rho^2 \sqrt{x^2 + y^2}} & \dfrac{-yz}{\rho^2 \sqrt{x^2 + y^2}} & \dfrac{\sqrt{x^2 + y^2}}{\rho^2} \end{bmatrix} \end{cases} \qquad (4-132)$$

（3）全球导航卫星系统定位资料

根据全球导航卫星系统信号可得到航天器在地固坐标系下的位置。观测方程可表示为

$$r = M_{\text{ECEF}}^{\text{ECI}} r_{\text{GNSS}} \triangleq U r_{\text{GNSS}} \qquad (4-133)$$

因此，全球导航卫星系统定位资料关于轨道状态的偏导数可表示为

$$\frac{\partial r_{\text{GNSS}}}{r} = U^{\text{T}} \qquad (4-134)$$

5. 状态转移矩阵

下面阐述状态转移矩 $\boldsymbol{\Phi}(t,t_0)=\partial \boldsymbol{X}/\partial \boldsymbol{X}_0$ 的计算方法。对它进行微分,可得

$$\dot{\boldsymbol{\Phi}}(t,t_0)=\frac{\mathrm{d}}{\mathrm{d}t}\left(\frac{\partial \boldsymbol{X}}{\partial \boldsymbol{X}_0}\right)=\frac{\partial}{\partial \boldsymbol{X}_0}\left(\frac{\mathrm{d}\boldsymbol{X}}{\mathrm{d}t}\right)=\frac{\partial}{\partial \boldsymbol{X}}\left(\frac{\mathrm{d}\boldsymbol{X}}{\mathrm{d}t}\right)\cdot\frac{\partial \boldsymbol{X}}{\partial \boldsymbol{X}_0}=\frac{\partial}{\partial \boldsymbol{X}}\left(\frac{\mathrm{d}\boldsymbol{X}}{\mathrm{d}t}\right)\cdot\boldsymbol{\Phi}(t,t_0)$$

$$(4-135)$$

也就是说,$\boldsymbol{\Phi}(t,t_0)$ 满足微分方程组

$$\begin{cases}\dot{\boldsymbol{\Phi}}(t,t_0)=\dfrac{\partial}{\partial \boldsymbol{X}}\boldsymbol{f}(\boldsymbol{X};t)\cdot\boldsymbol{\Phi}(t,t_0)\\[2mm]\boldsymbol{\Phi}(t,t_0)\big|_{t_0}=\boldsymbol{I}\end{cases}$$

$$(4-136)$$

其中,$\boldsymbol{I}$ 为单位矩阵;$\boldsymbol{f}(\boldsymbol{X};t)=\mathrm{d}\boldsymbol{X}/\mathrm{d}t$ 为轨道动力学模型。对式(4-137)进行数值积分,即可得到任意时刻状态转移矩阵的表达式。

6. 批处理最小二乘定轨流程

综上,批处理最小二乘定轨流程如图 4-12 所示。

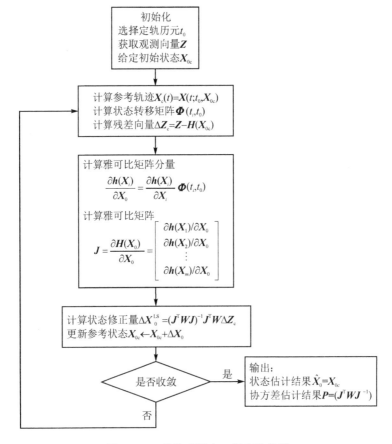

图 4-12 批处理最小二乘定轨流程

4.4.3　扩展卡尔曼滤波定轨

批处理最小二乘法每次迭代都要处理全部观测资料,因此它不适合根据每个观测数据对状态信息进行实时或者准实时更新。此外,批处理最小二乘法要求估计历元的状态量来拟合整个数据弧段,这使得它容易受到动力学模型误差和系统差的影响。为解决这些问题,卡尔曼滤波应运而生。

卡尔曼滤波是一种序贯估计方法,基于预测-修正技术,通过新的观测数据更新对状态的估计。事实上,扩展卡尔曼滤波是批处理最小二乘法的一种推广形式,两者存在密切联系。本小节省略扩展卡尔曼滤波的推导过程,直接给出算法的使用方法,并重点介绍其与批处理最小二乘定轨的异同[12]。

1. 问题描述

首先,定义描述系统行为的动力学模型为

$$\dot{\boldsymbol{X}}(t) = \boldsymbol{f}(\boldsymbol{X}(t),t) + \boldsymbol{w}(t) \tag{4-137}$$

其中,$\boldsymbol{w}(t)$ 为系统噪声模型,描述动力学模型 $\boldsymbol{f}$ 与真实模型的误差。通常认为 $\boldsymbol{w}(t)$ 服从均值为零的高斯分布,满足

$$\mathrm{E}[\boldsymbol{w}(t)] = \boldsymbol{0}, \quad \mathrm{E}[\boldsymbol{w}(t)\boldsymbol{w}^{\mathrm{T}}(t)] = \boldsymbol{Q}(t) \tag{4-138}$$

其次,定义系统观测模型为

$$\boldsymbol{z}(t) = \boldsymbol{h}(\boldsymbol{X}(t),t) + \boldsymbol{v} \tag{4-139}$$

其中,$\boldsymbol{v}(t)$ 为观测噪声模型,满足为

$$\mathrm{E}[\boldsymbol{v}(t)] = \boldsymbol{0}, \quad \mathrm{E}[\boldsymbol{v}(t)\boldsymbol{v}^{\mathrm{T}}(t)] = \boldsymbol{R}(t) \tag{4-140}$$

卡尔曼滤波问题可描述为:假设已获得 $t_1, t_2, \cdots, t_{k-1}$ 时刻的观测量 $z_1, z_2, \cdots, z_{k-1}$,并基于这些观测量获得了 t_{k-1} 时刻的最优状态估计 $\boldsymbol{X}_{k-1}^+$ 和协方差 $\boldsymbol{P}_{k-1}^+$;当获取 t_k 时刻观测值 z_k 时,估计 t_k 时刻的系统状态 $\boldsymbol{X}_k^+$。

2. 扩展卡尔曼滤波定轨流程

轨道动力学模型和观测模型一般都具有强非线性特点。扩展卡尔曼滤波在每次重新估计状态时都使用上一步的最新状态估计值,以尽量消除非线性项的影响。基于扩展卡尔曼滤波的定轨流程如下:

① 状态和状态转移矩阵外推。根据动力学模型、积分状态微分方程和变分方程,获得 t_k 时刻的预报状态 $\boldsymbol{X}_k^-$ 和 t_{k-1} 到 t_k 时刻的状态转移矩阵 $\boldsymbol{\varPhi}(t_k, t_{k-1})$,即

$$\begin{cases} \dot{\boldsymbol{X}}(t) = \boldsymbol{f}(\boldsymbol{X}(t),t) \\ \boldsymbol{X}(t_{k-1}) = \boldsymbol{X}_{k-1}^+ \end{cases} \Rightarrow \boldsymbol{X}_k^- \tag{4-141}$$

$$\begin{cases} \dot{\boldsymbol{\varPhi}}(t,t_{k-1}) = \dfrac{\partial}{\partial \boldsymbol{X}}\boldsymbol{f}(\boldsymbol{X};t) \cdot \boldsymbol{\varPhi}(t,t_{k-1}) \\ \boldsymbol{\varPhi}(t,t_{k-1})\big|_{t_{k-1}} = \boldsymbol{I} \end{cases} \Rightarrow \boldsymbol{\varPhi}(t_k,t_{k-1}) \tag{4-142}$$

② 系统协方差阵外推。根据协方差传播率，得到 t_k 时刻协方差预测值，即

$$\boldsymbol{P}_k^- = \boldsymbol{\Phi}(t_k, t_{k-1}) \boldsymbol{P}_{k-1}^+ \boldsymbol{\Phi}^\mathrm{T}(t_k, t_{k-1}) + \boldsymbol{Q}_k \qquad (4-143)$$

③ 计算滤波增益矩阵为

$$\boldsymbol{K}_k = \boldsymbol{P}_k^- \boldsymbol{G}_k^\mathrm{T} (\boldsymbol{G}_k \boldsymbol{P}_k^- \boldsymbol{G}_k^\mathrm{T} + \boldsymbol{R}_k)^{-1} \qquad (4-144)$$

其中，$\boldsymbol{G}_k = (\partial \boldsymbol{h}(\boldsymbol{X}_k)/\partial \boldsymbol{X}_k|_{\boldsymbol{X}_k^-}$ 为 t_k 时刻的测量矩阵。

④ 状态与协方差更新为

$$\boldsymbol{X}_k^+ = \boldsymbol{X}_k^- + \boldsymbol{K}_k [\boldsymbol{z}_k - \boldsymbol{h}(\boldsymbol{X}_k^-, t_k)] \qquad (4-145)$$

$$\boldsymbol{P}_k^+ = (\boldsymbol{I} - \boldsymbol{K}_k \boldsymbol{G}_k) \boldsymbol{P}_k^- \qquad (4-146)$$

由上述流程可以看出，扩展卡尔曼滤波估计的状态 $\boldsymbol{X}_k^+$ 由两部分组成：一部分是由上一步状态估计值 $\boldsymbol{X}_{k-1}^+$ 结合动力学模型外推得到的状态预测值 $\boldsymbol{X}_k^-$，表征动力学模型对状态的影响；另一部分是实际观测值和预测观测值的误差与滤波增益矩阵的乘积 $\boldsymbol{K}_k [\boldsymbol{z}_k - \boldsymbol{h}(\boldsymbol{X}_k^-, t_k)]$，表征实际观测值 $\boldsymbol{z}_k$ 对状态的修正作用，增益矩阵 $\boldsymbol{K}_k$ 表征观测值在状态修正中的重要程度。

4.4.4　批处理最小二乘法与扩展卡尔曼滤波的对比

4.4.3 小节已提到，扩展卡尔曼滤波可以由批处理最小二乘法推广得到。实际上，对序列观测数据的序贯处理，在本质上相当于批处理最小二乘法的单次迭代。批处理最小二乘法和扩展卡尔曼滤波都有各自的优缺点，也有各自适用的应用场景。下面对两种算法进行总结和比较：

① 观测数据的处理与状态估计：批处理最小二乘法对一批观测数据进行统一处理，得到某一历元的状态和协方差估计；扩展卡尔曼滤波通过一组或一个观测值，结合先验信息给出当前时刻的状态和协方差估计。

② 线性化精度损失的处理：在批处理最小二乘法和扩展卡尔曼滤波中，都通过求偏导的方法对非线性的测量方程和状态方程进行线性化。批处理最小二乘法通过多次迭代使目标函数达到最小，消除了线性化带来的精度损失。扩展卡尔曼滤波则通过每一次都使用最新估计状态来预报状态量和状态转移矩阵，使它对非线性项的误差不敏感。但是，若状态和协方差的初始估计与实际值的偏差较大，则将使扩展卡尔曼滤波的性能下降。

③ 过程噪声：过程噪声的融入是扩展卡尔曼滤波相较于批处理最小二乘法的独特之处。批处理最小二乘法并未考虑动力学模型的误差问题。在扩展卡尔曼滤波中，若不加入过程噪声，则随着观测数据的增加，协方差矩阵和卡尔曼增益都接近零，估计状态对新的观测数据越来越不敏感，状态的改进被抑制，非线性误差、动力学模型误差等被传播放大，进而导致估计错误甚至发散。在加入过程噪声后，可以优先避免滤波发散问题，得到更加实际的协方差预报。此外，过程噪声可以减少前期观测数据对定轨的影响，增加新观测数据在状态修正中的权重。

④ 计算机实现：批处理最小二乘法需要同时处理一批观测数据，需要构造高维度的条件方程，求解与状态同维度的矩阵的逆，并且需要多次迭代，计算量和对内存的需求都比较大。扩展卡尔曼滤波避免了迭代过程，序贯处理的特点使它不需要储存历史观测数据，计算量和内存需求均小于批处理最小二乘法。

⑤ 野值的影响：野值是指明显违背误差统计规律的观测值。由于批处理最小二乘法是批处理算法，因此算法收敛后很容易通过残差分析对野值进行检测，进而将它们剔除，提高定轨精度。而扩展卡尔曼滤波更容易受野值影响。

⑥ 发散问题：无论是批处理最小二乘法还是扩展卡尔曼滤波，初值不准、强非线性、能观性差等问题都会引起精密定轨发散。而对于扩展卡尔曼滤波，协方差矩阵和卡尔曼增益不断减小，使得新观测数据的影响越来越弱，则可能导致滤波的发散。对过程噪声进行准确建模并融入滤波过程，可以有效抑制滤波发散问题。

通常，批处理最小二乘法适合对大量观测数据进行事后处理，得到高精度的状态估计，且能够反解地球物理参数、校准测站误差、标定雷达偏差等。扩展卡尔曼滤波则更适合需要实时状态估计的航天器导航、行星际轨道确定和导航等。从系统角度来看，扩展卡尔曼滤波更适合对突变或者渐变系统且观测噪声不稳定的系统进行状态重建，而批处理最小二乘法更适合稳态系统。

4.5　小推力航天器定轨方法

在无推力的情况下，一般将待估状态设为卫星的位置、速度矢量，即

$$X = \begin{bmatrix} r \\ v \end{bmatrix} \tag{4-147}$$

实际上，待估状态除位置、速度（或轨道六要素）外，还需要增加和动力学模型相关的参数，如弹道系数、面积-质量比等。这是由于人们很多时候无法精确掌握这些参数，因此需要通过观测数据来估计。

4.4 节介绍的批处理最小二乘法和扩展卡尔曼滤波，都可以直接用于存在小推力情况下的定轨，只须在状态量设计、偏导数求解等过程中增加一些特殊的处理即可。鉴于小推力系统对于低轨大规模卫星星座卫星的重要性，本节对小推力航天器的定轨方法进行专门分析。

4.5.1　连续小推力下的精密定轨

1. 动力学模型

发动机推力产生的加速度可以在 RTN 坐标系中分解[13]。其中，径向（R）为地心指向卫星的单位矢量；迹向（T）在轨道面内，与 R 向垂直，指向速度方向；法向（N）

为轨道面法方向。三个方向的单位矢量分别为

$$\hat{R} = \frac{r}{\|r\|}, \quad \hat{N} = \frac{r \times v}{\|r \times v\|}, \quad \hat{T} = \frac{\hat{N} \times \hat{R}}{\|\hat{N} \times \hat{R}\|} \quad (4-148)$$

RTN 坐标系到地心惯性坐标系（ECI）的转换矩阵为

$$M_{\text{RTN}}^{\text{ECI}} = \begin{bmatrix} \hat{R} & \hat{T} & \hat{N} \end{bmatrix} \quad (4-149)$$

将卫星状态量记为

$$X = \begin{bmatrix} r \\ v \\ a_T \end{bmatrix} \quad (4-150)$$

其中，r 为位置矢量，v 为速度矢量，a_T 为 RTN 坐标系中的加速度分量。动力学模型可表示为

$$\begin{cases} \dot{r} = v \\ \dot{v}(t_0) = a_{\text{twobody}} + a_{\text{pert}} + M_{\text{RTN}}^{\text{ECI}} a_{\text{Thrust}} \\ \dot{a}_{\text{Thrust}} = f(a_{\text{Thrust}}) \end{cases} \quad (4-151)$$

其中，a_{twobody} 为二体引力；a_{pert} 为地球非球形摄动力、大气阻力、太阳光压、第三体引力等摄动力；$M_{\text{RTN}}^{\text{ECI}} a_T$ 为推力加速度在地心惯性坐标系下的值；$f(a_{\text{Thrust}})$ 表征了推力加速的变化规律，与发动机特性、推力策略、航天器当前状态（质量、轨道状态、姿态状态）等有关。最简单的情况有两种：

一是加速度保持不变，此时 $f(a_{\text{Thrust}}) \equiv 0$。

二是推力大小不变，加速度仅随航天器质量变化而变化。在这种情况下，加速度大小可表示为

$$a_{\text{Thrust}} = \frac{\dot{m} u_e}{m_0 - \dot{m}(t - t_0)} \quad (4-152)$$

其中，$\dot{m}$ 为推进剂的质量秒耗量，u_e 为等效排气速度。其导数为

$$\dot{a}_{\text{Thrust}} = f(a_{\text{Thrust}}) = \dot{m} u_e \frac{\dot{m}}{[m_0 - \dot{m}(t - t_0)]^2} = \frac{a_{\text{Thrust}}^2}{u_e} \quad (4-153)$$

2. 状态转移矩阵

求解状态转移矩阵是批处理最小二乘定轨的核心之一，其关键又在于求解动力学模型的右函数关于轨道状态的偏导数，可表示为

$$A = \begin{bmatrix} 0_{3\times3} & I_{3\times3} & 0_{3\times3} \\ \dfrac{\partial a_{\text{twobody}}}{r} + \dfrac{\partial a_{\text{pert}}}{r} + \dfrac{\partial M_{\text{RTN}}^{\text{ECI}} a_T}{r} & \dfrac{\partial a_{\text{twobody}}}{v} + \dfrac{\partial a_{\text{pert}}}{v} + \dfrac{\partial M_{\text{RTN}}^{\text{ECI}} a_{\text{Thrust}}}{v} & M_{\text{RTN}}^{\text{ECI}} \\ 0_{3\times3} & 0_{3\times3} & \dfrac{\partial f(a_{\text{Thrust}})}{\partial a_{\text{Thrust}}} \end{bmatrix}$$

$$(4-154)$$

其中，$\dfrac{\partial \boldsymbol{a}_{\text{twobody}}}{\boldsymbol{r}}$、$\dfrac{\partial \boldsymbol{a}_{\text{pert}}}{\boldsymbol{r}}$、$\dfrac{\partial \boldsymbol{a}_{\text{twobody}}}{\boldsymbol{v}}$、$\dfrac{\partial \boldsymbol{a}_{\text{pert}}}{\boldsymbol{v}}$等项与一般精密定轨问题中的表达式一致，而与推力加速度有关的偏导数项则应结合具体场景确定。在确定偏导数矩阵 $\boldsymbol{A}$ 后，即可得到状态转移矩阵满足的微分方程组为

$$\begin{cases} \dot{\boldsymbol{\Phi}}(t,t_0) = \boldsymbol{A} \cdot \boldsymbol{\Phi}(t,t_0) \\ \boldsymbol{\Phi}(t,t_0)\big|_{t_0} = \boldsymbol{I}_{9\times 9} \end{cases} \tag{4-155}$$

对式(4-155)进行数值积分，即可得到任意时刻状态转移矩阵的表达式。

3. 观测方程及其偏导数

对于观测方程对状态量的偏导数，只须在求解对位置、速度的偏导数的基础上，增加观测量对加速度的偏导数项即可。而一般的方位角、俯仰角、斜距、赤经、赤纬等观测值都是与加速度无关的，因此增加的偏导数项一般均为 0。

沿用 4.4 节的批处理最小二乘定轨或扩展卡尔曼滤波定轨流程，即可对轨道状态和加速度同时进行估计。

4.5.2　简化的推力参数辨识方法

4.5.1 小节介绍了应用传统精密定轨理论开展小推力定轨的一般方法。本小节结合大规模卫星星座卫星的特点，基于雷达观测数据，提出一种简化的推力参数辨识方法，能够快速估计推力加速度的大小。

1. 近圆小推力卫星动力学特点

在连续小推力作用下，轨道运动的高斯型摄动方程为

$$\begin{cases} \dot{a} = \dfrac{2}{n\sqrt{1-e^2}}\left[a_R \cdot e \cdot \sin f + a_T \cdot (1 + e \cdot \cos f)\right] \\[2ex] \dot{e} = \dfrac{\sqrt{1-e^2}}{na}\left[a_R \cdot \sin f + a_T \cdot \left(\cos f + \dfrac{e + \cos f}{1 + e \cdot \cos f}\right)\right] \\[2ex] \dot{i} = \dfrac{r\cos u}{na^2\sqrt{1-e^2}}a_N \\[2ex] \dot{\Omega} = \dfrac{r\sin u}{na^2\sqrt{1-e^2}\sin i}a_N \\[2ex] \dot{\omega} = \dfrac{\sqrt{1-e^2}}{nae}\left[-a_R \cdot \cos f + a_T \cdot \left(1 + \dfrac{r}{p}\right)\sin f\right] - \dot{\Omega} \cdot \cos i \\[2ex] \dot{M} = n - \dfrac{1-e^2}{nae}\left[-a_R \cdot \left(\cos f - 2e\dfrac{r}{p}\right) + a_T \cdot \left(1 + \dfrac{r}{p}\right)\sin f\right] \end{cases} \tag{4-156}$$

其中，a 为半长轴，e 为偏心率，i 为轨道倾角，Ω 为轨道升交点赤经，ω 为近地点幅角，M 为平近点角，f 为真近点角，n 为角速度，r 为航天器的地心距，$u = f + \omega$ 为升交点角距，$p = a(1-e^2)$ 为半通径。a_R，a_T，a_N 分别为 R、T、N 三个方向的推力加速度。

就当前应用连续推力的空间任务而言,小偏心率轨道的应用十分广泛,星链、一网等大规模卫星星座的卫星通常为近圆轨道,即 $e=0$。在部署阶段,为提高轨道爬升效率,通常在迹向施加推力,径向推力为零,即 $a_R=0$。在这种情况下,连续推力的轨道方程可简化为

$$\begin{cases} \dot{r} = 2\dfrac{r}{v}a_T \\[2mm] \dot{i} = \dfrac{\cos u}{v}a_N \\[2mm] \dot{\Omega} = \dfrac{\sin u}{v \sin i}a_N \end{cases} \tag{4-157}$$

其中,卫星速度可近似表示为

$$v = \sqrt{\dfrac{\mu}{r}}$$

观察式(4-157)可知:

① 地心距变化只与切向加速度有关,与轨道面法向加速度无关。

② 轨道倾角变化与轨道面法向加速度和地心距有关,故它既与法向加速度有关,又与切向加速度有关。

③ 升交点赤经变化与地心距和轨道倾角均有关,故它与切向加速度和法向加速度均有关。

2. 近圆小推力卫星简化轨道要素集

定义简化的轨道要素集:

$$\boldsymbol{x} = (r, i, \Omega, u, a_T, a_N) \tag{4-158}$$

动力学方程可表示为

$$\begin{cases} \dot{r} = 2\sqrt{\dfrac{r^3}{\mu}}a_T \\[3mm] \dot{i} = \sqrt{\dfrac{r}{\mu}}\cos u\, a_N \\[3mm] \dot{\Omega} = \sqrt{\dfrac{r}{\mu}}\dfrac{\sin u}{\sin i}a_N \\[3mm] \dot{u} = n = \sqrt{\dfrac{\mu}{r^3}} \\[3mm] \dot{a}_T = f_T(a_T) \\[2mm] \dot{a}_N = f_N(a_N) \end{cases} \tag{4-159}$$

给定某时刻轨道要素初值,对动力学方程积分(4-159),即可得到未来任意时刻的地心距、轨道倾角、升交点赤经和纬度幅角。

3. 切向加速度估计

在卫星机动过程中,地心距的变化仅受切向加速度影响(假设径向加速度为 0)。因此,通过地心距观测值能够单独求解切向加速度,从而降低问题维度。为简化分析,下面以恒定切向加速度为例,说明切向加速度的估计方法。

假设雷达获取了 m 组观测数据,记为

$$\{(t_j, \widetilde{A}_j, \widetilde{E}_j, \widetilde{\rho}_j)\} \quad (j=1,2,\cdots,m_i) \tag{4-160}$$

其中,A 表示方位角,E 表示俯仰角,ρ 表示雷达与目标的距离,t 为观测时刻。卫星在地心惯性坐标系中的位置矢量 $\boldsymbol{r}$ 可表示为

$$\boldsymbol{r} = \boldsymbol{M}_{\mathrm{ECEF}}^{\mathrm{ECI}}(\boldsymbol{R}_{\mathrm{Fac}} + \boldsymbol{M}_{\mathrm{Fac}}^{\mathrm{ECEF}}\boldsymbol{\rho}) \tag{4-161}$$

其中,$\boldsymbol{R}_{\mathrm{Fac}}$ 表示测站在地固坐标系中的位置矢量;$\boldsymbol{\rho}$ 表示航天器在测站地平坐标系(南-东-天)中的位置矢量,其表达式为

$$\boldsymbol{\rho} = \rho \begin{bmatrix} \cos(E)\cos(\pi-A) \\ \cos(E)\sin(\pi-A) \\ \sin(E) \end{bmatrix} \tag{4-162}$$

$\boldsymbol{M}_{\mathrm{ECEF}}^{\mathrm{ECI}}$ 为地固坐标系到地心惯性坐标系的转换矩阵;$\boldsymbol{M}_{\mathrm{Fac}}^{\mathrm{ECEF}}$ 为测站地平坐标系到地固坐标系的转换矩阵。相应测量时刻的地心距为

$$r = \|\boldsymbol{r}\| \tag{4-163}$$

将反解后的轨道半径集合记为

$$\boldsymbol{Y}_r = (\widetilde{r}_1, \widetilde{r}_2, \cdots, \widetilde{r}_m) \tag{4-164}$$

设历元 t_0,卫星地心距为 r_0,给定切向加速度 a_T,可根据动力学方程第一式得到一组理论地心距序列为

$$\boldsymbol{Y}(r_0, a_T) = (r_1(r_0, a_T), r_2(r_0, a_T), \cdots, r_m(r_0, a_T)) \tag{4-165}$$

理论观测值与实际观测值误差的平方和则表征了该轨道与实际轨道的差异,即

$$J(r_0, a_T) = \sum_{i=1}^{m}(r_i(r_0, a_T) - \widetilde{r}_i)^2 \tag{4-166}$$

最小化 $J(a_T)$,即可得到切向加速度的最优估计值。这是双变量非线性最小二乘问题,求解方法在这里不再赘述。

4. 法向加速度估计

下面以恒定法向加速度为例,说明在获得切向加速度后,法向加速度的估计方法。

设历元 t_0,卫星地心距、轨道倾角、升交点赤经、升交点角距分别为 r_0、i_0、Ω_0、u_0,给定切向加速度 a_T,可根据动力学方程得到卫星在地心惯性坐标系下的位置矢量(轨道要素和位置、速度可相互转换),进而得到方位角、俯仰角、距离的理论观测值:

$$\boldsymbol{Y}(r_0, i_0, \Omega_0, u_0, a_N) = (A_1, E_1, \rho_1, \cdots, A_m, E_m, \rho_m) \tag{4-167}$$

理论观测值与实际观测值误差的加权平方和则表征了该轨道与实际轨道的差异:

$$J(r_0,i_0,\Omega_0,u_0,a_N)=\sum_{i=1}^{m}\left[\left(\frac{A_i-\widetilde{A}_i}{\sigma_A}\right)^2+\left(\frac{E_i-\widetilde{E}_i}{\sigma_E}\right)^2+\left(\frac{\rho_i-\widetilde{\rho}_i}{\sigma_\rho}\right)^2\right]$$

$$(4-168)$$

其中,σ_A、σ_E、σ_r 分别表示方位角、俯仰角、距离的测量精度。最小化 $J(r_0,i_0,\Omega_0,u_0,a_N)$,即可得到轨道状态和法向加速度的最优估计值。这依旧是一个非线性最小二乘问题,r_0、i_0、Ω_0、u_0 的迭代初值可以通过初定轨算法获得。

参考文献

[1] GOODING R H. A new procedure for the solution of the classical problem of minimal orbit determination from three lines of sight[J]. Celestial mechanics and dynamical astronomy,1997,66(4):387-423.

[2] SCHAEPERKOETTER A,MORTART D. A comprehensive comparison between angles-only initial orbit determination techniques [J]. Dc Language,2011.

[3] FADRIQUE F M,MATÉ A Á,GRAU J J,et al. Comparison of angles only initial orbit determination algorithms for space debris cataloguing[J]. Journal of aerospace engineering,sciences and applications,2012,4(1):39-51.

[4] DAVID A V. Fundamentals of astrodynamics and applications[M]. 3rd ed. Torrance,USA:Microcosm Press,2007.

[5] 刘林,王建峰. 关于初轨计算[J]. 飞行器测控学报,2004,23(3):41-45.

[6] 刘林,胡松杰,曹建峰,等. 航天器定轨理论与应用[M]. 北京:电子工业出版社,2015.

[7] LIN L,XIN W. A method of orbit computation taking into account the Earth's oblateness[J]. Chinese astronomy and astrophysics,2003,27(3):335-339.

[8] 刘林,张巍. 关于各种类型数据的初轨计算方法[J]. 飞行器测控学报,2009(3):70-76.

[9] 张洪波. 航天器轨道力学理论与方法[M]. 北京:国防工业出版社,2015.

[10] 李恒年. 航天测控最优估计方法[M]. 北京:国防工业出版社,2015.

[11] 王宜举. 非线性最优化理论与方法[M]. 北京:科学出版社,2012.

[12] MONTENBRUCK O,GILL E. Satellite orbits:models,methods and applications[M]. New York:Springer,2000.

[13] OSWEILER,V P. Covariance estimation and autocorrelation of NORAD two-line element sets [D]. Ohio:Air Force Institute of Technology,us Air university,2006.

第5章
低轨大规模卫星星座分批部署方法

卫星星座从卫星发射入轨到构型建立的过程称为卫星星座初始化,卫星星座初始化的主要任务是完成多颗卫星从初始轨道到工作轨道(或停泊轨道)的轨道调整和部署。在初始轨道部署过程中,入轨偏差、测控系统捕获误差以及轨道控制误差等因素均会造成卫星轨道要素的摄动漂移,入轨偏差、捕获误差的量化对于分析卫星的运动规律及卫星星座初始化演化特性至关重要。

卫星星座初始化的建立主要以表征不同轨道面的升交点赤经部署和同轨道面的相位部署为主要指标,因此升交点赤经和相位的部署策略可以作为卫星星座初始化部署策略。但在初始化过程中,轨道机动会引起轨道面的进动和轨道面内相位的漂移,因此需要对升交点赤经和相位偏差进行补偿。规划并制定科学合理、成熟可靠的大轨模卫星星座初始化策略是本章重点研究的内容。

本章针对大规模卫星星座初始化控制策略进行介绍。首先,利用蒙特卡洛打靶法对低轨卫星星座初始轨道要素进行摄动演化分析,得出卫星星座部署初态误差概率分布函数变分传播曲线,量化分析卫星星座的整体结构稳定性;其次,建立低轨卫星星座轨道面升交点赤经解析模型和轨道面内相位解析模型,通过星链卫星星座公开的 TLE 两行轨道根数数据,验证轨道面升交点赤经部署策略的可行性;从半长轴初态误差出发,分析轨道面内相位部署策略;最后,在满足卫星星座任务特性和初始化规律的基础上,以成本最小为目标,分析卫星星座初始化参数补偿方法。

5.1　卫星初始轨道要素变分摄动演化分析

蒙特卡洛方法也称统计实验法(或随机模拟法),是一种以概率统计理论为指导的数值计算方法,是通过寻找一个概率统计的相似体并用实验取样过程来获得该相似体近似解的处理数学问题的一种手段。模拟随机变量是蒙特卡洛方法的最基本特征,同时它要求随机变量必须是服从特定概率分布的、随机选取的数值序列。卫星轨道要素摄入误差和捕获误差服从正态分布,因而可以用于模拟打靶中的系统的随机输入扰动(卫星轨道摄入误差和捕获误差概率分布),量化分析卫星星座稳定性。

本节将利用蒙特卡洛打靶法对现有发射部署和工程定轨精度条件进行评估,对不同构型低轨卫星星座初始轨道要素进行评估分析,以验证初始化策略。

5.1.1　卫星初始轨道要素偏差的蒙特卡洛仿真

受现有发射部署和卫星测控系统能力条件的影响,卫星轨道参数捕获和发射入轨存在一定偏差。其中,卫星轨道要素的初始捕获受地面测控系统和全球导航卫星系统测量精度影响。从下式中不难看出,轨道倾角跟发射火箭射向相关,升交点赤经受发射窗口的影响[1]。

$$\begin{cases} \cos i = \sin A \cos \Psi \\ \Delta \Omega = \arcsin\left(\dfrac{\tan \Psi}{\tan i}\right) \end{cases} \tag{5-1}$$

其中,A 为发射方位角,i 为轨道倾角,Ψ 为发射场地理纬度。

假设卫星初始轨道要素摄入误差和捕获误差服从正态分布,其中半长轴、偏心率、轨道倾角、升交点赤经、初始相位的偏差的分布函数如表 5-1 所列。

表 5-1　卫星初始轨道要素摄入误差和捕获误差分布

轨道要素入轨偏差	分布函数
半长轴/km	$N(0,3.5)$
偏心率	$N(0,0.000\ 01)$
轨道倾角/(°)	$N(0,0.01)$
升交点赤经/(°)	$N(0,0.03)$
初始相位/(°)	$N(0,0.03)$

对表 5-1 中的概率分布函数进行蒙特卡洛法打靶实验,经过 $n=10\ 000$ 次蒙特卡洛仿真,得到图 5-1 所示低轨卫星星座卫星初始轨道要素 (a,e,i,Ω,λ) 的偏差分布。可以看出,卫星初始轨道半长轴入轨偏差超过 ± 5 km。图 5-2 所示为卫星初始轨道要素 (a,e) 和 (i,Ω) 偏差的联合分布,反映出卫星初始轨道要素 (a,e)、初始轨道要素 (i,Ω) 具有一定的相关性。

5.1.2　卫星星座结构稳定性量化分析

本小节从卫星星座部署的实际误差概率分布出发,取最恶劣的初始轨道要素偏差值,在轨道要素摄动方程的基础上,量化分析不同构型低轨卫星星座的稳定性。仿真算例的卫星参考初始轨道要素设置如表 5-2 所列。

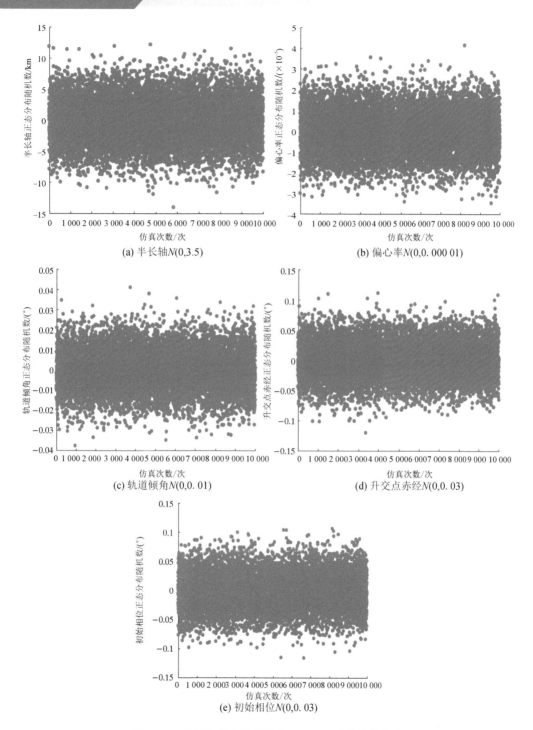

(a) 半长轴$N(0,3.5)$

(b) 偏心率$N(0,0.000\ 01)$

(c) 轨道倾角$N(0,0.01)$

(d) 升交点赤经$N(0,0.03)$

(e) 初始相位$N(0,0.03)$

图 5-1　卫星初始轨道要素(a,e,i,Ω,λ)的偏差分布

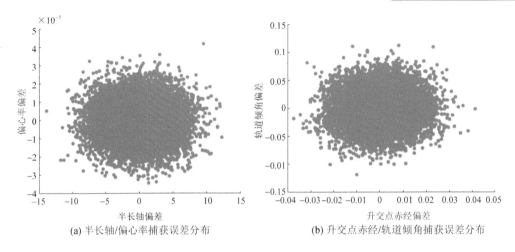

(a) 半长轴/偏心率捕获误差分布 　　　　　(b) 升交点赤经/轨道倾角捕获误差分布

图 5-2　卫星初始轨道要素偏差的联合分布

表 5-2　卫星参考初始轨道要素

卫星星座	轨道高度/km	轨道倾角/(°)	偏心率	升交点赤经/(°)	相位/(°)
卫星星座 1	550	53	0.000 2	120	0
卫星星座 2	1 100	86	0.000 2	120	0

卫星初始轨道要素偏差设置取最恶劣的情况,如表 5-3 所列。

表 5-3　卫星初始轨道要素偏差

卫星星座	半长轴/km	轨道倾角/(°)	偏心率	升交点赤经/(°)	相位/(°)
卫星星座 1	5	0.02	0.000 2	0.1	0.1
卫星星座 2	5	0.02	0.000 2	0.1	0.1

　　将表 5-2、表 5-3 中的参数分别带入卫星轨道要素变分摄动方程,得到卫星星座轨道面内相位漂移演化分布(见图 5-3)和轨道面升交点赤经漂移演化分布(见图 5-4)。

　　仿真数据表明:对于轨道高度为 550 km、轨道倾角为 53°的低轨大规模 Walker 星座,在考虑初始入轨偏差的情况下,要维持相对相位在±0.5°以内,平均 60 天就要维持控制一次;要维持升交点赤经在±0.1°以内,平均 30 天就要进行维持控制。对于轨道高度为 1 100 km、轨道倾角为 86°的低轨大规模 Walker 星座,在考虑初始入轨偏差的情况下,要维持相对相位在±1.5°以内,平均 90 天就要维持控制一次;要维持升交点赤经的±0.1°以内,平均 30 天就要进行维持控制。

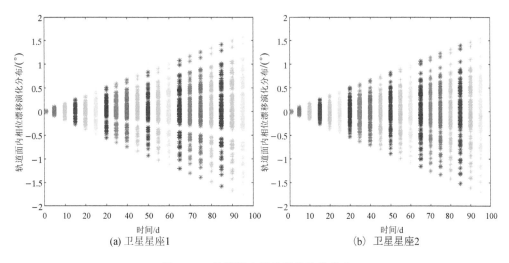

图 5 - 3　轨道面内相位漂移演化分布

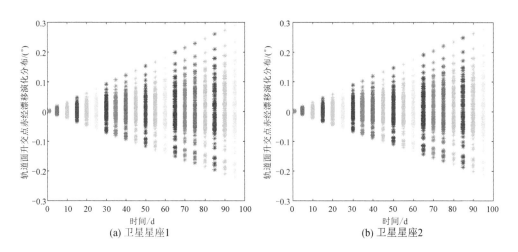

图 5 - 4　轨道面升交点赤经漂移演化分布

5.2　卫星星座初始化策略分析

　　卫星星座初始化,即卫星星座构型建立。卫星星座初始化策略是指卫星从初始轨道到工作轨道(或停泊轨道)的转移策略,可以分为被动方式(轨道漂移和摄动因素)、主动方式(推力系统)和主被动结合的方式。初始化的主要任务是完成卫星从初始轨道到工作轨道(或停泊轨道)的相位调整和轨道机动。本节主要以表征异轨道面的升交点赤经部署和同轨道面的相位部署为卫星星座初始化的主要指标,进行初始化轨道控制参数和控制策略分析。

卫星星座初始化部署需要选择一个参考基准,异轨道面的升交点赤经部署通常在第 1 个轨道面中选择一颗固定的卫星作为基准星,对其他轨道面的升交点赤经进行调整部署;同轨道面的相位部署通常在同轨道面中选择一颗固定的卫星作为基准星,对同轨道面其他卫星的相位进行调整部署。为了方便分析,以卫星 $(1,1)$ 为卫星星座初始化的参考基准,卫星轨道半长轴为 a_{ij}、倾角为 i_{ij}、升交点赤经为 Ω_{ij}、相位为 λ_{ij}、轨道角速度为 n_{ij}。

5.2.1　卫星星座轨道面升交点赤经初始化策略分析

轨道面内多星布局置入任务可视为轨道面的相对升交点赤经调整问题,其本质为利用地球非球形 J_2 项摄动引起轨道面的进动,实现升交点赤经的调整。具体操作方法为:通过抬升卫星星座中不同轨道面卫星的轨道高度,同时借助时间累积,进而实现卫星间轨道面差的控制目标。综上所述,一箭多星的轨道面入轨布局机动可以归结为不同轨道面卫星的抬轨时延问题。

假设待求解时延为 t,不同轨道面卫星 (i,j) 的升交点赤经差与升交点赤经漂移率随时间的变化关系满足公式:

$$\Delta\Omega_{ij} = \int_0^t \dot{\Omega}_{ij}\,\mathrm{d}t - \int_0^t \dot{\Omega}_{11}\,\mathrm{d}t \tag{5-2}$$

从公开网站下载星链卫星星座 V1.0-L3、V1.0-L8 批次卫星两行轨道根数,通过对卫星轨道高度、升交点赤经、相邻轨道面之间的卫星相位差过程数据分析,可以发现 60 颗卫星分三组以 5.9 km/d 或 6.9 km/d 的速度进行轨道爬升[2]。星链卫星星座 V1.0-L3、V1.0-L8 批次卫星构型有如下特点:

① 采用星形构型,工作卫星共计 60 颗,分 3 个轨道面部署,同一轨道面均匀分布 20 颗卫星,同轨相邻卫星相位差为 18°。

② 相邻轨道面之间的卫星相位差为 20°。

③ 卫星轨道为高度 550 km 的圆轨道,轨道倾角为 53°,轨道周期为 95.6 min。

对星链卫星星座 V1.0-L3、V1.0-L8 批次卫星部署情况进行数据分析,分别得到编号 45657~45716 卫星的轨道爬升情况(见图 5-5(a))和升交点赤经分布情况(见图 5-6(a)),以及编号 44914~44973 卫星的轨道爬升情况(见图 5-5(b))和升交点赤经分布情况(见图 5-6(b))。

参考星链卫星星座 V1.0-L3 批次卫星的初始化参数,60 颗卫星(3 个轨道面)分三个批次以 5.9 km/d 的速度从高度 280 km 的初始轨道进入高度 550 km 的标准轨道。第一批次 20 颗卫星在入轨后直接从 280 km 高度经过 34 天爬升到 550 km 的目标高度。第二批次 20 颗卫星入轨后经过 14 天到达 350 km 高度的停泊轨道,在停泊轨道等待 42 天,借助地球非球形 J_2 项摄动实现与第 1 个轨道面升交点赤经差 20°的目标,最后再经过 34 天到达 550 km 的目标高度。第三批次 20 颗卫星

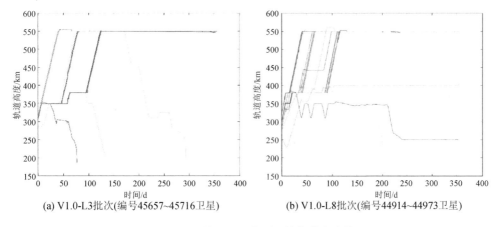

(a) V1.0-L3批次(编号45657~45716卫星)　　(b) V1.0-L8批次(编号44914~44973卫星)

图 5－5　星链卫星星座卫星的轨道爬升情况

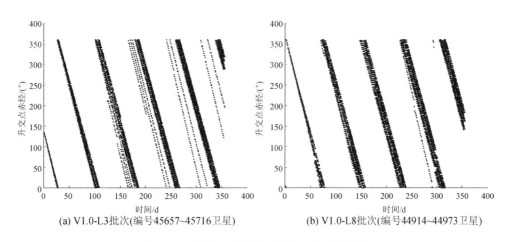

(a) V1.0-L3批次(编号45657~45716卫星)　　(b) V1.0-L8批次(编号44914~44973卫星)

图 5－6　星链卫星星座卫星升交点赤经分布

以同样的控制策略维持在 350 km 高度 82 天,在实现与第 1 个轨道面升交点赤经差 40°、与第 2 个轨道面升交点赤经差 20°的目标后,最后再经过 34 天到达 550 km 的目标高度。因此,星链卫星星座的 V1.0－L3 批次一箭 60 星在入轨约 130 天后,轨道面部署完成。

　　仿真数据表明:利用地球非球形 J_2 项摄动对轨道面的摄动影响,同时借助时间累积,通过抬升卫星星座中不同轨道面卫星的轨道高度,能够很好地实现卫星间轨道面差的控制目标。

5.2.2　卫星星座轨道面内相位初始化策略分析

　　轨道面内多星相位初始化任务可视为轨道面内的相对相位调整问题,文献[2]通过卫星相位漂移和半长轴之间的关系,提出了分时序抬升半长轴实现多星相位调整的方法。使用该方法需要满足以下约束条件:卫星星座整体布局均匀,同轨道面内卫星均匀等间隔分布。因此,卫星星座同轨道面内任意相邻卫星分时抬升半长轴调整相位的时间间隔相同。

在相位初始化阶段,假设待求解抬升时延为 t_i,具体求解过程如下:

由卫星角速度公式对半长轴求微分,可得

$$\frac{\mathrm{d}n}{\mathrm{d}a} = -\frac{3}{2}\sqrt{\mu}\,a^{-\frac{5}{2}} \tag{5-3}$$

卫星轨道半长轴变化会引起轨道角速度的改变,进而引起相位变化。因此,相位的相对变化率可以看成半长轴和半长轴变化率的函数,即

$$\Delta\lambda = \int_0^t -\frac{3}{2}\sqrt{\mu}\,a^{-\frac{5}{2}}\Delta a\,\mathrm{d}t \tag{5-4}$$

其中,Δa 以待机动卫星为基准。由于 $\Delta a \ll a$,因此可以把 a 当作常数。

$$\Delta a(t) = \frac{2}{n}\Delta v(t) = 2\mu^{-\frac{1}{2}}a^{\frac{3}{2}}\Delta v(t) \tag{5-5}$$

其中,$\Delta v(t)$ 在轨道抬升控制阶段是连续变化的,具体公式为

$$\Delta v(t) = \begin{cases} \dot{v}t, & t \in (0,t_n) \\ \dot{v}t, & t \in (t_n,T) \\ \dot{v}(T+t_n-t)t, & t \in (T,T+t_n) \end{cases} \tag{5-6}$$

联立式(5-4)~式(5-6)得

$$\Delta\lambda = \frac{3T\dot{v}}{a}t_n \tag{5-7}$$

因此,相邻卫星轨道抬升等待时间为

$$t_i = \frac{a}{3T\dot{v}}\Delta\lambda \tag{5-8}$$

在相位初始化阶段,在考虑轨道抬升对相位影响的前提下,不能忽略半长轴入轨偏差的影响。假设相邻卫星存在的轨道半长轴偏差为 Δa_0,通过高精度预报得到对应的相位偏差为 $\Delta\lambda_0$,则相邻卫星轨道抬升等待时间为

$$t_i = \frac{a}{3T\dot{v}}(\Delta\lambda - \Delta\lambda_0) \tag{5-9}$$

因此,同轨道面卫星相位部署所需时间为

$$t = t_1 + t_2 + \cdots + t_i, \quad i = 1,2,\cdots,n \tag{5-10}$$

其中,n 为同轨道面内卫星数量。

5.2.3 卫星星座轨道面内相位初始化仿真

在相位初始化阶段,半长轴改变量在相位相对漂移中占主要影响,百米量级的半长轴入轨偏差在一年内会引起超过 $40°$ 的相位漂移。因此,在考虑轨道抬升对相

位影响的前提下,不能忽略半长轴入轨偏差和捕获误差的影响。本小节针对半长轴这一主要影响因素,通过建立考虑半长轴入轨偏差的半长轴偏置补偿相位解析公式,分析半长轴偏置补偿相位方法的可行性和有效性。

半长轴偏置量和相位漂移率改变量的关系为

$$\Delta\dot{\lambda} = -\left(\frac{7\dot{\Omega}}{2a} + \frac{3n}{2a}\right)(\Delta a + \hat{a}) \qquad (5-11)$$

其中,Δa 为半长轴改变量,$\hat{a}$ 为半长轴入轨偏差。由于在相位初始化轨道抬升过程中需要考虑半长轴入轨偏差,因此在相位初始化部署过程中提前补偿卫星半长轴入轨偏差 $\hat{a}$。

本小节在补偿半长轴入轨偏差的基础上,以提高星上计算机自主性为目标,提出同轨道面卫星相位部署控制策略的流程和方法。具体的控制流程为:

① 以卫星 1 作为基准,计算卫星 i 的 Δa_0、相位差 $\Delta\lambda_0$。

② 输入卫星的相位偏置值 $\Delta\lambda_i$、电推力加速度 $\dot{v}$。

③ 根据相位偏置值 $\Delta\lambda_i$、电推力加速度 $\dot{v}$ 计算相邻两颗卫星轨道抬升需要的等待时间 t_i。

④ 以卫星 1 作为基准,对卫星 i 实施轨控,分别等待间隔时间 t_i,抬升卫星轨道高度,实现相对相位调整。

1. 仿真参数设置

通过仿真实验对两种 Walker 星座进行仿真分析,摄动力模型为地球非球形 J_2 项摄动模型和 Jacchia70 大气密度模型,轨道预报模型为 HPOP 高精度轨道预报器。

卫星星座 1 为构型为 60/3/1、轨道高度为 550 km、轨道倾角为 53° 的低轨大规模 Walker 星座,设卫星入轨后各卫星的初始轨道半长轴偏差为 ±3.5 km、初始相位偏差为 ±4°;卫星星座 2 为构型为 100/4/1、轨道高度为 1 100 km、轨道倾角为 88° 的低轨大规模 Walker 星座,设卫星入轨后各卫星的初始轨道半长轴偏差为 ±5 km、初始相位偏差为 ±4°。

通过仿真两种卫星星座第 1 个轨道面相位初始化过程,初始时间设置为北京时间 2022 - 01 - 01T00:00:00。卫星初始状态为:卫星质量 $m = 260$ kg;卫星面质比为 0.01;大气阻力系数为 2.2;卫星采用连续小推力电推力器,推力 $F = 0.02$ N。

2. 仿真结果分析

通过仿真两种卫星星座轨道面内相位部署过程,给出相邻卫星相对相位调整过程中轨道半长轴改变量和时间的统计情况,如图 5 - 7 所示。对于卫星星座 1,要实现第 1 个轨道面 20 颗卫星的相对相位 18° 的初始化部署所需时间约 1 865 160 s(即 22 天)。对于卫星星座 2,要实现第 1 个轨道面 25 颗卫星的相对相位 9° 的初始化部署所需时间约 750 375 s(即 9 天)。

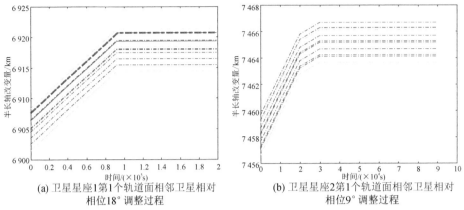

(a) 卫星星座1第1个轨道面相邻卫星相对　　(b) 卫星星座2第1个轨道面相邻卫星相对
　　相位18°调整过程　　　　　　　　　　　相位9°调整过程

图 5 - 7　相邻卫星相对相位调整过程中轨道半长轴改变量和时间的统计情况

5.3　初始化参数补偿方法

对升交点赤经偏差和相位偏差的补偿,目前理论研究和工程应用最多的是轨道半长轴偏置和轨道倾角偏置方法。

5.3.1　基于轨道倾角偏置的卫星升交点赤经补偿方法

在轨道抬升过程中,卫星轨道半长轴的增加会造成升交点赤经偏差的累积。与入轨偏差和捕获误差相比,轨道抬升是影响升交点赤经偏差累积的最主要因素。若对卫星升交点赤经直接进行控制,即对轨道面进行连续改变,则代价非常大,在实际的工程应用中是不现实的。杨盛庆[2]提出了通过轨道倾角偏置预先补偿升交点赤经改变量的方法,实现了升交点赤经的间接捕获控制的目标,目前针对此类问题的理论方法和研究成果缺少,可以借鉴的经验不多。

轨道倾角预偏置可以实现间接控制升交点赤经的任务,本小节根据提前进行轨道倾角偏置能够补偿半长轴改变引起的升交点赤经漂移这一关键联系,建立轨道倾角偏置补偿升交点赤经的解析公式,分析轨道倾角预偏置补偿升交点赤经方法的可行性和有效性。

根据半长轴改变量和升交点赤经漂移率改变量的关系,当半长轴不调整时,经过时间 T 的升交点赤经改变量为

$$\Delta \Omega_a = \int_0^T -\frac{7\Delta a_0}{2a_0}\dot{\Omega}_0 \mathrm{d}t = -\frac{7\Delta a_0 T}{2a_0}\dot{\Omega}_0 \qquad (5-12)$$

假设每天的半长轴改变量不变,均为 $\dot{a}$,经过时间 T 完成轨道抬升,则有

$$\Delta a_0 + \dot{a}T = 0 \qquad (5-13)$$

当进行轨道抬升修正半长轴时,经过时间 T 后,由轨道抬升产生的升交点赤经改变量为

$$\Delta\Omega_a = \int_0^T -\frac{7\Delta a_0}{2a_0}(\Delta a_0 + \dot{a}T)\dot{\Omega}_0 \mathrm{d}t = -\frac{7\Delta a_0^2}{4\dot{a}a_0}\dot{\Omega}_0 \qquad (5-14)$$

根据轨道倾角改变量和升交点赤经漂移率改变量的关系,当轨道倾角不调整时,经过时间 T 后,轨道倾角预偏置对升交点赤经的改变量为

$$\Delta\Omega_i = \int_0^T -\Delta i_0 \tan i_0 \dot{\Omega}_0 \mathrm{d}t = -\Delta i_0 \tan i_0 \dot{\Omega}_0 T \qquad (5-15)$$

联合式(5-14)、式(5-15),令

$$\Delta\Omega_a = \Delta\Omega_i \qquad (5-16)$$

可求得轨道抬升引起的升交点赤经改变量对应的轨道倾角偏置量。

参考星链卫星星座的 V1.0-L3 批次卫星的初始化参数,第一批次 20 颗卫星从入轨后的 280 km 高度爬升到 550 km 的目标高度,卫星以 5.9 km/d 的速度爬升,在轨道抬升过程中,由轨道抬升产生的升交点赤经改变量为 0.05°,设置轨道倾角偏置 0.54°可以补偿升交点赤经最终状态与初始状态的偏差值,使它们保持一致。

5.3.2　基于轨道倾角偏置的卫星升交点赤经补偿方法仿真

仿真算例的卫星参考轨道要素设置如表 5-4 所列。

表 5-4　卫星参考轨道要素设置

卫星星座	轨道高度/km	轨道倾角/(°)	卫星爬升速度/(km·d^{-1})	轨道倾角偏置/(°)	升交点赤经/(°)
卫星星座 1	550	53	5.9	1.09	120
卫星星座 2	1 100	86	7.9	0.38	120

图 5-8 给出不同卫星星座初始化过程中卫星轨道抬升情况,图 5-9 给出不同

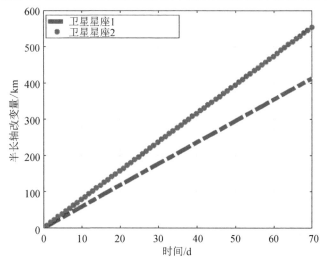

图 5-8　不同卫星星座初始化过程中卫星轨道抬升情况

卫星星座卫星轨道抬升过程中轨道倾角偏置补偿升交点赤经改变量的对比情况。对于卫星星座1,轨道倾角偏置1.09°可以补偿卫星轨道抬升300 km过程中引起的升交点赤经0.076°的漂移量。对于卫星星座2,轨道倾角偏置0.38°可以补偿卫星轨道抬升400 km过程中引起的升交点赤经0.094°的漂移量。

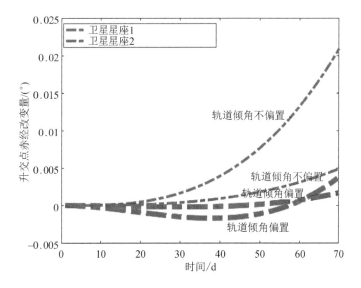

图5-9　不同卫星星座卫星轨道抬升过程中轨道倾角偏置
补偿升交点赤经改变量的对比情况

5.4　低轨卫星星座分阶段部署方案设计

　　低轨卫星轨道高度低,受到的大气阻力大,卫星轨道半长轴会不断减小,需要消耗更多的能量去维持轨道运行,这大大降低了卫星的使用寿命。考虑发射、部署成本,传统的直接入轨以及一箭专发轨道面的部署方式已不再适合低轨大规模卫星星座部署。星链卫星星座是典型低轨卫星星座分阶段部署的工程应用,具有一定参考价值。本节利用地球非球形J_2项摄动实现卫星轨道升交点赤经调整进而减少燃料消耗,实现一箭多星多轨的低轨卫星星座部署。本节主要研究分析低轨混合卫星星座的部署方案,部署方案涉及卫星升交点赤经、相位调整,卫星在停泊轨道的运行时间以及卫星从停泊轨道至目标轨道的抬轨时间。

5.4.1　分阶段部署方案描述

　　本小节借鉴星链卫星星座的三阶段部署方法,通过利用地球非球形J_2项摄动将在停泊轨道上运行的卫星实现升交点赤经分离,并部署到目标轨道。假定卫星始

终保持圆轨道运行,且停泊轨道与目标轨道的倾角一致。具体部署阶段如下:

第一阶段:将一箭多星方式发射的卫星分成三组,其中一组卫星在星箭分离后直接爬升至目标轨道,将此轨道作为参考轨道面,其余卫星在合适的停泊轨道等待。

第二阶段:剩余两组卫星在停泊轨道运行,直到地球非球形 J_2 项摄动使升交点赤经满足分离条件,第二组卫星相继开始爬升至目标轨道。

第三阶段:第三组卫星相较于第二组卫星停留时间较长,直至满足爬升条件。

三个阶段的卫星都在爬升至目标轨道面时完成卫星相位调整。

分阶段部署示意图如图 5 - 10 所示。a_0、a_p、a_t 分别为星箭分离时轨道高度、停泊轨道高度以及目标轨道高度。Δt_1 为第一组卫星从星箭分离高度爬升至目标轨道所需时间,Δt_2、Δt_3 分别为第二、第三组卫星在停泊轨道运行至相位分离的时间。F 表示卫星所用推力阶段,J_2 表示卫星利用摄动进行升交点赤经分离。

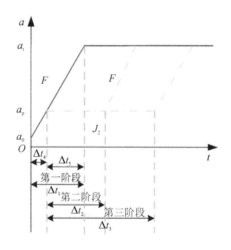

图 5 - 10　分阶段部署示意图

对于一箭多星多轨部署任务来说,卫星星座利用停泊轨道进行轨道面部署较直接轨道转移方式更节约燃料。直接轨道转移公式[3] 为

$$\Delta v = 2v_1 \sin \frac{\theta}{2} \tag{5 - 17}$$

其中,v_1 为卫星初始速度,θ 为升交点赤经。

轨道转移不同升交点赤经所消耗燃料示意图如图 5 - 11 所示。由图 5 - 11 可知,卫星直接入轨或者在星箭分离后卫星进行不同升交点赤经的轨道转移所需 Δv 较大,导致消耗燃料增加。对于升交点赤经为 60°的圆轨道转移需要的 Δv 等于轨道速度本身的大小[4]。

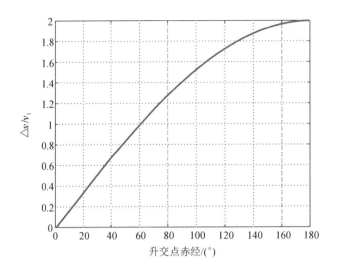

图 5-11　轨道转移所消耗燃料示意图

5.4.2　分阶段部署模型建立

本小节包括连续小推力下的轨道运行模型、升交点赤经分离及延时抬轨模型、卫星星座部署时间及燃料消耗模型。

1. 连续小推力下的轨道运行模型

相较于传统的电推进和化学推进,离子推进具有高比冲、工作时间长、推力可控等特点,同时工质质量小意味着卫星可提高有效载荷的比重。离子推进器所提供的推力较小,但足够满足卫星姿态调整以及变轨等需求,且离子推进器已用于深空探测、星际航行等。太空探索技术公司以及一网公司等商业航天公司所部署的卫星星座均采用离子推进器。

如图 5-12 所示,在连续小推力下,初始时刻航天器推力很小,轨道高度变化不明显。随着时间的增加,轨道高度差距变化明显。假设初始轨道和目标轨道都为圆轨道,卫星轨道以螺旋式上升[5]。

2. 升交点赤经分离及延时抬轨模型

低轨卫星星座部署方式为一箭多星多轨,卫星通过自身离子推进器完成轨道爬升并完成卫星星座组网。采用分时抬轨[6]使得每组卫星在全部爬升至目标轨道时完成相位分离,本小节参考该方法,用于获取停泊轨道卫星延时时间。分时抬轨示意图如图 5-13 所示。

设 t_x 为停泊轨道卫星抬轨时延,则

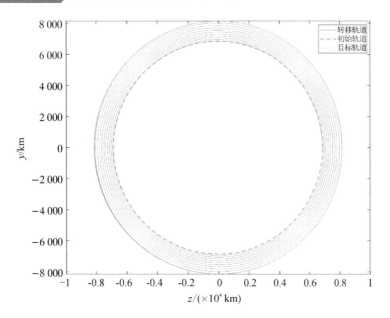

图 5 - 12　连续小推力下轨道转移示意图

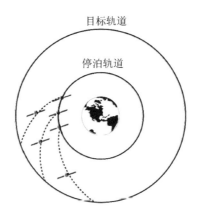

图 5 - 13　分时抬轨示意图

$$\begin{cases} u = \dfrac{-3f}{a} \left[\displaystyle\int_0^{t_x} t\,\mathrm{d}t + \int_{t_x}^{T} t_x\,\mathrm{d}t + \int_{T}^{T+t_x} (t_x + T - t)\,\mathrm{d}t \right] \\[4mm] t_x = \dfrac{ua}{3fT} \end{cases} \tag{5-18}$$

其中,T 为卫星从停泊轨道爬升至目标轨道的时间,u 满足相位偏置。

由升交点赤经漂移公式可知,第二组卫星及第三组卫星在停泊轨道的运行时间为

$$\Delta t_2 = \frac{\Omega_{\text{sep}}^1}{-\dfrac{3}{2} J_2 R^2 \cos i \left(\dfrac{n_0}{a_0^2} - \dfrac{n_f}{a_f^2} \right)} \tag{5-19}$$

$$\Delta t_3 = \frac{\Omega_{\text{sep}}^2}{-\dfrac{3}{2} J_2 R^2 \cos i \left(\dfrac{n_0}{a_0^2} - \dfrac{n_f}{a_f^2} \right)} \tag{5-20}$$

其中，Ω_{sep}^1、Ω_{sep}^2 为第二组卫星、第三组卫星与第一组卫星的升交点赤经间隔。

3. 卫星星座部署时间及燃料消耗模型

卫星的抬轨时间不仅与卫星爬升高度有关，同时与卫星电推进器的各项参数有关。近日星链卫星的电推进器参数被公开。根据公布数据可知，第二代 mini 版卫星采用氩工质霍尔推进器，卫星质量为第一代的 2 倍多，推进器产生的推力为第一代的 2.4 倍，比冲为第一代的 1.5 倍。从第二代卫星推进器参数反推第一代卫星推进器参数，两代卫星推进器参数如表 5-5 所列。

表 5-5　两代卫星推进器参数

卫星推进器	卫星质量 m_0/kg	比冲 I_{sp}/s	发动机效率 δ/%	发动机输入功率 P_{eng}/W
第二代卫星氩工质霍尔推进器	750	2 500	50	4 200
第一代卫星氪工质霍尔推进器	350	1 667	40	1 450

根据表 5.5 给出的电推进器参数，可得推力 F 公式、质量流量 m 公式[7]为

$$\begin{cases} F = \dfrac{2\delta P_{\text{eng}}}{g_0 I_{\text{sp}}} \\[3mm] \dot{m} = -\dfrac{2\delta P_{\text{eng}}}{g_0^2 I_{\text{sp}}^2} \end{cases} \tag{5-21}$$

其中，$g_0 = 9.800\,6 \text{ m/s}^2$，为地球重力参数；$\dot{m} = -4.346 \times 10^{-6}$ g/s。因此，卫星从星箭分离高度爬升至停泊轨道、从停泊轨道爬升至目标轨道所需时间 Δt_4 和 Δt_5[8]分别为

$$\Delta t_4 = \frac{m_0}{\dot{m}} \left\{ \lambda \exp\left[\frac{\dot{m}}{F} \left(\sqrt{\frac{\mu}{a_p}} - \sqrt{\frac{\mu}{a_t}} \right) \right] - 1 \right\} \tag{5-22}$$

$$\Delta t_5 = \frac{m_0}{\dot{m}} \left\{ \lambda \exp\left[\frac{\dot{m}}{F} \left(\sqrt{\frac{\mu}{a_0}} - \sqrt{\frac{\mu}{a_p}} \right) \right] - 1 \right\} \tag{5-23}$$

其中，λ 取常数，$\lambda = 0.058$。而 $\Delta t_1 = \Delta t_4 + \Delta t_5$，即

$$\Delta t_1 = \frac{m_0}{\dot{m}} \left\{ \lambda \exp\left[\frac{\dot{m}}{F} \left(\sqrt{\frac{\mu}{a_0}} - \sqrt{\frac{\mu}{a_t}} \right) \right] - 1 \right\} \tag{5-24}$$

卫星燃料消耗与质量流量和推进器工作时长相关，即

$$m = m_0 + \dot{m}(t - t_0) \tag{5-25}$$

5.5　基于 NSGA - Ⅱ 算法的停泊轨道优化设计方法

本节主要讨论低轨卫星星座分阶段部署策略中停泊轨道的优化设计方法。将星箭分离高度、停泊轨道高度作为决策变量,将卫星星座部署时间和燃料消耗作为目标函数,采用 NSGA - Ⅱ 确立最优停泊轨道,并结合卫星星座性能实现卫星星座最优部署。

5.5.1　决策变量与目标函数

本小节在设置优化参数和目标函数时,未考虑大气阻力等摄动力对卫星星座构型维持造成的燃料消耗,星箭分离高度和停泊轨道高度上下限为

$$\begin{cases} X_{\text{low}} = \{300, 350\} \\ X_{\text{up}} = \{500, 700\} \end{cases} \tag{5-26}$$

目标函数为

$$\begin{cases} T_{\text{total}} = \min \left[\sum_{i=3}^{k=5} (\Delta t_i) \right] \\ \text{fuel}_{\text{total}} = \min(\dot{m} T_{\text{total}} N + \text{fuel}_{\text{fire}}) \end{cases} \tag{5-27}$$

约束条件为

$$\begin{cases} h_{\text{p}} \gg h_0 \\ \min(\text{fuel}_{\text{sat}}^{\text{trans}}) \end{cases} \tag{5-28}$$

为避免优化结果出现极值情况,停泊轨道高度远大于星箭分离高度,这有利于监测卫星健康状态,对不确定事件的发生做好备份方案。卫星轨道转移应尽可能减少燃料消耗,保证卫星在轨运行寿命。

5.5.2　时间和燃料消耗最小化

用 NSGA - Ⅱ 算法对目标函数进行优化,通过对算法参数进行调试,确定种群规模为 50,最大进化代数为 3 500,优化结果和评价指标 HV 如图 5 - 14 所示。

由图 5 - 14 可知,评价指标 HV 在进化代数为 3 500 时收敛,HV 最大值约为0.089。优化结果对应帕累托前沿,给出了最优停泊轨道对应的燃料消耗和部署时间,部署时间对应的区间为 [350, 505],燃料消耗对应的区间为 [154, 165]。最优解集如表 5 - 6 所列。

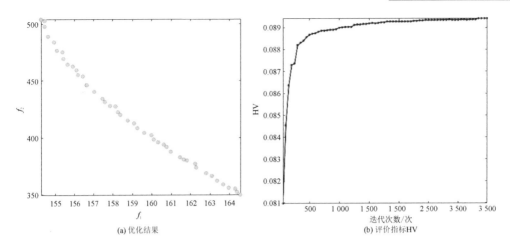

图 5-14　停泊轨道优化结果和评价指标 HV

表 5-6　优化停泊轨道方案

方 案	星箭分离高度/km	停泊轨道高度/km
方案一	435.67	580.88
方案二	448.77	598.42
方案三	457.69	589.07
方案四	477.37	614.32

　　表 5-6 给出了不同星箭分离高度对应的停泊轨道方案,星箭分离高度越高,卫星所消耗的燃料越少,在轨寿命越长,同时火箭发射成本也会提升,卫星星座整体部署成本大幅提高。权衡燃料消耗以及部署时间,卫星星座部署方案选择方案四。燃料消耗是通过质量流量和部署时间推算得到的,对于卫星的霍尔推进器而言,它并不是全天候都在工作。因此,实际消耗的燃料少于计算出的燃料消耗数据。

5.6　仿真分析

5.6.1　低轨倾斜卫星星座部署

　　对于构型为 297/27/8 的低轨倾斜卫星星座,表 5-7 给出了部署不同升交点赤经卫星与在停泊轨道运行时间的关系。

表 5 - 7 低轨倾斜卫星星座卫星升交点赤经分离与在停泊轨道运行时间的关系

升交点赤经间隔/(°)	在停泊轨道运行时间/d	升交点赤经间隔/(°)	在停泊轨道运行时间/d	升交点赤经间隔/(°)	在停泊轨道运行时间/d
13.33	12.14	133.33	121.40	253.33	230.66
26.67	24.28	146.67	133.54	266.67	242.80
40.00	36.42	160.00	145.68	280.00	254.94
53.33	48.56	173.33	157.82	293.33	267.08
66.67	60.70	186.67	169.96	306.67	279.22
80.00	72.84	200.00	182.10	320.00	291.36
93.33	84.98	213.33	194.24	333.33	303.50
106.67	97.12	226.67	206.38	346.67	315.64
120.00	109.26	240.00	218.52		

在分阶段部署卫星星座过程中,不仅要兼顾部署时间、成本,同时还需要考虑卫星星座部署构型的阶段服务能力的提升。卫星星座服务能力应先覆盖中国及周边区域,再逐步扩展至全球。中国及周边区域纬度为 $-70°\sim70°$、经度为 $30°\sim180°$。利用蒙特卡洛方法对低轨卫星星座导航性能进行仿真分析,最小观测仰角为 $5°$,网格为 $5°\times5°$,仿真时间为 1 d,步长为 60 s。

表 5 - 8 为低轨倾斜卫星星座不同发射批次卫星的导航性能。由表 5 - 8 可知,卫星星座卫星总共分九批次发射,部署的不同轨道面的卫星的导航性能不同,位置精度衰减因子最小为 1.655、最高为 1.748,覆盖重数相同。

表 5 - 8 低轨倾斜卫星星座不同发射批次卫星的导航性能

发射批次	轨道面编号	覆盖重数	位置精度衰减因子
第一批次	10 - 13 - 20	6	1.655
第二批次	16 - 19 - 26	6	1.656
第三批次	5 - 8 - 15	6	1.661
第四批次	1 - 18 - 21	6	1.666
第五批次	17 - 24 - 27	6	1.673
第六批次	2 - 9 - 14	6	1.676
第七批次	3 - 6 - 23	6	1.682
第八批次	4 - 7 - 12	6	1.735
第九批次	11 - 22 - 25	6	1.748

在不考虑轨道维持、卫星不会出现不确定事件等情况下,卫星按原计划相继进

入预定轨道。图 5 - 15 为第一批次三组卫星爬升及停泊轨道卫星延时抬轨示意图。其中延时抬轨时间为 15.36 h。第二组卫星和第三组卫星分别在停泊轨道运行 36.42 d、121.4 d，第一组卫星爬升至目标轨道的时间为 103.12 d，批次卫星部署时间约为 224.52 d。

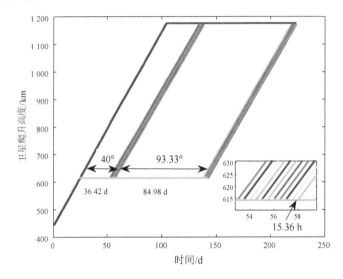

图 5 - 15　第一批次三组卫星爬升及停泊轨道卫星延时抬轨示意图

图 5 - 16 为低轨倾斜卫星星座部署示意图。低轨倾斜卫星星座以一箭 33 星三轨的方式分九批次完成部署。图 5 - 16(b)假设每批次部署时间间隔为 30 d，卫星星座全部部署完成需要约 550 d。其中，第四批次和第七批次部署时间占比最大。

以第一批次第一组卫星的轨道面为基准，第一批次部署的三个轨道面的升交点赤经分别为 119.97°、159.96°、253.27°；第二批次部署的三个轨道面的升交点赤经分别为 199.95°、239.94°、333.25°；第三批次部署的三个轨道面的升交点赤经分别为 53.32°、93.31°、186.62°；第四批次部署的三个轨道面的升交点赤经分别为 0°、226.61°、266.6°；第五批次部署的三个轨道面的升交点赤经分别为 213.28°、306.59°、346.58°；第六批次部署的三个轨道面的升交点赤经分别为 13.33°、106.64°、173.29°；第七批次部署的三个轨道面的升交点赤经分别为 26.66°、66.65°、293.26°；第八批次部署的三个轨道面的升交点赤经分别为 39.99°、79.98°、146.63°；第九批次部署的三个轨道面的升交点赤经分别为 133.3°、279.93°、319.92°。

本小节分析了低轨倾斜卫星星座批次发射卫星的升交点赤经、相位、卫星机动抬轨问题。卫星发射窗口、地面卫星库存以及生产能力、市场反馈、技术更新等诸多因素会对卫星星座批次发射产生影响，因此，本小节并未具体分析卫星星座每批次卫星发射时间节点以及最终的卫星组网时间。

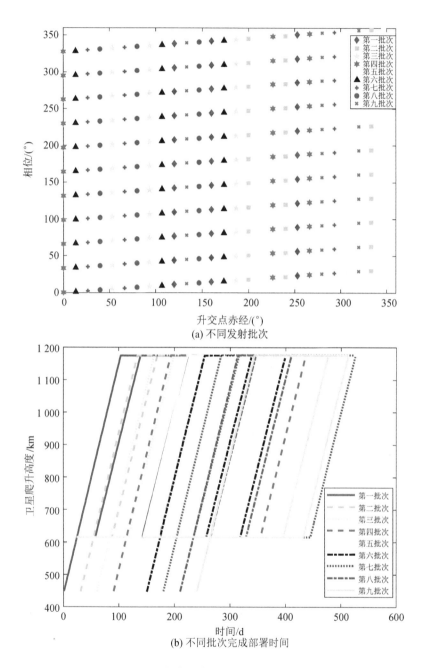

(a) 不同发射批次

(b) 不同批次完成部署时间

图 5-16　低轨倾斜卫星星座部署示意图

5.6.2 极轨道卫星星座部署

极轨道卫星星座部署不同于低轨倾斜卫星星座:一方面,极轨道卫星星座是为了弥补两极、偏远地区的服务,整体上卫星数量较少,轨道面较少;另一方面,由于极轨道本身的高倾角特性,卫星需要在停泊轨道运行相当长的时间,因此它并不适合用一箭多轨的方式部署。表5-9给出了卫星升交点赤经分离与在停泊轨道运行时间的关系。

表5-9 极轨道卫星星座卫星升交点赤经分离与在停泊轨道运行时间的关系

升交点赤经 间隔/(°)	在停泊轨道 运行时间/a	升交点赤经 间隔/(°)	在停泊轨道 运行时间/a
36	1.1	216	6.6
72	2.2	252	7.7
108	3.3	288	8.8
144	4.4	324	9.9
180	5.5		

由表5-9可知,当极轨道卫星星座升交点赤经间隔36°时,采用一箭多轨部署方式调整升交点赤经时间长达1年,这并不符合部署要求。

图5-17分别分析了星链卫星星座第五十批次卫星以及一网卫星星座第七批次卫星轨道部署。星链卫星星座和一网卫星星座都采用一箭多星一轨方式部署,一网卫星星座轨道高度更高,部署时间更长。

极轨道卫星星座分阶段部署仿真参数与低轨倾斜卫星星座相同,利用蒙特卡洛方法对极轨道卫星星座导航性能进行仿真分析。

表5-10为极轨道卫星星座不同发射批次卫星的导航性能。由表5-10可知,极轨道卫星星座每批次卫星数量较少并不能单独提供服务,通过仿真三批次极轨道卫星获取性能数据,从而有效提高它在两极地区的服务性能,提高卫星星座整体导航性能。

表5-10 极轨道卫星星座不同发射批次卫星的导航性能

发射批次	轨道面编号	覆盖重数	位置精度衰减因子
一/二/三	2-6-7	5	1.969
四/五/六	4-5-9	5	1.970
七/八/九	3-8-10	5	2.148

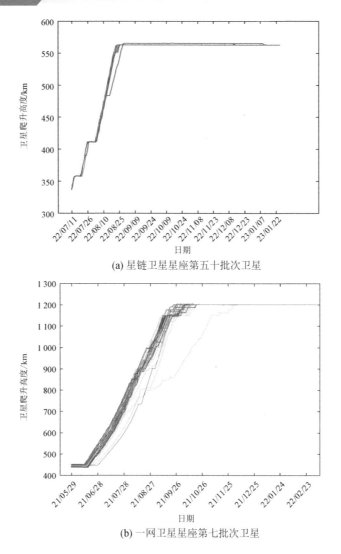

(a) 星链卫星星座第五十批次卫星

(b) 一网卫星星座第七批次卫星

图 5 - 17　星链卫星星座与一网卫星星座极轨道部署示意图

如图 5 - 18 所示,极轨道卫星星座以一箭八星一轨的方式分十批次完成部署。以第一批次卫星的轨道面为基准轨道面,第一批次部署的轨道面的升交点赤经为 36°;第二批次部署的轨道面的升交点赤经为 180°;第三批次部署的轨道面的升交点赤经为 216°;第四批次部署的轨道面的升交点赤经为 108°;第五批次部署的轨道面的升交点赤经为 144°;第六批次部署的轨道面的升交点赤经为 288°;第七批次部署的轨道面的升交点赤经为 72°;第八批次部署的轨道面的升交点赤经为 252°;第九批次部署的轨道面的升交点赤经为 324°;第十批次部署的轨道面的升交点赤经为 0°。

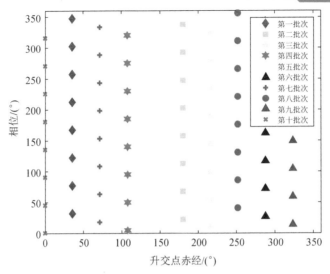

图 5-18 极轨道卫星星座不同批次卫星部署示意图

参考文献

［1］ MCDOWELL J C. The low earth orbit satellite population and impacts of the SpaceX Starlink constellation［J］. The astrophysical journal letters，2020，892（2）：L36.

［2］ 孙俞，沈红新. 基于 TLE 的低轨巨星座控制研究［J］. 力学与实践，2020，42（2）：156-162.

［3］ CRISP N H. A methodology for the integrated design of small satellite constellation deployment［D］. Mancheseter：The University of Manchester，2016：165-171.

［4］ CURTIS H. Orbital mechanics for engineering students［M］. Butterworth：Heinemann，2013：261-268.

［5］ 孙冲. 连续小推力作用下航天器机动轨道设计［D］. 西安：西北工业大学，2017.

［6］ 杨盛庆，王禹，王丹娜，等. 连续小推力条件下星座轨道机动方法研究［J］. 中国空间科学技术，2020，40（4）：69-77.

［7］ MAREC J P. Optimal space trajectories［M］. New York：Elsevier，2012：12-18.

［8］ HUANG S. Multi-phase mission analysis and design for satellite constellations with low-thrust propulsion［D］. Milan，Politecniccdi Milano，2020：60-72.

第 6 章
低轨大规模卫星星座维持控制方法

在低轨大规模卫星星座建立后,卫星部署在多个轨道面上,同轨道面卫星数量多且密集,不同轨道面卫星轨道面交点距离近,存在碰撞风险。同时,卫星运行过程会受到各种因素的影响,进而导致卫星星座几何构型产生漂移。为了不影响卫星星座的安全运行和服务性能,需要把卫星维持在其理论位置允许的范围内。因此,卫星站位保持成为卫星星座构型保持的研究重点。

本章在卫星站位保持的基础上,介绍低轨大规模卫星星座构型维持策略。首先,考虑卫星星座维持控制的内容和参考基准,对卫星星座站位保持和相位保持方法进行研究分析;其次,建立卫星星座绝对控制模型和相对控制模型,并通过 STK 工具包仿真数据分析卫星相位漂移和相位保持规律,对绝对相位保持策略和相对相位保持策略进行验证评估;最后,在满足可用性的基础上以成本最小为标准,研究分析不同控制策略对卫星星座可用性和运行成本的影响。

6.1 卫星星座构型维持研究现状

卫星星座在运行过程中受到各种摄动力影响,各卫星之间的相对位置会逐渐漂移,卫星逐渐偏离其标称轨道,使卫星星座整体结构发生变化。这种变化积累到一定程度会使卫星星座几何构型遭到破坏,致使卫星星座性能大幅度下降[1]。在寿命周期内低轨卫星星座的轨道高度会不断衰减,每颗卫星的轨道高度衰减与整个卫星星座的轨道高度衰减一致。对于近圆轨道,偏心率和轨道倾角在卫星寿命周期内衰减程度很小,可忽略不计。因此,上述因素对低轨卫星星座空间几何构型均不产生影响,对低轨卫星星座空间几何构型产生长期影响的两个因素是升交点赤经和纬度幅角的长期变化。

随着卫星发射成本的降低、小卫星技术与卫星互联网技术的发展,低轨卫星座中卫星数量剧增,诸多规模庞大的卫星星座计划发布并逐步部署。这些卫星星座中的卫星分布密度很高,为了实现全球覆盖和卫星星座长期稳定运行,对卫星星座构型保持精度提出了很高的要求。

在卫星星座构型维持中,主要依靠卫星自身燃料和所受摄动力特性进行卫星星座构型控制,低轨卫星所受摄动主要为地球非球形摄动和大气阻力摄动。大气阻力摄动的摄动力为非保守力,受大气密度影响较大,利用它进行构型维持的方式主要为大气阻力拖拽,该方法需要根据卫星自身状态和星间相位进行控制,操作较为烦琐。利用地球非球形摄动中的 J_2 项摄动进行构型维持的方法主要为参数偏置法,该方法操作简单、控制灵活。

6.1.1 参数偏置法

目前国内外对卫星星座的构型保持的研究主要集中在中高轨卫星星座,文献[1-4]针对中轨卫星星座利用参数偏置法来维持卫星星座构型长期稳定,对处于共振轨道和非共振轨道的卫星星座均具有良好的效果。该方法通过调整所有卫星的轨道半长轴和轨道倾角,改变地球非球形 J_2 项摄动对卫星轨道的长期影响,补偿摄动对升交点赤经和纬度幅角相对漂移影响的线性部分实现对卫星星座的构型控制,即

$$\begin{bmatrix} \Delta a \\ \Delta i \end{bmatrix} = -\boldsymbol{\Phi}^{-1} \begin{bmatrix} \dfrac{\Delta \Omega}{\Delta t} \\ \dfrac{\Delta \lambda}{\Delta t} \end{bmatrix} \tag{6-1}$$

$$\boldsymbol{\Phi} = \begin{bmatrix} -\dfrac{7\Omega_1}{2a} & -\dfrac{\sin i}{\cos i}\Omega_1 \\ -\dfrac{7\lambda_1}{2a} - \dfrac{3n}{2a} & -\dfrac{6J_2 R_e^2}{a^2} n \sin 2i \end{bmatrix} \tag{6-2}$$

$$\begin{cases} \Omega_1 = -\dfrac{3}{2} J_2 \left(\dfrac{R_e}{p}\right)^2 n \cos i \\ \lambda_1 = \dfrac{3}{2} J_2 \left(\dfrac{R_e}{p}\right)^2 n \left(2 - \dfrac{5}{2}\sin^2 i\right) - \dfrac{3}{2} J_2 \left(\dfrac{R_e}{p}\right)^2 n \left(1 - \dfrac{3}{2}\sin^2 i\right) \sqrt{1 - e^2} \end{cases}$$
$$\tag{6-3}$$

其中,a、e、i 分别为轨道半长轴、偏心率和轨道倾角,$\Delta\Omega$、$\Delta\lambda$ 为升交点赤经和相位的相对漂移量,Δa、Δi 为轨道半长轴和轨道倾角初始偏置量,J_2 为摄动系数,R_e 为地球半径,n 为轨道角速度,$p = a(1-e^2)$。对于近圆轨道,可通过式(6-2)求出初始偏置量。

参数偏置法的计算过程如图 6-1 所示,首先将设计的卫星星座标称轨道与实际仿真过程中的高精度积分轨道进行对比,得出卫星自身的绝对漂移量;而后将绝对漂移量与卫星星座平均相对漂移量作差,得出相对漂移量;最后通过式(6-1)得出轨道根数偏置量,与标称轨道根数叠加,得出调整后的轨道根数作为标称轨道。上述过程可重复多次直到得出满意的结果为止。

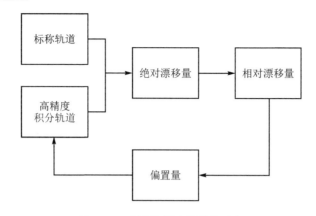

图 6-1　参数偏置法的计算过程

6.1.2　大气阻力拖拽

　　低轨卫星受大气阻力摄动影响较大,因此可以利用大气阻力摄动来进行构型保持。该方法主要用于同一平面内卫星间的相位控制。

　　Leonard 等人于 1989 年提出了利用差速拖拽的方式进行卫星编队轨道构型保持[5],ORBCOMM 低轨通信卫星星座[6]、由 12 颗立方体卫星组成的 Plant Lab Flock 2p 低轨卫星星座[7]均采用该方式进行轨道维持和卫星星座构型保持。美国国家航空航天局于 2012 年制订了 GYGNSS[8]计划,该卫星星座于 2016 年 12 月部署完毕,采用 8 颗无主动推力卫星均匀部署在同一轨道[9]。Finely 等人以 GYGNSS 星座为对象系统,阐述了其利用大气阻力差速拖拽进行卫星星座构型保持的方法[10]。

　　GYGNSS 卫星具有在正常状态和高阻力状态姿态机动的能力,高阻力状态通过姿态机动来改变迎风面面积,使迎风面面积变为正常状态下的 6 倍,从而大大增加了大气摄动的影响[9],文献[9]以两颗卫星为例阐述了大气阻力差速拖拽的具体实施过程。如果两颗卫星间相位漂移量超出规定的最大漂移量,其中一颗卫星以另一颗卫星为参考,通过姿态机动切换为高阻力模式,降低轨道高度(百米级),使其速度大于参考卫星,当达到相位最大漂移量以下时,切换到正常状态。此时已机动卫星在不断远离参考卫星,参考卫星此时进行姿态机动切换到高阻力状态,当轨道高度下降到与已进行姿态机动的卫星相同高度时,姿态机动为正常状态,完成相位漂移量的控制。

6.1.3　其他方法

　　陈雨等人[11]基于在轨实测数据,通过机动累计相位差相对漂移较小的卫星来控制相位相对漂移,可以使一年内的相位相对漂移维持在±5°阈值内,但该方法适合卫星数目较少且阈值偏大的卫星星座,无法满足卫星数目较多的 Walker 星座构型维持要求。文献[12]使用李雅普诺夫控制方法计算了卫星星座绝对控制和相对控制所需的速度增量;文献[13]利用线性二次控制器借助推力实现卫星星座中卫星间相对位置保持;文献[14-15]研究了保证二维点阵Flower星座在J_2项摄动影响下卫星星座构型稳定性的初始参数设置方法,但研究并不适用于Walker星座。

上述各方法从一定程度上解决了卫星星座构型维持问题,但它们还存在一些不足。参数偏置法主要应用于中轨卫星星座,其卫星数目较少,中高轨卫星和低轨卫星所受力学环境不同,将它应用到低轨卫星星座中还需进一步研究。大气阻力拖拽的方式非常依赖卫星自身所处的大气环境,属于被动控制,控制精度不高,难以适应低轨Walker星座的高精度构型维持。其他方法适合卫星数目较少的卫星星座,且均需要额外的燃料来维持构型,燃料消耗较大。

6.2　卫星星座站位保持分析

6.2.1　卫星星座站位保持内容

卫星星座构型建立后,在大气阻力摄动和地球非球形J_2项摄动的影响下,卫星相位漂移量会引起卫星星座构型的漂移,因此需对卫星相位进行调整。

对于近圆轨道,考虑地球非球形J_2项摄动,卫星相位长期变化率与卫星轨道平半长轴和平轨道倾角有关。如果低轨卫星星座中的所有卫星的标称轨道倾角一致,则卫星星座中卫星轨道的平半长轴差异是引起卫星星座构型漂移的主要因素。

低轨卫星轨道平半长轴的变化主要受到大气阻力摄动影响,在一个轨道周期内,大气阻力摄动引起的平轨道半长轴衰减量会引起卫星相对相位漂移;在理想情况下,卫星星座中同轨道面的卫星摄动和漂移规律一致,在一般实际工程中卫星星座中卫星轨道半长轴捕获存在误差,在大气阻力的影响下卫星轨道半长轴衰减会出现不一致,进而会导致卫星星座构型发生漂移。

6.2.2　卫星星座站位保持参考基准

卫星星座相位保持(计算相位偏差时)需要选择一个参考基准,参考基准的选择通常有两种方案:一种方案是在卫星星座中选择一颗固定的卫星作为基准星,计算其他卫星的相对相位;另一种方案是在卫星星座中选择任意一颗卫星作为基准星,计算其余卫星的相对相位。

1. 参考固定基准星方法

参考固定基准星的方法为:在卫星星座中选择一颗基准星,取卫星(1,1)作为卫星星座相位控制基准,基准星(1,1)不控,其标准相位为λ_{11}。设卫星星座中其他卫星

(i,j) 的实际相位为 λ_{ij}，则其他卫星的与基准星的相位差为 $\Delta\lambda = \lambda_{ij} - \lambda_{11} - \Delta\hat{\lambda}$，$\Delta\hat{\lambda}$ 表示卫星 (i,j) 与卫星 $(1,1)$ 的相位差设计标称值。当相位差 $\Delta\lambda$ 超出允许的边界值时，需要对卫星 (i,j) 实施相位保持控制。

2. 参考动态基准星方法

参考动态基准星的方法为：在卫星星座所有卫星中动态选择一颗卫星 (j,i) 作为基准星，则其余卫星 (i,j) 相对基准星 (j,i) 的相位差为 $\Delta\lambda = \lambda_{ij} - \lambda_{11} - \Delta\hat{\lambda}$，$\Delta\hat{\lambda}$ 表示卫星 (i,j) 与卫星 (j,i) 的相位差设计标称值。当相位差 $\Delta\lambda$ 超出允许的边界值时，需要对卫星 (i,j) 实施相位保持控制。

6.2.3　参考基准星相位演化分析

对于近圆轨道的低轨卫星，轨道平半长轴的变化主要受到大气阻力摄动影响，在一个轨道周期内，大气阻力摄动引起的平均轨道半长轴衰减量会引起卫星相对相位漂移。因此相位的相对变化率可以看成半长轴和半长轴变化率的函数，相位漂移量与半长轴衰减量之间的关系为

$$\Delta\lambda(t) = -\frac{3}{2}\sqrt{\mu}\,a^{-\frac{5}{2}}\Delta a t \tag{6-4}$$

对式（6-4）求微分，可得相位角漂移率与半长轴衰减量之间的关系为

$$\Delta\dot{\lambda}(t) = -\frac{3}{2}\sqrt{\mu}\,a^{-\frac{5}{2}}\Delta a \tag{6-5}$$

其中，Δa 为大气阻力摄动引起的半长轴衰减量。

根据参考基准星的相位计算公式

$$\Delta\lambda = \Delta\lambda(t) + \Delta\hat{\lambda} \tag{6-6}$$

当卫星相对基准星的相位偏差 $\Delta\lambda$ 超出门限值，即满足

$$|\Delta\lambda| > \lambda_{\max} \tag{6-7}$$

时，需要对卫星实施轨道控制。

6.3　卫星星座站位保持方法

卫星经过初轨捕获后在标称轨道上运行，由于受到大气阻力摄动影响轨道半长轴不断下降，运行周期不断变短，卫星实际相位将偏离标称值。为了保持卫星星座构型及相位要求，需要定期对轨道半长轴进行修正，修正的频次主要取决于大气密度（与太阳活动周期相关）、迎风面积及卫星相位漂移范围约束。目前，卫星星座站位保持常用的方法为相位保持环方法。

6.3.1 相位保持环方法

相位保持环方法的思想是:利用卫星相位和轨道半长轴衰减特性,在轨道半长轴维持控制时对轨道半长轴做正偏置,使卫星实际相位逐渐向西漂移,随着轨道半长轴的衰减,轨道半长轴实际值逐渐小于理论值;卫星相位向东漂移,当卫星相位到达东边界时,抬升轨道半长轴,开始下一个维持周期。

选择合适的半长轴维持控制量,使卫星相位不超出西边界的同时,充分利用相位保持环,采用超调控制和被动控制相结合的极限环控制方法,达到减少轨控次数和节约燃料消耗的目的。

相位保持环方法具体实施过程:设定卫星星座卫星相对相位控制盒,左右边界对应相对相位的控制范围$(-\Delta\lambda_0, \Delta\lambda_0)$,下边界对应参考轨道的标称半长轴平根$a_0$,上边界对应半长轴最大偏置量$-\Delta a_0$(大于0),卫星的初始相对相位在控制盒的右边界$\Delta\lambda_0$附近,半长轴变化率小于0导致卫星的半长轴平根随时间不断减小,卫星的相对相位逐渐向控制盒的左边界$-\Delta\lambda_0$漂移,经过一个完整的漂移周期后又回到右边界,当漂移到控制盒右边界时重复进行半长轴抬升。图6-2给出了卫星相位漂移与半长轴改变量之间的近似关系。

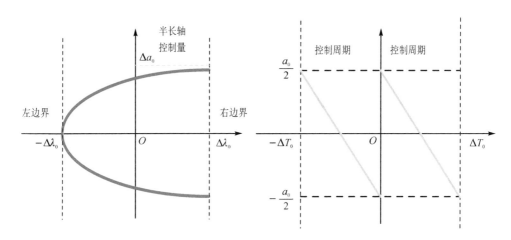

图6-2 卫星相位漂移与半长轴改变量之间的近似关系

每当相位漂出东边界时,对已经衰减的轨道实施半长轴超调控制,确保相位偏差保持在要求允许的范围内。

6.3.2 相位保持极限环控制参数计算

受大气阻力影响,卫星轨道平半长轴会逐渐衰减,使卫星实际相位相对于理论相位产生漂移。由式(6-4)卫星相位漂移量与半长轴衰减量之间的关系可以看出,卫星控后半长轴的变化近似为直线,相位差变化趋势近似为抛物线。

设控后卫星相位差随时间的变化趋势为

$$\Delta\lambda(t) = \lambda(0) - \frac{3}{2}\sqrt{\mu}\, a^{-\frac{5}{2}}\left(a_0 t + \frac{1}{2}\dot{a}_d t^2\right) \tag{6-8}$$

根据相位保持环方法的实施思想,当半长轴相对漂移为 0 时,即

$$a_0 = -\dot{a}_d t \tag{6-9}$$

从而得到相位差半个漂移周期的时间为

$$t = -\frac{a_0}{\dot{a}_d} \tag{6-10}$$

将式(6-10)带入式(6-8)可得

$$\lambda(0) = \frac{3}{4}\sqrt{\mu}\, a^{-\frac{5}{2}}\frac{a_0^2}{\dot{a}_d} \tag{6-11}$$

令 $\lambda(0) = 2\lambda_0$,则在一个相位保持周期内半长轴的衰减量为

$$a_0 = \left(\frac{8\dot{a}_d a^{\frac{5}{2}}\Delta\lambda_0}{3\sqrt{\mu}}\right)^{\frac{1}{2}} \tag{6-12}$$

相位保持轨道机动的半长轴偏差目标值为

$$\Delta a = 4\left(\frac{2\dot{a}_d a^{\frac{5}{2}}\Delta\lambda_0}{3\sqrt{\mu}}\right)^{\frac{1}{2}} \tag{6-13}$$

两次半长轴控制需要的时间间隔为

$$\Delta t = 4\left(\frac{2a^{\frac{5}{2}}\Delta\lambda_0}{3\dot{a}_d\sqrt{\mu}}\right)^{\frac{1}{2}} \tag{6-14}$$

对于准圆轨道,根据简化的卫星连续小推力摄动方程可知相位保持轨道机动的半长轴改变量所需要实施的切向速度增量为

$$\Delta v = \frac{n}{2}\Delta a \tag{6-15}$$

6.4　卫星星座站位保持策略分析与仿真

6.4.1　卫星星座站位保持策略

卫星星座站位保持策略可分为绝对控制策略和相对控制策略。

1. 绝对控制策略

绝对控制策略是对卫星星座中的每一颗卫星分别进行独立的控制,使它们保持

在一个以控制基准星为中心的控制范围内。卫星星座的绝对控制方法比较成熟可靠,与单颗卫星的控制方法相同,具有一定的工程应用基础,卫星星座控制系统的可靠性高[16]。

以一箭多星发射为例,卫星入轨后,在标称入轨轨道的基础上,初步完成初始轨道捕获的控制。绝对控制策略是以标称卫星星座的轨道为参考基准,通过对单颗卫星轨道半长轴、轨道倾角和升交点赤经的逐一控制,在规定的时限内完成卫星星座构型。由于各种摄动力影响,卫星在轨运行过程中会逐渐偏离最初的设计轨道,卫星星座内卫星之间的安全位置会发生变化,卫星星座整体结构会遭到破坏,这就需要对卫星星座轨道进行长期性和周期性的保持,从而保证卫星星座性能的完好性。

考虑到地面测控系统存在测量误差和星上控制误差,绝对控制策略是对单颗卫星逐一进行控制,通过提高半长轴测量精度能够增加平均轨控周期,降低寿命周期内的轨控次数,从而降低构型保持频率。

2. 相对控制策略

相对控制策略是对卫星星座进行全局的控制,而不是独立地控制每一颗卫星,控制目标也由每一颗卫星的绝对位置保持变为卫星之间的相对位置保持,从而保持整个卫星星座构型在一定精度要求内不变[16]。

与绝对控制策略不同,采用相对位置保持策略需要地面测控系统对全网卫星进行精密定轨和轨道预报,再结合相对控制策略计算每颗卫星的参考轨道与控制策略,对地面测控资源的占用比较大,调度算法比较复杂。同时,相对控制策略对星上自主性要求高,考虑到目前大部分互联网卫星星座中的卫星还不具备对相邻卫星轨道参数直接进行测量的功能,只能依靠全球导航卫星系统获得精密轨道数据,通过星间链路、星地方式传回地面控制中心。

相对控制策略综合全网卫星的轨道摄动偏差,只对影响卫星星座的相对几何构型的部分进行修正,推进剂消耗、轨道控制频率、控制周期相较绝对控制策略更有优势,但是控制过程相对复杂,可靠性低。

3. 控制策略比较

绝对控制策略具有控制简单、可靠性高、控制方法成熟等优点,它维持卫星星座消耗的推进剂与相对控制策略所需推进剂相当。考虑地面测控系统压力,绝对控制策略所占测控资源更少。相对控制策略在控制之前要对参考轨道进行寻优,更新参考轨道参数,从而降低控制频次,但其复杂度很高,可靠性较低。相对控制策略更适用于卫星数量较少的卫星星座,对于大型卫星星座建议采用绝对控制策略。表 6 - 1 给出了控制策略比较的具体内容。

表 6 - 1　控制策略比较

控制策略	优　点	缺　点
绝对控制策略	控制简单、可靠性高、控制方法成熟	轨控次数多,燃料消耗相对大
相对控制策略	降低控制频次,节约燃料	测控系统压力大,调度算法比较复杂,星上自主要求高

6.4.2　绝对相位保持策略

　　本小节基于半长轴偏差与相位偏差的关系以及极限环控制的周期及半长轴改变量计算方法,给出卫星星座卫星绝对相位保持策略。绝对相位保持是针对单颗卫星自主相位维持控制的方法,且适用于大型低轨卫星星座绝对站位保持。卫星绝对相位保持策略的控制流程如图 6 - 3 所示。

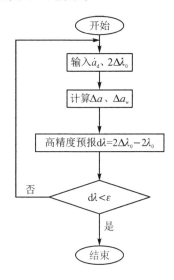

图 6 - 3　卫星绝对相位保持策略的控制流程

卫星绝对相位保持策略的控制流程具体如下:

　　① 获取卫星控制前相对基准星的初始半长轴偏差 a_0 和对应初始相位偏差 λ_0。

　　② 利用 HPOP 高精度轨道预报模型对卫星轨道平半长轴和平相位进行轨道外推,通过曲线拟合平半长轴变化规律,计算卫星平半长轴衰减速率 $\dot{a}_d$ 和相位漂移环范围 $2\lambda_0$。

　　③ 根据平半长轴衰减速率 $\dot{a}_d$ 和相位漂移环范围 $2\lambda_0$,计算在一个相位保持周期内,相位保持轨道机动的半长轴偏差目标值 Δa。

　　④ 计算维持控制的半长轴改变量 $\Delta a_w = \Delta a + \Delta a_0$。

　　⑤ 计算 $2\lambda_0$ 和 λ_0 的差,如果差等于很小的值,则继续步骤⑥;否则回到步骤①

进行迭代修正。

⑥ 在该时刻对卫星实施轨控(抬升或降低卫星轨道半长轴改变卫星轨道间相位漂移方向),实现卫星相位调整。

6.4.3 绝对相位保持策略仿真分析

1. 仿真方案条件设置

仿真实验选取的大规模 Walker 星座构型为 60/3/1,轨道高度为 550 km,轨道倾角为 53°,对卫星相位偏差漂移环范围 ±0.1° 保持进行仿真。摄动力模型为地球非球形 J_2 项摄动模型、Jacchia 70 大气密度模型,大气阻力系数为 2.2,卫星面质比为 0.01,轨道预报模型为 HPOP 高精度轨道预报器,相位保持任务周期为 100 d。表 6-2 给出了卫星星座中编号为 1 的卫星轨道要素设置。

表 6-2 卫星 1 轨道要素设置

卫星编号	初始轨道平半长轴/km	轨道倾角/(°)	初始相位/(°)	面质比
1	6 925.6	53.0	0	0.01

2. 仿真结果

设光压系数为 1.0,在太阳活动低年,设太阳辐射指数 F10.7＝100、太阳活动指数 $Kp = 2.0$;在太阳活动高年,设太阳辐射指数 F10.7＝200、太阳活动指数 $Kp = 2.0$。通过仿真得出卫星 1 轨道平半长轴在不同太阳年的衰减情况,如图 6-4 所示,卫星 1 在太阳活动低年轨道平半长轴平均每天衰减 4.5 m,在太阳活动高年轨道平半长轴平均每天衰减 25.6 m。

根据半长轴偏差与相位偏差的关系以及极限环控制的周期和半长轴改变量计算方法,得出卫星 1 对应的最大半长轴调整量和两次轨控之间的最大时间间隔如表 6-3 所列。

表 6-3 卫星 1 控制参数设置

卫星编号	初始轨道平半长轴/km	太阳活动低年平半长轴最大调整量/m	太阳活动高年平半长轴最大调整量/m	太阳活动低年平半长轴调整最大时间间隔/d	太阳活动高年平半长轴调整最大时间间隔/d
1	6 925.6	29.4	70.7	13.1	5.5

对卫星 1 相位保持任务进行仿真,仿真结果如图 6-5 所示。

从对卫星 1 在近 100 d 的相位保持周期内的仿真结果可以看出:卫星 1 在太阳活动低年相位的保持控制周期约为 13.1 d,半长轴最大调整量约为 70.7 m,相位偏差基本保持在 ± 0.1° 以内,这验证了绝对站位相位保持环方法的有效性,实现了预期的相位保持任务。

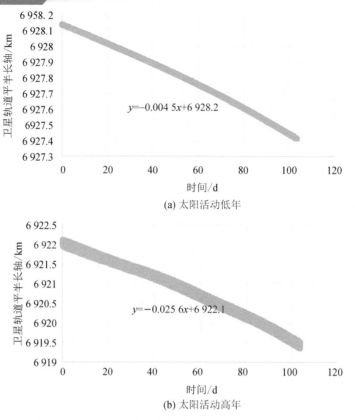

(a) 太阳活动低年

(b) 太阳活动高年

图 6-4　卫星 1 轨道平半长轴在不同太阳年的衰减情况

在相位保持过程中轨道机动的时间间隔及半长轴改变量的统计结果如表 6-4 所列，从表中可以看出，卫星 1 在单次相位保持任务中的平均保持周期为 13.29 d，单次轨道机动半长轴改变量为 59.79 m，在整个相位保持任务中轨道机动时间共计 92.71 d，轨道机动半长轴改变量为 418.56 m。

表 6-4　轨道机动的时间间隔及半长轴改变量的统计结果

编　号	控制时刻/d	与上次控制时刻的间隔/d	半长轴最大调整量/m
1	13.22	13.14	59.12
2	26.36	13.40	60.30
3	39.76	13.24	59.58
4	53.00	13.33	59.98
5	66.33	13.21	59.44
6	79.54	13.17	59.26
7	92.71	13.53	60.88
平均	—	13.29	59.79
合计	92.71	—	418.56

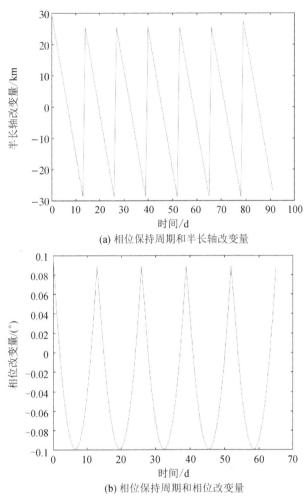

(a) 相位保持周期和半长轴改变量

(b) 相位保持周期和相位改变量

图 6-5　卫星 1 相位保持任务仿真结果

6.4.4　相对相位保持策略

本小节根据参考动态基准星的方法,给出一种基于动态基准星的相对相位保持策略,即在卫星星座所有卫星中动态选择一颗卫星作为基准星,使卫星星座中其他所有卫星相对于基准星的相位漂移量总和最小,实现轨控次数最少的目的。基于动态基准星的相对相位保持策略的控制流程如图 6-6 所示。

基于动态基准星的相对相位保持策略的控制流程具体如下:

① 将卫星星座内所有卫星作为动态基准星,计算其余卫星相对基准星的相位漂移量 $\Delta\lambda_{m,k} = \Delta\lambda_k - \Delta\lambda_m - \Delta\hat{\lambda}$,其中 $m = 1, 2, \cdots, n$,$k = 1, 2, \cdots, n$,$\Delta\hat{\lambda}$ 表示卫星 k 与卫星 m 的相位差设计标称值。

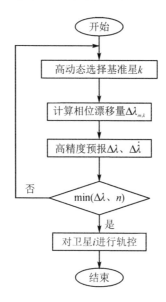

图 6 - 6　卫星相对相位保持策略的控制流程

② 当以卫星 m 作为卫星星座动态基准星时,计算其余卫星相对卫星 m 的相位漂移量总和为

$$\Delta\lambda_m = \sum_{k=1}^{n} \Delta\lambda_{m,k} \quad (k=1,2,\cdots,n) \tag{6-16}$$

③ 通过高精度轨道外推及曲线拟合相位差变化规律,计算相位偏差 $\Delta\lambda$ 和相位偏差率 $\Delta\dot{\lambda}$,选取 $\Delta\lambda_m$ 最小且控制卫星数量最少的卫星 k 作为基准星,判断需进行相位维持的卫星 i。

④ 以卫星 k 为基准星,对卫星 i 实施轨控(抬升或降低卫星半长轴改变卫星间相位漂移方向),实现卫星星座相位的保持。

根据相对相位摄动变分方程,可推导出累计半长轴控制量[12]为

$$\Delta a_i = -\frac{4 a_k \Delta\lambda_0}{(3n + 7\Delta\dot{\lambda})\Delta t} + \Delta a_0 \tag{6-17}$$

其中,$\Delta\lambda_0$ 为相位差最大允许漂移量,Δt 为相位漂移时间,Δa_0 为基准星与控制卫星的半长轴偏差的绝对值。

6.4.5　相对相位保持策略仿真分析

1. 仿真方案条件设置

由于相对相位控制更适用于卫星数量较少的卫星星座,因此仿真实验选取的低轨 Walker 星座的构型为 18/3/1、轨道高度为 550 km、轨道倾角为 53°。

仿真实验的摄动力模型为地球非球形 J_2 项摄动模型、Jacchia 70 大气密度模型,大气

阻力系数为 2.2,卫星面质比为 0.01,轨道预报模型为 HPOP 高精度轨道预报器。对卫星星座相位偏差漂移环范围±5°保持进行仿真分析,仿真相位保持任务周期为 300 d。

2. 仿真结果

根据相位偏差漂移引起的卫星星座构型演化规律,取卫星星座标称轨道作为参考,得出卫星 2-4、卫星 3-6 在太阳活动低年的相对相位漂移情况,如图 6-7 所示。卫星相位产生漂移的主要原因是轨道半长轴相对于标称轨道存在初始偏差,因此卫星相位在大气阻力的作用下随着时间的积累呈现非线性的变化。

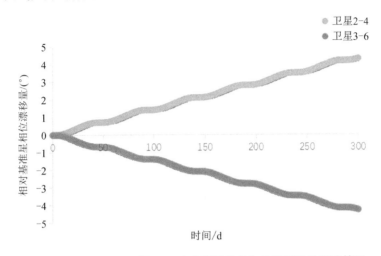

图 6-7　卫星 2-4、卫星 3-6 在太阳活动低年的相对相位漂移情况

根据基于动态基准星的相对相位保持策略的控制流程,分别将卫星 1-1,1-2,1-3,2-1,…,3-3 作为基准星,计算卫星星座中其余卫星的相对相位漂移量,得出以下结果:当以卫星 1-2 为基准星时,超出临界阈值的相位偏差总量最小且需要控制的卫星数量最少。

表 6-5 给出了卫星星座中超过相位偏差临界阈值的卫星相对基准星 1-2 的相位漂移情况,根据表 6-5,以卫星 1-2 为基准星,分别对卫星 1-3、卫星 2-2、卫星 2-4、卫星 3-6 实施轨控。卫星在轨控制后相对基准星的相位漂移情况如图 6-8 所示,在轨控后的 300 d 内,卫星 2-4 相对基准星 1-2 的相位偏差随时间逐渐减小,相位差变化率约为−0.014 7°;卫星 3-6 相对基准星 1-2 的相位偏差随时间逐渐增大,相位差变化率为 0.015 3°。

表 6-5　卫星星座中超过相位偏差临界阈值的卫星相对基准星 1-2 的相位漂移情况

基准星	相对基准星相位漂移量/(°)			
	卫星 1-3	卫星 2-2	卫星 2-4	卫星 3-6
卫星 1-2	4.35	−4.13	4.38	−4.37

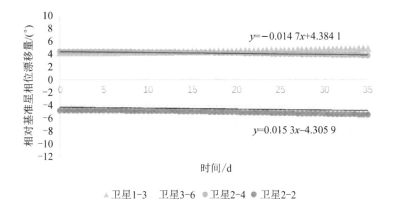

图 6 - 8　卫星在轨控后相对基准星的相位漂移情况

6.5　基于连续小推力的轨道控制方案优化分析

在卫星星座初始化和构型建立阶段,卫星轨道机动的主要任务是调整半长轴和偏心率(冻结轨道还需对近地点幅角进行调整),需要对基于连续小推力模型的平面内轨道参数联合控制策略进行重点研究。首先,针对连续小推力存在弧段效应问题,在设计合理控制弧段的基础上,对低轨大规模卫星小推力控制策略进行优化设计,提出基于连续小推力的半长轴、偏心率、近地点幅角联合控制策略;其次,建立基于连续小推力的平面内轨道参数联合控制模型,分析卫星星座部署能量消耗和轨道转移时间。最后,给出卫星星座控制策略优化设计方案。

6.5.1　电推进模型

电推进的概念是由俄罗斯的齐奥尔科大斯基在 1902 年提出的,继美国完成卫星(ABS - 3A,Eutelsat - 115 West B)电推进变轨之后,开展连续小推力电推进卫星的研制成为世界各国研究和关注的热点。目前,连续小推力电推进技术在高轨卫星轨道保持、微小卫星的编队构型保持、卫星姿态高精度调整等航天器飞行应用方面取得了显著的经济效益和技术效益。连续小推力电推进系统的特点是推力小、功耗高以及等离子体电磁工作环境复杂,其中推力小的特性主要对卫星姿态、轨道控制策略产生影响,功耗高的特性主要影响卫星能源管理策略,等离子体电磁工作环境主要对卫星整体电磁兼容及天线辐射特性产生影响[17]。

常用的采用电推进方式的发动机有三种,分别为电热式、静电式和电磁式。目前工程实践应用的主要推进系统为以离子推进器为典型代表的静电式推进器和以霍尔推进器为典型代表的电磁式推进器。电推进系统模型多为变比冲电推进模型,根据电推进发动机比冲变化方式,变比冲电推进模型分为以下三种:一是比冲在区间内变化的推进模型,二是比冲随发动机输入功率变化的数学模型,三是功率分档模型[18]。

基于连续小推力的电推进模式与常规化学推进模式在控制理论和工程应用方面有显著区别。常规化学推进模式理论研究及工程应用成熟,推力大,作用相对周期短,可视为脉冲作用力进行建模分析,具有较高的成本。电推进模式理论及工程应用新,成本相对低,比冲高,推力小,轨控时间长,存在明显的弧段效应,变轨策略需要考虑的优化变量多且设计复杂,工程难度大。

采用连续小推力电推进的变轨控制,是一种非常高效且节省燃料的控制方式,轨道机动是一个连续多圈次点火过程,使得卫星轨道控制策略发生较大变化,传统的脉冲式有限推力模型已不适用,需通过数值积分方法建立连续小推力模型进行优化计算。

对于低轨近圆卫星星座,在卫星星座初始化和构型建立阶段,卫星轨道机动的主要任务是调整半长轴和偏心率(冻结轨道还需对近地点幅角进行调整)。对于连续小推力模型下的轨道机动任务,其推力与中心引力相近,甚至更小,轨道参数(半长轴和偏心率)的调整在轨道机动过程中具有耦合效应,需要通过数值积分方法根据卫星轨道运动进行计算。

对于连续小推力模型下的轨道机动任务,对切向速度与半长轴的关系求微分可得

$$\mathrm{d}v = \frac{1}{2}n\,\mathrm{d}a \tag{6-18}$$

对式(6-18)进行积分,得

$$\Delta v = \frac{1}{2}\int_{a_0}^{a_f}\left(\frac{\mu}{a^3}\right)^{\frac{1}{2}}\mathrm{d}a = \sqrt{\mu}\left(\frac{1}{\sqrt{a_0}} - \frac{1}{\sqrt{a_f}}\right) \tag{6-19}$$

考虑到卫星星座初始化和构型建立过程中半长轴的调整几乎贯穿所有测控弧段,式(6-19)能够很好地体现连续小推力的弧段效应,轨道抬升所需要的速度、推力需要的喷气时长和连续工作时间也可以计算。

6.5.2 最优控制的数学问题

若卫星轨道运动用以下状态变量来描述:$\boldsymbol{r}$ 为位置矢量,$\boldsymbol{v}$ 为速度矢量,c 为特征速度(即变轨发动机已经产生过的速度增量的累计值),那么在引力场 $\boldsymbol{g}(\boldsymbol{r},t)$ 中有状态方程[19]为

$$\begin{cases} \dot{\boldsymbol{r}} = \boldsymbol{v} \\ \dot{\boldsymbol{v}} = \boldsymbol{g}(\boldsymbol{r},t) + \dot{\boldsymbol{a}} \\ \dot{c} = a \end{cases} \tag{6-20}$$

其中,$\dot{a}$ 为变轨加速度矢量,是控制变量;a 为 $\dot{a}$ 的模,应满足控制域边界条件

$$0 \leqslant a \leqslant a_{\max} = F_{\max}/m(c) \tag{6-21}$$

其中,$F_{\max}$ 为最大可能的推力;$m(c)$ 为已知函数,是产生了特征速度之后卫星的质量,由齐奥尔科夫斯基公式可得

$$m(c) = m_0 \mathrm{e}^{(-c/V_e)} \tag{6-22}$$

其中,m_0 为卫星初始质量;V_e 为发动机排气速度。另外,状态变量的初值和末值应满足边界约束条件

$$B\left[r(t_0), v(t_0), t_0, r(t_f), v(t_f), t_f\right] = 0 \tag{6-23}$$

连续小推力控制优化问题的本质是连续最优控制问题。在连续小推力最优控制求解问题中,采用小推力变轨策略设计的间接法,依据极小值原理,最优控制问题就是求控制函数 $a(t)$,使得卫星轨道运动方程(6-22)的解由初始时刻 t_0 状态 $r(t_0)$ 和 $c(t_0) = 0$ 出发,能在某一时刻 t_f 达到状态 $r(t_f), v(t_f)$,同时使性能指标 $J = c(t_f)$ 达到最大值。这里 a 控制必须满足控制域条件式(6-21),初状态和终状态必须满足约束条件式(6-23)[19]。

6.5.3　轨道参数联合控制策略分析

本小节从简化模型和节省燃料的角度出发,通过设计合理的控制弧段以及优化小推力控制策略,提出一种半长轴、偏心率、近地点幅角联合调整的小推力变轨控制的优化方法。

轨道参数(半长轴、偏心率、近地点幅角)的协调控制属于平面内轨道机动,半长轴、偏心率的调整主要依靠轨道面内卫星飞行方向的推力,近地点幅角的调整主要依靠修正偏心率矢量间接控制。表 6-6 给出了平面内轨道参数调整策略,要实现半长轴、偏心率、近地点幅角的联合控制,通常只需要两个横向速度增量就可以,在特殊条件下只须用一个阶段切向推力。

表 6-6　平面内轨道参数调整策略

轨道参数	调整策略		
	增加或减小	轨道控制方向	最优控制位置
半长轴	增加	飞行速度正方向	任意位置,最优点在远地点
	减小	飞行速度负方向	任意位置,最优点在远地点
偏心率	增加	飞行速度正方向	最优点在近地点附近
	减小	飞行速度负方向	最优点在远地点附近
近地点幅角	修正偏心率矢量间接控制		

1. 平面内轨道参数控制方程

对于低轨近圆卫星星座,假设卫星推力器连续工作产生的推力 F 为常值,推力

器连续工作时间为 t ,产生的速度增量为 Δv ,对应的工作弧段为 u 。考虑横向轨控力只改变平面内的参数,则可得平面内轨道参数控制方程为

$$
\begin{cases}
\Delta a = \dfrac{2a}{V}\Delta v \\[2mm]
\Delta e_x = \dfrac{2a\cos u}{V}\Delta v \\[2mm]
\Delta e_y = \dfrac{2a\sin u}{V}\Delta v
\end{cases}
\tag{6-24}
$$

其中

$$
(\Delta e)^2 = (\Delta e_x)^2 + (\Delta e_y)^2
\tag{6-25}
$$

$$
V = \left(\dfrac{\mu}{a^3}\right)^{\frac{1}{2}}
\tag{6-26}
$$

在卫星星座初始化阶段,根据卫星初始轨道的入轨情况,主要分以下三种情况[21]:

① 当 $\left(\dfrac{\Delta a}{a}\right)^2 > (\Delta e_x)^2 + (\Delta e_y)^2$ 时,两次冲量方向相同。

三个参数联合控制以 Δa 的调整为主,同时兼顾 Δe 、$\Delta\omega$,采用两个相同方向的推力来修正 (a,e,ω) ,即两个阶段两次推力的方向相同。两次同向轨道机动引起的偏心率矢量变化如图 6-9 所示。

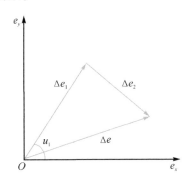

图 6-9 两次同向轨道机动引起的偏心率矢量变化

假定第一阶段速度增量的位置弧段为 u_1 ,则第一阶段速度增量 Δv_1 是完全确定的,即第一阶段的速度增量为

$$
\Delta v_1 = \frac{v}{4}\,\frac{\left(\dfrac{\Delta a}{a}\right)^2 - \left[(\Delta e_x)^2 + (\Delta e_y)^2\right]}{\dfrac{\Delta a}{a} - (\Delta e_x\cos u_1 + \Delta e_y\sin u_1)}
\tag{6-27}
$$

若第二阶段速度增量对应的位置弧段为 u_2 ,则第二阶段速度增量 Δv_2 同第一阶段推力的参数 Δv_1 和 u_1 是有关的,第二阶段的位置和控制量计算公式为

$$\begin{cases} \cos u_2 = \dfrac{v}{2v_2}\Big(\Delta e_x - \dfrac{2v_1}{v}\cos u_1\Big) \\[3mm] \sin u_2 = \dfrac{v}{2v_2}\Big(\Delta e_y - \dfrac{2v_1}{v}\sin u_1\Big) \\[3mm] \Delta v_2 = \dfrac{v\Delta a}{2a} - \Delta v_1 \end{cases} \qquad (6-28)$$

② 当 $\Big(\dfrac{\Delta a}{a}\Big)^2 < (\Delta e_x)^2 + (\Delta e_y)^2$ 时,两次冲量方向相反。

在这种情况下,两次机动的位置和速度增量的大小都是完全确定的,速度增量的方向相反,当位置相差 $180°$ 时,偏心率改变效率最高。两次反向轨道机动引起的偏心率矢量变化如图 6-10 所示。

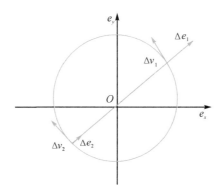

图 6-10　两次反向轨道机动引起的偏心率矢量变化

第一阶段的位置和控制量计算公式为

$$\begin{cases} \cos u_1 = \pm \dfrac{\Delta e_x}{\sqrt{(\Delta e_x)^2 + (\Delta e_y)^2}} \\[4mm] \sin u_1 = \pm \dfrac{\Delta e_y}{\sqrt{(\Delta e_x)^2 + (\Delta e_y)^2}} \\[4mm] \Delta v_1 = \dfrac{v}{4}\Big[\dfrac{\Delta a}{a} \pm \sqrt{(\Delta e_x)^2 + (\Delta e_y)^2}\Big] \end{cases} \qquad (6-29)$$

第二阶段的位置和控制量计算公式为

$$\begin{cases} \cos u_1 = \mp \dfrac{\Delta e_x}{\sqrt{(\Delta e_x)^2 + (\Delta e_y)^2}} \\[4mm] \sin u_1 = \mp \dfrac{\Delta e_y}{\sqrt{(\Delta e_x)^2 + (\Delta e_y)^2}} \\[4mm] \Delta v_1 = \dfrac{v}{4}\Big[\dfrac{\Delta a}{a} \mp \sqrt{(\Delta e_x)^2 + (\Delta e_y)^2}\Big] \end{cases} \qquad (6-30)$$

③ 当 $\left(\dfrac{\Delta a}{a}\right)^2 = (\Delta e_x)^2 + (\Delta e_y)^2$ 时,只需要一次速度冲量。

其位置和控制量计算公式为

$$\begin{cases} \left(\dfrac{\Delta a}{a}\right)^2 > (\Delta e_x)^2 + (\Delta e_y)^2 \\[2mm] \Delta v = \dfrac{n}{2}\Delta a \\[2mm] u = \tan^{-1}\left(\dfrac{\Delta e_y}{\Delta e_x}\right)^2 \end{cases} \tag{6-31}$$

2. 轨道参数联合控制策略

在卫星星座初始化过程中,卫星轨道机动的主要任务是实施半长轴、偏心率等轨道参数的调整,考虑连续小推力控制弧段效应和燃料节约,提出半长轴和偏心率联合调整的策略如下:

① 在远地点附近进行半长轴和偏心率的联合轨道控制。考虑到在远地点偏心率的控制效果和控制效率最高,且通过几个航行弧段就能将偏心率等参数调整到位,而半长轴的调整沿卫星飞行航向,可以同时增大或者减小偏心率,具体实施策略要根据卫星星座卫星发射入轨情况而定。

② 偏心率调整到位后,继续沿卫星飞行正航向进行半长轴的调整。

6.5.4　轨道参数联合控制策略仿真分析

1. 仿真方案条件设置

对卫星初始化轨道参数(半长轴、偏心率、近地点幅角)联合控制进行仿真。仿真实验采取的摄动力模型为地球非球形 J_2 项摄动模型、Jacchia 70 大气密度模型,大气阻力系数为 2.2,卫星面质比为 0.01,轨道预报模型为 HPOP 高精度轨道预报器,任务周期为 30 d。表 6-7 给出了卫星星座中编号为 1 的卫星初始、工作轨道要素参数值。

表 6-7　卫星 1 轨道要素设置

卫星轨道	轨道平半长轴/km	偏心率/(°)	近地点幅角/(°)
初始轨道	6 698.04	0.005 29	35
工作轨道	6 927.93	0.000 12	90.625

2. 仿真结果

根据轨道参数联合控制策略步骤,仿真得到卫星 1 从初始轨道经过平面内的两个切向速度增量转移到工作轨道过程中轨道要素的变化情况,如图 6-11 所示。卫星 1 经过 40 d 从 6 700 km 的初始轨道抬高至 6 927 km 的工作轨道上,其偏心率经过 10 d 从最初的 0.005 29 降至 0.000 12,其近地点幅角经过 12 d 从最初的 35°冻结在 90°的冻结轨道上,满足预期。

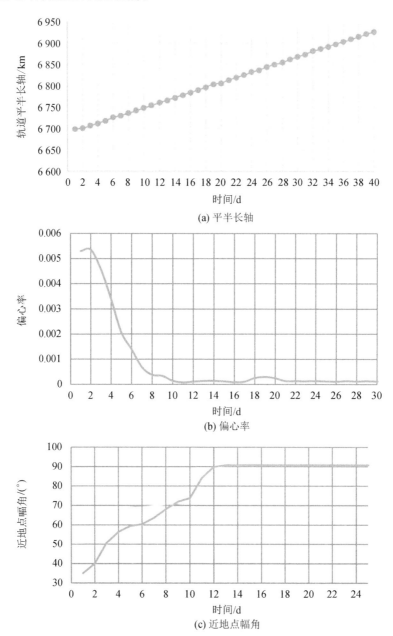

(a) 平半长轴

(b) 偏心率

(c) 近地点幅角

图 6‑11　卫星从初始轨道到工作轨道过程中轨道要素的变化情况

由仿真结果可以看出:卫星轨道参数联合控制策略在完成卫星轨道高度抬升与偏心率控制等轨道转移任务的同时,可间接实现近地点幅角的控制目标。根据标称轨道的要求,轨道半长轴平根数控制精度优于 500 m,轨道偏心率平根数逐渐降低。轨道半长轴、偏心率、近地点幅角的控制误差均小于 1‰,满足卫星星座设计要求。

参考文献

[1] 项军华. 卫星星座构形控制与设计研究[D]. 长沙:国防科学技术大学,2007.

[2] FAN L,HU M,JIANG C. Analytical long-term evolution and perturbation compensation models for BeiDou MEO satellites[J]. Chinese journal of aeronautics,2018,31(2):330-338.

[3] 李恒年,李济生,焦文海. 全球星摄动运动及摄动补偿运控策略研究[J]. 宇航学报,2010,31(7):1756-1761.

[4] 姜宇,李恒年,宝音贺西. Walker 星座摄动分析与保持控制策略[J]. 空间控制技术与应用,2013,39(2):36-41.

[5] LEONARD C L,HOLLISTER W M,BERGMANN E V. Orbital formation-keeping with differential drag[J]. Journal of guidance control & dynamics,2012,10(10):755-765.

[6] MACLAY T,TUTTLE C. Satellite stationkeeping of the ORBCOMM constellation via active control of atmospheric drag:operations,constraints,and performance (AAS 05-152)[J]. Advances in the astronautical sciences,2005,120(1):763.

[7] FOSTER C,MASON J,VITTALDEV V,et al. Constellation phasing with differential drag on Planet Labs satellites[J]. Journal of spacecraft & rockets,2017,55(5):1-11.

[8] RUF C S,GLEASON S,JELENAK Z,et al. The CYGNSS nanosatellite constellation hurricane mission[C]// 2012 IEEE international geoscience and remote sensing symposium. Munich:IEEE,2012:214-216.

[9] BUSSY-VIRAT C D,RIDLEY A J,MASHER A,et al. Assessment of the differential drag maneuver operations on the CYGNSS constellation[J]. IEEE journal of selected topics in applied Earth observations and remote sensing,2018,12(1):7-15.

[10] FINLEY T,ROSE D,NAVE K,et al. Techniques for leo constellation deployment and phasing utilizing differential aerodynamic drag[J]. Advavces in the astronautical sciences,2014,150:1397-1411.

[11] 陈雨,赵灵峰,刘会杰,等. 低轨 Walker 星座构型演化及维持策略分析[J]. 宇航学报,2019,40(11):1296-1303.

[12] SHAH N H. Automated station-keeping for satellite constellations[C]//Mission design & implementation of satellite constellations. Dordrecht：Springer，1998：275-297.

[13] ULYBYSHEV Y. Long-term formation keeping of satellite constellation using linear-quadratic controller[J]. Journal of guidance，control，and dynamics，1998，21(1)：109-115.

[14] CASANOVA D，AVENDANO M，TRESACO E. Lattice-preserving flower constellations under J2 perturbations[J]. Celestial mechanics and dynamical astronomy，2015，121(1)：83-100.

[15] ARNAS D，CASANOVA D，TRESACO E. Relative and absolute station-keeping for two-dimensional － lattice Flower constellations[J]. Journal of guidance，control，and dynamics，2016：2602-2604.

[16] 孙俞. 大型低轨星座自适应绝对站位保持法[J]. 力学与实践，2021，43(5)：680-686.

[17] 王大鹏，吕晓锋，郭静，等. 电推进器在全球航天器领域中应用现状分析[J]. 宇航动力学学报，2020，10(3):36-41.

[18] 张天平，唐福俊，田华兵，等. 电推进航天器的特殊环境及其影响[J]. 航天器环境工程，2007，24(2):88-94.

[19] 解永春，雷拥军，郭建新. 航天器动力学与控制[M]. 北京：北京理工大学出版社，2018.

第 7 章
低轨大规模卫星星座重构控制方法

低轨 Walker 星座越来越庞大,卫星逐渐向小型化、模块化、低成本化发展,卫星携带的燃料也随之减少。在轨重构过程需要多颗卫星进行机动,某些重构方案可能会使不同卫星机动消耗的能量差别较大,从而造成卫星星座中各卫星能量消耗不均衡,使卫星寿命下降,影响卫星星座的长期稳定运行。因此,如何在卫星失效导致卫星星座性能下降的情况下,利用快速、省燃料且燃料消耗均衡的重构控制方法进行在轨重构成为亟待解决的问题。

本章以低轨通信 Walker 星座为例,首先依据卫星星座性能和重构成本提出四个优化指标,分别为全球平均覆盖率、燃料消耗均衡性、重构总时间和重构总速度增量,并分析卫星星座重构方式;而后结合基于分解的多目标进化算法(Multi-objective evolutionary algorithm based on decomposition,MOEA/D)建立卫星星座在轨重构优化模型;最后根据算法仿真结果得出帕累托前沿,并得出燃料消耗均衡性较好的最优解。

7.1　卫星星座在轨重构研究现状

卫星星座在轨运行过程中,其服务性能受各卫星可靠性的影响,若出现失效卫星,则需要启用备份星、发射新卫星或者调整已有卫星,改善或者修复卫星星座的工作性能[1]。备份星在轨过程中一直处于损耗状态,随时可能发生故障,替换失效卫星的计划不容易事先确定,而地面发射备份星响应速度较慢。因此,调整剩余卫星工作轨道进行卫星星座重构,具有反应迅速、快速降低失效影响的优点[2]。近年来,对卫星星座自身的弹性和稳定性要求越来越高,国内外众多学者对卫星星座的在轨重构展开研究并取得一定的研究成果。

7.1.1　在轨重构指标

在轨重构指标是用于衡量在轨重构方案性能和成本的评价标准。典型的性能指标包括全球平均覆盖重数、全球平均覆盖率、位置精度衰减因子和重访时间等,典型的成本指标包括重构总时间、重构总燃料消耗和燃料消耗均衡性等。其中,不同类型的性能指标对应不同类型的卫星星座,全球平均覆盖重数、全球平均覆盖率用于衡量全球覆盖通信卫星星座重构前后性能,位置精度衰减因子用于衡量导航卫星星座重构前后性能,重访时间用于衡量侦察卫星星座重构前后性能;成本指标对各类型卫星星座均适用,受具体重构任务需求的制约,如图7-1所示。

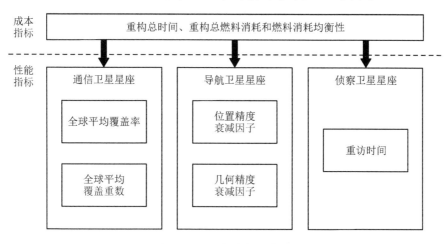

图 7-1　重构指标示意图

以最小能量消耗为目标,张雅声[3]等人对调整相邻卫星策略、均匀相位策略和均匀卫星星座策略展开了研究。赵双[4]等人采用几何精度衰减因子评价导航卫星星座重构效果。程竟爽[5]等人对考虑星间链路的导航卫星星座重构展开研究,重构过程性能指标除考虑位置精度衰减因子外,还考虑了星间链路的网络测距性能,对两种性能指标进行了综合优化。汉京滨[6]等人针对重点区域采用加权的方式设计了基于区域重要度的全球覆盖率指标,实现了对重点区域覆盖性能的快速恢复。

7.1.2　在轨重构优化算法

在轨重构问题本质上为多目标优化问题,它可通过加权求和的方式将各个目标变为单目标,进而变为单目标优化问题,利用单目标优化算法求解。典型的单目标优化算法包括遗传算法、模拟退火和粒子群算法等。单目标优化算法实现简单,求解速度较快,但加权求和中各目标权重难以确定,优化结果可能出现某些目标结果不理想。另一种解决方法为直接结合多目标优化算法,如 NSGA-Ⅱ算法、基于分解的多目标进化算法等,该方法基于帕累托最优的思想,得出多目标的帕累托最优解,能有效解决单目标优化算法中某些目标结果不理想的问题。两种重构优化算法的比较如图7-2所示。

APPEL 等人[7]利用基于邻域极值算法和一阶梯度算法的耦合算法来进行卫星星座重构优化,该方法可以考虑不同卫星的条件限制,不再局限于几种策略,使卫星星座重构更加灵活。SUNG 等人[8]采用遗传算法、模拟退火和最速梯度法对对地侦察卫星星座在区域和全球侦察两种模式下进行了卫星星座重构优化分析,对比发现

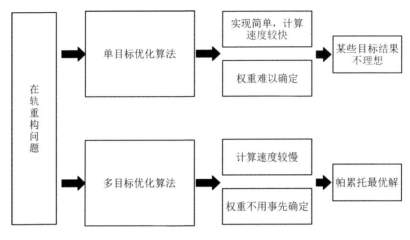

图 7 - 2 　两种重构优化算法的比较

遗传算法较优,但这些算法均为单目标优化算法,无法满足卫星星座重构中的多目标优化需求。FAKOOR 等人[9]采用兰伯特转移的方式进行卫星星座重构,并使用粒子群算法求出最优解,该方法的优点是重构时间短,卫星初始轨道与目标轨道之间不存在共面性、共轴性和公共点等限制,但缺点是燃料消耗量大,降低了卫星星座的使用寿命。CIARA 等人[10]将小推力机动应用在卫星星座重构过程中,使用较小的速度增量达到了重构效果。项军华[11]、汉京滨[6]等人采用多目标优化算法、NSGA - Ⅱ算法分别对通信卫星星座和导航卫星星座进行重构优化分析,得出了帕累托最优解。

　　上述研究从重构指标、重构机动方式和重构优化算法对在轨重构问题进行了优化分析,在一定程度上解决了卫星星座在轨重构问题,但各种解决方案均未考虑燃料消耗均衡性的影响。若得出的最优方案燃料消耗均衡性较差,则可能会使卫星星座中某些卫星的燃料提前耗尽,影响整个卫星星座的性能和寿命。

7.2　卫星星座在轨重构理论分析

7.2.1　重构指标

1. 全球平均覆盖率

　　覆盖性能是通信卫星星座在需要的时间和空间上动态集中所需卫星容量的能力[12-14]。覆盖率是一种有效衡量通信卫星星座覆盖性能的重要指标,具体可按卫星星座的覆盖重数等级衡量,如单星覆盖率和多星覆盖率等。

　　针对低轨通信卫星星座的全球覆盖性能提出全球覆盖率指标。按照经度和纬度将全球划分为 12×24 的网格,计算卫星星座对每个网格在一定时间内的平均覆盖

重数,而后将满足覆盖重数要求的网格数除以总格数即为全球平均覆盖率,可表示为

$$C_N = \frac{n}{N_g} \tag{7-1}$$

其中,n 为满足覆盖重数要求的网格数,N_g 为网格数。

2. 燃料消耗均衡性

为了降低发射成本,低轨通信卫星星座卫星逐渐向小型化发展,各卫星自身携带的燃料有限。同时,整个卫星星座的寿命和每颗卫星的寿命有关,在重构过程中,若某些卫星的燃料被过度消耗,则可能会导致这些卫星的寿命提前耗尽,从而影响整个卫星星座的寿命和服务性能。因此,在重构过程中需要考虑燃料消耗均衡性这一指标。

衡量卫星燃料消耗的指标为卫星机动的速度增量,卫星星座在轨重构过程需要多颗卫星机动,而速度增量的方差则可作为衡量这一指标的标准,公式[6]为

$$P = \frac{\sum (\Delta v_i - \Delta \bar{v})^2}{N_s - 1}, \quad i \in N_s \tag{7-2}$$

其中,N_s 为仍能正常工作的卫星数量,$\Delta \bar{v}$ 为参与重构的正常卫星速度增量的平均值,Δv_i 为参与重构的各卫星的速度增量。

3. 重构总时间和重构总速度增量

当卫星星座遭遇突发状况出现多颗卫星失效影响性能时,需要通过重构尽快恢复性能,同时需要消耗尽量少的能量来保证卫星星座的后续服务性能和寿命。

为了满足上述需求,提出的指标为重构总时间和重构总速度增量。重构总时间是指参与重构的各卫星机动时间之和,公式为

$$t_{sum} = \sum \Delta t_s^i, \quad i = 1, 2, \cdots, k \tag{7-3}$$

其中,Δt_s^i 指各卫星机动消耗时间,k 为参与重构的卫星总数。

重构总速度增量是指参与重构的各卫星机动过程中速度增量之和,公式为

$$v_{sum} = \sum \Delta v_s^i, \quad i = 1, 2, \cdots, k \tag{7-4}$$

其中,Δv_s^i 指各卫星机动总速度增量。

7.2.2 重构机动方式

卫星星座重构,即对能正常工作的卫星进行轨道机动,改变卫星站位,尽可能地恢复卫星星座原有性能的优化过程,具体可分为相位调整和轨道高度调整等方式。

低轨卫星轨道高度低,对地覆盖面积小,在低轨卫星星座出现多颗卫星故障导致性能下降的情况下,调整相位的方式效率较低且效果较差,难以满足需求。因此,可通过抬升剩余的某些卫星轨道高度的方式对原有卫星星座进行重构,达到恢复卫星星座原有性能的目的,如图 7-3 所示。

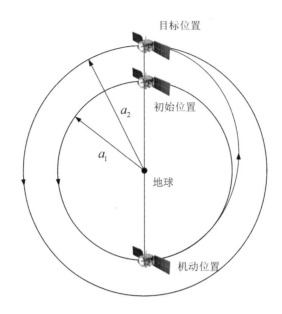

目标位置

初始位置

地球

机动位置

图 7-3 抬升轨道机动方式示意图

图 7-3 中采用霍曼转移的机动方式,所需的时间和速度增量[15]为

$$\begin{cases} \Delta v_s = 2\sqrt{\dfrac{\mu}{a_1}}\left(\sqrt{\dfrac{2a_2}{a_1+a_2}}-1\right)+2\sqrt{\dfrac{\mu}{a_2}}\left(1-\sqrt{\dfrac{2a_1}{a_1+a_2}}\right) \\ \Delta t_s = \pi\sqrt{\dfrac{(a_1+a_2)^3}{8\mu}}+\pi\sqrt{\dfrac{a_1^3}{\mu}} \end{cases} \qquad (7-5)$$

其中,Δv_s 和 Δt_s 分别为转移所需速度增量与时间,μ 为地球引力常数,a_1、a_2 为初始轨道和目标轨道的半长轴。

7.3 基于分解的多目标进化算法的卫星星座重构方法

多数卫星星座重构采用卫星调整策略固定的重构方案,实现了一定的重构效果,但这些方式不一定是最优的。随着低轨卫星星座规模越来越庞大,使用固定的重构方案难以达到最优效果,且卫星数目众多,固定重构方案难以寻找,因此需要采用多目标优化算法实现低轨卫星星座在轨重构。

7.3.1 编码方式

卫星星座在轨重构过程需要确定参加重构卫星、参加重构卫星轨道高度调整量,其中参加重构卫星需要布尔变量来决定卫星是否参与重构。参加重构卫星为离散变量,轨道高度调整量为连续变量。

针对上述变量情况,需要将算法的变量分为两个部分,第一部分代表卫星星座中各卫星参与重构的情况,第二部分代表轨道高度调整量,两段基因中既有离散变量也有连续变量。因此,可通过将连续变量转为离散变量的方法达到离散变量和连续变量同时参与运算的目的,公式为:

$$\begin{cases} B^i = \begin{cases} 0 \\ 1 \end{cases} & (i=1,2,\cdots,N) \\ h^i \in (0,H] \end{cases} \tag{7-6}$$

其中,B^i 和 h^i 分别代表各卫星是否参与重构变量与轨道高度调整量。B^i 为 0 代表不参与重构,B^i 为 1 代表参与重构;H 为轨道高度调整量上限。B^i 由随机数生成函数生成 $[1,3)$ 区间内的值,若 $B^i \in [1,2)$ 则记为 $B^i = 0$,若 $B^i \in [2,3)$ 则记为 $B^i = 1$;h^i 可由随机数生成函数生成分布于区间内的随机调整量值。

7.3.2　基于分解的多目标进化算法

基于分解的多目标进化算法(MOEA/D)是 Zhang 等人于 2007 年提出的一种多目标优化算法[16]。针对多目标优化(MOP)问题,大多数应用领域均采用 NSGA – II 算法,该算法选择算子基于帕累托优于关系,复制算子迭代使用[17]。基于分解的多目标进化算法不同于 NSGA – II 算法将多目标优化问题作为整体对待的处理方式,为了逼近帕累托前沿,基于分解的多目标进化算法将问题分解为多个单目标子问题,然后同时求解这些单目标子问题[16],进而解决整个问题,与大多数多目标优化算法相比,基于分解的多目标进化算法具有更快的求解速度[18]。

多目标问题可以描述为

$$\min K(\boldsymbol{x}) = (k_1(\boldsymbol{x}), k_2(\boldsymbol{x}), \cdots, k_n(\boldsymbol{x})) \tag{7-7}$$

其中,$\boldsymbol{x} = (x_1, x_2, \cdots, x_n)$ 为参数向量;$k_1(\boldsymbol{x}), k_2(\boldsymbol{x}), \cdots, k_n(\boldsymbol{x})$ 为 n 个优化目标。采用切比雪夫分解法可将该问题分解为多个子问题:

$$\min g(\boldsymbol{x} \mid \boldsymbol{\lambda}^j, \boldsymbol{z}^*) = \max\{\lambda_i^j \mid k_i(\boldsymbol{x}) - z_i^* \mid\} \tag{7-8}$$

式中,$\boldsymbol{\lambda}^j = (\lambda_1^j, \lambda_2^j, \cdots, \lambda_n^j)^T$ 为权重向量,满足条件为 $\sum \lambda_i^j = 1, \lambda_i^j \in [0,1]$;$\boldsymbol{z}^*$ 为参考点向量,满足 $\boldsymbol{z}^* = (z_1^*, z_2^*, \cdots, z_n^*)^T$,其中 $z_i^* = \min\{f_i(\boldsymbol{x})\}$。

对于每个帕累托前沿上的最优解 $\boldsymbol{x}^*$,存在一个权重向量 $\boldsymbol{\lambda}^*$,使 $\boldsymbol{x}^*$ 是式(7-7)、式(7-8)的最优解,当种群规模为 N 时,N 个均匀分布的权重向量把问题转化为 N 个子问题。基于分解的多目标进化算法的具体流程如图 7-4 所示。

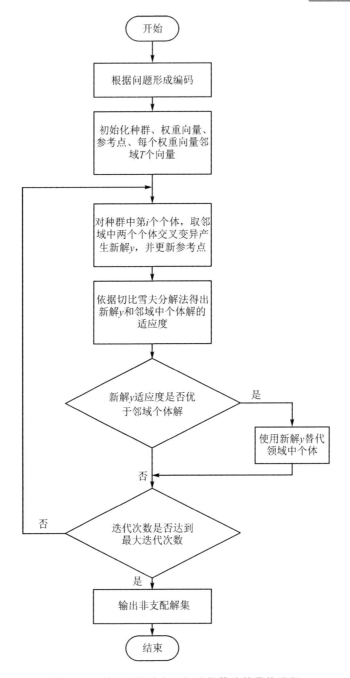

图 7 - 4　基于分解的多目标进化算法的具体流程

7.4　重构控制仿真分析

7.4.1　参数设置

实验卫星星座为低轨 Walker 通信卫星星座,地面最小观测仰角为 5°,仿真时长为 1 d,卫星星座由 80 颗卫星组成,分为 4 个轨道面,相位因子为 1,轨道高度为800 km,轨道倾角为 60°。卫星星座构型示意图如图 7 - 5 所示。

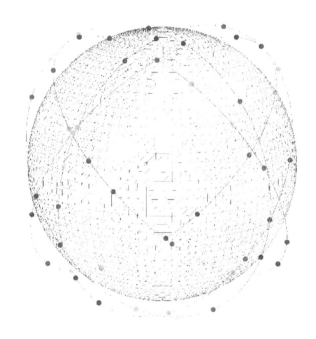

图 7 - 5　卫星星座构型示意图

轨道高度调整量上限 H 为 100 km,采用两重覆盖率来计算卫星星座性能,假设有 12 颗卫星失效,分布方式分为两种(轨道面编号为 0,1,2,每个轨道面内卫星编号为 0～19 号),如表 7 - 1 所列。

表 7 - 1　失效卫星分布

轨道面编号	轨道面内编号			
0	0	5	10	15
	0	3	6	9

轨道面编号	轨道面内编号			
1	0	5	10	15
	0	3	6	9
2	0	5	10	15
	0	3	6	9

注:各行上下两子行分别对应第一种失效分布和第二种失效
分布。

两种失效分布下卫星全球两重覆盖率从完整卫星星座状态
下的 98.97% 降至 61.86%,卫星星座性能受损接近 40%。

7.4.2 重构分析

算法的初始条件设置:种群个数为 70,迭代次数上限为 20,交叉因子为 1,变异因子为 0.004,目标函数为

$$\min G = F(|\Delta c|, v_{sum}, t_{sum}, P) \qquad (7-9)$$

其中,$|\Delta c|$ 为当前全球两重覆盖率与失效前覆盖率差值的绝对值,v_{sum} 为卫星星座重构过程中参与重构卫星的总速度增量,t_{sum} 为参与重构卫星的总消耗时间,P 用于衡量燃料消耗均衡性。

1. 算例 1

第一组失效分布的优化结果如图 7-6、图 7-7 所示,图中每个黑色点代表一个解,曲面由黑色点拟合而成。从图 7-6、图 7-7 可以看出,所有点的全球平均两重覆盖率差为零,重构总速度增量最大值为 1 442.1 m/s、最小值为 616 m/s,重构总时间最大值为 5.35×10^5 s,最小值为 2.79×10^5 s,燃料消耗均衡性最大值为 822.2 m^2/s^2,最小值为 261.4 m^2/s^2。

2. 算例 2

第二组失效分布的优化结果如图 7-8、图 7-9 所示,所有点的全球平均两重覆盖率差为零,重构总速度增量最大值为 1 188.1 m/s、最小值为 579.5 m/s,重构总时间最大值为 5.00×10^5 s,最小值为 2.91×10^5 s,燃料消耗均衡性最大值为 677.1 m^2/s^2,最小值 293.4 m^2/s^2。

两组仿真实验结果表明,在两种失效分布下轨道高度调整的办法可以使卫星星座全球两重覆盖率恢复至失效前的水平,全部解两重覆盖率均为 98.97%,考虑燃料消耗均衡性尽可能好,选取燃料均衡性最好(即速度增量方差最低)的帕累托前沿上的坐标点如表 7-2 所列。

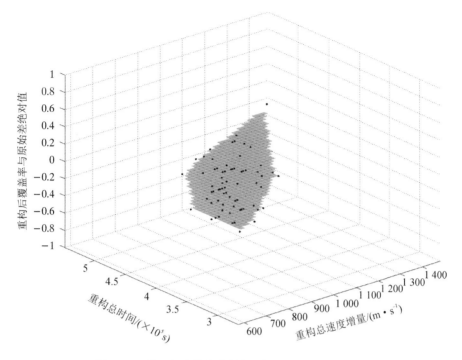

图7-6　第一组失效分布的 $|\Delta c|$、v_{sum}、t_{sum} 的帕累托前沿

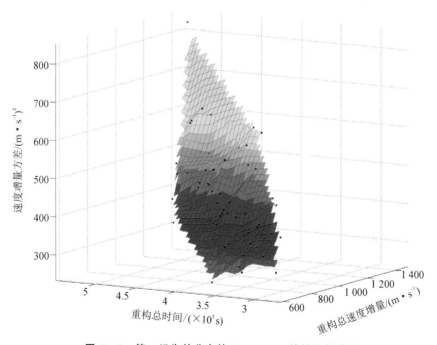

图7-7　第一组失效分布的 P、v_{sum}、t_{sum} 的帕累托前沿

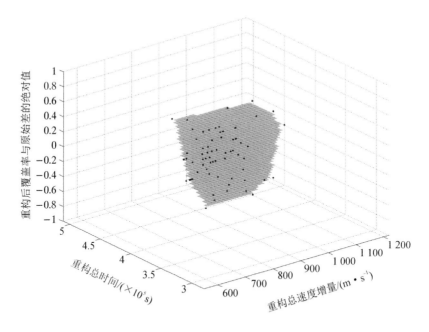

图 7-8 第二组失效分布的 $\left|\Delta c\right|$、v_{sum}、t_{sum} 的帕累托前沿

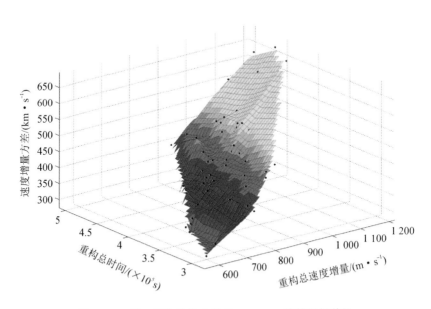

图 7-9 第二组失效分布的 P、v_{sum}、t_{sum} 的帕累托前沿

表 7 - 2　解坐标

组　别	总时间/s	总速度增量/(m·s^{-1})	速度增量方差/(m·s^{-1})^2	机动卫星总数/颗
第一组	3.6×10^5	620	261.4	31
第二组	3.6×10^5	676	293.4	33

　　上述仿真实验结果表明,算法有效得出了多个完全恢复卫星星座原有覆盖率的解,构成帕累托前沿,并能挑选出燃料消耗均衡性较好的解作为卫星星座的重构方案。

　　本节针对低轨通信卫星星座,提出全球平均覆盖率、燃料消耗均衡性、重构总时间和重构总速度增量四个优化指标,并采用基于分解的多目标进化算法建模求解最优重构方案。仿真实验结果表明,当卫星星座中部分卫星失效时,对不同的失效卫星分布,该方法能有效地构建帕累托前沿,恢复卫星星座原有的覆盖性能,提供多个最优解,进而得出燃料消耗均衡性较好的几组解。但该优化过程也存在着一定的局限性,通过调整轨道高度的方式会在一定程度上破坏原有卫星星座构型,使卫星星座后期管理复杂度增加,在后续的研究中可以考虑用其他的方式进行重构,并在重构过程中考虑星间链路等约束。

参考文献

[1] 项军华. 卫星星座构形控制与设计研究[D]. 长沙：国防科学技术大学，2007.

[2] 胡伟，王劼. 基于遗传算法的全球导航星座重构研究[J]. 宇航学报，2008(6)：141-145.

[3] 张雅声，张育林. 性能修复型星座快速重构方法研究[J]. 装备学院学报，2005，16(4)：66-72.

[4] 赵双，张雅声，戴桦宇，等. 卫星导航系统失效性能分析与重构方法研究[J]. 空间控制技术与应用，2018，257(2)：53-59.

[5] 程竟爽,何善宝，林益明，等.具有星间链路的导航星座重构研究[J]. 航天器工程，2013，22(4)：7-11.

[6] 汉京滨，张雅声，汤亚锋，等. 基于 NSGA-Ⅱ 的通信星座重构方法研究[J]. 兵器装备工程学报，2019，40(8)：74-79.

[7] APPEL L，GUELMAN M，MISHNE D. Optimization of satellite constellation reconfiguration maneuvers[J]. Acta astronautica，2014，99(6/7)：166-174.

[8] PAEK S，KIM S，DE W O. Optimization of reconfigurable satellite constellations using simulated annealing and genetic algorithm[J]. Sensors，2019，19(4)：765.

[9] FAKOOR M，BAKHTIARI M，SOLEYMANI M. Optimal design of the satellite constellation arrangement reconfiguration process[J]. Advances in space research，2016，58(3):372-386.

[10] MCGRATH C N，MACDONALD M. General perturbation method for satellite constellation reconfiguration using low-thrust maneuvers[J]. Journal of guidance，control，and dynamics，2019，42(8):1676-1692.

[11] XIANG J H，FAN L，LIU K，et al. Optimal reconfiguration control for satellite constellations with fault satellites using multiobjective optimization algorithm[C]//2010 international conference on measuring technology and mechatronics automation. Changsha:ICMTMA，2010：837-840.

[12] 吴昊，王宇. 基于 STK 的 MEO 卫星通信系统的仿真与覆盖分析[J]. 电子设计工程，2017(22)：120-123.

[13] WHITTECAR W R，FERRINGER M P. Global coverage constellation design exploration using evolutionary algorithms[C]//AIAA/AAS astrodynamics specialist conference. San Diego:AIAA，2014：4159.

[14] JIANG Y，YANG S，ZHANG G，et al. Coverage performances analysis on combined-GEO-IGSO satellite constellation[J]. Journal of electronics (China)，2011，28(2)：228.

[15] 于小红，张雅声，李智. 发射弹道与轨道基础[M]. 北京:国防工业出版社，2007：331-336.

[16] ZHANG Q，HUI L. MOEA/D：a multiobjective evolutionary algorithm based on decomposition[J]. IEEE transactions on evolutionary computation，2007，11(6)：712-731.

[17] 侯薇，董红斌，印桂生. 一种改进的基于分解的多目标进化算法[J]. 计算机科学，2014，41(2)：114-118.

[18] ZHANG Q，LIU W，LI H. The performance of a new version of MOEA/D on CEC09 unconstrained MOP test instances[C]//2009 IEEE congress on evolutionary computation. Trondheim:IEEE Press，2009：203-208.

第 8 章
低轨大规模卫星星座内部安全性分析方法

低轨大规模卫星星座的卫星在初始化或进行轨道控制时存在控制偏差,造成卫星的实际位置与标称位置出现偏差。由于各卫星的偏差存在差异,在摄动力的作用下,星座卫星间会发生相对漂移,当漂移量达到一定程度时,就可能在交会处与其他轨道面卫星发生碰撞。

低地球轨道空间目标主要受到地球非球形 J_2 项摄动力和大气阻力影响,其中 J_2 项摄动力主要引起卫星沿升交点赤经和相位长期漂移,大气阻力通过影响轨道半长轴引起相位的相对漂移。为了避免星座卫星间的碰撞,必须保证星座空间几何构型维持在一定关系范围内,需要约束卫星沿升交点赤经和相位的漂移量,这个约束的阈值被称为星座构型最大容许漂移量。

因此,针对低轨大规模卫星星座卫星间的碰撞安全问题,需要对星座构型最大漂移量开展研究。首先,基于球面三角形理论计算卫星轨道面最小相位差;其次,使用控制变量法对星座构型参数进行研究,分析不同因素对星座卫星最小相位差的影响,以及升交点赤经漂移量与最小相位差的约束关系,提出基于最小相位差的星座构型参数协同设计方法;再次,基于相对相位分析方法建立升交点赤经漂移量与相位漂移量随时间变化的函数;最后,以星链第一期星座为参考对象进行仿真,验证构型参数协同设计方法的合理性,分别计算星链卫星星座在相对控制策略和绝对控制策略下的星座构型最大容许漂移量与维持控制时间周期。

8.1 基于 TLE 和 SGP4 预报模型的 短期预报误差分析

低轨大规模卫星星座的发展加速了空间目标数量的增长,空间物体密度不断提高又加剧了低轨大规模卫星星座面临的碰撞风险。为了保证星座的安全,必须提前获取星座卫星和其他空间目标的位置,对它们进行碰撞预警分析,因此需要采用一定的轨道预报模型对卫星和空间碎片进行轨道预报。采用数值积分的方法进行轨道预报精度较高,但运算速度较慢,计算量很大,不适合大规模目标的轨道预报,而解析法的计算精度又较差,同时由于大量的空间碎片和卫星数据还需要使用国际公开的资料进行计算,因此本节采用 SGP4 模型进行轨道预报。

使用 SGP4 模型进行轨道预报存在初始误差以及模型误差,卫星在运行过程中预报位置会不断偏离实际位置,导致卫星位置具有偏差。这种偏差一般用卫星轨道坐标系三个方向上的标准差表示,由这三个方向标准差构成的位置误差协方差矩阵能够确定一个包围卫星的椭球面,这个椭球面被称为误差椭球,卫星的真实位置被认为大概率在误差椭球区域内。当空间中两目标的误差椭球出现相交时,即认为这两个目标可能会发生碰撞。位置误差协方差是空间目标碰撞概率计算的基础,因此,需要研究基于 TLE 和 SGP4 预报模型的位置误差协方差传播状况。

本节首先介绍常用坐标系及其转换;然后简单介绍 TLE 和 SGP4 模型;再基于 TLE 实测数据分析 7 天内 SGP4 轨道预报模型对不同轨道高度以及空间目标的位置误差标准差,通过最小二乘法拟合位置误差标准差,得到对应轨道高度和空间目标的位置误差协方差传播曲线,为后续低轨大规模卫星星座与空间碎片的短期碰撞研究奠定基础。

8.1.1　坐标系定义及转换

为了减少碰撞概率计算工作量,对本节用到的坐标系以及转换关系进行定义与说明,包括地心惯性坐标系、轨道坐标系(RTN 轨道坐标系和 NTW 轨道坐标系)[1]。

1. 地心惯性坐标系

地心惯性坐标系因其 X 轴指向 2000 年 1 月 1 日 12 点 0 分平春分点,故又被称为 J2000 坐标系。坐标系的 Z 轴指向北平天极,X 轴指向平春分点,Y 轴与 Z 轴、X 轴成右手直角坐标系。

2. RTN 轨道坐标系

RTN 轨道坐标系以在轨卫星的质心为坐标原点,R 轴沿地心指向矢径的方向,T 轴垂直于矢径指向运动方向,N 轴垂直于轨道面并与 R 轴、T 轴构成右手直角坐标系,如图 8-1 所示。

RTN 轨道坐标系三个轴在地心惯性坐标系坐标系的单位矢量为

$$\boldsymbol{R}=\frac{\boldsymbol{r}}{|\boldsymbol{r}|},\quad \boldsymbol{T}=\boldsymbol{N}\times\boldsymbol{P},\quad \boldsymbol{N}=\frac{\boldsymbol{r}\times\boldsymbol{v}}{|\boldsymbol{r}\times\boldsymbol{v}|} \tag{8-1}$$

可得 RTN 轨道坐标系与地心惯性 ECI 坐标系之间的转换矩阵为

$$\boldsymbol{M}_{\text{RTN}\to\text{ECI}}=(\boldsymbol{R}\ \boldsymbol{T}\ \boldsymbol{N}),\quad \boldsymbol{M}_{\text{ECI}\to\text{RTN}}=(\boldsymbol{R}\ \boldsymbol{T}\ \boldsymbol{N})^{\text{T}} \tag{8-2}$$

3. NTW 轨道坐标系

NTW 轨道坐标系以在轨卫星的质心为坐标原点;T 轴与轨道相切,与运动方向一致;N 轴位于轨道面内,垂直于运动方向;W 轴与轨道面法线方向一致。

NTW 轨道坐标系三个轴在地心惯性坐标系的单位矢量为

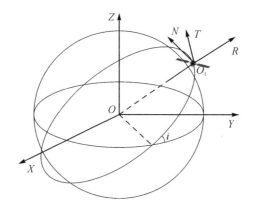

图 8 - 1　RTN 轨道坐标系

$$N = T \times W, \quad T = \frac{v}{|v|}, \quad W = \frac{r \times v}{|r \times v|} \qquad (8-3)$$

可得 NTW 轨道坐标系与地心惯性 ECI 坐标系之间的相互转换矩阵为

$$M_{\text{NTW} \to \text{ECI}} = (N \ T \ W), \quad M_{\text{ECI} \to \text{NTW}} = (N \ T \ W)^{\text{T}} \qquad (8-4)$$

8.1.2　TLE 和 SGP4 模型介绍

1. TLE 根数

两行轨道根数(Two Line Element,TLE)是美国对空间目标进行监测并保存编目目标数据所使用的数据形式。TLE 根数描述了空间目标的平均运动,其主要参数为平均轨道根数,参数详细描述方式如表 8 - 1 和表 8 - 2 所列[2]。

表 8 - 1　第一行 TLE 轨道根数描述

列　　号	描　　述
01	TLE 行号
03　07	卫星编号
08	卫星类别(U 表示不保密,可供公众使用的;C 和 S 表示保密)
10—11	卫星发射年份后两位
12—14	当年发射顺序
15—17	发射卫星个数(A 表示第一个,如果一次发射多颗卫星,则使用 26 个字母排序;如果超过了 26 个编号,则使用两位字母,如 AA、AB、AC 编号)
19—20	TLE 历时(年份后两位)
21—32	TLE 历时(用十进制小数表示一年中的第几日和日中的小数部分)
34—43	平均运动的一阶时间导数

续表 8 - 1

列　号	描　述
45—52	平均运动的二阶时间导数
54—61	BSTAR 拖调制系数
63	星历类型
65—68	星历编号,TLE 数据按新发现卫星的先后顺序的编号
69	校验和

表 8 - 2　第二行 TLE 轨道根数描述

列　号	描　述
01	TLE 行号
03—07	卫星编号
09—16	卫星轨道倾角
18—25	升交点赤经
27—33	轨道偏心率
35—42	近地点幅角
44—51	平近点角
53—63	每天环绕地球的圈数
64—68	发射以来飞行的圈数
69	校验和

由于 TLE 根数去掉了周期项,为了提高轨道预报精度,轨道预报模型需要将周期项摄动重新还原[2-3],因此,需要使用特定的解析模型——SGP4 模型进行计算。

2. SGP4 模型

SGP4 模型由 Ken Cranford 于 1970 年开发,可用于计算轨道周期小于 225 min、轨道高度小于 5 877.5 km 的近地轨道目标[2]。SGP4 模型是一种简化的解析轨道预报模型,考虑了低地球轨道空间目标受到的主要摄动力(包括日月引力、大气阻力、地球非球形摄动力),考虑了摄动力的长期项和周期项变化,忽略了高阶次周期项摄动的影响,计算精度较高,且不需要积分计算,模型运算量不大,运行速度快,能够满足运算精度和速度的需求[4]。

据估计,SGP4 模型在历元的误差为 1 km 左右,每天的预报为 1～3 km,因此需要频繁更新编目数据库的轨道数据。同时,使用 SGP4 模型解析的 TLE 数据是目前世界上公布的唯一较为完备的空间目标轨道信息数据,能够满足空间编目目标查阅需求。

8.1.3 基于 TLE 实测数据的 SGP4 预报模型短期误差传播曲线

在无法获得大量高精度轨道星历的限制下,国内外对 TLE 预报误差进行了大量的研究,提出了以历元时刻 TLE 轨道为基准(历元时刻误差较小),将预报轨道状态与历元时刻轨道状态作对比,进而得到 TLE 预报误差的方法。[5]。为了统计不同轨道特性对 TLE 和 SGP4 预报模型误差的影响,欧洲航天局的 Krag、Flohere 等按照目标的高度、倾角、偏心率对误差进行了统计分析,韦栋则对不同轨道和偏心率分析了误差的精度[6]。

本小节基于上述方法,根据目前低轨大规模卫星星座的部署情况,选择了轨道高度为 550 km 和 1 200 km 的轨道以及处于两轨道间轨道高度为 800 km 的轨道,进行卫星和空间碎片TLE 轨道误差的统计分析。

1. 卫星轨道预报误差

为了统计分析 550 km、800 km、1 200 km 轨道高度的 TLE 轨道预报误差,分别在这三个轨道附近随机选取 40 颗卫星,通过 Space-Track 网站下载这些卫星一年的 TLE 根数,使用 SGP4 模型将这些 TLE 根数向后外推一周时间,选取历元时刻与预报时间点最接近的一条 TLE,以这条 TLE 的轨道为真值,即可得到 TLE 轨道预报误差。统计 SGP4 模型预报 1～7 天误差的标准差,统计结果如图 8 - 2～图 8 - 4 所示。

从图 8 - 2～图 8 - 4 可以看出,卫星在 550 km、800 km、1 200 km 三个轨道高度上沿径向和法向的误差标准差传播曲线近似为直线,沿切向的误差标准差传播曲线近似为抛物线。随着轨道高度不断升高,卫星的位置误差均值近似为零,几乎没发生什么变化,径向和法向的位置误差标准差也只变化了几百米,变化较小,而切向的误差则由十几千米迅速减小到约 1 km,因此可以推断出大气阻力是影响低地球轨道位置误差标准差的主要因素。根据统计,得到卫星在 550 km、800 km、1 200 km 三个轨道沿轨道坐标系三个方向的误差标准差随时间变化的结果如表 8 - 3 所列。

表 8 - 3 卫星位置误差标准差随时间变化的统计情况

轨道高度/km	误差方向	误差标准差随时间变化/km						
		1 d	2 d	3 d	4 d	5 d	6 d	7 d
550	径向	0.059	0.119	0.117	0.235	0.294	0.352	0.404
	切向	1.56	3.31	5.56	8.15	10.92	14.35	18.22
	法向	0.083	0.173	0.249	0.33	0.405	0.492	0.569

轨道 高度/km	误差 方向	误差标准差随时间变化/km						
		1 d	2 d	3 d	4 d	5 d	6 d	7 d
800	径向	0.053	0.103	0.146	0.19	0.234	0.284	0.333
	切向	0.134	0.311	0.543	0.795	1.122	1.59	2.14
	法向	0.021	0.04	0.06	0.079	0.097	0.117	0.14
1 200	径向	0.02	0.042	0.064	0.082	0.105	0.134	0.154
	切向	0.08	0.193	0.288	0.355	0.459	0.649	0.83
	法向	0.039	0.084	0.128	0.17	0.214	0.26	0.304

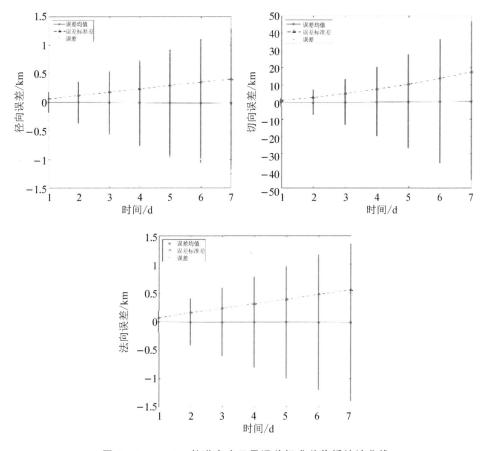

图 8 – 2　550 km 轨道高度卫星误差标准差传播统计曲线

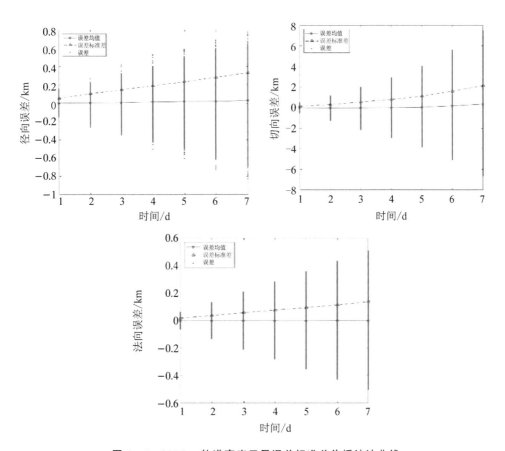

图 8 - 3　800 km 轨道高度卫星误差标准差传播统计曲线

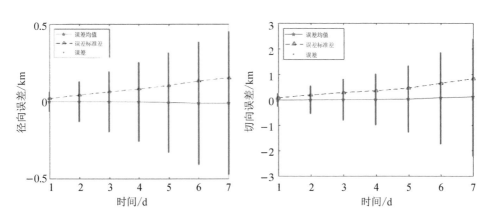

图 8 - 4　1 200 km 轨道高度卫星误差标准差传播统计曲线

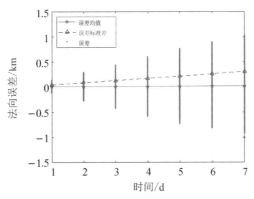

图 8 - 4 1 200 km 轨道高度卫星误差标准差传播统计曲线（续）

2. 空间碎片轨道预报误差

空间碎片的面质比较大，为了减少面质比的影响，在 550 km、800 km 轨道高度附近随机选取 40 个空间碎片进行统计；1 200 km 轨道碎片数量较少，选取 30 个空间碎片进行统计。继续以一年的 TLE 数据进行预报并统计轨道标准差，得到统计结果如图 8 - 5～图 8 - 7 所示。

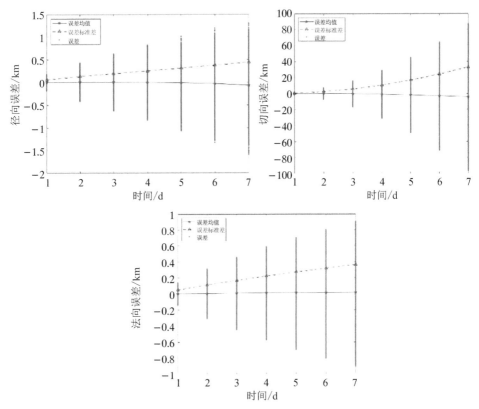

图 8 - 5 550 km 轨道高度空间碎片误差标准差传播曲线

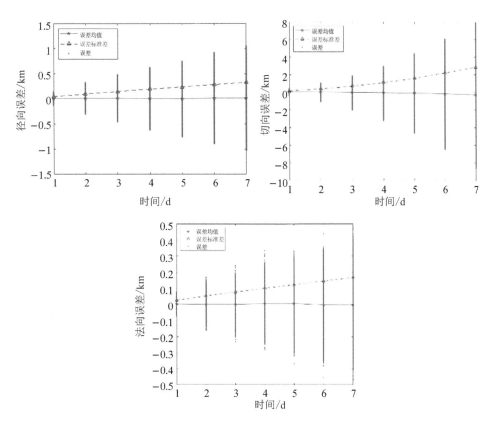

图 8-6 800 km 轨道高度空间碎片误差标准差传播曲线

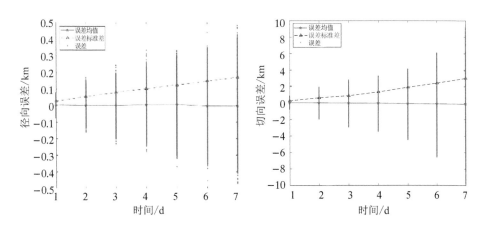

图 8-7 1 200 km 轨道高度空间碎片误差标准差传播曲线

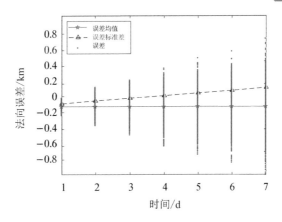

图 8 - 7 1 200 km 轨道高度空间碎片误差标准差传播曲线(续)

从图 8 - 5 ～ 图 8 - 7 可以看出,空间碎片误差标准差传播曲线与卫星的误差标准差传播曲线相似,沿切向和法向的误差标准差传播曲线为直线,沿径向的误差标准差传播曲线近似为抛物线。它在三个方向上的误差标准差随时间变化的结果如表 8 - 4 所列。

表 8 - 4 空间碎片位置误差标准差随时间变化统计情况

轨道高度/km	误差方向	误差标准差随时间变化/km						
		1 d	2 d	3 d	4 d	5 d	6 d	7 d
550	径向	0.062	0.133	0.195	0.254	0.311	0.378	0.441
	切向	0.63	2.591	5.848	10.668	16.831	24.221	33.074
	法向	0.052	0.115	0.171	0.226	0.274	0.32	0.365
800	径向	0.043	0.097	0.145	0.194	0.236	0.286	0.329
	切向	0.134	0.364	0.676	1.068	1.568	2.193	2.864
	法向	0.025	0.053	0.077	0.1	0.122	0.145	0.168
1 200	径向	0.045	0.098	0.146	0.202	0.242	0.278	0.324
	切向	0.279	0.654	0.903	1.36	1.921	2.43	3.006
	法向	0.024	0.05	0.073	0.096	0.12	0.141	0.167

3. 基于最小二乘的误差传播曲线拟合

为了找出 TLE 预报误差与预报时间的整体关系,对上节得到的误差标准差数据进行曲线拟合。最小二乘法可以通过最小化误差的平方和找出最匹配数据的拟合函数,因此本小节采用基于最小二乘的方式对误差传播曲线进行拟合。根据本小节前面内容可知,卫星和空间碎片的位置误差标准差的曲线近似为直线和二次曲线两种,因此假设两种曲线的方程分别为

$$f_1(t) = a_1 t + b_1 \tag{8-5}$$

$$f_2(t) = a_2 t^2 + b_2 t + c_2 \tag{8-6}$$

可知误差的平方和为

$$\varepsilon_1 = \min \sum_{day=1}^{t_{end}} \left[y_{1,t_{day}} - f_1(t_{day}) \right]^2 \tag{8-7}$$

$$\varepsilon_2 = \min \sum_{day=1}^{t_{end}} \left[y_{2,t_{day}} - f_2(t_{day}) \right]^2 \tag{8-8}$$

根据最小二乘法原理,分别对曲线参数变量求偏导得

$$\begin{cases} \dfrac{\partial \varepsilon_1}{\partial a_1} = \sum_{day=1}^{t_{end}} \left[(y_{1,t_{day}} - a_1 t_{day} - b_1) t_{day} \right] = 0 \\ \dfrac{\partial \varepsilon_1}{\partial b_1} = \sum_{day=1}^{t_{end}} (y_{1,t_{day}} - a_1 t_{day} - b_1) = 0 \end{cases} \tag{8-9}$$

$$\begin{cases} \dfrac{\partial \varepsilon_2}{\partial a_2} = \sum_{day=1}^{t_{end}} \left[(y_{2,t_{day}} - a_2 t_{day}^2 - b_2 t_{day} - c_2) t_{day}^2 \right] = 0 \\ \dfrac{\partial \varepsilon_2}{\partial b_2} = \sum_{day=1}^{t_{end}} \left[(y_{2,t_{day}} - a_2 t_{day}^2 - b_2 t_{day} - c_2) t_{day} \right] = 0 \\ \dfrac{\partial \varepsilon_2}{\partial c_2} = \sum_{day=1}^{t_{end}} (y_{2,t_{day}} - a_2 t_{day}^2 - b_2 t_{day} - c_2) = 0 \end{cases} \tag{8-10}$$

将式(8-10)转化为 $\boldsymbol{Ax} = \boldsymbol{b}$ 形式为

$$\begin{bmatrix} \sum\limits_{day=1}^{t_{end}} t_{day}^2 & \sum\limits_{day=1}^{t_{end}} t_{day} \\ \sum\limits_{day=1}^{t_{end}} t_{day} & \sum\limits_{day=1}^{t_{end}} 1 \end{bmatrix} \begin{bmatrix} a_1 \\ b_1 \end{bmatrix} = \begin{bmatrix} \sum\limits_{day=1}^{t_{end}} y_{day} t_{day} \\ \sum\limits_{day=1}^{t_{end}} y_{day} \end{bmatrix} \tag{8-11}$$

$$\begin{bmatrix} \sum\limits_{day=1}^{t_{end}} t_{day}^4 & \sum\limits_{day=1}^{t_{end}} t_{day}^3 & \sum\limits_{day=1}^{t_{end}} t_{day}^2 \\ \sum\limits_{day=1}^{t_{end}} t_{day}^3 & \sum\limits_{day=1}^{t_{end}} t_{day}^2 & \sum\limits_{day=1}^{t_{end}} t_{day} \\ \sum\limits_{day=1}^{t_{end}} t_{day}^2 & \sum\limits_{day=1}^{t_{end}} t_{day} & \sum\limits_{day=1}^{t_{end}} 1 \end{bmatrix} \begin{bmatrix} a_2 \\ b_2 \\ c_2 \end{bmatrix} = \begin{bmatrix} \sum\limits_{day=1}^{t_{end}} y_{day} t_{day}^2 \\ \sum\limits_{day=1}^{t_{end}} y_{day} t_{day} \\ \sum\limits_{day=1}^{t_{end}} y_{day} \end{bmatrix} \tag{8-12}$$

两种曲线的系数可分别通过对矩阵求解得到。因此,将表8-3中卫星沿轨道坐标系三个方向的位置误差标准差随时间变化的统计结果带入式(8-11)、式(8-12),得到卫星在 550 km、800 km、1 200 km 三个轨道高度的位置误差协方差拟合曲线系

数如表 8 - 5 所列、拟合曲线如图 8 - 8 所示。

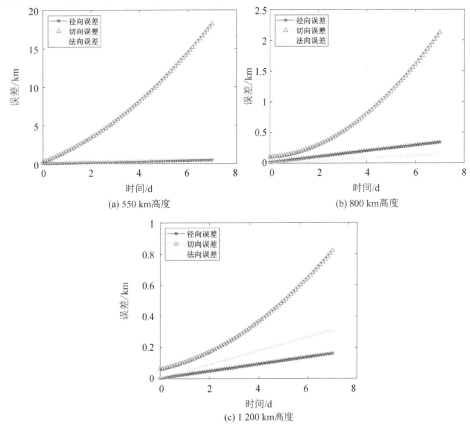

(a) 550 km高度

(b) 800 km高度

(c) 1 200 km高度

图 8 - 8　卫星位置误差协方差拟合曲线

表 8 - 5　卫星位置误差协方差拟合曲线系数

轨道高度/km	误差方向	a	b	c
550	径向	0.578	0.003	—
	切向	0.201	1.159	0.217
	法向	0.08	0.007	—
800	径向	0.046	0.008	—
	切向	0.038	0.023	0.0964
	法向	0.02	0.001	—
1 200	径向	0.022	0.001	—
	切向	0.011	0.034	0.059
	法向	0.044	0.002	—

将表 8 - 4 中三个轨道高度上沿轨道坐标系三个方向的空间碎片位置误差标准差随时间变化的统计结果带入式（8 - 11）、式（8 - 12），得到 550 km、800 km、1 200 km 三个轨道高度上空间碎片位置误差协方差拟合曲线系数如表 8 - 6 所列、

拟合曲线如图 8-9 所示。

表 8-6　空间碎片位置误差协方差拟合曲线系数

轨道高度/km	误差方向	a	b	c
550	径向	0.062	0.005	—
	切向	0.688	−0.092	0.014
	法向	0.052	0.01	—
800	径向	0.047	0.0004	—
	切向	0.047	0.075	0.016
	法向	0.023	0.005	—
1 200	径向	0.046	0.006	—
	切向	0.03	0.216	0.045
	法向	0.023	0.002	—

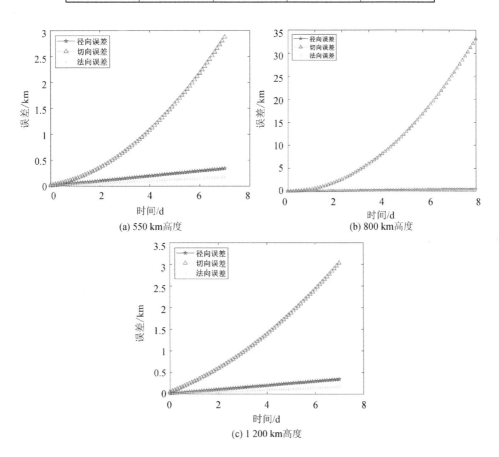

(a) 550 km高度

(b) 800 km高度

(c) 1 200 km高度

图 8-9　空间碎片位置误差协方差拟合曲线

8.1.4 TLE 误差传播曲线合理性检验

本小节将拟合的误差传播曲线与随机挑选的不在统计数据内的卫星和碎片进行对比,通过比较卫星和空间碎片全年的 TLE 数据在 7 天内预报的误差是否在拟合曲线 3σ 范围内,判断误差传播特性曲线是否符合实际。

通过 Space - Track 网站随机选择一颗名为 ODIN 的卫星(卫星编号为 26702)、名为 ARIANE1 - DEB 的空间碎片(编号为 17212),作为样本对象,将卫星和空间碎片 2021 年全年的 TLE 数据导入软件,使用 SGP4 模型对每个 TLE 数据预报 7 天的轨道,统计出每天历元的位置误差,再把所有 TLE 数据统计的位置误差分别与 550 km 轨道高度的卫星和空间碎片拟合的 3σ 曲线进行比较,比较结果分别如图 8 - 10 和图 8 - 11 所示。

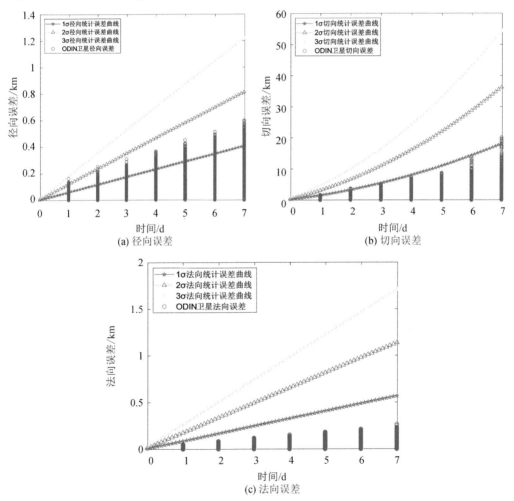

图 8 - 10　ODIN 卫星位置误差与 550 km 轨道高度卫星拟合误差传播曲线对比

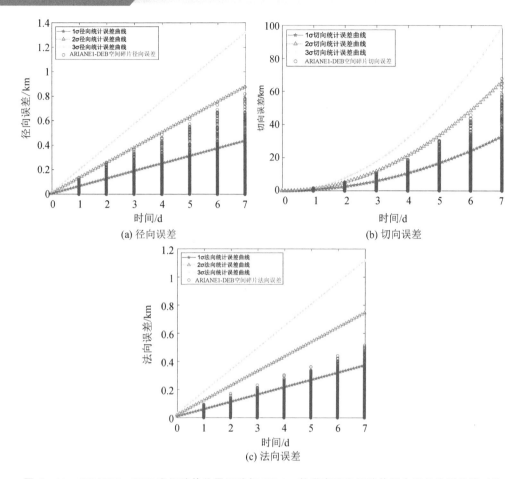

(a) 径向误差　　　(b) 切向误差

(c) 法向误差

图 8 - 11　ARIANE1 - DEB 空间碎片位置误差与 550 km 轨道高度空间碎片拟合误差传播曲线对比

根据图 8 - 10 和图 8 - 11 可得,对卫星 ODIN 和空间碎片 ARIANE1 - DEB 进行轨道预报并与历元对比的沿轨道坐标系径向、切向和法向三个方向的误差分别在卫星与空间碎片拟合的 3σ 误差传播范围内,可以得到拟合的卫星和空间碎片误差传播曲线是可信的。

本节首先研究了 550 km、800 km 和 1 200 km 三个低轨大规模卫星星座典型轨道的误差,通过在每个轨道上随机选择卫星和空间碎片各 40 颗,对每颗卫星一年的 TLE 数据,基于 SGP4 模型,统计分析了每个轨道上卫星和空间碎片 7 天历元的预报误差标准差。然后基于最小二乘法对预报误差标准差进行拟合,得到误差标准差随时间传播的曲线方程。最后随机选择一颗卫星和空间碎片对误差标准差传播曲线进行了验证,验证了该方法的合理性,得到了卫星和空间碎片误差标准差传播曲线,为开展后续研究打下基础。

8.2 卫星星座内部安全性分析

8.2.1 低轨大规模卫星星座最小相位差计算方法

卫星星座最小相位差是卫星在穿越其他轨道面时与该轨道面内最接近卫星的相位差。卫星之间的碰撞是由卫星初始偏差不同,在摄动力的作用下卫星之间产生相对漂移,并在长期的积累下卫星之间不断接近导致的。卫星在接近速度相同的情况下,具有最小相位差的两颗卫星之间发生碰撞的时间最短。为了保证卫星星座构型安全,必须要保证卫星星座内相对相位最小的两颗卫星不发生碰撞,因此,需要求解卫星星座卫星的最小相位差,以最小相位差作为漂移约束求解卫星星座构型最大漂移量。

Walke-δ 星座构型可以用三个参数表示,N 表示卫星总数,P 表示轨道面个数,F 表示相位因子。对结构参数为 $N/P/F$ 的 Walke-δ 星座,令 t_0 时刻第 1 个轨道面的第 1 颗卫星的轨道六根数为$(a_0,e_0,i_0,\Omega_0,\omega_0,M_0)$,根据 Walke-δ 星座的性质,得到卫星$(m,n)$(表示第 m 个轨道面第 n 颗卫星,其中 $m\leqslant P$,$n\leqslant N/P$)在 t_0 时刻的相位和升交点赤经分别为[7]

$$\begin{cases} u_{m,n,t_0} = u_{t_0} + 360\left[\dfrac{F}{N}(m-1) + \dfrac{P}{N}(n-1)\right] \\ \Omega_{m,n,t_0} = \Omega_{t_0} + \dfrac{360(m-1)}{P} \end{cases} \tag{8-13}$$

其中,u_{m,n,t_0} 为 t_0 时刻卫星(m,n)的相位,Ω_{m,n,t_0} 为 t_0 时刻卫星(m,n)的升交点赤经。因此,若 Walke-δ 星座中任一颗卫星的位置已知,则星座中其他卫星的位置也能确定。对于图 8-12 所示卫星星座的任意两个轨道面,当某一轨道面卫星跨越另一轨道面时,由于卫星星座内各卫星相对位置确定,跨越另一轨道面的卫星与该轨道面最接近的卫星的相位为最小相位。因此,对任意两个轨道面,卫星间的最小相位是确定的,可以通过某卫星跨越不同轨道平面时与该轨道面的最小相位差求解整个卫星星座的最小相位差。

为了求解卫星在跨越另一轨道面时卫星之间的相对相位,需要先求解两个轨道面交点在各自轨道面内的相位。在轨道倾角和两个轨道面升交点赤经差已知的情况下,可以通过球面三角形角的余弦定理求解出楔角 C,再利用球面三角形边的余弦定理求解出两轨道面交点在两轨道面内的相位。轨道面交会几何图如图 8-12 所示,根据两轨道面之间升交点赤经差值分两种情况讨论。

当轨道面 j 与轨道面 k 的升交点赤经差 $\Delta\Omega_{j,k}<180°$时,根据球面三角形余弦定理可得轨道面 j 和轨道面 k 之间的楔角 C 为

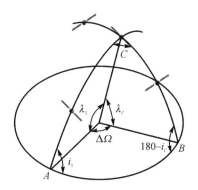

图 8 - 12　轨道面交会几何图

$$C = \arccos[-\cos i \cos(180 - i) + \sin i \sin(180 - i) \cos \Delta\Omega_{j,k}] \quad (8-14)$$

得到轨道面 j 与轨道面 k 的交点在轨道面 j 与轨道面 k 内的相位 λ_j、λ_k 为

$$\begin{cases} \lambda_j = \arccos\left[\dfrac{\cos(180-i) + \cos i \cos C}{\sin i \sin C}\right] \\ \lambda_k = \arccos\left[\dfrac{\cos i + \cos(180-i)\cos C}{\sin(180-i)\sin C}\right] \end{cases} \quad (8-15)$$

当 $\Delta\Omega_{j,k} \geqslant 180°$ 时，可得轨道面 j 和轨道面 k 之间的楔角 C 为

$$C = \arccos[-\cos i \cos i + \sin i \sin i \cos \Delta\Omega_{j,k}] \quad (8-16)$$

得到轨道面 j 与轨道面 k 的交点在轨道面 j 与轨道面 k 内的相位 λ_j、λ_k 为

$$\begin{cases} \lambda_j = \arccos\left[\dfrac{\cos i + \cos i \cos C}{\sin i \sin C}\right] \\ \lambda_k = \arccos\left[\dfrac{\cos i + \cos i \cos C}{\sin i \sin C}\right] \end{cases} \quad (8-17)$$

令轨道面 j 中第 1 颗卫星 j_1 为基准星，当卫星 j_1 穿越轨道面 k 时，根据式(8-13)可得轨道面 k 中第 1 颗卫星 k_1 的相位为

$$k_1 = \lambda_j + \frac{360F}{N}(k - j) \quad (8-18)$$

由于轨道面内卫星间间距相等，在同一轨道面内的卫星相位差与卫星间距成整数倍，因此当知道两卫星间的相位差时，对相位差与卫星间距求商即可求得跨越卫星处于相邻卫星间的位置情况，即

$$G = \left|\frac{\Delta\varphi}{\Delta S}\right| = \left|\frac{N(\lambda_j - \lambda_k)}{360P} + \frac{F}{P}(k - j)\right| \quad (8-19)$$

其中，G 为穿越卫星在相邻平面中的位置，$\Delta\varphi$ 为 j_1 与 k_1 的相位差，ΔS 为卫星间间距。因此，可以得到卫星 j_1 与轨道面 k 的最小相位差为

$$\mathrm{d}\varphi_{j_1,k} = \min[\mathrm{ceil}(G) - G, G - \mathrm{fix}(G)] \quad (8-20)$$

其中，$\mathrm{d}\varphi_{j_1,k}$ 表示第 j 个轨道面第 1 颗卫星与第 k 个轨道面间的最小相位差。由于

两轨道面卫星分布相同,轨道面内卫星间相位相等,对平面 j 内任意卫星,都存在当卫星穿越轨道面 k 时,与轨道面 k 内卫星间相位差相等。因此,轨道面 j 和轨道面 k 之间的最小相位差 $\varphi_{j,k}$ 为

$$\varphi_{j,k} = \mathrm{d}\varphi_{j_1,k} \tag{8-21}$$

若两轨道面间最小相位差为 $\varphi_{j,k}$,则低轨大规模卫星星座卫星间的最小相位差 φ_c 为

$$\varphi_c = \min(\varphi_{j,k}), \quad j = 1, 2, \cdots, P-1, \quad k = j+1, \cdots, P \tag{8-22}$$

8.2.2 卫星星座构型参数与升交点赤经漂移量对轨道面最小相位差的影响

低轨大规模卫星星座轨道面最小相位差与卫星星座结构参数、轨道倾角和轨道平面升交点赤经差相关,而卫星星座最小相位差决定了低轨大规模卫星星座相位漂移量的大小,轨道面最小相位差越大,相位能够漂移的角度越大。因此,如何对卫星星座构型参数进行设计,使卫星间最小相位差值尽可能大,是卫星星座构型最大容许漂移量研究的重点。由于轨道面间的夹角不连续,造成不同轨道面之间卫星最小相位差值不连续,不能建立卫星星座构型漂移量与卫星星座构型参数的函数关系,因此本小节通过讨论卫星星座构型参数与轨道面最小相位差的关系,探讨卫星星座构型参数对卫星星座最大漂移量的影响。

1. 卫星星座构型参数对相邻轨道面最小相位差的影响

卫星星座结构参数 $N/P/F$、轨道倾角 i,轨道高度 h 是描述 Walker 星座构型的参数,其中 $N/P/F$ 相互制约,N 的取值影响 P 的取值范围,F 的取值范围也受到 P 的影响。不同的构型参数可以组成许多种不同形状的卫星星座,相邻轨道面最小相位差也不相同。因此,本小节按照控制变量方法讨论卫星数量、轨道面数量、相位因子和轨道倾角对相邻轨道面最小相位差的影响。

根据卫星最小相位差定义可得,卫星最小相位差为当卫星穿越异面轨道时与其他轨道面最接近卫星的相位差。由于轨道面内相邻卫星之间的相位差为 $2\pi P/N$,因此得到卫星最小相位差取值范围为 $[0, \pi P/N]$。

(1)卫星数量对最小相位差的影响

根据卫星最小相位差取值范围可知,随着卫星数量不断增大,在轨道面数量、相位因子和轨道倾角不变的情况下,卫星星座相邻卫星间的相位差值范围会不断减小,导致参考面与各轨道面最小相位差的取值范围变小。令卫星星座轨道倾角为 $60°$,初始卫星数量 N 为 300 颗,轨道面数 P 为 30 个,相位因子 $F=1$,每次增加与轨道面数量相同的卫星数进行仿真,得到卫星星座卫星数量与相邻轨道面卫星间最小相位差的关系曲线如图 8-13 所示。

从图 8-13 可以看出,当轨道面数量一定时,穿越卫星在穿越平面内与相邻两颗

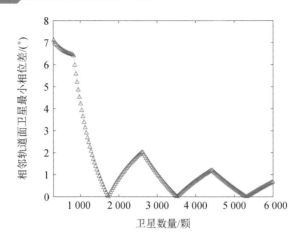

图 8-13　卫星星座卫星数量与相邻轨道面卫星间最小相位差的关系曲线

卫星的相对位置会随着卫星星座卫星数量的变化而变化。当卫星数量小于 900 颗时,卫星星座相邻轨道面卫星间最小相位差变化缓慢。而当卫星数量大于 900 颗时,卫星星座相邻轨道面卫星间的最小相位差随卫星数量的变化呈振幅不断下降和周期变大的周期振荡。因此,本小节以 900 颗卫星为分界线,认为由 900 颗以上卫星组成的卫星星座为低轨大规模卫星星座。

（2）轨道面数量对最小相位差的影响

当卫星数量、相位因子和轨道倾角固定,仅轨道面数量增加时,令卫星星座轨道倾角为 60°,卫星数量 N 为 1 200 颗,相位因子 $F=1$,仿真卫星轨道面数量从 3 个逐渐到 100 个情况下相邻轨道面卫星间最小相位差,得到如图 8-14 所示的关系曲线。

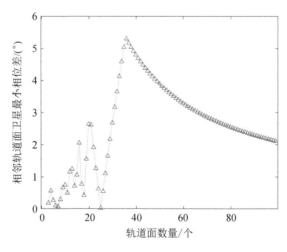

图 8-14　轨道面数量与相邻轨道面卫星间最小相位差的关系曲线

从图 8-14 可以看出,随着轨道面数量的增加,相邻轨道面卫星间最小相位差由波动变大到逐渐趋于稳定下降。这是由于当轨道面较少时,卫星星座最小相位差较小,升交点赤经差的变小导致相邻卫星间的相位变大,穿越卫星与穿越平面内相邻两颗卫星的最小相位差取值范围更大,因此会出现波动的情况。随着轨道面数量增多,卫星之间升交点赤经越来越小,虽然星座最小相位差取值范围逐渐变大,但随着轨道面逐渐接近,穿越卫星位置会逐渐接近穿越平面内具有相同编号的卫星,即星座最小相位差的值会不断趋于 Δu。

（3）相位因子对最小相位差的影响

当卫星数量、轨道面个数及轨道倾角固定,仅相位因子变化时,令卫星星座轨道倾角为 $60°$,卫星数量 N 为 1 200 颗,轨道面数量为 60 个,仿真相位因子从 $1\sim59$ 的卫星星座最小相位差,得到如图 8-15 所示的关系曲线。

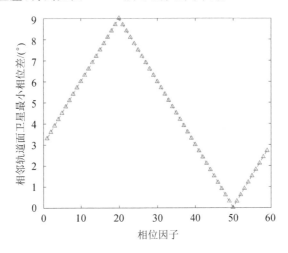

图 8-15　卫星星座相位因子与相邻轨道面卫星最小相位差的关系曲线

由于卫星数量和轨道面数量固定,因此可以得到卫星星座最小相位差取值范围为 $[0,9]$。从图 8-15 可以看出,卫星最小相位差与相位因子在取值范围内呈线性周期变化,可以通过调节相位因子得到合适的最小相位差值。

（4）轨道倾角对最小相位差的影响

当低轨大规模卫星星座结构参数固定,仅轨道倾角变化时,令卫星数量 N 为 1 200 颗,轨道面数量为 60 个,相位因子 $F=1$,仿真轨道倾角从 $30\sim89$ 的卫星星座最小相位差,得到如图 8-16 所示的关系曲线。

从图 8-16 可以看出,相邻轨道面卫星最小相位差随轨道倾角的增加单调递减。因此,当低轨大规模卫星星座结构参数固定时,卫星星座最小相位差可以通过轨道倾角进行调节。

综上所述,在低轨大规模卫星星座结构参数中,卫星数量和卫星轨道面数量既可以影响穿越卫星穿越平面内的位置,影响最小相位差的实际取值,还能影响最小

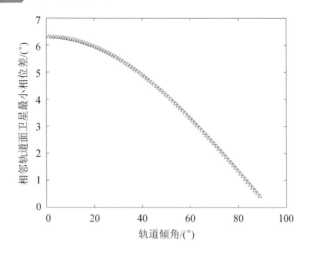

图 8-16　轨道倾角与相邻轨道面卫星最小相位差的关系曲线

相位差的最大取值范围,而相位因子和轨道倾角则只能调节穿越卫星穿越平面内的位置,影响最小相位差的实际取值。因此,卫星星座最小相位差受到多重因素的影响,在通常情况下卫星数量和轨道面数量都和卫星星座性能参数相关,当卫星数量和轨道面数量确定时,提出基于最小相位差的卫星星座构型参数协同设计方法,通过对相位因子和轨道倾角进行协同调节设计,调整卫星星座的最小相位差,设计出较优的卫星星座相位漂移量。

2. 升交点赤经漂移量对轨道面最小相位差的影响

在卫星星座构型参数一定的条件下,当卫星星座两轨道面确定时,轨道面间最小相位差仅与卫星星座轨道面间的夹角有关。对于卫星星座的标称轨道,轨道面间的夹角不会发生变化,此时升交点赤经漂移量为0,卫星星座相位漂移量为卫星星座所有轨道面最小相位差的1/2。然而,在实际情况下,由于星座卫星存在控制偏差以及受到摄动力的影响,因此升交点赤经会发生漂移,造成两轨道面升交点赤经差发生变化,导致轨道面最小相位差改变,最终影响卫星相位漂移量。

假设卫星星座标称构型参数为 $N/P/F$,轨道倾角为 i。根据卫星星座结构参数得到卫星星座在标称构型条件下相邻轨道面间的升交点赤经差为 $360/P$,因此,对标称轨道下任意两轨道面 j、$k(j<k\leqslant P)$,升交点赤经差为

$$\Delta\Omega_{j,k} = \frac{360}{P}(k-j) \qquad (8-23)$$

令卫星升交点赤经漂移量为 $\Delta\Omega$,假设卫星星座相邻轨道面卫星的漂移约束条件为轨道面不会重合,因此,可以推导出卫星升交点赤经漂移量约束为 $0\leqslant\Delta\Omega<180/P$,根据卫星升交点赤经漂移约束,得到任意两轨道面 j、k 的实际升交点赤经差范围为

$$\frac{360}{P}(k-j) - 2\Delta\Omega \leqslant \Delta\Omega_{j,k} \leqslant \frac{360}{P}(k-j) \quad (8-24)$$

令卫星数量 N 为 1 200 颗,轨道面数量为 60 个,相位因子 $F=1$,轨道倾角为 $60°$,仿真在不同升交点赤经漂移量下相邻轨道面卫星最小相位差,得到如图 8-17 所示的关系曲线。

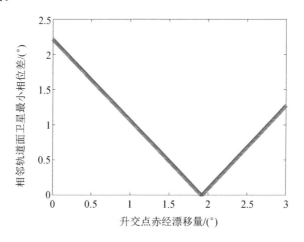

图 8-17　升交点赤经漂移量与相邻轨道面卫星最小相位差的关系曲线

从图 8-17 可以看出,升交点赤经漂移量与相邻轨道面卫星最小相位差呈线性关系,在与其他卫星发生交会前,升交点赤经漂移量越大,轨道面卫星相位差越小。将升交点赤经漂移量与相邻轨道的最小相位差拓展到所有轨道面,可以得到卫星星座最小相位差随升交点赤经漂移量的变化曲线如图 8-18 所示。

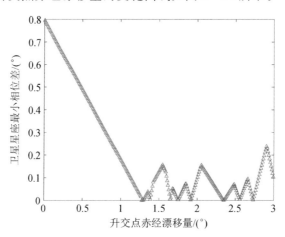

图 8-18　卫星星座最小相位差随升交点赤经漂移量的变化曲线

从图 8-18 中可以得到,当卫星保持在左边直线下方范围内漂移时,卫星不会与其他卫星发生碰撞,能够保证卫星运行安全;而当最小相位差达到 0 时,表示两卫星之间发生了碰撞,因此需要将最小相位差维持在第一次达到 0 之前的范围。而在这个区间内升交点赤经漂移量与星座卫星最小相位差之间满足线性约束关系,即

$$\varphi_c = a\Delta\Omega + b \tag{8-25}$$

其中,φ_c 为星座卫星最小相位差,a,b 为线性约束的系数,$\Delta\Omega$ 为升交点赤经漂移量。

8.3　低轨大规模卫星星座卫星最大漂移量分析

低轨大规模卫星星座在实际运行过程中由于误差的存在,卫星间的轨道位置存在偏差,在摄动力的作用下卫星间会产生相对漂移,在星座构型约束下,卫星相对位置漂移达到一定程度就可能导致它与其他轨道面卫星发生碰撞。因此,需要将低轨大规模卫星星座卫星的漂移约束在一定范围内。图 8-19 为卫星位置偏差引起的碰撞示意图。

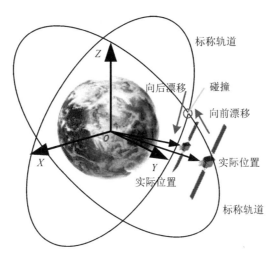

图 8-19　卫星位置偏差引起的碰撞示意图

低轨卫星主要受到地球非球形摄动、大气阻力摄动的作用,其中地球非球形摄动会引起相位漂移和升交点赤经漂移,大气阻力摄动不会引起升交点赤经漂移,但可以通过影响轨道半长轴间接引起相位漂移。摄动力引起的平均轨道根数长期变化率为

$$
\begin{cases}
\dot{\Omega} = -\dfrac{3J_2 R_e^2}{2p^2} n\cos i \\[3mm]
\dot{\lambda} = \dfrac{3J_2 R_e^2}{2p^2} n\left[\left(2 - \dfrac{5}{2}\sin^2 i\right) - \left(1 - \dfrac{3}{2}\sin^2 i\right)\sqrt{1-e^2}\right] \\[3mm]
\dot{a} = -C_D(S/m)\rho\,\dfrac{na}{(1-e^2)^{\frac{1}{2}}}(e+\cos f)(1+e^2+2e\cos f)^{\frac{1}{2}}
\end{cases} \tag{8-26}
$$

其中,J_2 为地球非球形摄动,$\dot{\Omega}$ 为升交点赤经漂移率,$\dot{\lambda}$ 为相位漂移率,$\dot{a}$ 为轨道半长轴衰减速率,R_e 为地球半径,p 为半通径,n 为卫星运动平均角速度,i 为轨道倾角,e 为偏心率,C_D 为大气阻力系数,ρ 为航天器所在位置的大气密度,S 为卫星面积,m 为卫星质量,f 为真近点角。

对于低轨大规模卫星星座,其偏心率可以近似看作 0,因此,升交点赤经漂移速率和相位漂移速率主要和轨道半长轴以及轨道倾角相关。由于大气阻力比较复杂,因此由大气引起的轨道衰减造成的半长轴变化也比较复杂,根据文献[8]可知,两卫星相位漂移量 Δu 主要和两卫星之间的平半长轴偏差相关,其公式为

$$\Delta u = \frac{1.5t\,\Delta a\,\sqrt{\mu}}{a^{2.5}} \qquad (8-27)$$

其中,μ 为地球引力常数,t 为时间,Δa 为两卫星相对半长轴偏差。升交点赤经漂移量 $\Delta\Omega$ 为

$$\Delta\Omega = \left(-\frac{7\Delta a}{2a} - \tan i\,\Delta i\right)\dot{\Omega}t \qquad (8-28)$$

其中,$\dot{\Omega}$ 为升交点赤经漂移率,Δi 为两卫星相对倾角偏差。

为了保证低轨大规模卫星星座轨道安全,需要对卫星进行机动控制,以维持卫星星座构型的稳定。常用的卫星星座构型保持策略有绝对构型保持策略和相对构型保持策略[9],绝对构型保持策略要求卫星的实际位置与设计轨道保持在一定范围内,保证卫星星座构型与设计构型一致;相对构型保持策略要求卫星的实际位置相对于基准星的位置保持在一定范围内,保证卫星星座的相对构型保持一致。

由文献[10]可知,绝对控制策略下的最大漂移量可根据"死区"的概念求解。由于卫星星座各卫星相对标称轨道的漂移是相互独立的,保证每颗卫星的相位漂移量为最小相位差的 1/2 以内,就可以避免它们在轨道面交点处的相遇,因此可以得到星座最大相位漂移量 θ_u 为

$$\theta_u = \frac{1}{2}\varphi_c \qquad (8-29)$$

相对控制策略下的最大漂移量根据卫星的相对运动求解,卫星的最小相位差为卫星相对运动能够达到的最大值,因此,卫星星座的最小相位差为卫星相对相位最大漂移量 $\theta_{u,\mathrm{rel}}$ 的约束,即

$$\theta_{u,\mathrm{rel}} = \varphi_c \qquad (8-30)$$

根据升交点赤经漂移量和最小相位差的约束关系与升交点赤经和相位随时间的漂移关系式可以得到,当等式 $\Delta u(t) = a\Delta\Omega(t) + b$ 成立时,升交点赤经和相位达到最大漂移量,同时也可以得到卫星星座构型维持控制一次的间隔时间。

8.4　基于最小相位差的卫星星座构型参数协同设计及最大漂移量仿真

在通常情况下,卫星星座卫星数量和轨道面数量的设计主要与卫星星座性能相关。因此,卫星星座构型安全主要与构型参数中的轨道倾角和相位因子相关。本节以星链一期卫星星座为研究对象,研究在卫星星座卫星数量和轨道面数量固定条件下,基于最小相位差的卫星星座构型参数协同设计方法、星链卫星星座构型参数条件下的最大容许漂移量和不同控制策略下的维持控制时间周期。

通过查阅文献资料可以得到星链一期卫星星座的卫星数量为 1 584 颗,轨道面数量为 72 个,轨道倾角为 53°。下面仅根据卫星数量和轨道面数量讨论相位因子与轨道倾角对卫星星座最小相位差的影响。考虑到美国本土最大纬度为 49°,因此,轨道倾角仿真范围为[49°,89°]。得到不同相位因子和轨道倾角下星座卫星最小相位差如图 8 - 20 所示。

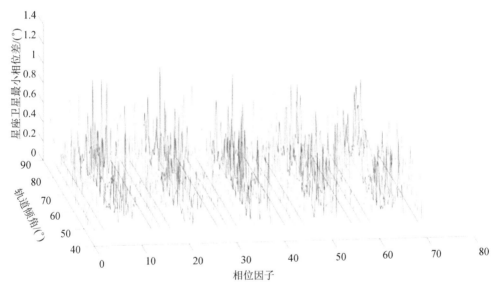

图 8 - 20　不同相位因子和轨道倾角下星座卫星最小相位差

在图 8 - 20 中,自变量为相位因子和轨道倾角,因变量为星座卫星最小相位差,通过计算固定相位因子下不同轨道倾角的最小相位差,可以得到每个相位因子下不同轨道倾角的星座最小相位差分布曲线。

由图 8 - 20 可知,不同相位因子和轨道倾角下星座最小相位差相差较大,为了保证星座的鲁棒性,防止因为误差或摄动力对轨道倾角的影响使星座最小相位差发生大的波动,需要对数据进行处理。将同一相位因子下,连续三个轨道倾角采样点的值都大于 0.37°作为约束条件,对不满足的数据进行剔除,然后只保留三个数中处于中间的数,经过处理后,得到的满足最小相位差条件的相位因子和轨道倾角数据,如表 8 - 7 所列。

表 8 - 7   满足最小相位差条件的相位因子和轨道倾角

相位因子	轨道倾角/(°)	星座最小相位差/(°)	相位因子	轨道倾角/(°)	星座最小相位差/(°)
15	71	0.751 0	57	57	0.674 0
19	80	0.752 4	57	58	0.758 3
25	65	0.765 0	63	76	0.685 3
33	53	0.397 2	63	77	0.920 0
33	86	0.664 3	63	78	0.642 4
41	58	0.445 4	65	81	0.478 5
47	84	0.789 5	69	88	0.507 2
54	55	0.659 2	.		

由于对星链卫星星座相位因子进行说明的文献资料较少,因此本节通过对星链卫星星座已部署构型进行反演求其相位因子。通过 Space-Track 网站下载了星链卫星星座卫星 2022 年 3 月 17 日的 TLE 数据,并将数据演化到同一时间输出,得到卫星星座构型情况如图 8 - 21 所示。

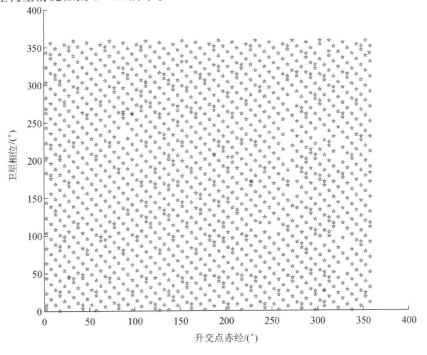

图 8 - 21   星链卫星星座构型情况

根据相邻平面对应序号的相位差公式 $F=360\Delta u/N$，代入数据求得星链卫星星座的相位因子为 32.797 6°，相位因子出现小数的原因是 TLE 数据本身以及轨道预报存在误差，在误差的作用下星座卫星存在漂移，因此可以推断得到星链卫星星座的相位因子为 33。

若仅从卫星星座构型安全的角度出发，则选择相位因子为 63、轨道倾角为 77°的参数更能保证卫星星座的安全，但卫星星座设计还需要综合考虑卫星星座服务性能、链路性能、稳定性能、可拓展性等各方面因素。经过综合考虑后选择相位因子为 33、轨道倾角为 53°的星链卫星星座构型参数，这也是卫星星座构型安全较优的解之一，证明了协同设计方法的合理性。

接下来求解星链卫星星座构型参数条件下的最大容许漂移量和不同控制策略下的维持控制时间周期。根据星链卫星星座结构参数，可以给出星链卫星星座升交点赤经漂移量与最小相位差的约束关系，如图 8－22 所示。

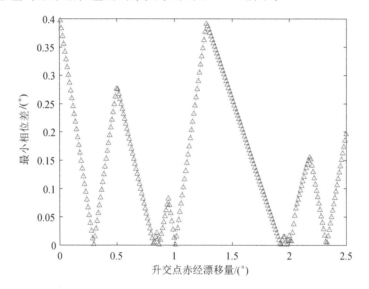

图 8－22　星链卫星星座升交点赤经漂移量与最小相位差的关系

根据图 8－22 可知，升交点赤经漂移量会引起最小相位差的波动变化，但在实际情况下，当最小相位差为 0 时，代表卫星之间已经发生碰撞，为了保证卫星星座构型安全，需要控制升交点赤经漂移量维持在最小相位差第一次达到 0 之前。因此，图 8－22 中左边的第一条直线为最小相位差与相位漂移量的有效约束曲线，根据曲线上的两点可以得到星链卫星星座升交点赤经漂移量与相位漂移量的关系为

$$\Delta u = -1.357\Delta\Omega + 0.409 \tag{8-31}$$

根据星链卫星星座升交点赤经漂移量与相位漂移量之间的约束关系，求解绝对控制策略和相对控制策略下星链卫星星座最大漂移量与星座实施维持控制的时间频率。

　　将工作轨道上星链卫星星座卫星 TLE 数据中的轨道倾角减去设计轨道倾角,可以得到卫星星座卫星相对设计轨道的倾角差,如图 8-23 所示。从图中可以得出,卫星实际轨道倾角与设计轨道倾角平均偏差约为 0.054°,两卫星轨道倾角相对平均偏差约为 0.004°。假设两卫星初始半长轴相对偏差为 10 m,相对控制策略下两卫星在轨道衰减过程中的相对半长轴偏差近似保持不变,得到相对控制策略下升交点赤经和相位漂移量随时间的漂移情况,如图 8-24 所示。

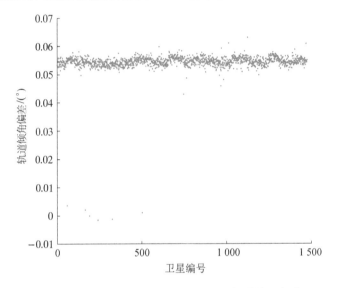

图 8-23　星链卫星轨道倾角相对设计轨道的倾角差

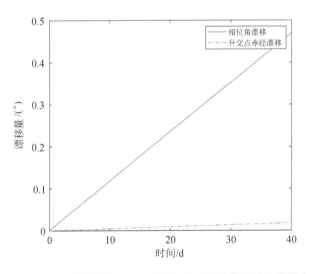

图 8-24　相对控制策略下升交点赤经和相位漂移量随时间的漂移情况

　　由于卫星实际轨道倾角与设计轨道倾角平均偏差约为 0.054°,因此假设卫星初始半长轴相对标称轨道为 10 m。由于星链卫星星座卫星所在轨道高度的每天轨道衰减量约为 10 m,因此近似考虑卫星每天轨道高度衰减量为 10 m,得到绝对控制策略下升交点赤经和相位随时间的漂移情况,如图 8 - 25 所示。

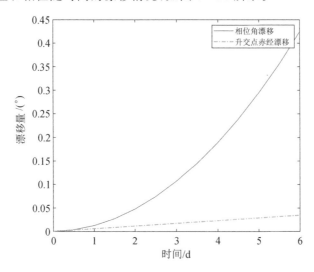

图 8 - 25　绝对控制策略下升交点赤经和相位漂移量随时间的漂移情况

由图 8 - 24 可知,在相对控制策略下,升交点赤经漂移曲线呈线性,相位漂移曲线也呈线性,星链卫星星座卫星升交点赤经和相位最大漂移量分别为 0.01°、0.38°,实施一次维持控制的时间间隔为 33 天。由图 8 - 25 可知,在绝对控制策略下,升交点赤经漂移曲线呈线性,相位漂移曲线呈抛物线,星链卫星星座卫星升交点赤经和相位最大漂移量分别为 0.03° 和 0.15°,实施一次维持控制的时间间隔约为 4 天,若对相位进行偏置控制,则控制时间可以延长到约 8 天维持控制一次。通过对两种控制策略进行对比可知,在相同卫星星座构型参数约束条件下,相对控制策略能够有效延长卫星星座构型控制时间。

参考文献

[1] 白显宗. 空间目标轨道预报误差与碰撞概率问题研究[D]. 长沙:国防科学技术大学, 2013.

[2] 刁宁辉,刘建强,孙从容,等. 基于 SGP4 模型的卫星轨道计算[J]. 遥感信息, 2012,27(4):64-70.

[3] 刘一帆. 基于 SGP4 模型的低轨道航天器轨道预报方法研究[D]. 哈尔滨:哈尔滨工业大学, 2009.

[4] 韩蕾,陈磊,周伯昭. SGP4/SDP4 模型用于空间碎片轨道预测的精度分析[J]. 中

国空间科学技术,2004(4):67-73.

[5] PETERSON G E, GIST R G, OLTROGGE D L. Covariance generation for space objects using public data[C]//AAS/AIAA Space FlightMechanics Meeting, 2001: 201-214.

[6] 苍中亚. 低轨空间目标轨道预报的精度改进及应用[D]. 南京:南京信息工程大学,2016.

[7] 张育林. 卫星星座理论与设计[M]. 北京:科学出版社,2008.

[8] 孙俞,沈红新. 基于 TLE 的低轨巨星座控制研究[J]. 力学与实践,2020,42(2): 156-162.

[9] WERTZ J R. Mission geometry: orbit and constellation design and management[M]. Dordrecht:Microcosm Press&kluuer Academic Publishers,2001.

[10] 钱山,李恒年,张力军,等. 全球导航星座构型维持"死区"分析[C]//第五届中国卫星导航学术年会论文集－S3 精密定轨与精密定位.2014:82-85.

第 9 章
低轨大规模卫星星座外部安全性分析方法

低轨大规模卫星星座在长期的运行过程中可能因故障失效、碰撞和维持飞行任务等产生空间碎片,造成空间物体密度不断变大,增加了卫星星座未来面临的碰撞风险。而低轨大规模卫星星座卫星在空间中的分布具有一定的规律性,其空间背景中的绝大多数空间目标具有较短的运行周期,短期内就能够与低轨大规模卫星星座发生多次交会,随着空间碎片不断增多,发生交会的次数也会更多。因此,基于当前空间环境下的低轨大规模卫星星座发生的交会碰撞情况可以作为卫星星座未来可能面临的交会碰撞的重要参考指标。

由于航天器和空间碎片都主要集中在低地球轨道区域,而低轨大规模卫星星座也具有大量卫星,若使用传统两两分析的方法求解两个目标的交会碰撞,则需要大量的计算,因此如何对交会碰撞进行快速、准确的求解是研究的重点。

为了便于对空间编目目标的轨道进行预报,本章介绍基于 TLE 的短期碰撞问题研究。首先,对空间中的编目目标进行远–近地点分析,筛选出可能与低轨大规模卫星星座轨道发生交会的目标,再基于时间窗口筛选,筛出可能发生交会的轨道弧段;其次,使用空间离散体积元进一步筛选可能发生碰撞的目标,基于空间目标间的相对距离判断目标是否会发生近距离接近;再次,对可能碰撞的目标使用拉格朗日插值法得到最接近时刻和运动状态,通过第 8 章拟合出的位置误差标准差曲线,得到该时刻位置误差协方差矩阵,使用基于拉普拉斯变换的碰撞概率计算方法得到低轨大规模卫星星座短期碰撞风险计算模型;最后,基于该模型对星链卫星星座进行仿真计算,分析卫星星座短期的碰撞风险。

9.1　低轨大规模卫星星座与空间碎片短期安全性分析

9.1.1　空间目标接近分析

随着空间目标数量的不断增长,截至 2022 年 3 月 8 日,所有编目目标数量达到 52 000 多个,仍在轨的编目目标有 26 000 多个。空间编目目标随时间变化情况如图 9–1 所示。这些编目目标分布在各个高度的轨道上,其中大部分目标对低轨大规模卫星星座所在轨道不构成安全威胁。因此,为了减少计算量,便于准确快速地进行碰撞概率计算,需要尽可能筛掉对低轨大规模卫星星座不具有安全威胁的目标。

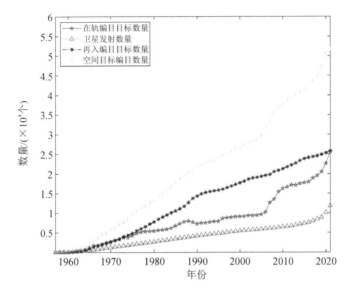

图 9 - 1 空间编目目标随时间变化情况

常用的空间目标接近筛选方法有:基于远-近地点筛选、基于轨道面交线高度差筛选、基于纬度幅角筛选等。与单个空间目标接近相比,低轨大规模卫星星座卫星数量多且均匀分布在整个轨道所在壳层,形成了一个球形包络面,任意穿越该卫星星座壳层的卫星都有可能与卫星星座发生碰撞。采用基于纬度幅角筛选需要对空间目标进行两两计算和判别使得计算量增大,而采用基于轨道面交线高度差筛选对低轨大规模卫星星座接近分析则直接失效。

因此,本小节根据目标间的几何关系,结合低轨大规模卫星星座的特点和运动特性,采用基于远-近地点筛选、时间窗口筛选、空间离散体积元筛选、相对位置筛选和拉格朗日插值法对大规模空间目标的接近情况进行分析。筛选流程为:首先,采用远-近地点筛选,能够剔除不会发生碰撞的空间目标;其次,采用时间窗口筛选,基于目标轨道高度和穿越壳层时的纬度,剔除不会发生碰撞的弧段;再次,采用空间离散体积元筛选出相互之间可能会发生碰撞的目标,采用相对位置筛选对离散体积元内的目标距离进行两两判断,最终筛选出可能发生碰撞的两个目标;最后,采用拉格朗日插值方法通过轨迹拟合,求出两目标最接近时刻和此时的运动状态。根据最接近时刻的运动状态,利用碰撞概率计算方法,即可求出空间交会目标发生碰撞的概率。

1. 基于远-近地点筛选

在确定低轨大规模卫星星座部署轨道高度以后,星座卫星会运行在部署轨道一定区域范围内,这个区域范围称为星座壳层。空间目标轨道与该壳层有三种状态:相交、包含于壳层以及相离。其中,与壳层相交或包含于壳层内的空间目标轨道可能会与星座卫星发生碰撞,当空间目标轨道与壳层相离时,卫星与星座则不会发生碰撞。因此,可以根据目标轨道远-近地点的几何关系初步筛选出可能与星座壳层发生碰撞的目标。空间目标远-近地点与壳层相离示意图如图 9 - 2 所示。

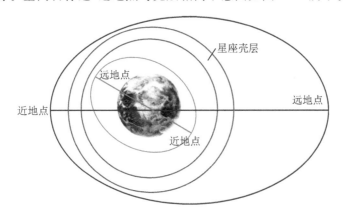

图 9 - 2　空间目标远-近地点与壳层相离示意图

令星座壳层高度为 D,星座卫星标称轨道半长轴为 a,空间目标 S 的远-近地点分别为 Apog_S、Perg_S;由于低轨大规模卫星星座卫星偏心率近似为 0,星座标称轨道半径可以近似等于 a。如图 9 - 2 所示,将空间目标远-近地点与星座壳层上、下界做比较,若近地点大于星座壳层上界半径,或者远地点小于星座壳层下界半径,则该目标被认为不具有威胁,是应该剔除的目标。通过远-近地点与星座壳层上、下界筛选的表达式为

$$\text{Perg}_S > a + D/2 \parallel \text{Apog}_S < a - D/2 \tag{9-1}$$

2. 基于时间窗口筛选

经过远-近地点初步筛选后,将筛选出来的空间目标进行后续筛选。低轨大规模卫星星座卫星运行在星座壳层内,空间目标只有运行到星座壳层内才有可能与星座卫星发生碰撞。因此,当空间目标的轨道高度处于壳层高度区间范围外时,可以排除它与星座卫星发生碰撞的可能。

令空间目标在 t 时刻预报的位置速度为 $\rho_S(\boldsymbol{r}(t), \boldsymbol{v}(t))$,得到在 t 时刻空间目标的矢径为

$$r(t) = \sqrt{\boldsymbol{r}_x^2(t) + \boldsymbol{r}_y^2(t) + \boldsymbol{r}_z^2(t)} \tag{9-2}$$

星座壳层高度区间为 $[a - D/2, a + D/2]$,可以得到空间目标与星座卫星可能发生碰撞的时间窗口为

$$a - D/2 < r(t) < a + D/2 \tag{9-3}$$

此外,不同低轨大规模卫星星座轨道倾角不同,星座壳层能够覆盖的纬度范围也各不相同,空间目标在穿越壳层时可能以高于星座壳层覆盖纬度穿过,因此还需要对可能发生碰撞的时间窗口内的轨道弧段进行分析,比较卫星所处时刻的纬度是

否处于星座壳层覆盖的纬度范围内。

空间目标 S 的轨道倾角为 i_S，根据相位与纬度的关系可以得到

$$\delta_S = \arcsin(\sin i_S \sin u_S) \qquad (9-4)$$

其中，u_S 为空间目标 S 的相位，δ_S 为空间目标 S 的纬度。当空间目标 S 在窗口范围内的纬度大于星座的轨道倾角 i 与轨道倾角偏置量 Δi 时，认为空间目标不会与星座卫星发生碰撞，应当将它剔除掉，筛选表达式为

$$\delta_S > i + \Delta i \qquad (9-5)$$

3. 基于空间离散体积元接近分析

经过远-近地点筛选和时间窗口筛选保留的目标与星座壳层存在交集，与星座卫星发生碰撞的可能性较高。若采用两两计算的方法判断这些空间目标的碰撞，则其计算复杂度随星座卫星数量和空间目标数量呈二阶增长，不适用于卫星数量较多的低轨大规模卫星星座。将星座壳层划分成若干个空间体积元，通过在每个体积元中判断是否同时存在两个目标，筛选出可能发生碰撞的目标，此时计算复杂程度与星座卫星数量以及空间目标数量呈线性增长，对于数量巨大的模型，可以大幅度降低计算复杂度，提高碰撞计算效率。

本小节使用的空间目标轨道是在 J2000 惯性坐标系下定义的，因此，离散体积元坐标系同样定义为在 J2000 惯性坐标系下，星座壳层以地心为中心，沿地心距、经度和纬度三个方向建立的球坐标。空间离散体积元以 $r_{\min}$、$\lambda_{\min}$、$\varphi_{\min}$ 为起点，按照间隔 Δh、$\Delta\lambda$、$\Delta\varphi$ 将分布空间划分成若干空间体积元。图 9-3 为空间体积元示意图。

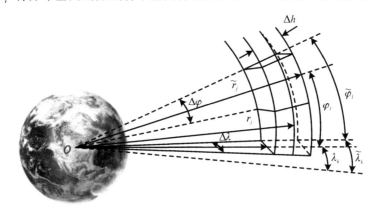

图 9-3 空间体积元示意图

根据图 9-3 可以得到，空间体积元 $C_{j,k,l}$ 在三个方向的坐标为

$$\begin{cases} \tilde{r}_j = r_{\min} + j\Delta h, & j = 0,1,2,\cdots,J \\ \tilde{\lambda}_k = \lambda_{\min} + k\Delta\lambda, & k = 0,1,2,\cdots,K \\ \tilde{\varphi}_l = \varphi_{\min} + l\Delta\varphi, & l = 0,1,2,\cdots,L \end{cases} \qquad (9-6)$$

空间体积元 $C_{j,k,l}$ 的空间中心表示为

$$\begin{cases} r_j = \tilde{r}_j - \Delta h/2, & j=1,2,\cdots,J \\ \lambda_k = \tilde{\lambda}_k + \Delta\lambda/2, & k=1,2,\cdots,K \\ \varphi_l = \tilde{\varphi}_l + \Delta\varphi/2, & l=1,2,\cdots,L \end{cases} \tag{9-7}$$

体积元划分要兼顾计算量、存储量和精度等要素。离散体积元越大，需要遍历的空间体积元数量越少，卫星的轨道数据在空间体积元内更完整，但同时多个目标出现在同一体积元内的可能性越大，需要对空间目标相对距离进行两两判断的计算次数越多。离散体积元越小，虽然同时出现在同一个体积元的目标数量减少了，但目标的轨道数据容易漏掉，且需要花费更多的时间遍历更多的体积元。因此，合理设置离散体积元大小成为接近分析的关键。

低轨大规模卫星星座卫星轨道面沿升交点赤经方向均匀分布，且轨道面内卫星之间相位相等，根据公式(8-15)可知，两卫星之间相距的纬度相等，因此，本小节的划分方法以相邻轨道面升交点赤经差、轨道面内两卫星间相邻纬度差作为经度和纬度划分的标准，选择略小于标准的参数进行划分，保证初始时候每个体积元内低轨大规模卫星星座卫星较少的同时还能增大体积元的体积，使空间目标在体积元内轨迹具有连续性。

此外，由于离散体积元大小沿纬度方向不断变小，为了处理星座壳层两极附近的体积元，常用的方法是引入最大纬度，将每个高度层内大于最大纬度 φ_0 的体积元合并为同一体积元。

4. 基于相对位置筛选

当空间目标处于同一空间体积元内的时候，目标之间可能会发生碰撞，此时可以通过接近距离判断卫星之间是否发生碰撞。由于空间目标的姿态是未知的，因此将空间目标当作一个包络球进行计算，当两目标质心之间的距离小于联合半径 R 的时候，即当 $|r_{\text{rel}}| < R$ 时，就认为两目标发生了碰撞。

由于空间目标的真实位置具有随机偏差，当两目标的误差椭球发生相交时，两目标也可能发生碰撞，因此还需要考虑因位置随机偏差导致的碰撞。根据"3σ"法则，空间目标的真实位置大概率存在于这一误差范围内，因此，可以基于"3σ"法则对相对位置进行判断以确定是否发生碰撞。

令两个空间目标在轨道坐标系中的位置误差方阵为

$$\text{var}(r_1) = \begin{bmatrix} \sigma_{N_1}^2 & & \\ & \sigma_{T_1}^2 & \\ & & \sigma_{W_1}^2 \end{bmatrix}, \quad \text{var}(r_2) = \begin{bmatrix} \sigma_{N_2}^2 & & \\ & \sigma_{T_2}^2 & \\ & & \sigma_{W_2}^2 \end{bmatrix} \tag{9-8}$$

两个目标在地心惯性坐标系中的相对位置矢量的误差方差矩阵为

$$\text{var}(r_{\text{ECI}}) = \text{var}(r_1 - r_2) = \boldsymbol{M}_{\text{NTW}\to\text{ECI}}[\text{var}(r_1) + \text{var}(r_2)]\boldsymbol{M}_{\text{NTW}\to\text{ECI}}^{\text{T}} \tag{9-9}$$

根据"3σ"法则，当两个空间目标可能发生碰撞时，两个目标之间的相对距离满足的

条件为

$$|\boldsymbol{r}_2 - \boldsymbol{r}_1| < 3|\sigma_{r_{\text{ECI}}}| + R \tag{9-10}$$

其中，$\boldsymbol{r}_2$ 和 $\boldsymbol{r}_1$ 为空间目标在惯性坐标系中的位置矢量，$\sigma_{r_{\text{ECI}}}$ 为惯性坐标系中的联合误差距离。

5. 基于拉格朗日插值法的接近分析

经过相对位置筛选后保留的空间目标认为是最终会发生碰撞的目标。但现实中轨道预报通常需要采用一定的步长，步长不可能无限小，轨迹无法连续，因此需要根据空间目标在空间体积元内的轨迹进行插值，通常使用拉格朗日插值法对轨道进行拟合，求出轨道的曲线方程。

已知空间体积元内两个目标最接近轨迹点的时刻是 t_i，令其中一个空间目标的位置矢量为 $\boldsymbol{r}(t_i)$，选择最接近时刻轨迹点前后各两个轨迹点与最接近轨迹点共五个点作为插值点进行多项式插值，根据拉格朗日插值法得到构造函数为

$$f_k(t) = \prod_{\substack{1 \leqslant j \leqslant 5 \\ j \neq k}} \frac{(t - t_j)}{(t_k - t_j)} \tag{9-11}$$

因此，可以得到目标轨道的拉格朗日插值拟合曲线方程为

$$\boldsymbol{f}(t) = \sum_{k=1}^{5} \boldsymbol{r}(t_k) f_k(t) \tag{9-12}$$

由于拟合曲线是四次多项式，并且插值点已知，因此可令拉格朗日插值拟合曲线方程为

$$\boldsymbol{f}(t) = \boldsymbol{a}_0 + \boldsymbol{a}_1 t + \boldsymbol{a}_2 t^2 + \boldsymbol{a}_3 t^3 + \boldsymbol{a}_4 t^4 \tag{9-13}$$

因此，可以得到线性曲线的方程组为

$$\begin{bmatrix} \boldsymbol{r}_1 \\ \boldsymbol{r}_2 \\ \boldsymbol{r}_3 \\ \boldsymbol{r}_4 \\ \boldsymbol{r}_5 \end{bmatrix} = \begin{bmatrix} 1 & t_1 & t_1^2 & t_1^3 & t_1^4 \\ 1 & t_2 & t_2^2 & t_2^3 & t_2^4 \\ 1 & t_3 & t_3^2 & t_3^3 & t_3^4 \\ 1 & t_4 & t_4^2 & t_4^3 & t_4^4 \\ 1 & t_5 & t_5^2 & t_5^3 & t_5^4 \end{bmatrix} \begin{bmatrix} \boldsymbol{a}_0 \\ \boldsymbol{a}_1 \\ \boldsymbol{a}_2 \\ \boldsymbol{a}_3 \\ \boldsymbol{a}_4 \end{bmatrix} \tag{9-14}$$

根据式（9-14）可以求得曲线的系数，得到目标轨迹拟合方程 $\boldsymbol{f}(t)$ 的表达式。同理，可以得到目标速度拟合方程表达式 $\dot{\boldsymbol{f}}(t)$。

由于两个目标相对距离矢量 $\boldsymbol{r}_{\text{rel}}(t_i)$ 为

$$\boldsymbol{r}_{\text{rel}}(t_i) = \boldsymbol{r}_2(t_i) - \boldsymbol{r}_1(t_i) \tag{9-15}$$

因此，可以得到相对位置矢量 $\boldsymbol{f}_{\text{rel}}(t)$ 随时间变化的表达式为

$$\boldsymbol{f}_{\text{rel}}(t) = \boldsymbol{f}_2(t) - \boldsymbol{f}_1(t) \tag{9-16}$$

当相对距离达到最小值时，此时为最接近时刻 τ_C，有

$$\frac{\mathrm{d}|\boldsymbol{f}_{\text{rel}}(t)|}{\mathrm{d}t}\bigg|_{t=\tau_c} = 0 \tag{9-17}$$

根据式(9-17)能够得到在五个轨迹点区间范围内最接近的时刻,将 $t=\tau_C$ 时刻带入 $f_1(t),f_2(t)$,即可得到空间两个碰撞目标在交会点的运动状态。

9.1.2　空间目标交会碰撞概率计算方法

描述空间物体碰撞常用的方法有最小距离法和碰撞概率法,最小距离法存在虚警较多且不能提供量化指标评估交会碰撞风险的缺点,因此目前广泛采用碰撞概率法对空间两个目标间的碰撞风险进行评估。

两个空间交会目标碰撞概率的定义为具有预报误差的空间物体相对距离小于联合半径的概率[1]。空间物体的误差分布通常使用质心的误差椭球来描述,两空间交会目标的概率可以将目标在轨道坐标系上的误差椭球进行坐标转换到同一坐标系下进行计算,通过指定一空间目标质心为坐标轴的中心,建立相遇平面为基准平面。将两个独立的误差椭球形成联合误差椭球,然后把联合误差椭球投影到相遇坐标系(ECTR)中,再根据误差投影的概率分布函数对另一目标出现在联合半径区域的概率进行积分即得到交会目标的碰撞概率[2]。

1. 基本假设及坐标转换计算

由于对象为低地球轨道目标,可知两个目标发生相遇时相对速度非常快,因此当计算某时刻碰撞概率时,作出如下假设:

① 空间各目标的位置误差协方差相互独立。

② 空间目标在相遇时刻的运动为线性且保持匀速。

③ 空间目标尺寸等效为半径已知的球体。

④ 空间目标在相遇期间的位置误差可以用三维高斯分布描述,且在某时刻位置误差协方差保持不变。

图 9-4 所示为当两个空间目标发生交会时的位置误差椭球示意图。

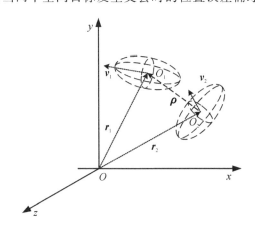

图 9-4　交会目标在空间中的位置误差椭球示意图

当空间中两个目标相对距离小于一定阈值时,认为两个目标间可能会发生碰撞,根据假设,空间中目标的位置误差满足高斯分布,因此位置误差可以表示为

$$\xi(\boldsymbol{r}_{\text{rel}}) = \frac{1}{\sqrt{(2\pi)^3 \det(\boldsymbol{C})}} e^{-\frac{1}{2} \boldsymbol{r}_{\text{rel}}^{\text{T}} \boldsymbol{c}_{\text{rel}}^{-1}} \tag{9-18}$$

其中,$\boldsymbol{r}_{\text{rel}} = \boldsymbol{r}_2 - \boldsymbol{r}_1$ 为两个目标间的相对距离矢量,$\boldsymbol{C}$ 为由两个目标各自的误差形成的联合误差协方差矩阵。对位置误差在联合误差椭球区域进行积分可得碰撞概率

$$P_{\text{c}} = \frac{1}{\sqrt{(2\pi)^3 \det(\boldsymbol{C})}} \iiint\limits_{V} e^{-\frac{1}{2} \boldsymbol{r}_{\text{rel}}^{\text{T}} \boldsymbol{c}_{\text{rel}}^{-1}} \tag{9-19}$$

为了减少计算量,将三维积分转化为二维积分,定义与两个目标相对速度矢量垂直的平面 A 为相遇平面,将相遇平面作为计算碰撞概率的二维平面,即可消去速度方向的误差。

在平面 A 上建立相遇坐标系,以航天器 O_1(主目标)为坐标原点,x_{e} 轴指向航天器 O_2(从目标),z_{e} 轴指向两个目标间相对速度的方向,y_{e} 轴与 x_{e} 轴、z_{e} 轴构成右手坐标系。图 9-5 所示为相遇坐标系中两个航天器的误差椭球分布。

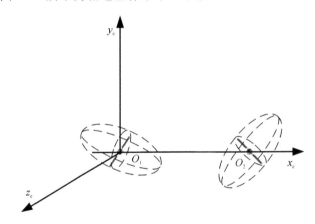

图 9-5 相遇坐标系中两个航天器的误差椭球分布

可以得到在最接近时刻相遇坐标系在惯性坐标系中的坐标表示为

$$\begin{cases} \boldsymbol{i}_{\text{e}} = \dfrac{\boldsymbol{r}_{\text{rel}}(t_{\text{TCA}})}{|\boldsymbol{r}_{\text{rel}}(t_{\text{TCA}})|} \\[3mm] \boldsymbol{k}_{\text{e}} = \dfrac{\dot{\boldsymbol{r}}_{\text{rel}}(t_{\text{TCA}})}{|\dot{\boldsymbol{r}}_{\text{rel}}(t_{\text{TCA}})|} \\[3mm] \boldsymbol{j}_{\text{e}} = \boldsymbol{k}_{\text{e}} \times \boldsymbol{i}_{\text{e}} \end{cases} \tag{9-20}$$

因此,得到地心惯性坐标系到相遇坐标系的转移矩阵 $\boldsymbol{M}_{\text{ECI} \rightarrow \text{ECTR}}$ 为

$$\boldsymbol{M}_{\text{ECI} \rightarrow \text{ECTR}} = (\boldsymbol{i}_{\text{e}}, \boldsymbol{j}_{\text{e}}, \boldsymbol{k}_{\text{e}})^{\text{T}} \tag{9-21}$$

根据 NTW 轨道坐标系和地心惯性坐标系的关系,以及地心惯性坐标系与相遇坐标系之间的关系,得到 $\boldsymbol{M}_{\text{NTW} \rightarrow \text{ECTR}}$ 之间的关系为

$$\boldsymbol{M}_{\text{NTW}\to\text{ECTR}} = \boldsymbol{M}_{\text{ECI}\to\text{ECTR}} \boldsymbol{M}_{\text{ECI}\to\text{NTW}}^{\text{T}} \tag{9-22}$$

2. 碰撞概率计算方法

位置误差协方差矩阵可由第 8 章拟合出的位置误差标准差传播曲线给出。根据不同类型的空间目标,将沿 NTW 轨道坐标系三个方向的位置误差标准差曲线带入协方差矩阵中,得到两个空间目标在相遇坐标系中的误差协方差随时间的变化为

$$\begin{cases} \boldsymbol{C}_{r_1} = \boldsymbol{M}_{\text{NTW}\to\text{ECTR}} \boldsymbol{C}_1 \boldsymbol{M}_{\text{NTW}\to\text{ECTR}}^{\text{T}} \\ \boldsymbol{C}_{r_2} = \boldsymbol{M}_{\text{NTW}\to\text{ECTR}} \boldsymbol{C}_2 \boldsymbol{M}_{\text{NTW}\to\text{ECTR}}^{\text{T}} \end{cases} \tag{9-23}$$

位置矢量在相遇坐标系的均值为

$$\begin{cases} \boldsymbol{\mu}_{r_1} = (\boldsymbol{0}, \boldsymbol{0}, \boldsymbol{0})^{\text{T}} \\ \boldsymbol{\mu}_{r_2} = \boldsymbol{M}_{\text{ECI}\to\text{ECTR}} (\boldsymbol{r}_{\text{rel}}(t_{\text{TCA}}), \boldsymbol{0}, \boldsymbol{0})^{\text{T}} \end{cases} \tag{9-24}$$

联合误差椭球的误差协方差矩阵为

$$\begin{cases} \boldsymbol{\mu}_c = \boldsymbol{\mu}_{r_1} + \boldsymbol{\mu}_{r_2} \\ \boldsymbol{C}_c = \boldsymbol{C}_{r_1} + \boldsymbol{C}_{r_2} \end{cases} \tag{9-25}$$

因此,得到相遇坐标系中联合误差椭球的三维高斯分布概率密度函数为

$$\rho(\boldsymbol{x}_e) = \frac{1}{\sqrt{(2\pi)^3 \det(\boldsymbol{C}_c)}} e^{-\frac{1}{2}(\boldsymbol{x}_c - \boldsymbol{\mu}_c)^{\text{T}} \boldsymbol{C}_c^{-1}(\boldsymbol{x}_c - \boldsymbol{\mu}_c)} \tag{9-26}$$

将联合位置误差椭球投影到相遇平面并旋转相遇坐标系为计算坐标系,使计算坐标系的 x_e 轴与联合位置误差椭圆长半轴的方向一致,则计算坐标系中的联合位置误差椭圆域积分得到碰撞概率表达式为

$$P_c = \iint\limits_{x^2+y^2 \leq R_c^2} \frac{1}{2\pi\sigma_x\sigma_y} \exp\left\{ -\frac{1}{2} \left[\frac{(x-\mu_x)^2}{\sigma_x^2} + \frac{(y-\mu_y)^2}{\sigma_y^2} \right] \right\} \mathrm{d}x\mathrm{d}y \tag{9-27}$$

其中,R_c 为两个目标联合圆域的有效半径,μ_x、μ_y、σ_x、σ_y 分别为联合误差椭圆域在计算坐标系 x 轴和 y 轴方向的位置误差均值与方差。

式(9-27)将碰撞概率的计算转化为在圆域内对二维概率密度函数的积分问题,针对这个积分,目前常用的方法为数值法和解析法。常用的数值法有 Foster 方法、Patera 方法和 Alfano 方法,广泛使用的解析法为 Chan 方法[3]。数值法计算量较大,不适用于大规模目标运算;而解析法计算速度快,精度在可接受范围,并且解析法中的 Chan 方法不仅是 CDM 推荐标准的四种方法之一,而且其计算速度较快、结果较准确,适用于低轨大规模卫星星座碰撞概率计算。然而传统的 Chan 方法对积分域进行了近似,得到的新积分模型与原初始积分模型存在无法准确衡量的偏差[4],文献[5]针对 Chan 方法中的缺陷进行了改进,提出了幂级数项数的计算方法,提高了计算精度和速度,本小节使用该方法求解碰撞概率为

$$P_c = e^{(-pR^2)} \cdot \sum_{k=0}^{+\infty} \frac{a_k R^{2(k+1)}}{(k+1)!} \tag{9-28}$$

$$\begin{cases} a_0 = \dfrac{1}{2\sigma_x\sigma_y}\exp\left[-\dfrac{1}{2}\left(\dfrac{\mu_x^2}{\sigma_x^4}+\dfrac{\mu_y^2}{\sigma_y^4}\right)\right] \\[2mm] a_1 = a_0 + p\left(1+\dfrac{\eta}{2}+\dfrac{Q_x+Q_y}{p}\right) \\[2mm] a_2 = \dfrac{a_0}{2}p^2\left[\left(1+\dfrac{\eta}{2}+\dfrac{Q_x+Q_y}{p}\right)^2+\left(1+\dfrac{\eta^2}{2}+\dfrac{\eta Q_x}{p}\right)\right] \\[2mm] a_3 = \dfrac{a_0}{6}p^3\left[\left(1+\dfrac{\eta}{2}+\dfrac{Q_x+Q_y}{p}\right)^3+3\left(1+\dfrac{\eta}{2}+\dfrac{Q_x+Q_y}{p}\right)+\left(1+\dfrac{\eta^2}{2}+\dfrac{2\eta Q_x}{p}\right)\right]+ \\[2mm] \qquad \dfrac{a_0}{3}p^3\left(1+\dfrac{\eta^3}{2}+\dfrac{3\eta Q_x}{p}\right) \\[2mm] \cdots\cdots \\[2mm] a_{k+4} = \dfrac{1}{k+4}\left\{-p^3\eta^2 Q_y a_k+p^2\eta\left[p\eta\left(k+\dfrac{5}{2}\right)+2Q_y\left(\dfrac{\eta}{2}+1\right)\right]a_{k+1}\right\}- \\[2mm] \qquad \dfrac{p}{k+4}\left[p\eta\left(\dfrac{\eta}{2}+1\right)(2k+5)+\eta\left(2Q_y+\dfrac{3p}{2}\right)+Q_x+Q_y\right]a_{k+2}+ \\[2mm] \qquad \dfrac{1}{k+4}\left[p(2\eta+1)(k+3)+p\left(\dfrac{\eta}{2}+1\right)+Q_x+Q_y\right]a_{k+3} \end{cases}$$

$$(9-29)$$

其中,R 为两个目标联合球体的半径,p 为待定因子,其他参数为

$$\begin{cases} \eta = 1-\dfrac{\sigma_y^2}{\sigma_x^2} \\[3mm] Q_x = \dfrac{\mu_x^2}{4\sigma_x^4} \\[3mm] Q_y = \dfrac{\mu_y^2}{4\sigma_y^4} \end{cases}$$

$$(9-30)$$

其中,μ_x 和 μ_y 为误差期望值,σ_x 和 σ_y 为概率计算坐标系中的标准差。

根据目前的碰撞评估原则,当交会卫星的碰撞概率小于 10^{-5} 时,说明此次交会无风险;当交会卫星的碰撞概率达到 10^{-5} 时,说明此次交会事件比较危险,需要密切关注交会卫星的运动状态,在不影响任务以及不损伤结构的情况下,可以选择规避机动;当交会卫星的碰撞概率达到 10^{-4} 时,表明交会事件很危险,需要实施规避机动措施。

对低轨大规模卫星星座而言,如果在卫星星座轨道附近没有其他低轨大规模卫星星座或卫星星座轨道层间距较大,则选择霍曼转移的方式进行规避机动能够节省燃料;若在卫星星座轨道附近有其他低轨大规模卫星星座或卫星星座轨道层间距较小,为了避免与其他星座或者轨道层的卫星发生碰撞,则可以寻找一条停泊轨道,卫星通过霍曼转移的方式机动到停泊轨道,当碰撞风险解除后,再通过霍曼转移的方式回到原来的轨道。

9.2　低轨大规模卫星星座与空间碎片长期安全性分析

从长期来看,低轨大规模卫星星座在部署以后不仅自身面临较高的碰撞风险,还可能对空间环境产生长期的影响,对人类后续航天活动造成深远的影响。因此,长期轨道安全是低轨大规模卫星星座研发设计必须要考虑的一个重要因素。而低轨大规模卫星星座长期轨道安全性不仅计算复杂、耗时,对建模和硬件条件的要求也高,且由于轨道预报误差的影响,空间目标长期轨道预报的位置与实际位置存在较大偏差,因此计算结果仍具有较大的随机偏差。

为了避免对复杂场景进行详细模拟分析,本节通过对碎片模型和碰撞模型作出假设,根据空间碎片产生和消亡的方式计算空间密度变化,使用 PIB 碰撞概率模型对星链卫星星座 7 年寿命的碰撞概率进行估计计算,建立长期轨道安全性简化模型,通过碰撞概率趋势变化及空间碎片密度变化分析卫星星座长期轨道安全性。

9.2.1　模型假设

为了进行简化建模计算,需要对相关变量及其变化范围进行有根据的猜测和合理化假设[6]。本节定义的假设如下:

① 所有空间目标都视为球体处理。

② 将低地球轨道环境物体分为两组进行估算:一组将尺寸大于 10 cm 的"完整物体"(如在轨卫星、废弃的完整载荷等)统一当作半径为 $r_1 = 1.9$ m、质量为 $M_1 = 1\,000$ kg 的球体物体[7-10];另一组将碰撞产生的编目空间碎片以及完成飞行任务过程产生的碎片等统一当作为半径 $r_D = 10$ cm、质量为 $M_D = 1.2$ kg 的球状物体[9,11]。

③ 低轨大规模卫星星座卫星在足够长的时间内穿越的空间将呈环形壳状,在环形壳中,低轨大规模卫星星座平均碰撞概率使用"PIB"模型[6],壳层内不同空间物体密度的计算公式为

$$CR_{O-D} = \pi(r_O + r_D)^2 V_{Rel} \rho_O \rho_D V \qquad (9-31)$$

其中,CR_{O-D} 为不同目标平均碰撞概率,r_O 为卫星外包络半径,ρ_O 为卫星空间密度,V_{Rel} 为卫星相对目标速度,V 为壳体体积,r_D 为空间碎片尺寸,ρ_D 为空间碎片密度。

壳层内相同空间物体密度的 CR_{0-0} 计算公式为

$$CR_{0-0} = 2\pi r_0^2 \rho_0 V_{Rel} (\rho_0 V - 1) \qquad (9-32)$$

④ 令低轨大规模卫星星座卫星的质量和横截面积分别为 M_0、A_0，星座卫星在轨碰撞产生的新碎片质量 M_{CF} 和横截面积 A_{CF} 满足经典关系表达式[12]：

$$M_0[\text{kg}] = \begin{cases} 62.013A_0^{1.13}, & A_0 \geqslant 8.04 \times 10^{-5} \text{ m}^2 \\ 2\,030.33A_0^{1.5}, & A_0 < 8.04 \times 10^{-5} \text{ m}^2 \end{cases} \tag{9-33}$$

⑤ 碰撞解体模型满足 NASA 碰撞解体模型。

⑥ 碰撞只产生半径 $r_D = 10$ cm 和刚满足碰撞解体能量、特征长度为 L_c 两种空间碎片，且产生的空间碎片为球体。

⑦ 半径 $r \leqslant 10$ cm 的空间碎片碰撞不产生新的对卫星有威胁的碎片。

⑧ 碰撞产生的碎片在壳层内，且属于均匀分布。

⑨ 低地球轨道上的物体的平均相对速度为 10 km/s[13-14]。

⑩ 除星座卫星外，认为壳层内其他航天器是不受控的，且受控卫星不会发生碰撞解体。星座卫星因微小碎片碰撞或设备失效等事件导致的故障率为每年 2%。

9.2.2　空间物体密度计算方法

空间密度是指在某时刻、某空间位置处单位体积内（一般采用每立方千米）所包含的空间物体数量的统计值，单位为 $1/\text{km}^3$，其计算方式[15]为

$$s(x) = \lim_{\Delta V \to V^*} \frac{\Delta N}{\Delta V} \tag{9-34}$$

其中，V^* 为与空间物体分布相关的体积元大小，ΔN 为空间体积元内空间物体数量。为了反映空间物体分布特性，V^* 需要选取一个合理的值。

根据式（9-34）可以知道空间密度与空间物体数量以及体积元大小有关，由于空间物体相对惯性空间是运动的，在不同时刻空间体积元内空间物体数量各不相同，因此空间密度也会发生变化，又因低轨目标运动速度快，故某一瞬时的空间密度变化对实际不具有参考意义。为了能够更好地描述空间物体的密度，Opik 和 Wetherill 等人引入了停留概率的概念，将空间目标的瞬时概率平均成一段时间内的平均概率，因此得到空间目标在体积元内的平均密度为

$$s(x) = \lim_{\Delta V \to V^*} \frac{\Delta t}{T \cdot \Delta V} \tag{9-35}$$

其中，T 为空间目标轨道周期，Δt 为空间目标进出空间体积元的历时时间。凯斯勒等人在此基础上对目标轨道参数进行假设，给出了物体空间密度的计算方法[17]为

$$s(r) = \begin{cases} \dfrac{2}{4\pi^2 r_a \sqrt{(r - r_p)(r_a - r)}}, & r_p < r < r_a \\ 0, & r > r_a, r < r_p \end{cases} \tag{9-36}$$

$$f(\beta) = \frac{2}{\pi \sqrt{\sin^2 i - \sin^2 \beta}}, \quad |\beta| < i \tag{9-37}$$

其中，r 为地心距，a 为轨道半长轴，r_a 和 r_p 分别为轨道远地点与近地点的地心距，i 为目标轨道倾角，β 为目标所在位置的赤纬。由式（9-36）和式（9-37）可以得到空间目标在空间任意高度和纬度处的空间密度为

$$s(r,\beta) = s(r)f(\beta) = \frac{1}{2\pi^3 r_a \sqrt{(\sin^2 i - \sin^2 \beta)(r - r_p)(r_a - r)}} \tag{9-38}$$

其中，要求 $r_p < r < r_a$，$\beta < i$。当 $r > r_a$，$r < r_p$ 或 $\beta > i$ 时，有 $s(r,\beta) = 0$。

对于空间中轨道高度区间 $[r_i^m, r_i^M]$ 范围内的空间密度，张斌斌通过在高度区间上求平均，推导得到以下几种情况下目标的空间密度求解公式：

① 当 $r_p \neq r_a$，且 $[r_i^m, r_i^M] \subseteq [r_p, r_a]$ 时，空间密度计算公式为

$$s(r_i^m, r_i^M) = \frac{1}{4\pi^2 a \left[(r_i^M)^3 - (r_i^m)^3\right]} \left\{ 3a \left[\arcsin\left(2\frac{r_i^M - a}{r_a - r_p}\right) - \arcsin\left(2\frac{r_i^m - a}{r_a - r_p}\right)\right] - \right.$$
$$\left. 3\left[\sqrt{(r_i^M - r_p)(r_a - r_i^M)} - \sqrt{(r_i^m - r_p)(r_a - r_i^m)}\right] \right\} \tag{9-39}$$

② 当 $r_p \neq r_a$，$[r_i^m, r_i^M] \cap [r_p, r_a] \neq \varnothing$ 且 $r_i^M > r_a$ 时，则令 $r_i^M = r_a$，空间密度计算公式为

$$s(r_i^m, r_i^M) = \frac{3a\left[\frac{\pi}{2} - \arcsin\left(2\frac{r_i^m - a}{r_a - r_p}\right)\right] + 3\sqrt{(r_i^m - r_p)(r_a - r_i^m)}}{4\pi^2 a \left[(r_i^M)^3 - (r_i^m)^3\right]} \tag{9-40}$$

③ 当 $r_p \neq r_a$，$[r_i^m, r_i^M] \cap [r_p, r_a] \neq \varnothing$ 且 $r_i^m < r_p$ 时，则令 $r_i^m = r_p$，空间密度计算公式为

$$s(r_i^m, r_i^M) = \frac{3a\left[\arcsin\left(2\frac{r_i^M - a}{r_a - r_p}\right) + \frac{\pi}{2}\right] - 3\sqrt{(r_i^M - r_p)(r_a - r_i^M)}}{4\pi^2 a \left[(r_i^M)^3 - (r_i^m)^3\right]} \tag{9-41}$$

④ 当 $[r_p, r_a] \in [r_i^m, r_i^M]$ 时，则分别令 $r_i^M = r_a$，$r_i^m = r_p$，空间密度计算公式为

$$s(r_i^m, r_i^M) = \frac{3}{4\pi^2 a \left[(r_i^M)^3 - (r_i^m)^3\right]}, e = 0, a \in [r_i^m, r_i^M] \tag{9-42}$$

⑤ 其他情况，$s(r_i^m, r_i^M) = 0$。

根据上述公式可计算低地球轨道区域空间碎片和卫星的密度。图9-6所示为低地球轨道空间目标密度随轨道高度的变化曲线。

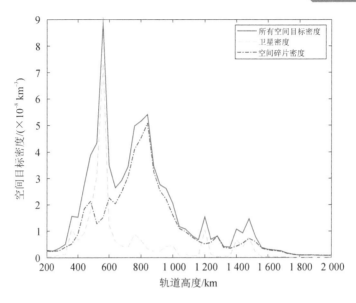

图 9 - 6 低地球轨道空间目标密度随轨道高度的变化曲线

9.2.3 壳层内空间碎片演化模型

对于具体的壳层而言,壳层中的空间碎片主要有三个状态:产生、演化和消亡。其中产生的主要来源有更高层轨道衰减进入壳层、航天器发射及任务过程产生、空间碰撞和爆炸等。由于壳层内航天器发射只有星座卫星,且随着卫星技术的发展,目前卫星爆炸发生的概率较小,因此本小节不考虑其他发射造成的影响以及爆炸产生的碎片。目前低轨区域空间碎片的主要消亡方式为轨道自然衰减,因此本小节针对壳层内空间碎片环境的演化,主要通过轨道衰减和碰撞模型进行研究。

1. 空间碎片衰减模型

空间碎片在大气阻力的作用下轨道会发生衰减,以壳层为研究对象,会发现壳层内不断会有空间碎片流入和流出,同时壳层内空间目标还有可能因碰撞产生新的碎片,这些碎片在长时间的过程中也可能伴随碎片的产生和衰减,空间碎片密度是动态变化的。空间碎片衰减示意图如图 9 - 7 所示。

假设在壳层内的空间碎片衰减速度一致,且速度与壳层中心的衰减速度相同。由于卫星衰减可以使用平均衰减速度描述[18],因此可以通过摄动方程对空间碎片在一个周期内的衰减情况进行求解。假设大气相对于地心惯性坐标系静止,得到大气阻力加速度计算公式为

$$\boldsymbol{a}_{\mathrm{d}} = -\frac{1}{2} C_{\mathrm{d}} \frac{A}{m} \rho \,|\, \boldsymbol{v} \,|\, \boldsymbol{v} \qquad (9-43)$$

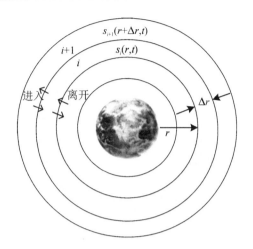

图 9 - 7　空间碎片衰减示意图

其中, C_d 为大气阻力系数, A 为目标面积, m 为目标质量, ρ 为大气密度, v 为空间碎片的速度矢量。

将大气阻力沿速度方向 f_u、地心矢径方向 f_n、轨道面法向 f_h 投影, 投影分量如图 9 - 8 所示。

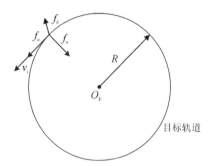

图 9 - 8　大气阻力沿速度方向、地心矢径方向和轨道面法向的投影分量

由于航天器速度沿矢径方向和轨道面法向的速度为零, 因此可以得到三个方向的大气阻力分量为

$$\begin{cases} f_u = -\dfrac{1}{2} C_d \dfrac{A}{m} \rho v^2 \\ f_n = 0 \\ f_h = 0 \end{cases} \tag{9-44}$$

将式(9 - 44)代入高斯型摄动运动方程, 则有

$$\begin{cases} \dot{a} = \dfrac{1}{n(1-e^2)^{1/2}}(1+e^2+2e\cos f)^{1/2} f_u \\[3mm] \dot{e} = \dfrac{2\sqrt{1-e^2}}{na}(1+e^2+2e\cos f)^{-1/2}(\cos f+e) f_u \\[3mm] \dot{i} = 0 \\[3mm] \dot{\Omega} = 0 \\[3mm] \dot{\omega} = \dfrac{2\sqrt{1-e^2}}{nae}(1+e^2+2e\cos f)^{-1/2}\sin f f_u \\[3mm] \dot{M} = n - \dfrac{\sqrt{1-e^2}(1+e^2+2e\cos f)^{-1/2}}{nae}\left(2\sin f+\dfrac{2e^2}{\sqrt{1-e^2}}\sin E\right) f_u \end{cases} \qquad (9-45)$$

其中,E 为偏近点角。将摄动运动方程在轨道周期内求平均可得

$$\begin{cases} \bar{a} = \dfrac{1}{T}\int_0^T\left[\dfrac{1}{n(1-e^2)^{1/2}}(1+e^2+2e\cos f)^{1/2} f_u\right]\mathrm{d}t \\[3mm] \bar{e} = \dfrac{1}{T}\int_0^T\left[\dfrac{2\sqrt{1-e^2}}{na}(1+e^2+2e\cos f)^{-1/2}(\cos f+e) f_u\right]\mathrm{d}t \\[3mm] \bar{i} = 0 \\[3mm] \bar{\Omega} = 0 \\[3mm] \bar{\omega} = \dfrac{1}{T}\int_0^T\left[\dfrac{2\sqrt{1-e^2}}{nae}(1+e^2+2e\cos f)^{-1/2}\sin f f_u\right]\mathrm{d}t \\[3mm] \bar{M} = \dfrac{1}{T}\int_0^T\left(n-\dfrac{2\sin f}{nae} f_u\right)\mathrm{d}t \end{cases} \qquad (9-46)$$

对轨道半长轴低于 2 000 km 的 19 839 个编目目标的偏心率进行统计,得到如图 9-9 所示的偏心率随轨道半长轴的分布。

从图 9-9 可以看出,绝大部分低轨目标的偏心率都小于 0.05,因此可以认为空间碎片在低轨区域的运动为近圆轨道运动。对于近圆轨道目标,偏心率约为零,代入式(9-46)可以得到大气阻力作用下周期内平均摄动运动方程为

$$\begin{cases} \bar{a} = \dfrac{2}{n} f_u \\[3mm] \bar{M} = n \\[3mm] \bar{e} = 0 \\[3mm] \bar{i} = 0 \\[3mm] \bar{\Omega} = 0 \\[3mm] \bar{\omega} = 0 \end{cases} \qquad (9-47)$$

根据平均角速度公式[19]和式(9-44)可得空间碎片在对应壳层中的平均衰减速度为

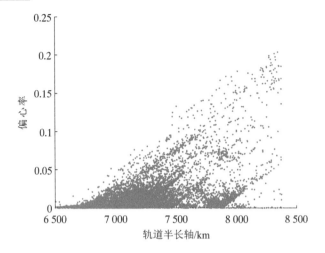

图 9 - 9　偏心率随轨道半长轴的分布

$$v_r = -\rho C_d \frac{A}{m} \sqrt{\mu a} \qquad (9-48)$$

其中，μ 为地球引力常数，大气阻力 ρ 通过指数模型确定[1]为

$$\rho = \rho_0 e^{-\frac{r-r_0}{H_0 + \frac{\chi}{2}(r-r_0)}} \qquad (9-49)$$

其中，$\chi \approx 0.1$，$H_0 = 37.4$ km，$r_0 = H_0 + 6\,378.137$，$\rho_0 = 3.6 \times 10^{-10}$ kg·m^{-3}。

对于大椭圆轨道空间碎片，由于其轨道高度较高，碎片衰减缓慢，在 7 年的仿真时间内认为其远近地点变化不大，不会引起星座壳层内空间密度变化，因此不考虑这部分碎片的衰减。

2. 空间目标碰撞解体模型

低轨大规模卫星星座在长期演化过程中会发生不同类型的碰撞，这些碰撞产生的空间碎片数量和对环境造成的影响不同，需要研究长期演化中碰撞发生的类型。此外，不同类型的碰撞产生的空间碎片数量和分布情况对空间环境密度分布造成重要影响，从而影响卫星星座碰撞情况，也需要重点研究。

（1）碰撞类型研究

不同类型的碰撞产生的空间碎片数量和对环境造成的影响不同，因此需要在低轨大规模卫星星座演化过程中进行区分。本小节将空间环境碰撞类型分为六种，分别是编目碎片间、编目碎片与完整物体、编目碎片与载荷、完整物体间、完整物体与载荷以及载荷间的碰撞。通过 Space-Track 网站公布的交会事件，对最近 1 086 次近距离交会事件进行了统计分析，研究其空间环境碰撞类型分布状况，得到的结果如图 9 - 10 所示。

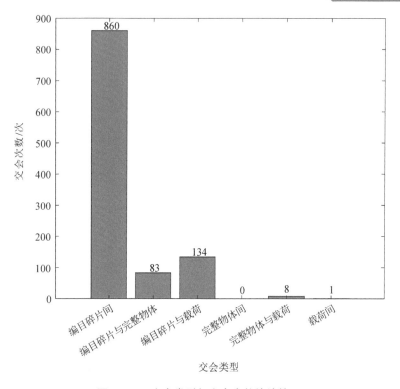

图 9 - 10 交会类型与交会次数统计情况

统计得到空间环境中编目碎片之间发生的近距离交会占了总数的 79.19%,编目碎片与完整物体的近距离交会占比是 7.64%,编目碎片与载荷之间发生近距离交会的占比是 12.34%,完整物体与载荷间的近距离交会占比是 0.74%,载荷之间发生近距离交会的概率为 0.09%。本小节将空间碎片分为两种类型,由文献[10]可知,低轨区域载荷和火箭箭体面质比相当,将载荷和火箭箭体当作完整物体作出假设,空间碎片各类型碰撞的概率占总的碰撞概率的比例分别为:小碎片间碰撞概率占比为 79.19%,小碎片与完整物体之间的碰撞概率占比为 19.98%,完整物体与完整物体之间的碰撞概率占比为 0.74%。

（2）碰撞解体模型

不同类型的碰撞产生的碎片数量不同,其主要原因是碰撞的能量不同。碰撞能量计算公式为

$$E_{\mathrm{p}} = \frac{m_{\mathrm{p}} v_{\mathrm{r}}^2}{2 m_{\mathrm{t}}} \qquad (9-50)$$

其中,E_{p} 表示碰撞能量,m_{p} 为质量较小的目标,m_{t} 为质量较大的目标,v_{r} 为相对运动速度。本小节假设在碰撞相对运动速度相同的条件下,碰撞产生的碎片主要和两个碰撞目标间的质量有关。两个目标之间的碰撞分为完全解体碰撞与不完全解体

碰撞,通常认为质心碰撞产生的能量大于 40 kJ/kg 才能让两个目标完全解体[20]。碰撞解体模型采用美国 NASA 碰撞解体模型,根据两个碰撞目标的等效质量,估计不同特征长度 l_c 空间碎片的产生数量[21-22]为

$$N_F(l \geqslant l_c) = 0.1 \hat{m}^{0.75} l_c^{-1.71} \qquad (9-51)$$

其中,N_F 为产生大于特征长度 l_c 的空间碎片数量;特征长度 l_c 为空间碎片在三个正交主轴上的投影尺寸;$\hat{m}$ 为两个目标的等效质量,定义为

$$\hat{m} = \begin{cases} (m_t + m_p) & (\text{kg}), & E_p \geqslant E_p^* \\ m_p v_r & (\text{kg} \cdot \text{km} \cdot \text{s}^{-1}), & E_p < E_p^* \end{cases} \qquad (9-52)$$

9.3 碰撞仿真分析

9.3.1 低轨大规模卫星星座短期碰撞仿真分析

为了对低轨大规模卫星星座短期碰撞风险计算模型进行仿真验证,本小节参照星链一期卫星星座参数进行仿真,其星座参数为 walker - δ 1 584/72/33,轨道倾角为 53°,轨道高度为 550 km 的圆轨道。仿真条件为令壳层高度为 40 km,星座壳层区间为轨道高度 530～570 km 区域,仿真时间为 7 天。

通过 Space - Track 网站下载 2022 年 3 月 12 日的所有编目目标,使用远-近地点筛选方法对空间目标进行初步筛选,剔除近地点大于 570 km、远地点小于 530 km 的目标,筛选后共有 4 829 个空间目标会与星座壳层高度区间产生交集。将空间碎片以 100 km 为统计区间,统计 4 829 个空间目标轨道半长轴分布。图 9-11 给出了筛选后的空间目标数量沿轨道半长轴的分布情况。

通过远-近地点筛选方法剔除无效数据以后,将剩下的空间目标进行数据处理,将所有卫星和空间碎片的 TLE 数据转换到同一时刻,继续使用远-近地点筛选,将远-近地点在壳层范围内的空间目标筛选出来,得到有 653 个空间目标与空间碎片存在长期接近的可能,使用 SGP4 模型对这些目标轨道进行预报。对于低轨大规模星座卫星和长期在壳层内的空间目标,仿真步长设置为 1 s;对于剩下的 4 176 个空间目标,设置仿真步长为 5 s。根据轨道高度求解出最接近壳层的时间区间,再将该区间的仿真步长设置为 1 s 进行轨道演化。

利用演化后的轨道数据,对 4 176 个空间目标轨道采用高度筛选,筛选出空间目标轨道高度在 530～570 km 内的弧段,再对这些弧段的纬度进行筛选。由于星链卫星的轨道倾角进行了大约 0.054°的偏置,考虑碰撞目标与卫星碰撞位置的随机偏差,因此设置纬度筛选值为 54°。

在得到空间目标可能与低轨大规模卫星星座发生碰撞的弧段以后,使用空间离

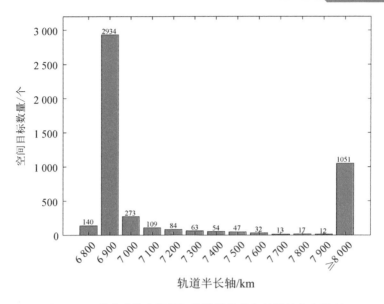

图 9 - 11　筛选后的空间目标数量沿轨道半长轴的分布情况

散体积元进行初步的接近分析。由于星链卫星星座相邻轨道面的夹角为 5°,轨道面内相邻卫星间的夹角约为 16.3°,因此为了尽量减少空间内的卫星目标,尽可能增加空间目标在空间体积元内轨迹的连续性,设置空间体积元 Δh、$\Delta \lambda$、$\Delta \varphi$ 的值分别为 40 km、4.8°和 9°。根据同一时刻出现在同一空间体积元内的空间目标,利用轨道数据两两计算相对距离,将最接近轨迹点的距离与"3σ"距离进行判断,筛选出可能碰撞的目标。

　　根据筛选出来的数据,发现有很大一部分是长期接近的空间目标,针对这一部分目标数据,利用空间目标的轨道周期计算每个周期内轨迹点最接近距离,认为最接近距离轨迹点及附近是最可能发生碰撞的,其他轨迹点不会发生碰撞,从而剔除目标每个轨道周期内其他的轨迹点。在剔除长期接近的目标数据以后,得到 7 天内空间目标的接近情况。表 9 - 1 所列为壳层内空间目标近距离接近情况的统计数据。

表 9 - 1　壳层内空间目标近距离接近情况的统计数据

单位:次

接近目标类型	接近次数						
	第一天	第二天	第三天	第四天	第五天	第六天	第七天
所有目标	7	50	101	238	620	894	1 371
星座卫星	3	11	20	46	126	191	283
空间碎片间	4	39	81	192	494	703	1 088

　　由表 9 - 1 可知,当椭球误差较小时,由于相对筛选距离较小,因此会有许多接近点被漏掉。随着误差逐渐增大,相对筛选距离越来越大,满足接近条件的目标数量

越来越多,根据统计,接近星座卫星的次数与空间碎片间相互接近的次数比例近似为0.25。根据相对距离筛选保留的最接近轨迹点的时间,在该轨迹点前后各选择两个点使用拉格朗日插值,计算出最接近时刻以及该时刻两个目标的运动状态,带入基于拉普拉斯变换碰撞概率计算方法,得到空间目标碰撞风险情况。表9-2给出了不同类型空间交会目标碰撞风险统计数据。

表 9-2　不同类型空间交会目标碰撞风险统计数据

单位:次

碰撞目标类型	空间交会目标碰撞概率大于10^{-5}的次数						
	第一天	第二天	第三天	第四天	第五天	第六天	第七天
星座卫星间	0	0	0	0	0	0	0
星座卫星与空间碎片	1	3	7	6	3	3	1
空间碎片间	2	12	23	17	13	8	4

由表9-2可知,在7天仿真时间内,星座卫星与空间碎片碰撞概率大于10^{-5}的次数最多的一天达到7次,随着误差椭球不断变大,碰撞概率大于10^{-5}的次数整体呈现先上升后降低的趋势。通过对比星座卫星碰撞概率大于10^{-5}的次数与空间碎片间碰撞概率大于10^{-5}的次数可以得到,在部署卫星星座以后与部署卫星星座之前相比碰撞风险增加了30%~40%。

本小节针对低轨大规模卫星星座短期在轨碰撞安全问题,研究了在卫星星座部署以后短时间内的碰撞风险。通过对编目目标使用远-近地点筛选、基于时间窗口的轨道高度筛选和纬度筛选,剔除不可能发生的碰撞轨迹;然后使用空间离散体积元和基于"3σ"法则的相对位置筛选对目标进行接近分析,在剔除一些长期接近的目标数据以后,使用拉格朗日插值拟合出空间目标最接近时刻以及该时刻的运动状态,基于拉普拉斯变换的碰撞概率计算方法建立了大规模空间目标短期演化碰撞概率计算模型。对星链一期卫星星座进行仿真的结果表明,星链一期星座卫星与空间碎片碰撞概率大于10^{-5}次数最多的一天达到7次,在部署卫星星座以后与部署卫星星座之前相比,碰撞概率增加了30%~40%。

9.3.2　低轨大规模卫星星座长期碰撞仿真分析

本小节对星链一期卫星星座进行长期碰撞仿真计算,已知卫星星座参数为Walke-δ1 584/72/33,轨道高度为550 km,轨道倾角为53°,卫星质量为260 kg,卫星尺寸为3.2 m×1.6 m。令仿真时间为7年,星座壳层高度$H=40$ km。

由于当轨道高度大于800 km时,大气阻力可近似忽略不计,因此根据星链卫星星座轨道高度将壳层划分为7个区间,区间高度范围为530~810 km。已知星链一期星座卫星质量为260 kg,由假设6和式(8-19)可以得到,达到碰撞解体能量的空间碎片c的质量为0.208 kg,通过假设4可以求出c类型的空间碎片横截面积为

$0.006\,5\ \mathrm{m^2}$,得到 c 类型的空间碎片半径约为 $0.045\ \mathrm{m}$。根据特征尺寸的定义可得 $l_c=0.136\ \mathrm{m}$。已知空间目标面质比及轨道高度后,通过静止大气阻力密度模型可以得到空间目标在各壳层内的衰减速度。表 9-3 给出了不同类型空间目标在各壳层内的衰减速度。

表 9-3　不同类型空间目标在各壳层内的衰减速度

单位:m/d

空间目标类型	在各壳层内的衰减速度						
	第一层	第二层	第三层	第四层	第五层	第六层	第七层
星链卫星	165.4	115.2	82	59.5	44	33	25.2
完整物体 I	12	8.3	5.9	4.3	3.2	2.4	1.8
空间碎片 D	27.7	19.2	13.7	10	7.4	5.5	4.2
空间碎片 c	32.3	22.5	16	11.6	8.58	6.5	4.9

　　壳层内空间碎片环境可以根据现有编目数据得出,编目目标数据从 Space-Track 网站下载,下载时间为 2022 年 3 月 12 日。将下载的编目目标进行按壳层筛选,可以得到初始时刻每个壳层内编目空间碎片数量。图 9-12 给出了各壳层空间碎片的数量分布。

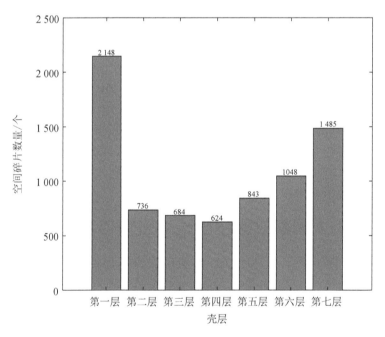

图 9-12　各壳层空间碎片的数量分布

　　根据文献[70]统计得出,截至 2022 年 4 月 4 日,低轨区域火箭箭体数量为 916

个,载荷数量为 6 420 个。假设火箭箭体分布按照载荷数量比例分布,通过 Space-Track 网站得到星链卫星星座在第一个壳层内的卫星数量为 1 495 颗,第一壳层中其他载荷和空间碎片的数量为 653 个,因此,可以得到火箭箭体在各壳层内的数量分布,加上对各壳层内卫星数量的统计,最终计算出完整物体在各壳层的数量。表 9-4 给出了不同类型空间碎片在壳层内的分布情况。

表 9-4　不同类型空间碎片在壳层内的分布情况

单位:个

碎片类型	在壳层内的分布情况						
	第一层	第二层	第三层	第四层	第五层	第六层	第七层
所有碎片	653	736	684	624	843	1048	1485
完整物体 I	371	423	193	117	135	130	306
空间碎片 D	282	313	491	507	708	918	1179

壳层内空间碎片数量为本壳层碎片数量加上更高壳层碎片衰减进入数量,减去本壳层碎片衰减掉出的数量。因此,根据表 9-3 和表 9-4 可以得到,第一壳层空间碎片数量在星座寿命周期内因轨道衰减的变化为

$$\begin{cases} N = 653 - \dfrac{N_{1,I}}{40\ 000}v_{1,I}t - \dfrac{N_{1,D}}{40\ 000}v_{1,D}t + \dfrac{N_{2,I}}{40\ 000}v_{2,I}t + \dfrac{N_{2,D}}{40\ 000}v_{2,D}t, \quad 0 \leqslant t \leqslant 1\ 444 \\ N = N_{1\ 444} + \left(\dfrac{N_{2,I}}{40\ 000}v_{2,I} - \dfrac{N_{2,D}}{40\ 000}v_{2,D} - \dfrac{N_{1,I}}{40\ 000}v_{1,I} - \dfrac{N_{2,D}}{40\ 000}v_{2,D} \right)(t-1\ 444), \quad 1\ 444 < t \leqslant 2\ 083 \\ N = N_{2\ 083} + \left(\dfrac{N_{2,I}}{40\ 000}v_{2,I} + \dfrac{N_{3,D}}{40\ 000}v_{3,D} - \dfrac{N_{1,I}}{40\ 000}v_{1,I} - \dfrac{N_{2,D}}{40\ 000}v_{2,D} \right)(t-2\ 083), \quad 2\ 083 < t \leqslant 2\ 919 \end{cases}$$

$$(9-53)$$

其中,N 为碎片数量,下标 i、j 表示第 i 壳层 j 碎片类型,v 为衰减速度,t 为天数。根据密度的定义 $\rho = N/V$,可以得到在星链卫星星座寿命周期内空间环境密度随时间的演化关系。图 9-13 给出了壳层内背景碎片空间密度演化情况。

根据假设,空间碎片只和发生故障的星链卫星发生碰撞,按照 2% 的故障比例,每年最多有 32 颗卫星故障。由于卫星在壳层内衰减速度达到 165.4 m/d,因此假设卫星均匀分布在壳层中,4 个月就有一半卫星因衰减掉出壳层,即使按照第一年和第二年紧邻时都各出现 32 颗卫星故障,此时故障卫星空间密度达到最大值,为 $2.652\ 6 \times 10^{-9}$ km^{-3},仍小于背景碎片空间密度。若在卫星星座寿命周期内空间无碰撞事件发生,则可以得到与部署卫星星座之前相比,空间密度降低了 4%~16.7%。

若考虑卫星星座寿命周期内发生了碰撞,则根据假设,由于只有星链卫星和完整物体会因碰撞产生新的空间碎片,因此将碰撞解体事件分成 6 种,并计算不同碰撞事件产生的空间碎片数量。表 9-5 给出了不同碰撞类型产生的空间碎片数量。

由表 9-5 可知,发生一次碰撞会产生大量碎片,最少的一次也产生了近两百个空间碎片,密度增加 8.29×10^{-9} km^{-3}。即使按照产生碎片的平均值,也达到了 658

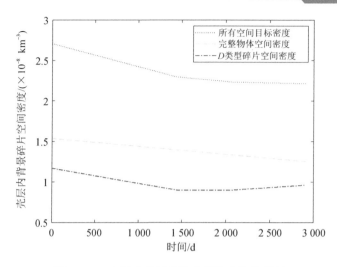

图 9 - 13　壳层内背景碎片空间密度演化情况

个空间碎片,密度增加 2.73×10^{-8} km^{-3},空间碎片密度与未部署卫星星座时相比增加了一倍。并且根据表 9 - 5 可知,生成的空间碎片由于面质比较小,轨道衰减速度低,碎片在轨道上具有较长的停留时间,导致卫星星座在轨长期碰撞风险成倍增加,因此需要尽可能避免卫星发生在轨解体碰撞。

表 9 - 5　不同碰撞类型产生的空间碎片数量

单位:个

碰撞类型	空间碎片数量	
	空间碎片 D	空间碎片 c
星链卫星与完整物体	624	17
星链卫星与空间碎片 D	65	132
星链卫星与空间碎片 c	64	132
完整物体与完整物体	1 643	385
完整物体与空间碎片 D	466	74
完整物体与空间碎片 c	465	74

　　本小节针对低轨大规模卫星星座部署以后长期碰撞风险问题,建立了低轨大规模卫星星座长期碰撞风险计算模型。通过对模型相关变量作出一系列假设,研究了空间物体密度计算方法、空间碎片衰减模型、空间目标解体模型和解体目标分布情况,采用"盒中粒子"碰撞概率计算方法计算卫星与空间碎片之间的碰撞概率。通过对星链卫星星座进行仿真演化,得到在 7 年的演化时间内,部署星链卫星星座后与未部署卫星星座相比碰撞概率没有明显增加,这表明较低的卫星星座轨道高度能够提高低轨大规模卫星星座轨道安全性和空间环境稳定性。为了保证长期轨道安全,需

要尽可能避免卫星发生碰撞解体事件。

参考文献

[1] 王华. 交会对接的控制与轨迹安全[D].长沙:国防科学技术大学,2007.

[2] AKELLA M R,ALFRIEND K T. Probability of collision between space objects[J]. Journal of guidance,control,and dynamics,2000,23(5):769-772.

[3] 杨维维,赵勇,陈小前,等.航天器碰撞概率计算方法研究进展[J].中国空间科学技术,2012,32(6):8-15.

[4] CHAN F K. Spacecraft collision probability[M]. El Segundo,CA:Aerospace Press,2008.

[5] 霍俞蓉. 空间碎片接近分析与碰撞概率计算方法研究[D].北京:装备指挥学院,2017.

[6] ANSELMO L,PARDINI C. Dimensional and scale analysis applied to the preliminary assessment of the environment criticality of large constellations in LEO[J]. Acta astronautica, 2019,158:121-128.

[7] PARDINI C,ANSELMO L. Review of past on-orbit collisions among cataloged objects and examination of the catastrophic fragmentation concept[J]. acta Astronautica,2014,100:30-39.

[8] National Aeronautics and Space Administration. Monthly number of objects in Earth orbit by object type[N]. Orbital debris quarterly news,2021-2(1).

[9] ESA. ESA's space environment report 2021[R].Paris:ESA's Space Debris Office,2021.

[10] ANSELMO L,CORDELLI A,PARDINI C,et al. Space debris mitigation: extension of the SDM tool[R],2000.

[11] REYNOLDS R C. Review of current activities to model and measure the orbital debris environment in low-earth orbit[J]. Advances in space research, 1990,10(3/4):359-371.

[12] PARDINI C,ANSELMO L. Assessing the risk of orbital debris impact[J]. Space debris,1999,1(1):59-80.

[13] ROSSI A,FARINELLA P. Collision rates and impact velocities for bodies in low Earth orbit[J]. ESA journal,1992,16(3):339-348.

[14] 彭科科. 近地轨道空间碎片环境工程模型建模技术研究[D].哈尔滨:哈尔滨工业大学,2015.

[15] IP W H. Interplanetary encounters[J]. Earth science reviews,1977,13(2):

200-201.

[16] KESSLER D J. Derivation of the collision probability between orbiting objects: the lifetimes of jupiter's outer moons[J]. Icarus, 1981, 48(1): 39-48.

[17] 张洪波. 航天器轨道力学理论与方法[M]. 北京: 国防工业出版社, 2015.

[18] 郗晓宁, 王威, 高玉东. 近地航天器轨道基础[M]. 长沙: 国防科技大学出版社, 2003.

[19] 钱山, 李恒年, 张力军, 等. 全球导航星座构型维持"死区"分析[C]//第五届中国卫星导航学术年会论文集-S3 精密定轨与精密定位. 2014: 82-85.

[20] MCKNIGHT D S. Collision and breakup models: pedigree, regimes, and validation/verification[R], 1993.

[21] JOHNSON N L, KRISKO P H, LIOU J C, et al. NASA's new breakup model of EVOLVE 4.0[J]. Advances in space research, 2001, 28(9): 1377-1384.

[22] ROSSI A, KOPPENWALLNER G, KRISKO P H, et al. NASA Breakup Model Implementation Comparison of Results[C]//24th IADC Meeting. IADC, 2006.

第 10 章
低轨大规模卫星星座离轨控制方法

低轨 Walker 星座在运行过程中会产生失效卫星,进而导致服务性能下降,在第 7 章中讨论的在轨重构是利用仍然完好的卫星改变构型,尽量恢复卫星星座原有的覆盖性能,离轨则是这些失效卫星从其寿命末期轨道通过轨道机动的方式进入处置轨道的过程,离轨保证了卫星星座后续的安全稳定运行,降低了碰撞风险。卫星在 10 年内大部分失效是由推进子系统之外的模块造成的[1],同时电推力器作为一种小推力器可靠性较高且比冲高,在轨运行时燃料充足。因此,当卫星其他载荷部分失效时仍能依靠电推力器进行离轨。

小推力离轨控制需要将卫星从寿命末期轨道转移至处置轨道,对这一过程的优化是一种小推力转移轨道优化问题,主要通过数值解法解决,通常分为两种[2]:一种是采用庞特里亚金极大值原理推导出状态方程,结合打靶法进行求解,该方法的收敛对初值非常敏感,初值求解困难,可分为直接打靶法、直接配点法、伪谱法和微分包含法[3];另一种是将控制律参数化,通过惩罚函数等方式将约束融入目标函数,采用非线性规划的方式求解,可结合遗传算法、模拟退火和粒子群算法求全局最优解,该方法避免了上一种方法初值求解困难的问题。深空探测轨道转移、高轨卫星变轨问题等小推力转移轨道优化设计问题的特点是约束复杂,使用间接法求解难度大,受摄动影响较小。低轨卫星离轨问题必须要考虑地球非球形摄动和大气阻力摄动影响,使轨道演化过程的复杂性大大增加,采用遗传算法、模拟退火等算法可能会出现惩罚因子过大的问题,难以得出正确结果,而增广拉格朗日粒子群算法具有设置参数少、计算代价低、目标函数不易因为罚因子过大而陷入病态的特点,可有效地避免了这一问题。

本章采用第二种方法得出了最优控制律,首先结合摄动方程列出哈密顿函数,推导出含协状态参数的最优控制律;其次分别阐述粒子群算法和增广拉格朗日方法,得出具体的算法流程;最后利用两种处置轨道的仿真算例验证算法,并与遗传算法优化结果对比,得出适于离轨的处置轨道。

10.1　卫星离轨控制方法

随着人类航天发射任务的不断增加,低轨及中高轨轨道空间逐渐拥挤,使在轨运行的卫星碰撞概率逐渐增大。根据机构间空间碎片协调委员会(Inter-Agency Space Debris Coordination Committee,IADC)编订的《IADC 空间碎片减缓指南》[4],在自然轨道超过 25 年的情况下,低轨到寿卫星需要在 25 年内进入处置轨道进而在大气层内烧毁[5]。因此,采取合理方式对低轨卫星星座中到寿卫星进行离轨控制变得尤为重要。针对低轨卫星,离轨方法一般分为电动力缆绳离轨、大气阻力离轨和卫星自身推力器离轨[6-8]。

10.1.1 电动力缆绳离轨

电动力缆绳离轨是利用导电缆绳以轨道速度在地球磁场中运动产生的洛伦兹力,对卫星进行拖拽离轨如图 10-1 所示。它相较于传统化学推进器的离轨方式具有质量轻、效率高和可靠性高的优点,当到寿和废弃卫星中的系统失效时,它也能使卫星脱离轨道。

图 10-1　电动力缆绳离轨

最早提出该设想的是美国 NASA 的 Joseph P. Loftus,随后 Robert 在 1996 年公布了最初的分析结果,并在第 34 届推进会议上回顾了 TSS-1R 绳系卫星发电任务。在实验中,当缆绳展开达到其最大长度 20 km 时,产生了 3 500 V 电压[9]。该实验实测数据表明,裸露金属表面直接接触电离层的效率比标准理论预测要高许多倍,进而在导线上产生非常大的电动力拉力。欧洲航天局在 2007 年进行了 YES2 任务,该任务释放一根长 30 km、直径 0.5 mm 的细绳,终端挂载一微小卫星和返回舱,此次任务成功地证明了微小卫星通过电动力电缆脱轨的可行性。Robert 和 Ian 等人[10]开发了一种阻力带,离轨实验结果表明长为 100 m 的阻力带可以使高为 800 km、质量为 180 kg 的卫星离轨时间缩短至 21 年,满足 25 年以下的要求。但该方法对 1 000 km 以上的低轨卫星离轨效果差,离轨时间超过 25 年,且只适用于微小卫星。

10.1.2　大气阻力离轨

大气阻力离轨是卫星通过增大自身大气阻力系数,进而增大大气阻力对自身的拖拽作用来让卫星降低轨道高度,从而进入处置轨道。常用的增大自身大气阻力系数的方式有阻力帆、高反射率气球等。

阻力帆是在卫星到寿后通过展开一个大型轻质帆来增大自身面质比,进而增大阻力系数的一种离轨机构。Peter 等人[11]采用一种羽毛球状支柱支撑薄膜作为阻力帆,分别对 450 km 和 650 km 轨道高度的卫星进行模拟脱轨实验,达到了满足 25 年内离轨的较好离轨效果。该装置的优点是质量轻,仅占卫星总质量的 4%(总质量200 kg),当该装置受到碎片撞击时,产生碎片数很少且微小。其缺点是该装置离轨效果易受攻角影响,离轨效果随攻角增大而变差,如果装置部署在大气密度周日峰附近,则当攻角较高时,卫星会发生翻转。CanX - 7 是总质量 3.6 kg 的微小卫星,轨道高度 700 km,它搭载了展开面积为 4 m^2 的阻力帆,单个帆面积为 1 m^2,总共 4 块,如图 10 - 2(a)所示。当姿态稳定在帆面垂直于速度矢量时,离轨时间为 2.9 年,达到了较好的离轨效果。同时,他们还对阻力帆机构进行了模块化,使它可以组装在不同构型的立方体卫星上。但如果不能保持帆面与速度矢量的垂直,则离轨效果会变差,较大的帆面也会增加受到碎片撞击的风险,影响卫星自身姿态稳定。

高反射率气球是在卫星到寿后通过充气的方式来展开的一个大型气球,如图 10 - 2(b)所示。该气球同时增大了卫星面质比和反射率,使卫星受到的大气阻力和太阳光压同时增大。太阳光压使卫星偏心率增大,使卫星近地点落在某一高度下,在这一高度下卫星轨道会因大气阻力而自然衰减。Charlotte 等人[12]对中高轨高反射率气球离轨进行仿真分析,相比较于推进器离轨,该方法质量效率较高。同时,该方法相较于传统的定向太阳能电池板的方法具有更高的耐用性。Fuller 等人[13]总结了立方体卫星上使用高反射率气球的情况,指出立方体卫星最适合使用气球离轨的轨道高度为 700~900 km。

10.1.3　电推力器离轨

卫星自身推力器离轨相较于其他离轨方式具有离轨时间短、控制灵活等特点。电推力器作为一种典型的小推力器已经在深空探测、轨道维持和轨道机动中得到广泛的应用[14]。电推进相对于化学推进具有比冲高、耗电量高、扰动小、控制精度高和推力小的特点,这些特点使电推进相比于化学推进完成相同任务所需推进剂少、易于调节、推进时间长。因此,电推进很适合长寿命、燃料有限和小质量的卫星进行变轨和轨道保持。

电推进最早可追溯至 20 世纪初期。1906—1916 年,美国科学家戈达德和俄罗斯科学家齐奥尔科夫斯基都提出了利用带电粒子产生推力的想法。1929—1931 年,

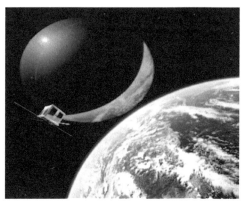

(a) 阻力帆　　　　　　　　　　　　(b) 高反射率气体

图 10 - 2　CanX - 7 阻力帆和高反射率气球

苏联在列宁格勒演示实验了世界上第一台电推力器[15]。电推进的工程化研究最早开始于 20 世纪 50 年代末[16],此后电推力器进入快速发展阶段。苏联于 1964 年首次在自动行星际站宇宙探测器-2 上使用电推力器控制太阳能电池帆板完成对太阳定向任务[17];由苏联库哈托夫原子能研究所 Morozov A 教授发明的静态等离子体推进器(SPT)经后续改进后形成定型产品,应用在苏联多次航天任务中。美国波音公司开发的 XIPS - 25 等离子体推进系统在正常模式下推力大小为 63 mN、比冲为 2 800 s,在高功率模式下推力为 179 mN、比冲为 4 035 s[18],而后又相继开发了 XIPS - 13、XIPS - 30 等型号满足不同任务需求。美国国家航空航天局主导"渐进式氙离子推进器"(NASA's Evolutionary Xenon Thruster,NEXT),NEXT 计划使等离子体推进器比冲达到了 4 100 s 以上、推力大小为 236 mN、功率为 4.8 kW[19],达到了目前该类推进器的最高水平。XIPS 系列和 NEXT 如图 10 - 3 所示。

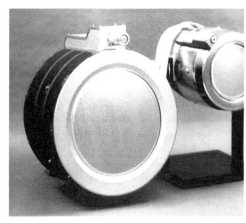
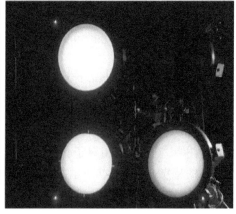

图 10 - 3　XIPS 系列和 NEXT

电推进技术比较典型的应用是 601HP、702HP 商用卫星[20],NASA Dawn 深空探测器[18]和海洋环流探测卫星 GOCE。601HP、702HP 的电推进系统被用于变轨和轨道保持;Dawn 的电推进系统主要用于深空探测过程中的变轨和轨道保持;GOCE 的电推进系统主要用于抵消大气阻力对卫星的影响,保证探测精度。

Fromm 等人[21]分别仿真不同小推力器作用下卫星的离轨时间,并得出了适于仿真对象卫星离轨的小推力器推力范围;Huang 等人[22]基于两种不同的小推力离轨策略对单星和一网卫星星座离轨过程进行了仿真分析,并得出最优的单星及星座离轨策略;Trofimov 等人[23]研究了被动稳定卫星的小推力离轨问题,对比了降低半长轴和降低近地点两种离轨方式。以上离轨控制研究主要集中在控制律推导方面,对算法实现少有提及,粒子群算法在各类连续空间优化问题、神经网络训练等领域中取得良好效果[24]。粒子群算法已经被多位学者用于求解转移轨道最优控制问题[25-29],文献[30]基于多目标粒子群算法解决燃料与时间同时最优的地-木和地-土转移轨道;沈如松等人[31]采用多邻域粒子群算法对同步轨道入轨问题进行了仿真,但约束处理较为简单;文献[32]采用粒子群算法与直接法结合,但未考虑摄动影响;Wang[33]等人将粒子群算法与序列二次规划法相结合,提高了算法的全局和局部搜索能力,但解的精度不高。

综上,三种离轨方式的对比如表 10 - 1 所列,电推力器离轨受空间环境影响较小,不受大气密度和地球磁场的限制,可以在燃料与电能充足的情况下实现任意轨道的离轨。国内外对电推进的研究主要集中在深空探测、中高轨道转移方面,对它在离轨方面的应用的研究较少,主要集中在理论推导方面,采用粒子群算法等传统优化算法,迭代次数较多,收敛较慢。

表 10 - 1　三种离轨方式的对比

离轨方法	优 点	缺 点
大气阻力离轨	质量小、体积小、成本低、控制简单	离轨效果随轨道高度增加而下降、离轨过程慢、易受空间环境影响、面质比小的卫星效果较差
电推力器离轨	离轨快、控制灵活、可以通过抬升和降低轨道两种方式离轨	对于一些未加装推力器的小卫星无法使用
电动力缆绳离轨	质量小、体积小、装置简便、离轨时间较短	近极地轨道和极地轨道磁场方向不利于离轨

10.2　电推进最优控制律推导

10.2.1　摄动方程

小推力器的推力在毫牛量级,相较于中心天体引力为小量,因此可将小推力作

为摄动力处理,它对轨道根数的影响采用高斯型摄动方程,可表示为

$$\frac{\mathrm{d}a}{\mathrm{d}t} = \frac{2a^2 v}{\mu} a_t \tag{10-1}$$

$$\frac{\mathrm{d}e}{\mathrm{d}t} = \frac{1}{v}\left[2(e + \cos\theta)a_t + \frac{r}{a}a_n \sin\theta\right] \tag{10-2}$$

$$\frac{\mathrm{d}i}{\mathrm{d}t} = rh^{-1}a_h \cos(\omega + \theta) \tag{10-3}$$

$$\frac{\mathrm{d}\Omega}{\mathrm{d}t} = \frac{r\sin(\omega + \theta)}{h\sin i}a_h \tag{10-4}$$

$$\frac{\mathrm{d}\omega}{\mathrm{d}t} = -\frac{\mathrm{d}\Omega}{\mathrm{d}t}\cos i + \frac{1}{ev}\left[2a_t \sin\theta - (2e + \frac{r}{a}\cos\theta)a_n\right] \tag{10-5}$$

$$\frac{\mathrm{d}\theta}{\mathrm{d}t} = \frac{h}{r^2} - \frac{1}{ev}\left[2a_t \sin\theta - (2e + \frac{r}{a}\cos\theta)a_n\right] \tag{10-6}$$

其中,$p = a(1 - e^2)$;$h = \sqrt{\mu p}$;$v = \sqrt{2\mu/r - \mu/a}$;$r = p/(1 + e\cos\theta)$;$\theta$ 为真近点角;$a_{n,t,h}$ 为密切轨道径向、速度方向和角动量方向的摄动加速度,沿径向向外,沿速度方向和密切轨道角动量方向为正。

低轨卫星在离轨过程中所受摄动主要为地球非球形 J_2 项摄动和大气阻力摄动,两者对轨道根数的影响均可通过将摄动加速度带入式(10-1)~式(10-6)求得,由两者造成的总摄动加速度为

$$\begin{cases} D = -\frac{3}{2}\frac{GM_e}{r^2}\left(\frac{R_e}{r}\right)^2\left[1 - 3\sin^2 i \sin^2(\omega + \theta)\right] - \frac{1}{2}K_D \rho v \sqrt{\frac{GM_e}{p}}e\sin\theta \\ E = -\frac{3}{2}\frac{GM_e}{r^2}\left(\frac{R_e}{r}\right)^2\sin^2 i \sin[2(\omega + \theta)] - \frac{1}{2}K_D \rho v\left(\sqrt{\frac{GM_e}{p}}\frac{p}{r} - \sigma r\cos i\right) \\ F = -\frac{3}{2}\frac{GM_e}{r^2}\left(\frac{R_e}{r}\right)^2\sin 2i \sin(\omega + \theta) - \frac{1}{2}K_D \rho v \sigma r\sin i \cos(\theta + \omega) \end{cases} \tag{10-7}$$

变换至 $a_{n,t,h}$ 所在坐标系下为

$$\begin{bmatrix} a_t \\ a_n \\ a_h \end{bmatrix} = \begin{bmatrix} \frac{pv}{h(1 + e^2 + 2e\cos\theta)}\left[e\sin\theta \cdot D + (1 + e\cos\theta) \cdot E\right] \\ -\frac{pv}{h(1 + e^2 + 2e\cos\theta)}\left[-(1 + e\cos\theta) \cdot D + e\sin\theta \cdot E\right] \\ F \end{bmatrix} \tag{10-8}$$

其中,GM_e 为地球引力常数,值为 3.986×10^{14} m³/s²;R_e 为地球半径,值为

6 378 137 m;$K_D = C_D \frac{A}{m}\sqrt{k_r}$,$C_D$、$\frac{A}{m}$ 为卫星阻力系数和面质比,$k_r = 1 -$

$\dfrac{2\sigma h\cos i}{v^{2}}$；$\sigma=7.292\times10^{-5}$ rad/s 为地球自转速度；ρ 为卫星所在轨道高度的大气密度。

10.2.2　推力方向和燃料消耗率

设推力矢量在轨道面内投影与速度方向的夹角为 α，推力矢量与轨道面的夹角为 β，如图 10 - 4 所示，则可将推力矢量分解为

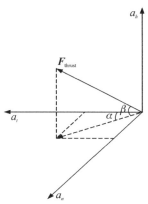

图 10 - 4　推力方向示意图

$$\begin{bmatrix} a_n & a_t & a_h \end{bmatrix}^{\mathrm{T}} = |\boldsymbol{F}_{\mathrm{thrust}}|\begin{bmatrix} \sin\alpha\cos\beta & \cos\alpha\cos\beta & \sin\beta \end{bmatrix}^{\mathrm{T}} \tag{10-9}$$

推力大小为

$$|\boldsymbol{F}_{\mathrm{thrust}}| = \frac{2\eta P}{mgI_{\mathrm{sp}}} \tag{10-10}$$

其中，η 为小推力器效率，P 为小推力器功率，m 为航天器质量，g 为重力加速度，I_{sp} 为小推力器比冲。

卫星的总质量会随着小推力器的工作而逐渐减少，小推力器燃料消耗的规律表示为

$$\frac{\mathrm{d}m}{\mathrm{d}t} = \frac{-2\eta P}{(gI_{\mathrm{sp}})^{2}} \tag{10-11}$$

10.3　基于电推力的离轨控制方法分析

10.3.1　最优控制率

轨道转移的目标轨道由半长轴、偏心率和轨道倾角所确定，因此，由变分法得到的哈密顿函数表示为[34]

$$H = \lambda_a \frac{\mathrm{d}a}{\mathrm{d}t} + \lambda_e \frac{\mathrm{d}e}{\mathrm{d}t} + \lambda_i \frac{\mathrm{d}i}{\mathrm{d}t} \qquad (10-12)$$

其中，λ_a、λ_e、λ_i 为协状态变量。

由哈密顿方程达到最优控制条件：$\partial H / \partial \alpha = 0$，$\partial H / \partial \beta = 0$，可得到喷射角度的最优控制律为[34]

$$\begin{cases} A = \lambda_e \dfrac{r}{a} \sin \theta \\[2mm] B = \lambda_a \dfrac{a^2 v^2}{\mu} + \lambda_e (e + \cos \theta) \\[2mm] \sin \alpha^* = \dfrac{-A}{\sqrt{4B^2 + A^2}} \\[2mm] \cos \alpha^* = \dfrac{-2B}{\sqrt{4B^2 + A^2}} \end{cases} \qquad (10-13)$$

$$\begin{cases} C = \lambda_i \dfrac{rv}{h} \cos(\omega + \theta) \\[2mm] D = \lambda_a \dfrac{2a^2 v^2}{\mu} \cos \alpha^* \\[2mm] E = \lambda_e \left[2(e + \cos \theta) \cos \alpha^* + \dfrac{r}{a} \sin \theta \sin \alpha^* \right] \\[2mm] \sin \beta^* = \dfrac{-C}{\sqrt{C^2 + D^2 + E^2}} \\[2mm] \cos \beta^* = \dfrac{-(D + E)}{\sqrt{C^2 + D^2 + E^2}} \end{cases} \qquad (10-14)$$

将式（10-13）和式（10-14）带入式（10-9）中，即为最优控制量 u^*，最优控制律中含有三个协状态变量，为了最终确定最优控制律，需要借助增广拉格朗日粒子群算法在一定范围内寻找满足约束条件的最优解。

10.3.2 基于增广拉格朗日粒子群算法的离轨策略

本小节使用文献[35]提出的增广拉格朗日粒子群算法进行低轨卫星小推力离轨问题最优控制的计算。文献[35]对该算法进行了系统的阐述，在处理带约束优化问题中具有较快的收敛速度和较高的精度。

1. 增广拉格朗日粒子群算法

Kennedy 等人[36]于 1995 年在模拟鸟群寻找栖息地这一行为的基础上提出了粒子群算法，粒子群算法可以在方程梯度信息未知的情况下解决不可微分方程和连续非凸性问题[37]。因此，粒子群算法被广泛应用在非线性函数优化领域。

设向量 $\boldsymbol{\lambda}_i = (\lambda_a, \lambda_e, \lambda_i)$，则该向量代入式（10-13）和式（10-14）代表某一种最

优控制律,在粒子群算法中 λ_i 代表一个粒子,向量 λ_i 的集合即为粒子群。粒子群中任意粒子都具有位置和速度这两个特性,位置和速度更新式表示为[38]

$$\begin{cases} x_i^{k+1} = v_i^{k+1} + x_i^k \\ v_i^{k+1} = \omega v_i^k + c_1 r_1 (p_i^k - x_i^k) + c_2 r_2 (p_g^k - x_i^k) \end{cases} \quad (10-15)$$

其中,某一粒子在第 k 次迭代中的位置和速度可以分别为 x_i^k 与 v_i^k;ω 为惯性权重;c_1 和 c_2 为学习因子;p_i^k 为个体在过去 k 次迭代过程中的历史最佳位置;p_g^k 为粒子群在 k 轮迭代后种群历史最佳位置;r_1 和 r_2 为[0,1]之间的随机数。

上述方法为标准粒子群算法迭代方法,该方法在初期搜索速度较快,后期搜索速度较慢,当某粒子当前位置与个体历史最佳位置和种群历史最佳位置相等时,如果速度很小,则会造成算法提前收敛。针对这些问题,粒子的第 $k+1$ 次位置和速度可以表达为[39]:

$$\begin{cases} x_i^{k+1} = \omega v_i^k + p_g^k + \rho_k (1 - 2m_1) \\ v_i^{k+1} = -x_i^k + p_g^k + \omega v_i^k + \rho_k (1 - 2m_1) \end{cases} \quad (10-16)$$

其中,m_1 为[0,1]之间的随机数,ρ_k 为随机方向参数。

为了避免过早收敛的问题,惯性权重 ω 采用线性微分递减的方法,即

$$\begin{cases} \omega = \omega_{\max} - \dfrac{\omega_{\max} - \omega_{\min}}{k_{\max}^2} k^2 \\ \rho_{k+1} = \begin{cases} 2\rho_k, & n_s > s \\ 0.5\rho_k, & n_f > f \\ 2\rho_k, & 其他 \end{cases} \end{cases} \quad (10-17)$$

其中,n_s 和 n_f 表示当前种群历史最佳位置 p_g^k 与上一次迭代 p_g^{k-1} 的关系,若两者相同,则 n_f 累加一次,否则 n_s 累加一次;s 和 f 分别表示 n_s、n_f 的阈值。惯性权重 ω 在初期变化缓慢,使粒子具有较好的全局探索能力,而在后期变化速度较快,使粒子能快速收敛于全局最优值。随机方向参数 ρ_k 使粒子在种群历史最优解附近进行随机搜索,如式(10-14)所示,如果连续多次种群历史最佳位置相同并超出阈值,则搜索空间会减小,反之会扩大搜索空间,该方法进一步提高了粒子的搜索能力,避免当粒子速度较低时陷入局部最优解。

上述基本粒子群算法只能解决无约束优化问题,而离轨最优控制问题为带约束的优化问题,解决带约束优化问题通常采用罚函数法。但随着迭代次数的增加,罚函数中的罚因子会逐渐趋于无穷,使目标函数病态逐渐加重,影响算法的收敛性。理论研究结果表明,增广拉格朗日函数法有效地克服了罚函数法的缺点[40]。

增广拉格朗日函数法是在拉格朗日函数上增加一个与约束相关的二次罚函数项。因此,结合 KKT 条件,在目标函数中加入二次罚函数项以保证约束可行性[35],可表示为

$$J = f(x_i^k) + \sum_{j=1}^{6} \lambda_j h_j(x_i^k) + \sum_{j=1}^{6} r_j [h_j(x_i^k)]^2 \quad (10-18)$$

$$h_j(x_i^k) = |\sigma_j - \sigma_j^*|, \quad j = 1, 2, \cdots, 6 \qquad (10-19)$$

其中,λ_j 和 r_j 分别为拉格朗日乘子与惩罚因子;$h_j(x_i^k)$ 为在第 k 次迭代的粒子 i 的控制律所产生的当前轨道根数与目标轨道根数的差的绝对值;$f(x_i^k)$ 为第 k 次迭代的粒子 i 的控制律产生的离轨时间。λ_j 和 r_j 在子问题运算过程中保持不变,当子问题结束时,需要利用子问题产生的最优解更新拉格朗日乘子和惩罚因子,可表示为

$$\begin{cases} \lambda_j^{n+1} = \lambda_j^n + 2r_j^n h_j(x_{\text{best}}^n) \\ r_j^{n+1} = \begin{cases} 2r_j^n, & h_j^2(x_{\text{best}}^n) > h_j^2(x_{\text{best}}^{n-1}) \wedge h_j^2(x_{\text{best}}^n) > \varepsilon_f \\ 0.5r_j^n, & h_j^2(x_{\text{best}}^n) \leqslant \varepsilon_f \\ r_j^n, & \text{其他} \end{cases} \end{cases} \qquad (10-20)$$

其中,x_{best}^n 为子问题输出的最优解,ε_f 为约束阈值。

为了加快算法的运行速度和减少目标函数的约束,一些约束条件通过相应的处理可以在轨道积分程序中实施。由于粒子的初始位置值是随机的,某些粒子在轨道积分时可能会造成轨道高度增加和偏心率异常等异常状况。针对这一问题,可以在轨道积分程序中设置中断条件,并将离轨时间返回为无穷大值。这些粒子的适应度值也就变为无穷大,从而在适应度筛选中淘汰。

2. 算法流程

通过上述分析,增广拉格朗日粒子群算法可有效将带约束优化问题转化为多个无约束优化的子问题,进而采用粒子群算法求解子问题。算法的具体流程如下:

① 参数值初始化。首先将粒子分为三个维度,分别代表协状态变量 λ_a、λ_e、λ_i;然后在可行域范围内随机初始化种群中所有粒子的位置和速度,并分别将拉格朗日乘子和惩罚因子初始化为 0 和初始值 r_0。

② 计算并更新适应度。将目标函数作为粒子群算法的适应度函数,针对每个粒子使用式(10-1)~式(10-6)进行轨道演化,计算适应度函数值,更新每个粒子的最优适应度 p_i^k 和种群最优适应度 p_g^k(最小为最优)。

③ 更新粒子参数。依据式(10-16)更新粒子的位置和速度,再次进行循环,直到达到最大迭代次数 $k_{\max}$,输出本次子程序优化结果。

④ 更新增广拉格朗日函数参数。利用子程序输出的优化结果带入式(10-20)更新拉格朗日乘子和惩罚因子,生成新的目标函数。

⑤ 如果不满足迭代终止条件,则重复步骤②~⑤,直到满足迭代次数和约束阈值要求,输出优化结果。

算法的外层框架程序和子程序框图如图 10-5、图 10-6 所示。

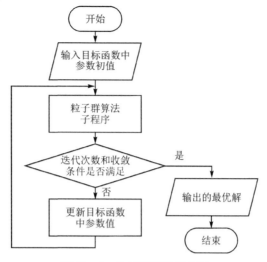

图 10-5 外层框架程序框图

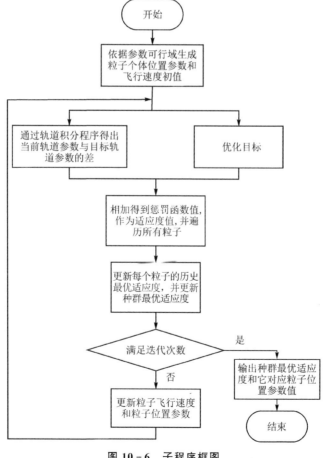

图 10-6 子程序框图

10.4　离轨策略仿真分析

10.4.1　仿真条件和参数

本节的仿真算例考虑将卫星轨道从 821 km 的工作轨道降低至 150 km 的处置轨道或增大偏心率使卫星近地点轨道高度降至 150 km。工作轨道和两种处置轨道的半长轴、偏心率和轨道倾角如表 10-2 所列。

表 10-2　工作轨道与处置轨道轨道根数

轨道根数	工作轨道	第一种处置轨道	第二种处置轨道
半长轴/km	7 200	6 528	7 200
偏心率	0.001	0.001	0.093
轨道倾角/(°)	98.5	98.5	98.5

卫星质量为 1 000 kg,大气阻力系数为 2,受晒面质比为 0.02,小推力发动机推力为 3 mN,效率为 24.5%,比冲为 4 660 s,功率为 115 W。卫星在离轨过程中所受摄动为地球非球形 J_2 项摄动和大气阻力摄动,大气密度模型采用美国标准大气模型 SA76。

粒子群算法参数设置如表 10-3 所列。针对高维问题,s、f 和随机方向参数初值 ρ_0 推荐选取表中数值[39],迭代终止条件为半长轴偏差绝对值或近地点偏差绝对值小于约束阈值 ε_f。

表 10-3　算法参数设置

算法参数	数　值
种群个数 N	500
最大迭代次数 k_{max}	50
最大惯性权重 ω_{max}	0.9
最小惯性权重 ω_{min}	0.4
n_s 阈值 s	15
n_f 阈值 f	5
随机方向参数初值 ρ_0	1
初始惩罚因子 r_0	1 000
约束阈值 ε_f	0.000 1

10.4.2　仿真结果及分析

　　轨道积分程序仿真了卫星在仅受大气阻力摄动和地球非球形 J_2 项摄动下的轨道半长轴演化结果。轨道半长轴 7 200 km 的卫星轨道高度在 800 km 以上,大气密度极低。在自然条件下轨道半长轴随时间的变化如图 10 – 7 所示,离轨进入处置轨道的时间为 140 年,超出了 IADC 规定的 25 年内离轨的标准。

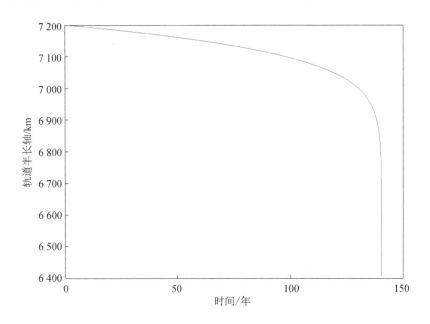

图 10 – 7　在自然条件下轨道半长轴随时间的变化

　　在其他条件相同的情况下,针对第一种和第二种处置轨道采用遗传算法的迭代过程分别如图 10 – 8 所示,当达到 100 次最大迭代次数时,偏差分别为 66 m 和 9 608 m,并未达到约束阈值。

　　在采用 ALPSO 算法的情况下,针对第一种处置轨道,半长轴偏差绝对值随迭代次数的变化如图 10 – 9 所示,从图中可以看出,程序总共迭代 60 次,在第 57 次满足收敛条件,在第 20～30 次迭代之间程序并未满足收敛条件,造成后续偏差值小幅提高。第二种处置轨道近地点偏差随程序迭代次数的变化如图 10 – 10 所示,程序总共迭代 25 次,在第 12 次满足收敛条件,程序收敛速度较快。

　　两种处置轨道的最优解、离轨时间和燃料消耗如表 10 – 4 所列,从表中数据得知,第二种处置轨道的离轨时间比第一种处置轨道的离轨时间长,且燃料消耗比较大。

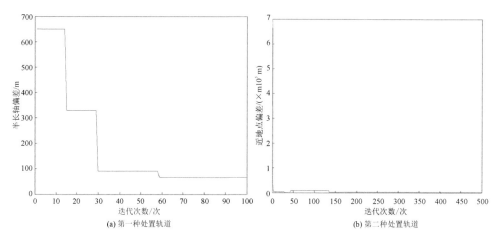

图 10 - 8　整个迭代过程半长轴偏差和近地点偏差

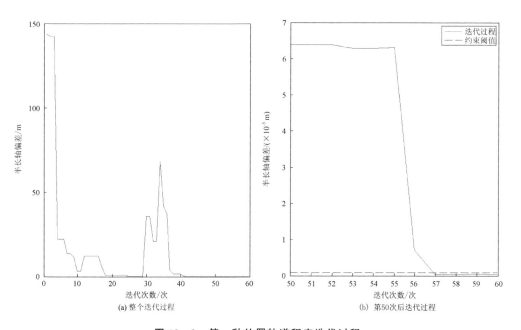

图 10 - 9　第一种处置轨道程序迭代过程

表 10 - 4　收敛后最优解

参　　数	λ_a	λ_e	λ_i	离轨时间/d	燃料消耗/kg
粒子群搜索范围 （第一种）	$\left[-\dfrac{10}{a},\dfrac{10}{a}\right]$	$[-10,10]$	$[-10,10]$	—	—
粒子群搜索范围 （第二种）	$\left[-\dfrac{10}{a},\dfrac{10}{a}\right]$	$[-1\times10^6,\ 1\times10^6]$	$[-10,10]$	—	—

参　数	λ_a	λ_e	λ_i	离轨时间/d	燃料消耗/kg
最优解 (第一种处置轨道)	-1.389×10^{-6}	-4.074	6.563	857	2.00
最优解 (第二种处置轨道)	-1.389×10^{-7}	$-2\,223.345$	10	$1\,607$	3.75

注:a 为卫星工作轨道半长轴,搜索范围选取参考了文献[34]。

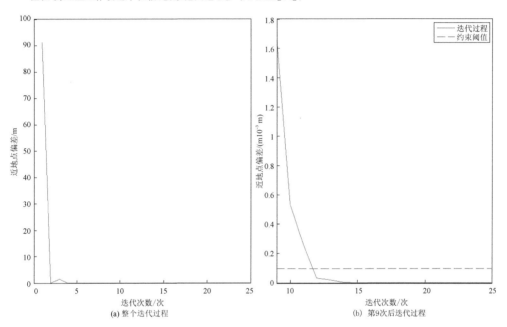

图 10 - 10　第二种处置轨道程序迭代过程

以两种处置轨道为目标,卫星在最优控制律作用下轨道参数随时间的变化分别如图 10 - 11 和图 10 - 12 所示。从图中可以看出,两种情况下轨道倾角基本不变,当以第一种处置轨道为目标轨道时,偏心率有小幅度的上升,但对半长轴和轨道倾角的变化几乎无影响;当以第二种处置轨道为目标轨道时,偏心率随时间的变化呈近似线性,半长轴随时间整体变化幅度较小,存在较小幅度波动,但不影响近地点高度随时间的变化。

通过以上仿真分析可以得出以下结论:

① 增广拉格朗日粒子群算法可以有效地在给定协状态量范围的情况下找出最优的协状态量,进而得出最优控制律。

② 相较于遗传算法,增广拉格朗日粒子群算法可以在较少的迭代次数的情况下使最终的偏差更小。

③ 在仅受大气阻力摄动和地球非球形 J_2 项摄动的情况下,卫星不能在 25 年内

实现离轨,而在星上小推力器的作用下,卫星以两种处置轨道为目标均可满足 25 年内离轨要求。其中,以第一种处置轨道为目标的情况下离轨时间较短,它适合作为低轨卫星的离轨处置轨道。

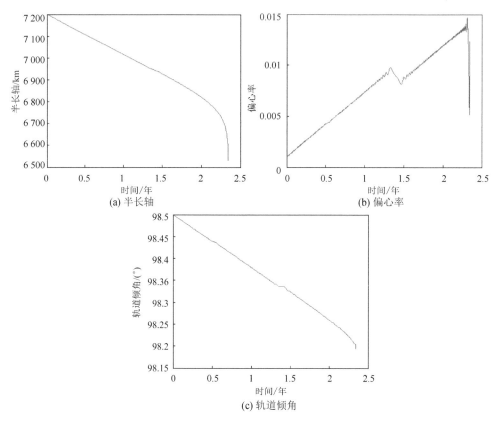

图 10 - 11　卫星在最优控制律作用下轨道参数随时间的变化(第一种处置轨道)

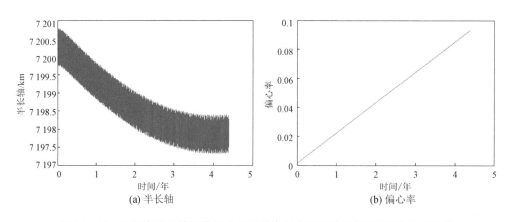

图 10 - 12　卫星在最优控制律作用下轨道参数随时间的变化(第二种处置轨道)

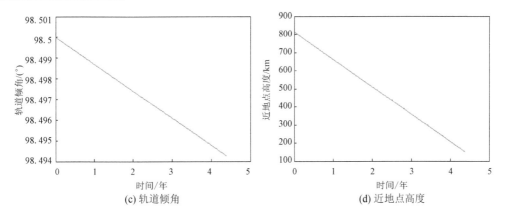

图 10 - 12　卫星在最优控制律作用下轨道参数随时间的变化(第二种处置轨道)(续)

参考文献

[1] CASTET F，SALEH J H. Satellite reliability：statistical data analysis and modeling[J]. Journal of spacecraft and rockets，2009，46(5)：1065-1076.

[2] 尚海滨，崔平远，栾恩杰. 基于平均法的小推力转移轨道优化研究[C]//第 25 届中国控制会议论文集. 北京：北京航空航天大学出版社，2006：651-655.

[3] 林书宇，马雪阳. 电推进卫星轨道转移优化策略综述[C]//第二届中国空天安全会议论文集. 大连：中国指挥与控制学会，2017：486-500.

[4] YAKOVLEV M. The IADC space debris mitigation guidelines and supporting documents[C]// 4th European conference on space debris. Darmstadt：ESA Press，2005：591.

[5] HUANG S，COLOMBO C，ALESSI E M. Trade-off study on large constellation deorbiting using low-thrust and de-orbiting balloons[C]//Proceedings of the 10th international workshop on satellite constellations and formation flying. Glasgow：IWSCFF，2019：1-21.

[6] GUGLIELMO D，OMAR S，BEVILACQUA R，et al. Drag deorbit device：a new standard reentry actuator for cubesats[J]. Journal of spacecraft and rockets，2019，56(1)：129-145.

[7] PETERS T V，BRIZ V J F，ESCORIAL O D，et al. Attitude control analysis of tethered de-orbiting[J]. Acta astronautica，2018，146(5)：316-331.

[8] CAI H，YANG Y，GUO C. Review of electrodynamic tether system[J]. Journal of astronautics，2014，35：1223-1232.

[9] HOYT R. Terminator tape：a cost-effective de-orbit module for end-of-life disposal of LEO satellites[C]//AIAA Space 2009 Conference & Exposition. Pasadena：AIAA，2009：6733.

[10] COTTON B，BENNETT I，SABZALIAN M，et al. On-orbit results from the CanX-7 drag sail deorbit mission[C]//Proceedings of the AIAA/USU conference on small satellites. Logan：NASA，2017：1-8.

[11] ROBERTS P C E，HARKNESS P G. Drag sail for end-of-life disposal from low earth orbit[J]. Journal of spacecraft and rockets，2007，44（6）：1195-1203.

[12] CHARLOTTE Lücking，COLOMBO C，MCINNES C. A passive de-orbiting strategy for high altitude CubeSat missions using a deployable reflective balloon[C]// 8th IAA symposium on small satellites. Berlin：IAA，2011：1-8.

[13] FULLER J K，HINKLEY D，JANSON S W. Cubesat balloon drag devices：meeting the 25-Year de-orbit requirement[R]，2010.

[14] 黄国强，陆宇平，南英，等. 多目标连续小推力深空探测器轨道全局优化[J]. 系统工程与电子技术，2012，34(8)：1652-1659.

[15] 黄良甫. 电推进系统发展概况与趋势[J]. 真空与低温，2005，11(1)：1-8.

[16] BREWER G R. ION propulsion：technology and applications[M]. Chicago：NASA Press，1970：1-10.

[17] GORSHKOV O，KOROTEEV A，ARKHIPOV B，et al. Overview of Russian activities in electric propulsion[C]//37th joint propulsion conference and exhibit. Salt Lake：AIAA，2001：3229.

[18] CHRISTENHEN J. Boeing EDD electric propulsion programs overview[C]// 40th AIAA/ASME/SAE/ASEE joint propulsion conference and exhibit. Fort Lauderdale：AIAA，2004：3967.

[19] PATTERSON M，BENSON S. NEXT ion propulsion system development status and performance[C]//43rd AIAA/ASME/SAE/ASEE joint propulsion conference and exhibit. Cincinnati：AIAA，2007：5199.

[20] FEUERBORN S A，NEARY D，PERKINS J. Finding a way：boeing's all electric propulsion satellite[C]//49th AIAA/ASME/SAE/ASEE joint propulsion conference. San Jose：AIAA，2013：4126.

[21] FROMM C M，HERBERTZ A. Using electric propulsion for the de-orbiting of satellites[C] //5th CEAS air & space conference. Delft，The Netherlands：Springer Press，2015：162.

[22] HUANG S，COLOMBO C，ALESSI E，et al. Large constellation de-orbiting with low-thrust propulsion[C]// 29th AAS/AIAA space flight mechanics

meeting. Hawaii，USA：AIAA，2019：1-22.

[23] TROFIMOV S，OVCHINNIKOV M. Optimal low-thrust deorbiting of passively stabilized LEO satellites[C]// 64th International Astronautical Congress 2013. 2013：5224-5230.

[24] 魏静萱，王宇平. 求解约束优化问题的改进粒子群算法[J]. 系统工程与电子技术，2008，30(4)：739-742.

[25] ZHOU H，WANG X，CUI N. Fuel-optimal multi-impulse orbit transfer using a hybrid optimization method[J]. IEEE transactions on intelligent transportation systems，2019，21(4)：1359-1368.

[26] MANSELL J R，DICKMANN S，SPENCER D A. Swarm optimization of lunar transfers from earth orbit with operational constraints[J]. The journal of the astronautical sciences，2020，67(3)：880-901.

[27] JAGANNATHA B B，BOUVIER J B H，HO K. Preliminary design of low-energy，low-thrust transfers to Halo orbits using feedback control[J]. Journal of guidance，control，and dynamics，2019，42(2)：260-271.

[28] PONTANI M，CONWAY B A. Particle swarm optimization of low-thrust orbital transfers and rendezvous[C]//21st AAS/AIAA space flight mechanics meeting. New Orleans：AIAA，2011：889-908.

[29] ABRAHAM A J，SPENCER D B，HART T J. Optimization of preliminary low-thrust trajectories from geo-energy orbits to earth-moon，L1，Lagrange point orbits using particle swarm optimization[J]. Advances in the astronautical sciences，2014，150：3233-3252.

[30] ZOTES F A，PENAS M S. Particle swarm optimisation of interplanetary trajectories from Earth to Jupiter and Saturn[J]. Engineering applications of artificial intelligence，2012，1(25)：189-199.

[31] 沈如松，杨雪榕. 基于粒子群算法的小推力同步轨道入轨优化[C]//第 30 届中国控制会议. 烟台：IEEE，2011：2093-2098.

[32] SHAN J，REN Y. Low-thrust trajectory design with constrained particle swarm optimization [J]. Aerospace science and technology，2014，36：114-124.

[33] WANG X S，PENG Y M，LU X，et al. Design and optimization of low thrust transfer trajectory for engineering constraints[J]. Scientia sinica(physica，mechanica & astronomica)，2019. DOI:10.1360/SSPMA-2019-0104.

[34] CONWAY B A. Spacecraft trajectory optimization[M]. Cambridge：Cambridge University Press，2010.

[35] JANSEN P W，PEREZ R E. Constrained structural design optimization via a

parallel augmented Lagrangian particle swarm optimization approach[J]. Computers & structures，2011，89(13/14)：1352-1366.

[36] KENNEDY J，EBERHART R. Particle swarm optimization[C]//Proceedings of ICNN′95-international conference on neural networks. Australia：IEEE Press，1995：1942-1948.

[37] 于颖，於孝春，李永生. 扩展拉格朗日乘子粒子群算法解决工程优化问题[J]. 机械工程学报，2009，45(12)：167-172.

[38] 杨希祥，江振宇，张为华. 基于粒子群算法的固体运载火箭上升段弹道优化设计研究[J]. 宇航学报，2010，31(5)：1304-1309.

[39] VAN D B F. An analysis of particle swarm optimizers[D]. Hatfield，South Africa：University of Pretoria，2002.

[40] 杜学武，靳祯. 不等式约束优化问题的一个精确增广拉格朗日函数[J]. 上海交通大学学报，2006，40(9)：1636-1640.

第 11 章
低轨大规模卫星星座评估方法

11.1　卫星星座性能评估研究

低轨大规模卫星星座不同于高轨和中轨卫星星座,其卫星数量多且系统庞大,对其性能评估比较复杂。当对不同低轨卫星星座进行性能分析时,每个卫星星座的卫星数量以及卫星星座构型也不尽相同,目前尚未建立一个统一的性能评估指标进行分析。因此,需要结合低轨大规模卫星星座的特点,建立合理的性能评估体系对不同低轨大规模卫星星座进行性能评估比较。

目前对卫星星座性能评估的研究已经取得一定的进展。对卫星星座的评估一般是根据卫星星座的特点选取合适的评估参数进行评估仿真。张玉锟等人[1]提出了一种基于卫星星座仿真的设计方法,该方法首先通过选择少量的设计点对它们进行优化,然后选取数量较多的特征点对卫星星座的覆盖性能进行评估,以检验各项性能指标是否符合要求。在某些约束条件下,此方法可以针对目标为不规则的地面站或区域设计出对它进行高性能覆盖的卫星星座。

柴霖等人[2]分析了区域性覆盖卫星星座的任务要求及设计特点,通过设计卫星轨道高度、轨道倾角和轨道升交点赤经等参数,提出了一种太阳同步回归轨道的低轨卫星星座设计方案,并应用 STK 仿真软件完成了对卫星星座的演示与性能评估。刘凡等人[3]主要探讨了目前卫星星座的设计与评价方法,介绍了一种利用最大流问题评价动态卫星网络业务的新方法——主要通过仿真,分析出动态卫星网络的系统覆盖率、卫星对地仰角特性、系统间各节点链接时刻表等性能参数。陈晓宇等人[4]利用层次分析法构建卫星星座性能评估体系层次结构模型,设计了针对遥感卫星座的性能评估体系,设计出静态能力评估体系和动态性能评估体系,针对动态性能评估体系定义了调度方案验证、任务完成能力、资源使用情况和时效性四个性能指标,并对卫星星座运行和维持能力进行分析。

导航卫星星座的快速发展使得对导航卫星星座性能评估的方法比较多。张琳等人[5]对伽利略卫星导航系统的初步性能进行评估,评估了卫星导航系统的观测数据质量、单点定位和精密单点定位性能。辛洁等人[6]针对卫星星座自主导航定轨任务需求问题,分析了卫星自主定轨的原理,提出了一种基于分布式 Kalman 滤波的卫星星座自主定轨性能评估方法,着重从星间链路有效数、卫星星座布局、定轨精度等方面给出了评估结论。

鲁娜等人[7]对卫星通信系统的抗干扰性能进行评估分析,针对卫星通信系统抗干扰性能建立起了一套科学合理的评估指标体系;对卫星通信中出现的各种干扰和各种抗干扰措施进行了分析,并给出了一种用于评价系统物理层安全传输性能的指标。

Meng S 等人[8]建立了侦察卫星的覆盖性能和检测能力的关系,用覆盖性能指标评估检测概率和检测时延的期望。针对侦察卫星不连续覆盖的特点,对特定区域的覆盖性能进行分析,通过覆盖性能指标来评估卫星星座的检测能力。王浩等人[9]针对小卫星侦察卫星星座性能评估问题,从三方面对小卫星侦察卫星星座的性能指标进行研究,分别构建了考虑存储容量约束的覆盖能力评估模型、成本估计模型以及弹性能力评估模型。

Nie Y Y 等人[10]提出了一种新的具有资源约束的生存能力评估模型,用具有反馈的队列图形评估和审查技术随机网络来表征资源限制,并描述低地球轨道卫星星座的动态随机任务转移过程。根据完成任务时不同链接弧活动产生的时间、抖动和消耗的资源,结合排队生死技术,得出任务成本和网络效用函数,以反映低地球轨道卫星星座面对故障或罢工后完成通信任务的能力。

目前对于航天系统的性能评估中,研究对象一般是单颗卫星(如侦察卫星和通信卫星等),或者是单一的卫星星座(如卫星通信系统、伽利略卫星导航系统和动态网络系统等);研究内容是某一性能或者几个性能的分析,如对卫星或者卫星星座的覆盖性能的分析,或者对覆盖、成本和弹性的综合分析等;研究方法也一般是采用建模的方式得到参数进行单一的分析。本章研究对象不局限于单一卫星星座或者卫星星座的某个系统,而是对低轨大规模通信卫星星座进行整体研究,研究内容也从某几个性能变成卫星星座的多个方面。由于参数众多且内容复杂,因此采用建模仿真与评估方法相结合的方式。

11.1.1 卫星星座任务性能评估研究

低轨大规模通信卫星星座能够提供全球范围内的无缝覆盖,包括偏远地区、海洋和空中,这对于实现全球互联网连接具有重要意义。低轨大规模通信卫星星座的设计与常规通信卫星星座的设计有很大区别,它需要满足用户对宽带多媒体服务的需求,用户的使用速度和系统的传输能力都有很大的要求。因此,在满足用户通信需求的同时,卫星星座的设计应朝着小型化发展,以高效地为用户提供所需要的通信服务。

文献[11]提出影响卫星通信质量因素的 5 个指标:EIRP 是表征地面站或转发器的发射能力的一项重要技术指标;载噪比是决定卫星通信线路性能的最基本参数之一;门限载噪比保证用户接收的图像、话音和数据有必要的质量;地理增益是由于地球不同地理位置因素对通信质量的影响;传输损耗是卫星通信的上行或下行线路传输时带来的损耗。

文献[12]提出了一种覆盖度的度量,以测量不同纬度的卫星星座返回圆一个周期的平均覆盖水平,并且进一步考虑了使用 TDMA 的点波束通信过程作为离散时间排队过程,以计算单位面积中的设备数量,并可以在一段时间内访问,推导出设备密度、最大容忍延迟和卫星星座覆盖度之间的关系。Okati N 等人[13]得出了通用低地球轨道网络的下行链路覆盖概率和平均数据速率的解析表达式,而该表达式与实际卫星的位置及其服务区域的几何形状无关。解决方案源于随机几何,将通用网络抽象为统一的二项式点过程。应用提出的模型,研究网络性能作为关键卫星星座设计参数的函数。为了使理论模型更精确地适合实际的确定性卫星星座,引入了有效卫星数作为参数来补偿不同纬度上卫星的实际不均匀分布。除了得出精确的网络性能指标外,该研究还揭示了一些为将来的大规模低地球轨道卫星星座选择设计参数的准则。

Lee Y 等人[14]研究了具有各种用户移动性和多普勒频移载波频率的常规卫星系统中长传播延迟的不利影响。卫星网络被建模为基本的延迟反馈信道系统,并在延迟信道状态信息(CSI)下分析通信性能,以评估系统在移动条件下的可行性。使用平均功耗和信道容量增量来分析采用功率控制方法的系统性能,研究表明性能提升通常大于资源消耗,而在信道状态较差的情况下,与使用中上衰落模型进行性能评估的容量增加相比,功耗量非常高。

对低轨大规模通信卫星星座的任务性能分析,主要是对卫星星座的通信能力是否能满足地面用户通信需求问题的分析。文献[15]对网络的总体性能进行定量研究,按照网络协议分层的原则建立性能指标体系,其中通信容量和通信质量两个方面是卫星星座任务性能的评估。在对通信容量分析中,通信速率是满足单个用户信息传输的速率,吞吐量是低轨卫星星座满足用户信息传输需求的总容量,对吞吐量的评估相对复杂。Portillo 等人[16]在比较 Telesat、一网卫星星座和 SpaceX 三个低轨卫星星座的吞吐量时,考虑了大气模型、链路预算模型和轨道动力学模型等条件,根据用户的需要开发了需求模型,并根据是否有卫星间链路两种不同方式,求得系统总吞吐量。江昊等人[17]针对 PNTRC 仿真关键技术展开研究,针对 PNTRC 遥感卫星星座的业务数据传输能力进行分析,建立 PNTRC 的仿真关键技术,对比一网卫星星座、鸿云卫星星座和鸿雁卫星星座等的丢包率、时延和容量等参数性能指标。文献[18]主要阐述 OPNET 的主要特点、建模机制和模拟步骤,并对 OPNET 的建模流程和建模方法进行了探讨,对比了网络吞吐量、链路平均利用率和端对端时延等性能参数。李永斌等人[19]通过 OPNET 网络性能仿真软件对铱系统卫星网络的路由算法建立仿真模型,分析了平均路由跳数和延时性能等参数。

11.1.2　卫星星座构型性能评估研究

对低轨大规模卫星星座的构型性能评估主要分析其覆盖性能。首先,低轨大规模卫星星座不同于一般的侦查卫星星座,它具有全天候无间断地对地覆盖的特点,侦查卫星星座的覆盖百分比、覆盖面积和重访时间的性能指标不适用于低轨大规模卫星星座;其次,低轨大规模卫星星座不同于中高轨卫星星座,其覆盖性能指标随着纬度的分布有着较明显的分布规律,且改变构型会使得分布的特性发生改变。因此,需要选取合适的覆盖性能指标进行评估分析。

卫星星座构型指标对卫星星座的性能评估有着很重要的影响,且卫星星座的构型设计要考虑其覆盖性能。由于卫星星座构型的原因,卫星星座对不同纬度的最低观测仰角和覆盖重数是不同的,因此要确定指标大小就要考虑不同纬度的平均值。根据人口在纬度上的分布情况,建立人口纬度分布密度作为加权因子对最低观测仰角和覆盖重数进行加权,能够合理地评估卫星星座覆盖性能。吴廷勇等人[20]对全球范围内的正交环轨道卫星星座的设计进行了探讨,得到了利用极轨道卫星星座进行球冠覆盖时星座参数的精确计算公式,并对它与贝斯特近似公式的关系进行了分析,给出了适用于该近似计算的条件。

① 平均仰角的解析特征:在卫星星座周期中,给定的一个样点的瞬间仰角的平均时间平均值被确定为该点的平均仰角。这一指数能够最直观地反映出各卫星星座在全球范围内的覆盖能力的差别。

② 平均纬度:在一定纬度上各样点平均仰角的统计平均值。此指数反映了各卫星星座在不同纬度下的统计覆盖能力的差别。

③ 全球平均人口分布的加权平均仰角:采用人口纬度分布密度作为权重系数,将全球地表样点的加权统计平均值考虑到人口的纬度分布特征。这个指数反映了在考虑到人群的情况下,整个卫星星座的覆盖能力差别。

戴翠琴等人[21]针对目前卫星网络的三个问题——单层卫星网络抗毁能力差、高轨卫星时延高、三层卫星网络管理比较复杂,采用 Walker 星座的倾斜卫星星座和极轨道卫星星座两种方式,分别对两种类型的卫星进行了系统的星座设计与组网分析,设计出了一种双层混合卫星网络的优化设计方案;针对传统卫星覆盖性能指标无法对不同构型的卫星星座进行性能评估的问题,采用层次分析法建立了对不同种构型卫星星座的统一评估模型。HONGLIANG 等人[22]着重评估遥感卫星的覆盖效果,提出并设计了一种基于指标权重的熵权法和层次分析法相结合的多指标评估方法。

李怀建等人[23]以导航卫星星座轨道高度和最小仰角为设计性能指标,通过卫星覆盖重数和位置精度衰减因子覆盖率对低轨导航卫星星座构型进行性能评估。导航卫星星座能够实现对地面的连续覆盖,这与通信卫星星座的特点相同。其中,位置精度衰减因子是导航卫星星座定位精度的性能评估指标,不适用于通信卫星星座。最低观测仰角影响了单颗卫星对地面用户星地链路的衰减,观测仰角越大,星地链路衰减越小,提高卫星对该点的覆盖性能;卫星星座的覆盖重数越多,就会减少通信遮蔽带来的影响和通信中断的可能性。因此,最低观测仰角和覆盖重数适用于低轨通信卫星的性能评估。

　　李勇军等人[24]针对不同构型卫星星座的评估问题,提出了一种适用于低轨卫星星座覆盖性能,并且可以对不同构型和不同高度的卫星星座进行统一评价的准则。该准则将低轨卫星星座的轨道高度、覆盖区域、卫星数量和最低仰角统一起来,能够对卫星星座构型优劣进行判定。首先确定最低对地覆盖仰角和单颗卫星覆盖区域,以覆盖仰角相同具有相同覆盖能力为依据求得需要的最小卫星数作为标准卫星数;然后以标准卫星数与卫星星座中的实际卫星数的比值对卫星星座实施评价,比值可称为卫星星座覆盖性能指数,该指数主要显示出卫星星座对地覆盖的均匀程度和额外覆盖重叠区域的面积,主要评估指标是卫星星座的使用率。

　　观测仰角影响地面目标与卫星星座的传输效率和传输之间的损耗,对于低轨大规模卫星星座,也可以用平均观测仰角、最小观测仰角和临界观测仰角进行分析。低轨大规模卫星星座性能覆盖指标还包括用户观测仰角一定时的可见卫星数和额外重叠覆盖区域,可见卫星数和覆盖重数息息相关,额外重叠覆盖区域体现着卫星星座可用效率,影响着卫星星座成本等因素。并且当对卫星星座整体覆盖性能进行分析时,也要考虑低轨卫星星座高速移动的影响和不同维度人口分布加权的影响。

11.2　建立指标体系

　　本节根据低轨大规模通信卫星星座的特点(通信卫星星座与侦察、导航卫星星座不同),结合低轨卫星星座与中高轨卫星星座,建立适用于低轨大规模通信卫星星座的性能评估指标,如图 11 - 1 所示。

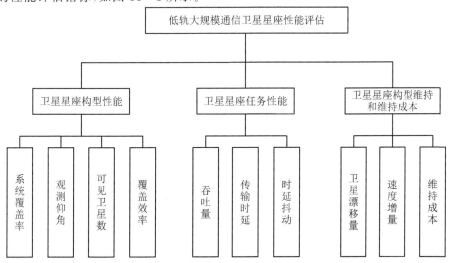

图 11 - 1　低轨大规模通信卫星星座性能评估指标

由图 11-1 可知,选取卫星星座构型性能、卫星星座任务性能、卫星星座构型维持和维持成本三个方面的评估指标。其中,卫星星座构型性能分为系统覆盖率、观测仰角、可见卫星数和覆盖效率四个性能评估指标;卫星星座任务性能分为卫星座的吞吐量、传输时延和时延抖动三个性能评估指标;卫星星座构型维持和维持成本分为卫星漂移量、速度增量和维持成本三个性能评估指标。该评估方法适用于低轨大规模通信卫星星座的性能评估,通过仿真的方式得到评估指标,分别建立构型性能、任务性能、构型维持和维持成本三个方面的评估模型。

11.3 卫星星座构型性能评估

本节针对低轨大规模卫星星座的特点,建立适用于低轨卫星星座构型的评估模型。首先选取卫星星座的覆盖率、最低观测仰角、不同观测仰角下的可见卫星数和覆盖效率四个参数仿真模型;然后在此基础上根据人口分布的特点建立人口分布密度函数,求得人口分布下的平均最低观测仰角和平均可见卫星数的评估模型;最后利用仿真模型对目前典型的低轨卫星星座进行比较分析,验证评估方法的有效性。

11.3.1 卫星星座覆盖性能分析

1. 指标模型的建立

在对通信卫星星座构型的性能分析中,卫星星座的覆盖性能是评判卫星星座设计最重要的指标[25-27]。覆盖性能指标众多,需要根据低轨大规模通信卫星星座需要满足对全球无间断覆盖的特点,建立如图 11-2 所示的覆盖性能指标。

低轨卫星星座高度一般低于 1 500 km,单颗卫星对地的覆盖区域相比于中高轨卫星小得多,一般 3～4 颗高轨卫星就能实现对地面的覆盖,十多颗或几十颗中轨卫星也能实现对地面的覆盖,而低轨卫星要实现对地面的覆盖需要几百上千颗。一颗低轨卫星在地表的覆盖形状为球冠状(见图 11-3),覆盖范围较小,需要设计合理的卫星星座构型实现全球覆盖。

当对卫星星座覆盖性能进行分析时,网格点法是目前比较常见的方法[22],假设卫星星座中单颗卫星覆盖的网格区域为 s,则含有 n 颗卫星的卫星星座覆盖的网格区域 S_{cov} 可表示为

$$S_{cov} = \{s_1 \bigcup s_2 \cdots \bigcup s_n\} \tag{11-1}$$

设地球表面网格区域为 Ω,系统覆盖率 P_{cov} 定义为卫星星座对地球的覆盖网格区域与地球的表面网格区域 Ω 的比值。当系统覆盖率为 1 时,表示卫星星座对地球实现全球覆盖。系统覆盖率可表示为

$$P_{cov} = \frac{S_{cov}}{\Omega} \tag{11-2}$$

其中,P_{cov} 为卫星星座的系统覆盖率,S_{cov} 为卫星星座对地球的覆盖网格区域。

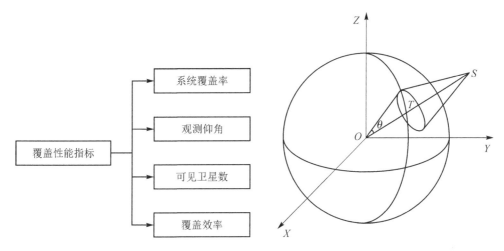

图 11 - 2 覆盖性能指标   图 11 - 3 单颗卫星对地覆盖示意图

当卫星实现对地球上的某点 T 覆盖时,T 点会与卫星形成一定的角度,观测仰角减小,星地之间的链路衰减就会增加,也会有卫星天线品质因子 $\left(\dfrac{G}{T}\right)$ 降低等问题的影响,使得通信卫星的覆盖性能降低。当最低观测仰角小于 $10°$ 时,就难以满足一般地面用户接入的通信需求。因此,当对低轨卫星星座进行构型设计时,都会使得观测仰角尽可能大,以保证较高的通信质量。

在某一时刻,设地心惯性坐标系下的地球表面某一点的坐标为 $T(x_1,y_1,z_1)$,卫星星座中某颗卫星的坐标为 $S(x_2,y_2,z_2)$,设原点为 O,可以通过向量的方法求得这一点对卫星的观测仰角 σ 的表达式为

$$\begin{cases} \boldsymbol{TS} = (x_1 - x_2, y_1 - y_2, z_1 - z_2) = (x_3, y_3, z_3) \\ \sigma = \arcsin\left[\dfrac{(x_3, y_3, z_3) \cdot (x_1, y_1, z_1)}{\sqrt{x_3^2 + y_3^2 + z_3^2} \cdot \sqrt{x_1^2 + y_1^2 + z_1^2}}\right] \end{cases} \tag{11-3}$$

其中,$\boldsymbol{TS} = (x_3, y_3, z_3)$ 为目标点到卫星的方向向量。卫星在运行过程中,其星下点的经纬度时刻发生变化。卫星使得观测仰角也在时刻变化。卫星星座的仰角指标的定义是距离地面某点最近的卫星的仰角,所有时刻卫星星座对这一点观测仰角的最小值为最低观测仰角 σ_m,表示卫星星座对地面的最低传输损耗等。

当观测仰角一定时,地面用户的可见卫星数也是评价卫星星座覆盖性能的一个重要指标。同一观测仰角下可见卫星数量越多,卫星星座的覆盖重数越多,更能保证用户随时可与卫星通信,卫星星座的覆盖性能也就越好。本小节通过可见卫星数比较近极轨道卫星星座和倾斜轨道卫星星座的覆盖性能。

建立两个构型都为 $80/10/1$、轨道倾角分别为 $87°$ 的近极轨道卫星星座和 $53°$ 的

倾斜轨道卫星星座,比较两个卫星星座的观测仰角在 10° 时,两个卫星星座的可见卫星数随纬度的分布情况,仿真结果如图 11 - 4 所示。

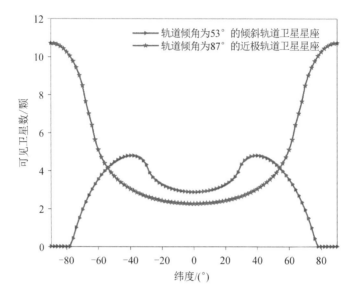

图 11 - 4 两种卫星星座的可见卫星数随纬度的分布情况

根据仿真结果可知:在卫星数量和构型相同的情况下,轨道倾角为 87° 的近极轨道卫星星座在低纬度的可见卫星数低于轨道倾角为 53° 的倾斜轨道卫星星座在低纬度的可见卫星数。近极轨道卫星星座的可见卫星数在两极最大,但是两极的人口分布较低,近极轨道卫星星座会造成资源上的浪费和卫星之间的通信干扰。倾斜轨道卫星星座的可见卫星数的分布的极值在南北纬 40° 左右,在低纬度的可见卫星数多于近极轨道卫星星座,但倾斜轨道卫星星座无法满足对全球的覆盖。因此,目前的低轨大规模通信卫星星座都会采用极轨道和倾斜轨道相结合的方式,这样既能提高对低纬度的覆盖性能,又能实现对全球的覆盖。

2. 考虑人口加权的性能分析

一般对卫星星座的覆盖性能分析只考虑卫星星座对球面的覆盖,并未考虑人口分布的影响。不同纬度的人口分布有着较大的差异,对卫星星座覆盖性能的要求也不同,这就使得对卫星星座的覆盖性能的分析结果会有不同。相比于中高轨卫星星座,低轨卫星星座在不同纬度的星座分布变化也更加明显,覆盖性能变化比较大,当对卫星星座覆盖性能进行分析时,需要考虑人口在不同纬度的分布带来的影响。文献[16]在分析卫星星座性能时考虑了人口分布的情况,但只是简单地认为卫星的分布与人口在维度上较为吻合,并没有建立人口与卫星星座构型性能相关的模型。

因为地球表面人口分布不均匀,所以对于覆盖性能的需求也不相同,在纬度 20°~40° 的区域分布着地球的绝大多数人口,而在纬度高于 70° 的区域人口很少。人口密度随纬度的分布情况如图 11 - 5 所示。

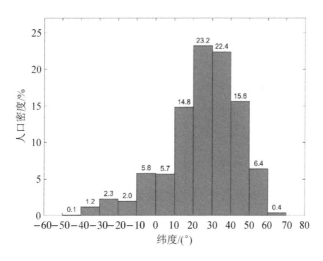

图 11 - 5 人口密度随纬度的分布情况

考虑到不同纬度的人口分布也是不同的,更希望将更多的资源分配到人口密集的地方,因此,当分析性能指标平均值时,人口密集的纬度所占的权重也会增大。同时,可以利用人口密度随纬度的分布情况得到人口分布密度函数当作不同纬度的指标权重,反映卫星星座的最低观测仰角和可见卫星数整体情况与人口分布对他们的需求。设纬度人口分布密度函数为 Q_φ,不同纬度的加权方法可以由图 11 - 5 人口加权比例表示。

低轨卫星星座由于星座构型的原因,卫星星座对不同纬度的最低观测仰角不同,利用加权函数 Q_φ 可得人口分布下的平均最低观测仰角的表达式为

$$\sigma_{cw} = \int_{\varphi_s}^{\varphi_n} \sigma_m(\varphi) \cdot Q_\varphi \mathrm{d}\varphi \qquad (11 - 4)$$

其中,σ_{cw} 为人口分布下的平均最低观测仰角,$\sigma_m(\varphi)$ 为不同纬度下的最低观测仰角函数。同理,当观测仰角一定时,设 $N(\varphi)$ 为不同纬度下的可见卫星数,可得地球表面平均可见卫星数的表达式为

$$N_{cw} = \int_{\varphi_s}^{\varphi_n} N(\varphi) \cdot Q_\varphi \mathrm{d}\varphi \qquad (11 - 5)$$

其中,N_{cw} 为地球表面平均可见卫星数。

当低轨卫星星座实现对地球表面的连续覆盖时,无法避免产生卫星之间的重叠区域,因此要尽可能使卫星对地的覆盖均匀,额外的覆盖重叠区域越少,卫星星座资源浪费越少。不同轨道倾角卫星星座的最低仰角随纬度分布是有差别的,并且目前的低轨大规模通信卫星采用的一般是不同轨道倾角结合的构型,最低仰角也不一定在赤道附近,无法体现最低仰角分布的规律性。

本小节采用的最低观测仰角是人口分布下的平均最低观测仰角 σ_{cw}，体现了最低仰角随纬度分布的特性，还考虑了人口加权带来的影响，使得评估结果更准确且更适用于各种构型的低轨大规模通信卫星星座。可以求得卫星对地覆盖圆的半地心角 θ 的表达式为

$$\theta = \arccos\left(\frac{r_e}{r_e + h_s} \cdot \cos \sigma \right) - \sigma_{cw} \tag{11-6}$$

其中，r_e 为地球半径；h_s 为卫星星座相对于地面的高度。将半地心角 θ 带入到地球表面上圆的面积公式，可以求得单颗卫星对地覆盖的球冠状面积表达式为

$$A_s = 4\pi r_e^2 \sin^2\left(\frac{\sin \theta}{2} \right) \tag{11-7}$$

其中，A_s 为单颗卫星对地覆盖的球冠状面积。为了更好地反映全球用户分布非均匀性，卫星星座覆盖区域的总面积也可考虑人口加权带来的影响，利用积分的方法求得表达式为

$$A_{ew} = \int_{\varphi_s}^{\varphi_n} 2\pi r_e^2 \cos \varphi \, \mathrm{d}\varphi \tag{11-8}$$

其中，A_{ew} 为卫星星座覆盖区域的总面积；φ_n 和 φ_s 分别为对纬度积分的上下限。由此可得，所需最少卫星数的标准卫星数为

$$n_s = \frac{A_{ew}}{A_s} \tag{11-9}$$

可以定义卫星星座的覆盖效率指标为

$$I_{utr} = \frac{n_s}{n} \tag{11-10}$$

该指标综合了不同卫星数量、不同轨道高度、不同轨道倾角等参数，结合卫星星座的最低观测仰角和可见卫星数，使得低轨大规模通信卫星星座在构型评估上进行统一评估。

11.3.2　仿真验证

本小节通过仿真获得低轨大规模通信卫星星座在不同纬度上的可见卫星数数据并进行分析。

1. 对地观测仿真软件

本小节在求得卫星星座最低观测仰角随纬度的分布情况时，利用了低轨卫星星座对地观测性能仿真软件。对低轨卫星星座对地面的覆盖性能进行仿真，建立卫星轨道运行模型、坐标系转换模型和卫星对地面点观测条件模型等。模拟卫星星座中每颗卫星对地面观测的时间以及性能过程，提出一种基于卫星星座对地面最低仰角的求解方法，有效模拟卫星星座对地面不同纬度的最低仰角分布，得出低轨卫星星座的对地观测性能结论。

图 11 - 6 为低轨星座对地观测性能仿真分析软件的初始界面,所需要设置的参数为卫星星座的轨道参数和约束条件。其中,卫星星座的轨道参数包括星座构型名称,不同轨道组别的卫星数、轨道面数、轨道倾角和轨道高度;约束条件包括仿真的起始时间、仿真步长和仿真时间。通过初始条件和约束条件建立仿真模型,通过每颗卫星与地面网格的最低仰角分析不同纬度的卫星星座的最低仰角分布规律,求得卫星星座随纬度分布的最低观测仰角分布表和最低观测仰角分布图。低轨星座对地观测性能仿真分析软件的运行流程如图 11 - 7 所示。

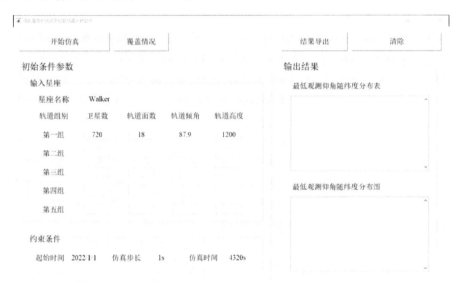

图 11 - 6　低轨星座对地观测性能仿真分析软件的初始界面

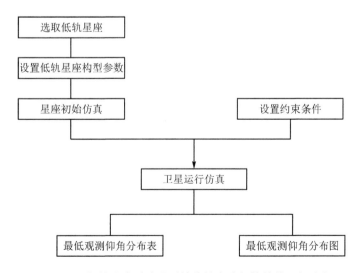

图 11 - 7　低轨星座对地观测性能仿真分析软件的运行流程

低轨星座对地观测性能仿真分析软件具体的设置和运行步骤如下：

① 进入软件界面，在左边框中初始条件参数栏中的输入星座栏内设置星座。其中包括星座名字，以及每一轨道组别的卫星数、轨道面数、轨道倾角和轨道高度，这些参数是星座构型所必须的参数值。低轨卫星星座通常由不同轨道倾角的轨道面组成，结构比中高轨卫星星座复杂。

② 在卫星星座的预设参数设置完毕后，即可设置卫星星座仿真的约束条件，其中包括仿真起始时间、仿真步长和仿真时间，求得卫星星座运行条件的设置。

③ 在低轨星座的预设参数和约束条件设置完毕后，可以单击"开始仿真"按钮，软件程序就可以根据仿真参数求得不同纬度的卫星星座最低仰角观测情况，其中包括最低观测仰角随纬度分布表和最低观测仰角随纬度分布图。

例如，建立构型为 720/18/1 的 Walker 星座，轨道高度设为 1 200 km，轨道倾角为 87.9°，利用低轨星座对地观测性能仿真分析软件进行仿真，结果如图 11 – 8 所示。

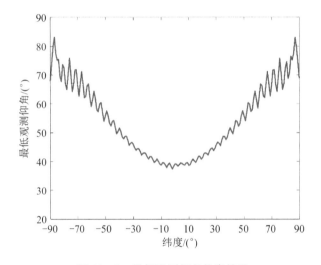

图 11 – 8　最低观测仰角仿真结果

2．仿真分析

目前主要航天大国都在进行对低轨大规模通信卫星星座的研究，比较典型的是 Telesat、OneWeb 和 Starlink 星座，每个星座都采用极轨道和倾斜轨道混合的星座构型。相较于初始的计划，三者对第一阶段的星座构型都做出了一定的改变[28]。典型星座构型分布如表 11 – 1 所列。

由表 11 – 1 可知，Telesat 星座由两组不同轨道倾角的子星座组成，近极轨道子星座保证全球的覆盖，倾斜轨道子星座加强对低纬度的覆盖性能；OneWeb 星座在一组近极轨道子星座的基础上增加了两组倾斜轨道的子星座，其中采用了轨道倾角为 40° 的一个子星座，增强低纬度地区的覆盖性能；Starlink 星座由五组子星座组成，主要由三种不同轨道倾角的子星座组成，与前两个星座不同的是，其轨道高度比较低，近极轨道卫星数占比为 11.8%，低于 Telesat 星座的占比（21%）和 OneWeb 星座的占比（27.7%），使覆盖更集中于中低纬度地区。相同的是三个星座都减少卫星在两级的分布，使更多的卫星分布在人口稠密的中低纬度地区。

表 11 − 1　典型星座构型分布

星　座	卫星数量/颗	轨道面数/个	轨道倾角/(°)	轨道高度/km	子星座编号
Telesat 星座	351	27	98.98	1 015	1
	1 320	40	50.88	1 325	2
OneWeb 星座	1 764	36	87.9	1 200	1
	2 304	32	55	1 200	2
	2 304	32	40	1 200	3
Starlink 星座	1 584	72	53.2	540	1
	1 584	72	53	550	2
	348	6	97.6	560	3
	172	4	97.6	560	4
	720	36	70	570	5

对三个星座进行比较分析，通过仿真得到 25°仰角和 40°仰角下可见卫星数随纬度的分布情况。Telesat 星座、OneWeb 星座和 Starlink 星座的各组轨道面和每个轨道面上的卫星都是均匀分布的，在 25°地面用户观测仰角和 40°地面用户观测仰角的情况下，三个星座的可见卫星数随纬度的分布情况如图 11 − 9 和图 11 − 10 所示。

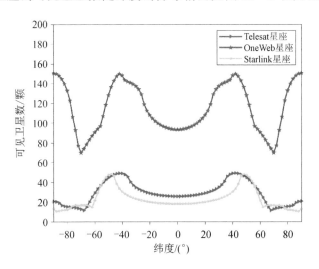

图 11 − 9　典型星座的可见卫星数随纬度的分布情况（25°仰角）

许多星座都将用户观测仰角 25°作为保证星座通信质量的标准，Telesat 星座和

Starlink 星座在 25°仰角的情况下高纬度的可见卫星数比较接近,在低纬度附近 Telesat 星座的数值略高些。相比于这两个星座,OneWeb 星座在 25°仰角的可见卫星数明显高于前两者,但是数值波动较大。三个星座的可见卫星数峰值都在纬度 35°～55°,基本与稠密人口的纬度分布相吻合,为人口稠密地区提供更好的覆盖性能。

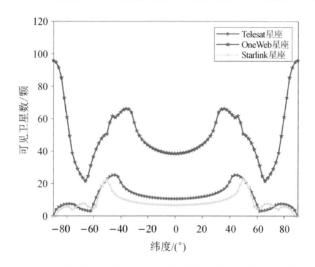

图 11 - 10　典型星座的可见卫星数随纬度的分布情况(40°仰角)

当用户观测仰角为 40°时,能更好地提高星座的通信质量。相比于 25°观测仰角,Telesat 星座和 Starlink 星座的可见卫星数都有减少,数值的曲线形状没有较大变化,仍然比较接近。OneWeb 星座在数值减少的同时,高纬度地区的可见卫星数仍旧比较多,这与 OneWeb 星座的近极轨道卫星数占比相对较高有关。利用式(11 - 5)可以得到在 25°和 40°观测仰角下的地球表面平均可见卫星数,如表 11 - 2 所列,三个星座的平均可见卫星数都比较高。OneWeb 星座的覆盖性能比较好,OneWeb 星座在 25°观测仰角的情况下平均可见卫星数能达到 100 颗以上。

表 11 - 2　不同仰角下的平均可见卫星数

星　座	可见卫星数(25°仰角)/颗	可见卫星数(40°仰角)/颗
Telesat 星座	33.90	12.68
OneWeb 星座	115.64	47.06
Starlink 星座	25.06	8.01

在星座覆盖性能分析中,可见卫星数更多体现的是星座的覆盖重数的性能特征,观测仰角则反映的是通信卫星星座的通信性能指标特征。对于地球表面上的某一纬度,通过式(11 - 3)得到该纬度的仿真时间内这一纬度全部网格点的观测仰角,取最小值则为该纬度的最小观测仰角。通过对不同纬度的计算,可以得到最低观测仰角随纬度的分布情况,如图 11 - 11 所示。

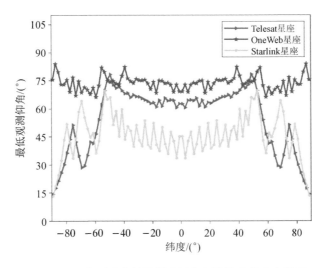

图 11 - 11　典型星座的最低观测仰角随纬度的分布情况

由图 11 - 11 可知,OneWeb 星座的最低观测仰角分布整体比较高,数值大多数分布在 70°～80°,这与该星座的轨道高度和庞大的卫星数量有关。Starlink 星座也拥有比较多的卫星,这是因为 Starlink 星座的轨道高度较低,最低观测仰角明显低于 OneWeb 星座,但仍能保证数值总体在 40°仰角以上,保证星座通信质量。Telesat 星座的卫星数量不超过 2 000 颗,能够保证在中低纬度的最低观测仰角在 60°～70°,与 OneWeb 星座接近,但是在高纬度的最低观测仰角比较低,通信性能较差。

利用式(11 - 4)可以得到纬度加权下的平均最低观测仰角,并通过平均观测仰角和式(11 - 6)～式(11 - 10)得到达到相同覆盖性能情况下每个星座的覆盖效率,如表 11 - 3 所列。

表 11 - 3　典型星座的性能指标参数

星　座	平均最低观测仰角/(°)	覆盖效率/%
Telesat 星座	65.925	60.70
OneWeb 星座	74.400	43.38
Starlink 星座	46.769	23.17

由表 11 - 3 可知,Starlink 星座的平均最低观测仰角在 40°以上,保证较高通信质量,但是星座覆盖效率较低,存在较多的覆盖资源浪费。Telesat 星座和 OneWeb 星座的平均最低观测仰角分别在 60°与 70°以上,并且星座覆盖效率比较高,Telesat 星座的星座覆盖效率达到 60%,具有较好的星座构型分布。

仿真结果比较:Starlink 星座的轨道高度相较于其他两个星座较低,在较大星座规模的情况下,星座的各项覆盖性能指标都较低。OneWeb 星座的可见卫星数和平均最低观测仰角在三者中都是最高的,覆盖效率也比较高。Telesat 星座在三者中规模最小,可见卫星数和平均最低观测仰角略高于 Starlink 星座,并且星座的覆盖效率也是表现最好的,Telesat 星座的构型更加合理。

本节针对低轨大规模通信卫星星座性能评估问题,提出了卫星星座构型性能的评估模型。相较之前的评估模型,本节更注重低轨大规模卫星星座卫星数量多、轨道高度低和全天时无间断覆盖的特点;考虑到性能参数随纬度分布的规律,结合不同纬度的人口分布情况,提出人口纬度加权的评估方法建立评估模型;将人口分布下的平均最低观测仰角替代卫星星座的最低观测仰角,能更准确评估卫星星座的性能参数。对三个典型星座的仿真结果表明,本节提出的评估模型能够适用于不同种类的低轨大规模通信卫星星座构型性能评估,并能够比较它们的特点,可为将来的低轨大规模通信卫星星座的建设和性能评估提供参考。

11.4 卫星星座任务性能评估

11.4.1 通信指标分析

吞吐量是指单位时间内卫星通信信道有效传输的总信息量,主要由卫星的转发器工作体制和链路决定。其中转发器工作体制是指有无星间链路、转发器类型,链路是指星间链路、馈电链路和用户链路。由香农定理可知,地面站接收速率主要由接收到的信噪比决定,在低轨卫星星座中,每个地面站 k 接收到的信噪比会受到最近通信卫星的有效功率 P_u 和其他可见星干扰功率 P_i 的影响。因此,单颗卫星吞吐量 C 可表示为[29]

$$C = B_k \cdot \left(1 + \frac{P_u}{P_i + N_0 B_k}\right) \qquad (11-11)$$

其中, B_k 为每个地面站所分到的信道带宽, N_0 为噪声功率频谱, $N_0 B_k$ 为噪声功率。 P_u 和 P_i 可根据通信链路预算表示为

$$\begin{cases} P_u = \dfrac{P_{ak} \cdot G_a(\tau_{ak}) \cdot g_{ak}(\upsilon_{ak})}{\left(\dfrac{\lambda}{4\pi d_{ak}}\right)^2 f_{ak}} \\[6mm] P_i = \dfrac{P_{\beta k} \cdot G_\beta(\tau_{\beta k}) \cdot g_{\beta k}(\upsilon_{\beta k})}{\left(\dfrac{\lambda}{4\pi d_{\beta k}}\right)^2 f_{\beta k}} \end{cases} \qquad (11-12)$$

其中, P_{ak} 为该卫星等份划分给地面站的发射功率; $G_a(\tau_{ak})$ 为地面站的接收天线增益; $g_{ak}(\upsilon_{ak})$ 为卫星发射天线增益,它的取值与卫星的通信仰角有关; τ 和 υ 分别为地面站与卫星天线偏离中心轴的角度; f_{ak} 为其他衰落的影响; d_{ak} 为卫星与地面站之间的距离; $P_{\beta k}$ 表示邻星平分给地面站的发射功率。则卫星通信系统的总吞吐量的

计算公式为

$$C_{\text{total}} = \sum_{k=1}^{N} B_k \cdot \left(1 + \frac{\dfrac{P_{ak} \cdot G_a(\tau_{ak}) \cdot g_{ak}(\upsilon_{ak})}{\left(\dfrac{\lambda}{4\pi d_{ak}}\right)^2 f_{ak}}}{\dfrac{P_{\beta k} \cdot G_\beta(\tau_{\beta k}) \cdot g_{\beta k}(\upsilon_{\beta k})}{\left(\dfrac{\lambda}{4\pi d_{\beta k}}\right)^2 f_{\beta k}} + N_0 B_k} \right) \tag{11-13}$$

其中，C_{total} 为卫星通信系统的总吞吐量；$k=1,2,3,\cdots,N$，N 为地面站的总个数。

地面上两个点之间的传输时延是地面向卫星通信的传输时延、卫星之间的传输时延和卫星向地面通信的传输时延的总和，可表示为

$$t_{\text{delay}} = t_u + \left(\sum_{l=1}^{M} t_{bl}\right) + t_d \tag{11-14}$$

其中，t_{delay} 为总的传输时延；t_u 为地面向卫星通信的传输时延；t_{bl} 为单次卫星之间的传输时延；t_d 为卫星向地面通信的传输时延；$l=1,2,3,\cdots,M$，M 为卫星之间的传输次数。由于光速要远远大于卫星的飞行速度，因此 t_u、t_{bl} 和 t_d 可以利用某一时刻两个点之间的距离公式与光速的比值求得。设在 J2000 的坐标系下，发射端的坐标为 $A(x_a, y_a, z_a)$，接收端的坐标为 $B(x_b, y_b, z_b)$，则两点的传输时延 t_t 为：

$$t_t = \frac{\|A-B\|}{c} = \frac{\sqrt{(x_a - x_b)^2 + (y_a - y_b)^2 + (z_a - z_b)^2}}{c} \tag{11-15}$$

其中，$\|A-B\|$ 为 A 点和 B 点之间的距离；c 为光速，取值为 299 792.458 km/s。时延抖动对通信性能的稳定性有一定的影响，本节将时延抖动 J 定义为

$$J = \frac{|t_a - t_b|}{t_b} \times 100\% \tag{11-16}$$

其中，t_b 为某一次通信的传输时延，t_a 为后一次通信的传输时延。

卫星星座任务性能评估分析如图 11-12 所示，首先分析所需的仿真性能指标参数：吞吐量、传输时延和时延抖动；然后通过 OPNET 网络性能仿真软件建立适用于低轨大规模通信卫星星座网络性能的仿真模型，该模型主要由三部分组成：网络模

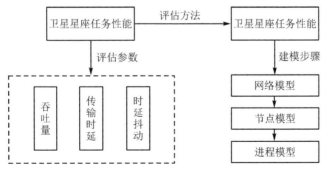

图 11-12 卫星星座任务性能评估分析

型、节点模型和进程模型[30]。

11.4.2　OPNET 仿真建模

　　网络仿真就是在计算机上建立一个网络设备、链接、协议模型,并对网络的通信进行仿真,以得到网络的设计和优化所需要的性能参数。因此,在对低轨大规模通信卫星星座的任务性能仿真分析中,可采用 OPNET 网络仿真软件建模的方式。

　　使用 OPNET 网络仿真软件进行网络仿真的步骤如下:

　　① 确定需要处理的问题和对象(如解决低轨大规模通信卫星星座与地面站的建模和仿真工作),得出性能评估指标参数,了解并分析网络的拓扑结构、网络硬件设备、所用协议标准、网络链路等。

　　② 首先根据问题和对象建立网络模型,完成场景的建立、设备的选择和网络拓扑的建立等工作,并确定好网络的范围大小和网络的业务模型等;然后对节点模型进行编辑,定义网络中各节点的功能;最后利用过程模型编辑程序对过程模型进行建模,利用过程模型编辑程序对过程模型进行描述,并对过程模型进行程序设计。

　　③ 验证模型,并根据现有网络优化后的网络进行比较,完善系统模型。

　　④ 设置仿真参数和需要收集的统计数据,如吞吐量和时延等。

　　⑤ 在系统模型建立好后,就可以运行仿真得到仿真数据并观察仿真结果。调试、再次配置仿真参数并进行仿真,对比每一次的仿真结果,提高仿真的准确率。

　　⑥ 统计结果,利用 OPNET 集成的分析工具对所得的参数曲线加以分析,这能够清晰地显示仿真结果;也可以将仿真结果保存到 Excel 表格中,对仿真结果进行深入分析。

　　OPNET 网络仿真软件的仿真流程如图 11 - 13 所示,它通过对网络仿真结果

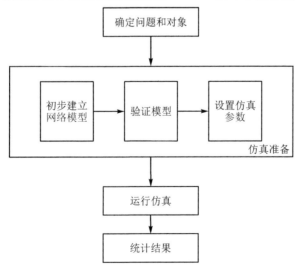

图 11 - 13　OPNET 网络仿真软件的仿真流程

进行分析,为低轨大规模通信卫星星座的任务性能评估指标参数分析提供有力的依据。

11.4.3　仿真模型建立与分析

在网络模型中主要建立地面节点模型和低轨卫星的模型,确定地面节点的经纬度以及卫星星座中每颗卫星的轨道参数,并确立连接关系。需要在网络域中建立卫星节点和地面节点,通过仿真建立低轨大规模通信卫星星座中每颗卫星的轨道模型,得出卫星的轨道信息与文件。将卫星的轨道文件导入 OPNET 中,将导入的轨道参数赋予每颗卫星,从而形成网络模型。

1. 节点模型

节点模型分为地面节点模型和卫星节点模型两种,地面节点模型用于与卫星之间的通信,由接收机、发射机和天线组成。地面节点模型还有信源模块、数据包处理模块、接收模块和 mac 模块,主要作用是模拟业务包的生成、接收数据包并处理数据以及向无线发信机接收和发送数据包。地面节点模型如图 11 - 14 所示。

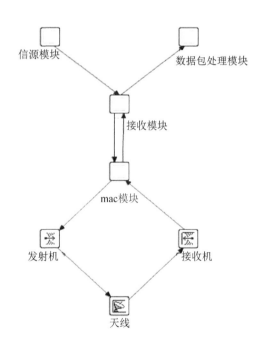

图 11 - 14　地面节点模型

卫星节点模型的主要功能是转发其天线连接地面节点和其他卫星节点、接收地面节点和其他卫星节点发送来的数据包并将数据包发送给地面节点和其他卫星节点。卫星节点模型有与地面节点和其他卫星节点通信的接收机、发射机和天线模块,以及信息接收和处理模块。卫星节点模型如图 11 - 15 所示。

图 11 - 15　卫星节点模型

2. 进程模型

进程模型通过有限状态机的方式进行建模,通过状态图来描述模块状态。在节点模型的模块中,除了收发机模块和天线模块,其余模块各自都具有不同的进程模型。信源进程模块的进程模型如图 11 - 16 所示,init 状态为初始化状态,主要负责为网络进程设置网络仿真的路由的相关参数;idle 状态是等待状态,等待下一个状态的到来;output_data 状态是业务数据包生成。

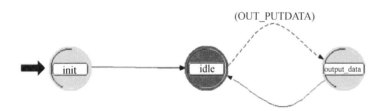

图 11 - 16　信源进程模块的进程模型

数据处理模块的进程模型如图 11 - 17 所示,init 状态主要负责在接收到第一个广播中断后初始化变量,获取卫星 id 等信息;from_data 状态主要负责接收用户或卫星发送的业务包,并将包发送给队列模块;to_repeater 状态主要负责接收队列模块发送过来的包,计算包的时延等信息,更新统计量并发送。地面节点的数据处理模块同理。

转发处理模块的进程模型如图 11 - 18 所示,主要负责在接收到地面链路侧发来的包后,将包加入队尾,队首的包发送给卫星链路侧的处理模块;或在接收到卫星链路侧发来的包后,直接转发给地面链路侧的处理模块。

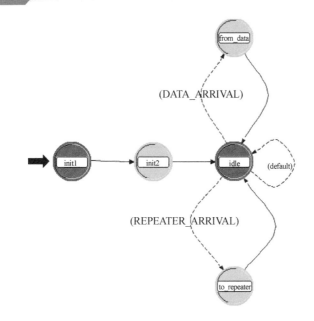

图 11 - 17　数据处理模块的进程模型

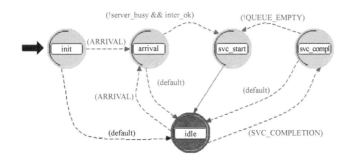

图 11 - 18　转发处理模块的进程模型

接收处理模块的进程模型如图 11 - 19 所示,主要负责将接收到的包进行数据处理,得出时延和吞吐量的统计信息。

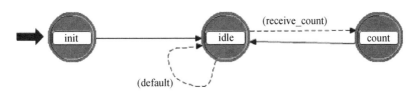

图 11 - 19　接收处理模块的进程模型

Telesat、OneWeb 和 Starlink 三个典型卫星星座都能全时段无间断地对地覆盖,利用 OPNET 建立的网络模型、节点模型和进程模型对它们进行网络性能评估。对吞吐量的评估如图 11 - 20 所示。

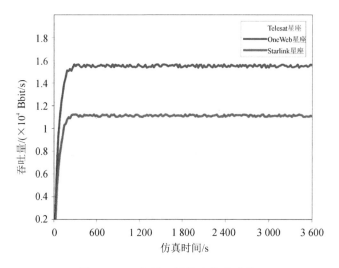

图 11 - 20   典型卫星星座的吞吐量

由图 11 - 20 可知,在三个典型卫星星座中,OneWeb 星座具有最高的吞吐量,分别比 Telesat 星座和 Starlink 星座高出 8 000 Bbit/s 与 4 000 Bbits 左右。这与 One-Web 星座卫星数量最多有关,但是其吞吐量并没有比 Telesat 星座高太多。One-Web 星座规模是 Telesat 星座的三倍,吞吐量是 Telesat 星座的两倍左右。Starlink 星座的吞吐量在两者之间,和这两个星座的吞吐量差距不大。对三个典型卫星星座的传输时延和时延抖动评估如图 11 - 21、图 11 - 22 所示。

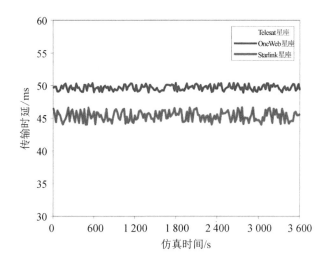

图 11 - 21   典型卫星星座的传输时延

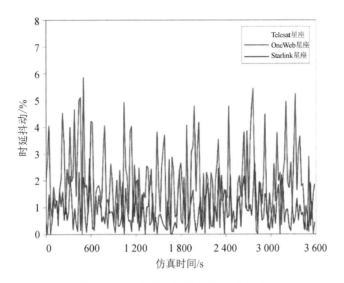

图 11 - 22　典型卫星星座的时延抖动

由图 11 - 21 和图 11 - 22 可知,Telesat 星座、OneWeb 星座、Starlink 星座的传输时延都比较低,符合低轨大规模通信卫星星座低时延的特点,三个典型卫星星座的时延抖动也相对较低,传输较为平稳。其中,Starlink 星座在具有更低时延的同时,具有较高的时延抖动;OneWeb 星座和 Telesat 星座的时延和时延抖动比较接近。Starlink 星座的轨道高度较低,传输距离较短,因此时延低于另外两个星座;但其轨道高度低使得卫星运行更快,同时传输时延较低,时延抖动在 3 个星座中最高。在进行卫星星座建设时,轨道高度在 1 000 km 左右即可满足低延时的特性,在实现 1 000 km 星座覆盖的基础上,可以在轨道高度为 500 km 左右进行卫星星座组网。

本节针对低轨大规模通信卫星星座性能评估问题,提出了卫星星座任务性能评估模型。针对通信卫星星座满足用户通信的需求,选取卫星星座的吞吐量、传输时延和时延抖动三个指标进行评估;通过 OPNET 网络仿真软件分别对卫星星座建立网络模型、节点模型和进程模型,并分析三个指标参数。仿真结果表明,卫星星座的规模在一定程度上影响着卫星星座的吞吐量的大小;卫星星座的卫星轨道高度对传输时延存在着一定的影响,但是影响并不是太明显;更近的距离会增大传输的时延抖动,这会影响用户的通信体验。在对卫星星座进行设计时,可以根据用户的实际需求量建设卫星星座的规模,卫星选取适中的高度即可满足对传输时延和时延抖动的需求。

11.5　卫星星座构型维持和维持成本分析

低轨卫星受到摄动力的作用,卫星的位置会发射漂移,对于低轨大规模卫星星座而言,卫星的漂移随着时间的积累会使卫星星座的构型产生影响,从而破坏卫星星座的构型。因此,需要建立一个对于整体构型的评估模型,分析卫星星座中卫星的漂移量。此外,低轨卫星的寿命较短,这就使得在建设完卫星星座后,需要每几年循环地补充失效卫星,这与中高轨卫星星座的成本分析不同,需要对低轨卫星星座的维持成本进行分析。

本节针对低轨大规模卫星星座的特点,先以确定卫星星座基准星的方式求得卫星星座中每颗卫星的升交点赤经和相位的漂移量;再通过卫星的轨道高度与标称轨道高度的差值确定卫星维持的速度增量;然后对低轨大规模卫星星座的成本进行分析,求得卫星星座每年的维持成本;最后通过对三个典型卫星星座的构型维持和维持成本进行分析,比较各卫星星座的维持特性。

11.5.1　理论分析

低轨大规模通信卫星星座相较于中高轨卫星星座有所不同:轨道高度低,规模大,使得其构型相对复杂,对构型的维持评估更加困难,性能评估的标准也有所不同。卫星在轨运行的过程中会受到空间环境各种摄动的影响[31],使得卫星的轨道半长轴、偏心率、升交点赤经和平近点角等产生变化,长期作用会使卫星的实际轨道偏离预期轨道。表 11-4 为低轨卫星星座与中高轨卫星星座卫星受到的主要摄动。

表 11-4　不同卫星星座卫星受到的主要摄动

卫星星座	摄　　动
低轨卫星星座	地球非球形 J_2 项摄动 大气阻力摄动
中高轨卫星星座	三体引力摄动 太阳光压摄动

由表 11-4 可知,中高轨卫星星座受到的摄动主要是三体引力摄动和太阳光压摄动,对卫星轨道面的影响不是很大,或为周期性,因此,不需要对卫星轨道进行过多维持。

低轨卫星受到的主要摄动力与中高轨卫星有所不同,受到大气阻力的影响较大,大气阻力主要影响卫星的轨道半长轴,且不存在周期性,这就需要在间隔一段时间内对轨道半长轴进行维持。同时,地球非球形 J_2 项摄动对升交点赤经和相位影响较大,低轨大规模卫星星座由于数量多,因此每颗卫星之间的距离较近,这可能会造成卫星之间接近的情况。对于卫星星座而言,卫星就会逐渐偏离标称轨道,使卫星星座结构失衡,最后导致卫星星座性能下降,甚至是卫星星座构型被破坏。

卫星星座中的卫星在太空中长期运行将会随时间产生一定偏差,当对偏差进行分析时需要寻找一颗基准星,并且基准星要满足使卫星星座的整体偏差最小原则。目前低轨卫星星座的维持方式主要是对卫星的轨道长半轴、升交点赤经以及相位进行调整,使得卫星保持在一定的范围内。

如图 11-23 所示,对低轨卫星星座构型维持评估,首先以卫星星座中每颗卫星相对漂移量累加值最小的原则确定基准星,求得卫星星座中每颗卫星的漂移量的大小;然后根据卫星星座的维持方法分析维持机动的速度增量大小。在成本方面,低轨卫星在数量上和发射次数上都明显高于中高轨卫星,部署周期也相对较长,低轨卫星星座的成本主要取决于卫星星座规模的大小,往往卫星越多,卫星星座的成本也就越高。

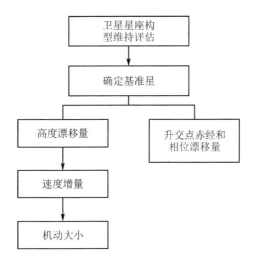

图 11-23　卫星星座构型维持评估分析图

11.5.2　构型维持评估模型

1. 构型维持评估分析

低轨卫星主要受地球扁率摄动和大气阻力摄动影响,其他摄动对它的影响较小。被影响的主要参数是卫星轨道半长轴、升交点赤经和相位。卫星轨道长半轴 a 的平根数变化率为

$$\dot{a} = -F_\rho \frac{(na^2)}{(1-e^2)^{\frac{3}{2}}}(1+e^2+2e\cos f)^{\frac{3}{2}} \quad (11-17)$$

其中

$$F_{\rho} = C_D \frac{S}{m} \rho, \quad n = \sqrt{\frac{\mu}{a^3}}$$

f 为卫星真近点角，e 为卫星轨道的偏心率，C_D 为阻尼系数，ρ 为航天器所在位置的大气密度，$\frac{S}{m}$ 为航天器的面质比，μ 为地球引力常数，n 为卫星运动的平均角速度。

升交点赤经 Ω 的平根数变化率为

$$\dot{\Omega} = -\frac{3 J_2 R_e^2}{2 \left[a (1 - e^2) \right]^2} n \cos i \qquad (11-18)$$

其中，i 为卫星的轨道倾角，R_e 为地球半径，J_2 为地球扁平率摄动项系数。相位 λ 的平根数变化率为

其中

$$\dot{\lambda} = \dot{M} + \dot{\omega} \qquad (11-19)$$

$$\dot{M} = \frac{3 J_2 a_e^2}{2 p^2} n \cdot \left(2 - \frac{5}{2} \sin^2 i \right)$$

$$\dot{\omega} = \frac{3 J_2 a_e^2}{2 p^2} n \cdot \left(1 - \frac{3}{2} \sin^2 i \right) \sqrt{1 - e^2}$$

通过仿真的方式求得卫星星座中每颗卫星当前的轨道六根数，再根据公式求得基准星的升交点赤经和相位，可以求得卫星星座中每颗卫星实际位置与期望的卫星星座构型的半长轴偏差值 $\Delta a_{p,m}$、升交点赤经偏差值 $\Delta \Omega_{p,m}$ 以及相位偏差值 $\Delta \lambda_{p,m}$。通常每个卫星星座都会存在最大容许漂移量 $\Delta \xi_{a,\Omega,\lambda}$，当卫星星座的漂移量达到这个数值时，就会对卫星星座的构型进行维持，也可以每隔一段时间对卫星星座进行构型维持。

对每个卫星星座的维持方式不同，卫星星座的维持标准也不相同，但很难将卫星星座保持在准确的位置，都是尽可能让卫星星座的构型维持稳定，漂移量保持在最大允许漂移量范围内。对卫星星座中每颗卫星的轨道半长轴、升交点赤经和相位进行调整，假设利用脉冲机动的方式调整卫星轨道半长轴，对每颗卫星的不同时刻的机动来调整卫星的升交点赤经和相位，使得两颗卫星之间的差值尽可能的小。通过霍曼转移的方式，施加两次速度增量的大小为

$$\begin{cases} \Delta v_1 = \sqrt{2 \mu \dfrac{a_s}{a_0 (a_0 + a_s)}} - \sqrt{\dfrac{\mu}{a_0}} \\ \Delta v_2 = \sqrt{\dfrac{\mu}{a_s}} - \sqrt{2 \mu \dfrac{a_0}{a_s (a_0 + a_s)}} \end{cases} \qquad (11-20)$$

其中，Δv_1 和 Δv_2 分别为两次机动的速度增量，a_s 为卫星轨道的标准半长轴，a_0 为卫星目前的轨道半长轴。

2．维持成本评估分析

　　下面在卫星星座构型维持评估的基础上，分析低轨大规模通信卫星星座的维持成本，整个卫星星座的成本需要考虑卫星星座的制造、发射和持续运营等各个方面。低轨卫星星座在卫星数量和发射次数上都明显高于中高轨卫星星座，部署周期也相对较长，但是低轨卫星的寿命比较短，一般为 5～7 年，在卫星星座建立完成后，需要不断地对卫星星座中达到寿命的卫星进行补网。在卫星星座规模不变的情况下，求得建设一个卫星星座的总成本，用总成本与卫星寿命的比值得出每年的成本，加上对失效卫星的补充成本，估算出每年的维持成本[32]。

　　低轨卫星星座的成本主要取决于卫星星座规模的大小，往往卫星越多，卫星星座的成本也就越高。根据低轨卫星星座的特点，可将卫星星座成本分为卫星星座的组网成本和运营成本。卫星星座的组网成本 C_n 为投资卫星星座的前期成本，可定义为

$$C_n = C_p + C_l + C_g \tag{11-21}$$

其中，C_p 为制造卫星的成本，C_l 为发射成本，C_g 为地面站建设成本的总和。此外，卫星星座每年的运营成本 C_o 可定义为

$$C_o = C_{R\&D} + C_w + C_m \tag{11-22}$$

其中，$C_{R\&D}$ 为每年的研发成本，C_w 为人工成本，C_m 为维护成本。在组网成本中的单次火箭发射成本 C_l 定义为

$$C_l = C_h + C_r + C_f + C_c \tag{11-23}$$

其中，C_h 为火箭的成本，包括一级火箭和二级火箭；C_r 为整流罩成本；C_f 为燃料成本；C_c 为发射场测控成本。随着火箭发射技术的提升，火箭的回收技术也逐渐成熟，目前来说，循环成本一般包括一级火箭和整流罩的回收成本，只是增加了对回收的一级火箭和整流罩的维修费用。包含可循环的发射成本定义为

$$C_{l(c)} = C_{sr} + C_{mt} + C_{ot} \tag{11-24}$$

其中，$C_{l(c)}$ 为可循环的发射成本；C_{sr} 为二级火箭的成本；C_{mt} 为回收的维修成本；C_{ot} 为其他成本，主要包括燃料成本和发射场测控成本。

　　由式（11-21）～式（11-24）可以得出建设一个卫星星座的总成本，但因为在卫星星座的建设中会有一些卫星失效，所以对卫星星座的维持成本需考虑失效卫星的建设成本。假设补充失效的卫星的成本与单颗卫星的总成本相同，则卫星星座每年的维持成本可表示为

$$C_k = \frac{C_t + C_t \cdot E_f}{L_s} \tag{11-25}$$

其中，C_t 为建设卫星星座的总成本，即

$$C_t = C_n + C_o \cdot L_s$$

E_f 是卫星星座的卫星失效率，L_s 是卫星的寿命。

11.5.3　仿真分析

1. 构型维持分析

低轨大规模卫星星座的卫星数量庞大,因此需要对卫星星座的每一颗卫星进行轨道预报计算,提取有用的数据并进行整理、作图。对三个典型卫星星座的构型进行仿真,仿真时间为 1 个月,求得在地球非球形 J_2 项摄动和大气阻力摄动的影响下每颗卫星的轨道高度、升交点赤经和相位的位置。根据每个卫星星座的轨道六根数和公式,求得卫星星座每个构型的基准星和每颗卫星的漂移量。三个卫星星座都是由不同 Walker 子星座组成的混合卫星星座,由于每个 Walker 子星座的漂移规律都不一样,因此要对三个卫星星座的不同 Walker 子星座单独进行分析,如图 11-24~图 11-31 所示。

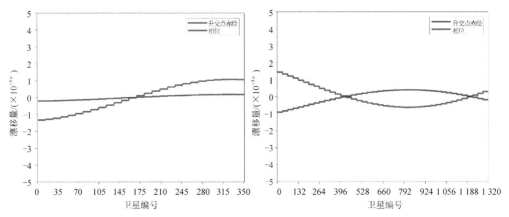

图 11-24　Telesat 星座第 1 个子星座的漂移量　图 11-25　Telesat 星座第 2 个子星座的漂移量

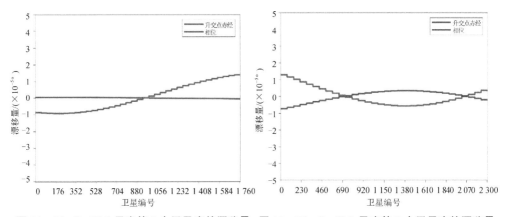

图 11-26　OneWeb 星座第 1 个子星座的漂移量　图 11-27　OneWeb 星座第 2 个子星座的漂移量

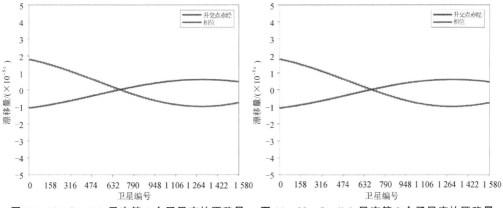

图 11 - 28　Starlink 星座第 1 个子星座的漂移量　　图 11 - 29　Starlink 星座第 2 个子星座的漂移量

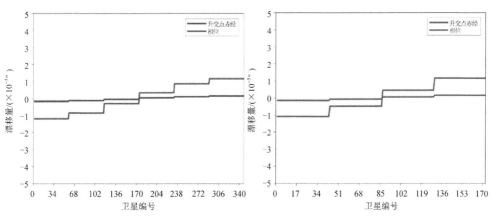

图 11 - 30　Starlink 星座第 3 个子星座的漂移量　　图 11 - 31　Starlink 星座第 4 个子星座的漂移量

在建立基准星模型后,得出每个卫星星座的不同子星座的升交点赤经和相位的漂移量,由图 11 - 24～图 11 - 31 可知,每个卫星星座在仿真一个月内的漂移量都比较小,在可接受的范围内。可以在对卫星的轨道高度进行维持的同时,通过轨道控制分析对升交点赤经和相位维持。

低轨卫星的轨道高度受大气阻力的影响较大,通过仿真一个月的时间,三个典型卫星星座的子星座的轨道高度的受摄变化如图 11 - 32～图 11 - 39 所示。

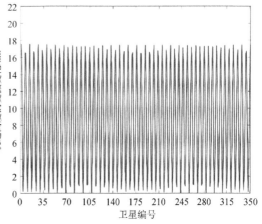

图 11 - 32　Telesat 星座第 1 个子星座轨道高度的受摄变化

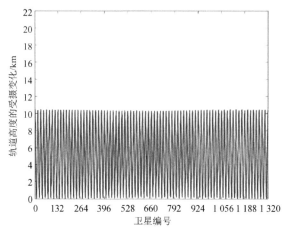

图 11-33　Telesat 星座第 2 个子星座轨道高度的受摄变化

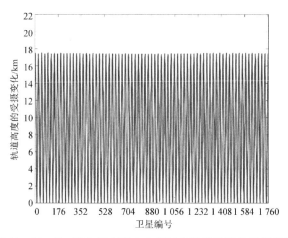

图 11-34　OneWeb 星座第 1 个子星座轨道高度的受摄变化

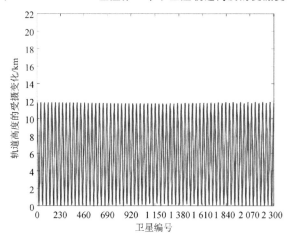

图 11-35　OneWeb 星座第 2 个子星座轨道高度的受摄变化

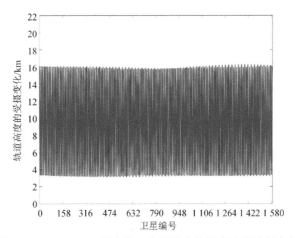

图 11 - 36　Starlink 星座第 1 个子星座轨道高度的受摄变化

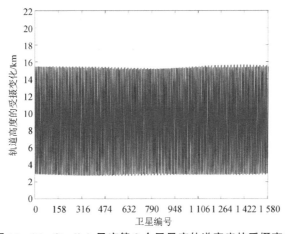

图 11 - 37　Starlink 星座第 2 个子星座轨道高度的受摄变化

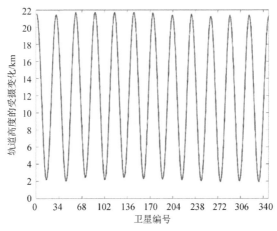

图 11 - 38　Starlink 星座第 3 个子星座轨道高度的受摄变化

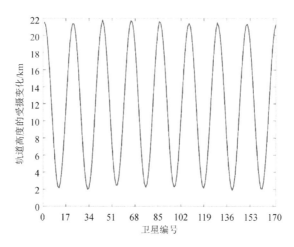

图 11 - 39   Starlink 星座第 4 个子星座轨道高度的受摄变化

由图 11 - 32～图 11 - 39 可知,三个典型卫星星座的轨道高度的变化能够比较清晰地反映出每个卫星星座不同子星座的情况。由每个卫星星座内不同构型的轨道高度的变化可知:当轨道高度相同时,近极轨道低轨卫星星座整体的轨道高度变化大于倾斜轨道低轨卫星星座整体的轨道高度变化;而且在倾斜轨道中,轨道倾角大的轨道的高度变化更大。由三个典型卫星星座的高度变化可知:Starlink 星座的轨道高度在 600 km 以下,受到大气阻力的影响较大,绝大多数卫星的轨道高度的变化都超过了 2 km,需要比较高的机动频次维持;Telesat 星座和 OneWeb 星座的轨道高度超过 1 000 km,受到大气阻力的影响较小,可适当减少机动频次。

选取每个卫星星座中卫星高度变化最大的卫星分析机动的速度,根据文献[33-34]可以设 Starlink 星座的卫星质量为 227 kg、OneWeb 星座的卫星质量为 150 kg,假设 TeteSat 星座的卫星质量 200 kg,结果如表 11 - 5 所列。

由表 11 - 5 可知,Starlink 星座所需的速度增量最高,尤其是近极轨道的子星座,卫星相对构型的轨道高度的变化较大。

表 11 - 5   典型卫星星座指标参数

卫星星座	子星座编号	卫星质量/kg	两次速度增量/(m·s^{-1})
Telesat 星座	1	200	4.370 3/4.367 7
	2	200	2.446 7/2.445 9
OneWeb 星座	1	150	4.198 9/4.196 5
	2	150	2.844 7/2.843 6
	3	150	1.776 1/1.775 7

卫星星座	子星座编号	卫星质量/kg	两次速度增量/(m·s⁻¹)
Starlink 星座	1	227	4.462 5/4.459 9
	2	227	4.288 5/4.286 1
	3	227	5.954 1/5.949 4
	4	227	5.969 3/5.964 6
	5	227	5.238 9/5.235 3

通过卫星星座构型维持评估方法进行研究,得出以下结论:

① 低轨卫星星座受到的摄动力与中高轨卫星星座会有些不同,主要是轨道半长轴会因受到大气阻力的影响而减小,要保持卫星的轨道高度在标准的范围内,就要对卫星进行机动调整。

② 低轨大规模卫星星座由于卫星数量多,因此构型相对复杂,对构型维持评估要分析最佳的维持策略,要寻找使得构型整体偏差最小的基准星。

③ 维持卫星星座构型的方式各有不同,可以利用两次机动的方式调整卫星的轨道长半轴,并采用不同时刻机动的方式调整升交点赤经和相位。

2. 维持成本分析

首先分析 Starlink 星座的循环成本,发射 Starlink 星座的猎鹰 9 号火箭目前已经实现 10 次以上的循环利用,可取 10 次循环分析。根据文献[14]估算一级火箭、二级火箭、整流罩、回收和维修以及其他成本,其中火箭和整流罩是可回收成本,不会随着发射次数的增加而增加。Starlink 星座的发射循环成本如表 11 - 6 所列。

表 11 - 6 Starlink 星座的发射循环成本

单位:万美元

发射次数	一级火箭成本	二级火箭成本	整流罩成本	回收和维修成本	其他成本	平均成本
1	2 980	700	600	0	1 300	5 580
2	2 980	1 400	600	716	2 600	4 148
3	2 980	2 100	600	1 432	3 900	3 671
4	2 980	2 800	600	2 148	5 200	3 432
5	2 980	3 500	600	2 864	6 500	3 289
6	2 980	4 200	600	3 580	7 800	3 193
7	2 980	4 900	600	4 296	9 100	3 125
8	2 980	5 600	600	5 012	10 400	3 074
9	2 980	6 300	600	5 728	11 700	3 034
10	2 980	7 000	600	6 444	13 000	3 002

由表 11 - 6 可知,当猎鹰火箭 - 9 回收 6 次以上时,发射成本变化程度就比较小

了,因此,为了发射安全可以取回收次数为 6～10 次。考虑到利润或其他因素,可设
10 次发射的平均循环成本为 3 500 万美元。

设三个典型低轨卫星星座的成本参数如表 11-7 所列。OneWeb 星座单颗卫星
成本可降到 100 万美元[36-37],单次发射成本预计为 4 850 万美元～8 000 万美元,设
为 6 000 万美元;Telesat 星座单颗卫星成本预计也为 100 万美元,单次成本在 5 500
万美元左右。Starlink 星座的单颗卫星成本降为 50 万美元,首次发射成本为 5 580
万美元,与前两个星座不同的是,它采用回收一级火箭和整流罩的方式使成本降低,
可取平均发射成本为 3 500 万美元[33]。

表 11-7　典型卫星星座的成本参数

单位:万美元

卫星星座	Telesat 星座	OneWeb 星座	Starlink 星座
单颗卫星成本	100	100	50
测控成本	1 200	1 200	1 200
单次发射成本	5 500	6 000	3 500
地面站成本	7 500	10 000	8 000
每项研发成本	750	750	750
人工成本	6 000	6 000	6 000
维护成本	2 000	6 000	4 000

根据低轨卫星低寿命的特点,一般情况下每 5 年就需要考虑对达到工作年限的
卫星进行替换。目前,Telesat 星座和 OneWeb 星座的卫星发射得较少,无法估算失
效率。截止到 2022 年 3 月 19 日,Starlink 星座已经发射的卫星总数为 2 335 颗,失
效卫星 223 颗,可按照 10% 的卫星失效率计算。因此,卫星星座的成本分析如
表 11-8 所列。

表 11-8　典型卫星星座的成本分析

单位:万美元

卫星星座	Telesat 星座	OneWeb 星座	Starlink 星座
卫星制造成本	167 100	637 200	220 400
卫星发射成本	459 525	1 062 000	259 000
卫星星座组网成本	647 125	1 699 200	479 400
运营成本	55 000	75 000	65 000
总成本	689 125	1 774 200	544 400
每年维持成本	151 607.5	390 324	119 768

根据表 11-8 可知,Starlink 星座虽然规模比 Telesat 星座大,但每年的维持成
本是三者中最低的,主要原因是 Starlink 星座每颗卫星的制造成本较低,一箭能发射

达到 60 颗卫星,而且采用一级火箭和整流罩的回收技术。OneWeb 星座的总成本较高,星座组网难度大,卫星的制造和发射成本占的比例比较大,在星座建设时需要在卫星制造和组网方面减少成本。

本小节针对低轨大规模通信卫星星座性能评估问题,提出了卫星星座构型维持的评估模型和维持成本模型。先通过将卫星星座实际位置与理想位置的偏差最小化的方法,确定卫星星座的基准星,求得卫星星座的升交点赤经和相位漂移量;然后将每颗卫星的实际高度与标称高度对比,确定卫星轨道高度的受摄变化和速度增量;最后将卫星星座建设成本的分析与低轨卫星寿命短的因素相结合,得到卫星星座每年的维持成本。仿真结果表明,卫星星座的升交点赤经和相位在短时间内漂移较少,可以在卫星高度维持时进行调节;卫星轨道高度受到大气阻力的影响较大,尤其是轨道高度较低的 Starlink 星座,需要更高频次的机动维持高度;维持卫星星座的成本与卫星星座中单颗卫星的成本和发射的成本相关,在卫星星座建设时应采用先进的技术减少这两方面的成本。

参考文献

[1] 张玉锟,戴金海.基于仿真的星座设计与性能评估[J].计算机仿真,2001(2):5-7,79.

[2] 柴霖,袁建平,方群,等.基于 STK 的星座设计与性能评估[J].宇航学报,2003(4):421-423.

[3] 刘凡,邢艳玲,葛宁.动态卫星网络性能评估[J].科学技术与工程,2013,13(7):1805-1810.

[4] 陈晓宇,王茂才,戴光明,等.卫星星座性能评估体系的设计与实现[J].计算机应用与软件,2015,32(11):44-48,61.

[5] 张琳,曾子芳.伽利略卫星导航系统的初步性能评估[J].中国惯性技术学报,2017,25(1):91-96.

[6] 辛洁,李晓杰,王冬霞,等.分布式导航星座自主定轨性能评估[J].测绘科学,2020,45(7):50-55.

[7] 鲁娜,张杰,马东堂.卫星通信系统抗干扰性能评估指标体系研究[J].现代电子技术,2014,37(19):29-32.

[8] MENG S, SHU J, YANG Q, et al. Analysis of detection capabilities of LEO reconnaissance satellite constellation based on coverage performance[J]. Journal of systems engineering and electronics,2018,29(1):98-104.

[9] 王浩,张占月,张海涛,等.小卫星侦察星座性能评估研究[J].中国空间科学技术,2020,40(6):68-76.

[10] NIE Y，FANG Z，GAO S． Q-GERT survivability assessment of LEO satellite constellation[J]． Wireless Networks，2021(1)：27.

[11] 王洋,秦映茹,龚海武.影响卫星通信质量因素的思考与总结[J].江苏科技信息,2014(4):60-61,65.

[12] ZHOU H，LIU L，MA H． Coverage and capacity analysis of LEO satellite network supporting internet of things[C]//IEEE international conference on communications Shanghai：. IEEE，2019：1-6.

[13] OKATI N，RIIHONEN T，KORPI D，et al． Downlink coverage and rate analysis of low Earth orbit satellite constellations using stochastic geometry [J]．IEEE transactions on communications,2020,68(8):5120-5134.

[14] LEE Y，CHOI J P． Performance evaluation of high-frequency mobile satellite communications[J]. IEEE Access，2019，7：49077-49087.

[15] 张昭,边东明,孙谦,等.卫星通信网络性能评估方法研究[J].数字通信世界, 2010(3):61-64.

[16] PORTILLO，I D，CAMERON B G，CRAWLEY E F． A technical comparison of three low earth orbit satellite constellation systems to provide global broadband[J]. Acta Astronautica,2019,159:123-135.

[17] 江昊,李德仁,沈欣,等.天基信息实时智能服务系统仿真评估研究[J].中国工程科学,2020,22(2):153-160.

[18] 黄飞.OPNET 网络仿真技术与应用研究[J].网络安全技术与应用,2014(5): 31,33.

[19] 李永斌,徐友云,许魁.基于 Iridium 系统卫星网络路由算法的 OPNET 建模与仿真[J].通信技术,2017,50(4):707-713.

[20] 吴廷勇,吴诗其.正交圆轨道星座设计方法研究[J].系统工程与电子技术,2008 (10):1966-1972.

[21] 戴翠琴,李剑.双层混合卫星网络优化设计及覆盖性能评估[J].电子技术应用, 2017,43(6):23-27.

[22] LI HL，LI D，LI Y H． A multi-index assessment method for evaluating coverage effectiveness of remote sensing satellite[J]. Chinese journal of aeronautics，2018，31(10)：2023-2033.

[23] 李怀建,韦彦伯,杜小菁.基于遗传算法的低轨导航星座构形优化设计[J].弹箭与制导学报,2021,41(4):74-78,84.

[24] 李勇军,赵尚弘,吴继礼.一种低轨卫星星座覆盖性能通用评价准则[J].宇航学报,2014,35(4):410-417.

[25] SUN T Y，HU M，YUN C M． Low-orbit large-scale communication satellite constellation configuration performance assessment[J]. International journal

of aerospace engineering. ASCE,2022:4918912.

[26] KELLEY C，DESSOUKY M. Minimizing the cost of availability of coverage from a constellation of satellites：evaluation of optimization methods[J]. Systems engineering，2010，7(2)：113-122.

[27] GUIDOTTI A，VANELLI-CORALLI A，FOGGI T，et al. LTE - based satellite communications in LEO mega-constellations[J]. International journal of satellite communications and networking，2019，37(4)：316-330.

[28] PACHLER N，PORTILLO I D，CRAWLEY E F，et al. An updated comparison of four low Earth orbit satellite constellation systems to provide global broadband[C]// 2021 IEEE international conference on communications workshops (ICC Workshops). IEEE，2021:1-7.

[29] 余婷.面向容量的低轨卫星星座设计[D].重庆:重庆邮电大学,2021.

[30] XU J，ZHANG G X. Design and transmission performance analysis of satellite constellation for broadband LEO constellation satellite communication system based on high elevation angle[C]// IOP conference series：materials science and engineering. IOP Publishing，2018:042092.

[31] 陈雨,赵灵峰,刘会杰,等.低轨 Walker 星座构型演化及维持策略分析[J].宇航学报,2019,40(11):1296-1303.

[32] OSORO O B，OUGHTON E J. A techno-economic framework for satellite networks applied to low Earth orbit constellations：assessing Starlink，OneWeb and Kuiper[J]. IEEE,2021. DOI:10. 1109/ACCESS. 2021. 3119634.

[33] 李博.SpaceX 启动大规模试验星部署的几点分析[J].国际太空,2019(6):12-16.

[34] 李倬,周一鸣.美国 OneWeb 空间互联网星座的发展分析[J].卫星应用,2018(10):52-55.

[35] 马忠成,李心蕊,章罗娜,等."星链""OneWeb"星座研发运行架构分析[J].国际太空,2020(10):24-28.

[36] 莫宇,闫大伟,游鹏,等.通信卫星星座优化设计综述[J].电讯技术,2016,56(11):1293-1300.

第 12 章
星链卫星星座构型及性能分析

12.1　星链卫星星座的发展态势

　　根据美国联邦通信委员会监管批文,星链卫星星座第一期的卫星总数为 11 926 颗。按照预期进度,2019—2024 年完成第一期第一阶段 4 408 颗卫星的部署,2024—2027 年完成第二阶段 7 518 颗卫星的部署。星链卫星星座第二期预备占位卫星 30 000 颗,设计采用 Ku、Ka 和 E 频段,计划在 2033 年前后完成部署。美国太空探索技术公司最终计划发射和运营多达 42 000 颗卫星。在 2021 年 9 月之后所发射的星链卫星都进行了升级,配备了星间链路,开始有效覆盖极地地区。

　　星链卫星星座采用“先实现美国本土全境覆盖、后完成全球覆盖”的建设思路,主要分为两期计划实施,其中第一期计划的 11 926 颗卫星已获得联邦通信委员会的批准,分为 4 408 颗和 7 518 颗两个阶段部署。第二期计划部署 30 000 颗卫星,这两期卫星星座的构型都采用了分层轨道设计,根据向联邦通信委员会提交的资料,两期计划的卫星星座共分成了 19 个高度的轨道层,其中第一期第一阶段有 5 个轨道层,第二阶段有 3 个轨道层,2021 年最新提出的第二期构型有 11 个轨道层。星链卫星星座第一期计划部署轨道如表 12-1 所列[1]。

表 12-1　星链卫星星座第一期计划部署轨道

类　型	轨道高度/km	轨道倾角/(°)	轨道面数/个	每面卫星数/颗	卫星数量/颗
第一阶段	550	53	72	22	1 584
	570	70	36	20	720
	560	97.6	6	58	348
	540	53.2	72	22	1 584
	560	97.6	4	43	172
第二阶段	345.6	53	2 547	1	2 547
	340.8	48	2 748	1	2 478
	335.9	42	2 493	1	2 493

2020 年 5 月美国太空探索技术公司提出了 30 000 颗卫星的 Gen2 星座,2021 年 8 月对 Gen2 星座构型方案做了修改。星链卫星星座 Gen2 构型修改前后对比如表 12-2 所列。

表 12-2　星链卫星星座 Gen2 构型修改前后对比

轨道高度/km		轨道倾角/(°)		轨道面数/个		每面卫星数/颗		总　计	
修改前	修改后	修改前	修改后	修改前	修改后	修改前	修改后	修改前	修改后
328	340	30	53	1	48	7 178	110	7 178	5 280
334	345	40	46	1	48	7 178	110	7 178	5 280
345	350	53	38	1	48	7 178	110	7 178	5 280
360	360	96.9	96.9	40	30	50	120	2 000	3 600
373	525	75	53	28	28	1 998	120	1 998	3 360
499	530	53	43	1	28	4 000	120	4 000	3 360
604	535	148	33	12	28	12	120	144	3 360
614	604	115.7	148	18	12	18	12	324	144

星链卫星星座采用分层轨道设计,一方面有利于卫星星座的分阶段部署,同一批次的卫星可以进入同一轨道层中;另一方面利用分层轨道设计可以逐渐提升卫星星座的性能,让卫星星座在部署建设的同时能够逐步实现应用以及改善重点区域的服务性能。

在第一期近 12 000 颗卫星中,第一阶段的 4 408 颗低轨道卫星先解决有无问题,能够在全球范围内实现卫星互联网信号覆盖;而第二阶段的 7 518 颗低轨道卫星则用来确保高密度用户地区的服务质量,防止同一地区卫星互联网用户过多而导致出现带宽不够、时延较大的情况。此外,单层网络仅提供相同高度的卫星之间的相互通信,而多层网络则支持不同外壳中的卫星之间的通信。多层网络尽管更加复杂,但它在提供更可持续的全球覆盖、无缝切换和可靠通信方面更加具有灵活性。

星链卫星星座建设项目的初期阶段要求把 4 408 颗卫星部署到低地球轨道上的 5 个轨道壳层。2021 年 5 月 27 日星链计划的第 1 个壳层卫星全部发射完毕,2022 年 12 月 17 日第 4 个壳层卫星全部发射完毕,可实现南北纬 65° 之间的全球连续覆盖,成为全球首个初步建成的低轨大规模卫星星座。2021 年 9 月 14 日专门发射 51 颗轨道倾角为 70° 的卫星部署第 2 个壳层,这也是第 1 批 1.5 版卫星,全部装配激光链路。2021 年 1 月 24 日采用拼车模式发射 10 颗极轨道卫星部署第 3 或第 5 个壳层。2022 年 2 月 4 日,由于一场地磁暴导致了大气密度少许上升,导致其中 38 颗卫星离轨再入并被烧毁。星链卫星星座卫星在轨统计(2023 年 7 月 10 日)见附录 A。

12.2 星链卫星星座部署分析

12.2.1 不确定事件下的卫星部署分析

异常卫星是指未按预定方案爬升 550 km 标称轨道高度的卫星。从统计的发射数据可以看出,第一批次的试验卫星故障率很高,随后发射批次的卫星故障率大幅降低。部分异常卫星轨道高度的变化如图 12-1、图 12-2 所示。

轨道高度出现异常的卫星可能有三种情况:一是对卫星进行故障检测,在数据正常后再次爬升(见图 12-1(a));二是卫星丧失机动能力,高度衰减直至再入大气层(见图 12-1(b));三是卫星出现故障,不能到达预定位置,长时间停留在现有高度(见图 12-2)。对于异常卫星的高度停留,可能的原因是美国太空探索技术公司对后期项目进行数据验证,同时为以后的阶段部署提供依据[2]。

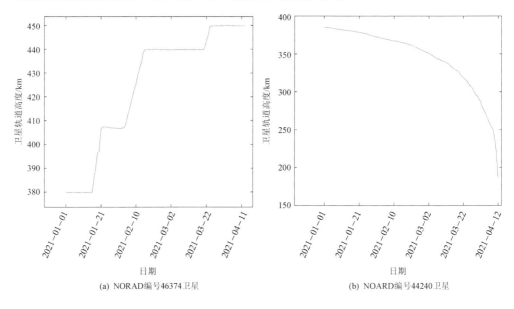

(a) NORAD编号46374卫星   (b) NOARD编号44240卫星

图 12-1 异常卫星轨道高度的变化(爬升或坠落)

12.2.2 星链卫星星座升交点赤经部署分析

本小节所有卫星数据均来源于公开网站 Space-Track。通过对数据进行处理,给出星链卫星星座第二批、第六批、第八批卫星部署过程以及第二批~第十三批卫星轨道面分布,如图 12-3、图 12-4 所示。

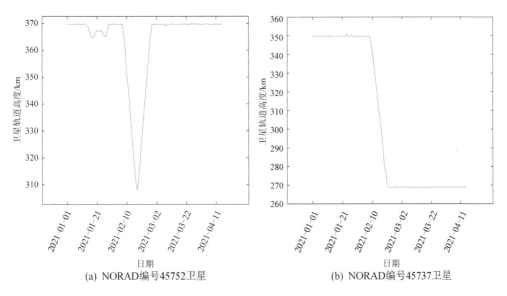

(a) NORAD编号45752卫星　　　　　(b) NORAD编号45737卫星

图 12 - 2　异常卫星轨道高度的变化(停留)

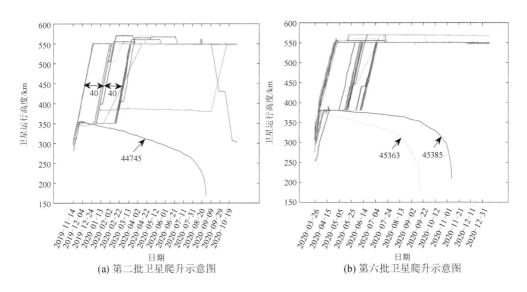

(a) 第二批卫星爬升示意图　　　　　(b) 第六批卫星爬升示意图

图 12 - 3　不同批次卫星高度的变化

　　图中标记 NORAD 编号(例如:44745)的卫星已再入大气层。通过对卫星 TLE 数据的处理发现,每批卫星分三组爬升,分别部署于三个轨道面。第一组卫星直接爬升到 550 km 的高度,第二组卫星和第三组卫星分别在 350 km 或 380 km 高度停留。图 12 - 3(a)为第二批卫星爬升示意图,第二组卫星和第三组卫星分别在 350 km 高度停留,且间隔时间为 40 天。图 12 - 3(b)为第六批卫星爬升示意图,第二组卫

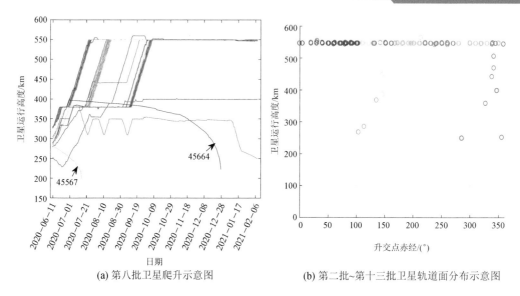

(a) 第八批卫星爬升示意图　　　　(b) 第二批~第十三批卫星轨道面分布示意图

图 12 - 4　第八批卫星高度的变化及第二批～第十三批卫星轨道面分布

星和第三组卫星分别在 380 km 高度停留,且第三组卫星停留的间隔时间小于第二组卫星。图 12 - 4(a)为第八批卫星爬升示意图,第二组卫星和第三组卫星分别在380 km 高度停留,且第三组卫星停留的间隔时间大于第二组卫星。图 12 - 4(b)为第二批～第十三批卫星轨道面分布示意图,可以看到异常卫星和卫星轨道面分布情况。

图 12 - 5 描述了不同批次卫星升交点赤经变化过程,图 12 - 5(a)为第二批卫星形成的三个轨道面,升交点赤经相差 20°;图 12 - 5(b)为第八批卫星形成的三个轨道面,升交点赤经相差 20°和 10°。通过对卫星数据的处理发现,对于第二批～第五批、第九批和第十一批卫星,每批卫星部署的三个轨道面的升交点赤经相差 20°,第六批～第八批以及第十批卫星,每批卫星部署的三个轨道面的升交点赤经相差 10°和 20°。

由于低轨大规模卫星星座采用近圆轨道,卫星的偏心率可以忽略不计,因此通过升交点赤经漂移率对轨道半长轴和轨道倾角求全微分可得[3]:

$$\frac{\Delta \dot{\Omega}}{\dot{\Omega}} = -\frac{7\Delta a}{2a} - \tan i \Delta i \qquad (12 - 1)$$

其中,$\Delta \dot{\Omega}$ 为升交点赤经漂移率偏差,Δa 为平半长轴偏差,Δi 为轨道倾角偏差。通过半长轴和轨道倾角偏置改变 J_2 对升交点赤经变化率的影响,补偿其他摄动力对轨道面相对进动的影响。星链卫星星座第二批～第十一批卫星入轨参数如表 12 - 3 所列[4]。

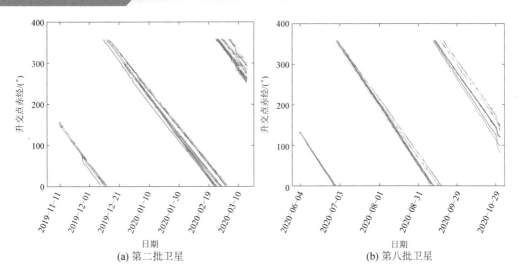

图 12 – 5   不同批次卫星升交点赤经变化过程

表 12 – 3   星链卫星星座第二批～第十一批卫星入轨参数

批　次	升交点赤经分离/(°)	完成部署时间/d	停泊轨道高度/km	升交点赤经漂移率/(°·d^{-1})
二	154.7	125	350	4.5
三	3.8	126	350,380	4.5
四	190	120	350,380	4.5
五	233	125	380	4.6
六	214	101	380	4.7
七	5.6	114	380	4.5
八	131	115	380	4.8
九	277	141	380	4.5
十	260	90	380	4.6
十一	45	141	380	4.6

表 12 – 3 给出了星链卫星星座第二批～第十一批卫星从星箭分离到入轨时的参数。每批卫星形成的三个轨道面的升交点赤经存在 10°和 20°的关系。卫星的停泊轨道高度由 350 km 升至 380 km。

用图 12 – 6 计算出的升交点赤经漂移率与星链卫星星座实际卫星升交点赤经漂移率不一致,原因可能是星链卫星星座通过轨道倾角和轨道半长轴偏置控制了卫星升交点赤经漂移率。

图 12 – 7 分析了第三批卫星爬升以及相位分离。从图中可以看出,在停泊轨道运行的卫星与爬升至目标轨道的第一组卫星同时受到摄动影响,在停泊轨道运行的

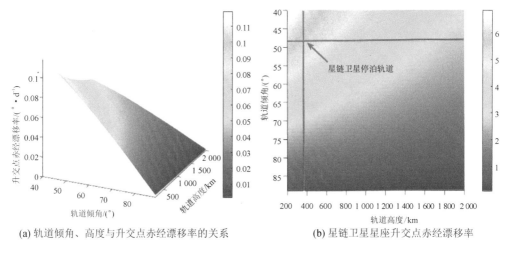

(a) 轨道倾角、高度与升交点赤经漂移率的关系　　(b) 星链卫星星座升交点赤经漂移率

图 12-6　升交点赤经漂移率

卫星并不能满足特定的升交点赤经分离条件,还需要在爬升时继续调整,通过分析大量数据可知,第二组卫星和第三组卫星都在爬升过程中实现升交点赤经分离,爬升高度约为 400 km。

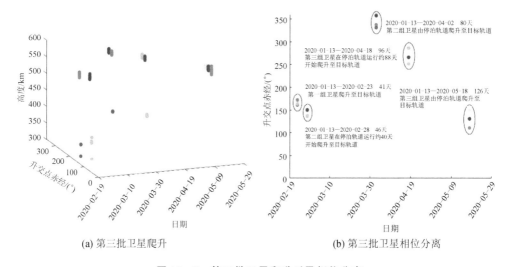

(a) 第三批卫星爬升　　　　　　　　　　(b) 第三批卫星相位分离

图 12-7　第三批卫星爬升以及相位分离

星链卫星星座第二批~第十三批卫星组网后的升交点赤经如表 12-4 所列。

由表 12-4 可知,第二批~第十三批卫星形成的轨道面以 20°和 10°的间隔布满全球,随后卫星将部署 5°间隔轨道面,完成第一阶段的 72 个轨道面部署。

由数据可知,星链卫星星座并未像之前公布的方案一样使得每个轨道面部署 22 颗卫星。结合表 12-4 可以看出,以第二批卫星形成的三个轨道面为参考点,卫星轨道面并不是按照严格意义上的顺序 20°、10°和 5°部署。初步分析可能存在的原因有：天气、火箭故障等因素导致火箭推迟发射以至于没有合适的发射窗口；部署不同的轨道面实现每批次性能阶段提升。

表 12-4　星链卫星星座第二批~第十三批卫星组网后的升交点赤经

批　次	升交点赤经/(°)	批　次	升交点赤经/(°)
二	326,306,286	八	166,156,136
三	86,66,46	九	336,316,296
四	26,6,346	十	226,216,196
五	146,126,106	十一	56,36,16
六	266,246,236	十二	116,96,71
七	206,186,176	十三	276,261,256

12.2.3　星链卫星星座相位部署分析

本小节对第二批以及第三批卫星数据进行分析，并对每个批次三组卫星进行相位对比，给出每组卫星编号，分析卫星在爬升时高度、相位和升交点赤经的关系。表 12-5 和表 12-6 分别为第二批、第三批卫星 NORAD 编号分组情况。

表 12-5　第二批卫星 NORAD 编号分组

第二批卫星	NORAD 编号 44713~44772	总　数
第一组卫星	44727,44743,44744,44746,44747,44748,44750,44751,44755,44758,44759,44760,44761,44763,44766,44767,44768,44769,44770,44771	20
第二组卫星	44717,44725,44729,44732,44735,44736,44737,44738,44739,44740,44741,44742,44749,44752,44757,44762,44764,44765,44772	19
第三组卫星	44713,44714,44715,44716,44718,44719,44720,44721,44722,44723,44724,44726,44728,44730,44731,44733,44734,44753,44754,44756	20
坠落卫星	44745	1

表 12-6　第三批卫星 NORAD 编号分组

第三批卫星	NORAD 编号 44914~44973	总　数
第一组卫星	44914,44915,44916,44917,44918,44919,44920,44921,44922,44923,44924,44925,44926,44927,44928,44929,44930,44931,44932,44933	20
第二组卫星	44934,44935,44936,44937,44938,44939,44940,44941,44942,44943,44944,44945,44946,44947,44949,44950,44951,44952,44953	19

第三批卫星	NORAD 编号 44914~44973	总　数
第三组卫星	44954,44955,44956,44957,44958,44959,44961,44962,44963,44964, 44966,44967,44968,44969,44970,44971,44972,44973	18
坠落卫星	44948,44960,44965	3

由表 12 - 5 和表 12 - 6 可知,相较于第二批卫星分组的随机性,第三批卫星按照排序分组,以 20 颗卫星为一组。

卫星发射时间为 2019 年 11 月 11 日,前 3 天时间未检测到数据。在 2019 年 11 月 14 日—2020 年 11 月 14 日 1 年的仿真时间内,再入大气的 1 颗卫星 NORAD 编号为 44745,第一组、第二组和第三组卫星运行颗数分别为 20 颗、19 颗、20 颗。图 12 - 8 的仿真时间为 2019 年 11 月 14 日—2019 年 12 月 31 日,分析了 10 个时间段内卫星在爬升过程中高度、相位和升交点赤经的关系,部署顺序如图中序号所示。从图中可以看出,第一组卫星从星箭分离开始后逐渐向目标轨道爬升,卫星之间的距离和相位渐渐拉开,分析数据可知,所有卫星爬升至目标轨道约为 47 天,在最后一颗卫星爬升到位的同时第一组卫星完成相位调整。

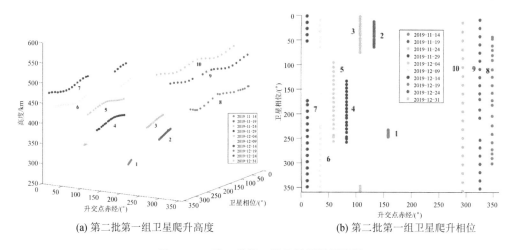

(a) 第二批第一组卫星爬升高度　　　　(b) 第二批第一组卫星爬升相位

图 12 - 8　第二批第一组卫星部署示意图

图 12 - 9 的仿真时间为 2019 年 11 月 14 日—2020 年 2 月 24 日,分析了 11 个时间段内卫星在爬升过程中高度、相位和升交点赤经的关系,部署顺序如图中序号所示。从图中可以看出,第二组卫星从星箭分离后爬升到停泊轨道,卫星在停泊轨道运行至满足升交点分离条件再次爬升至目标轨道。第二组卫星同样是在爬升过程调整相位,停泊轨道高度为 350 km。图中序号为 2,3,4,5,6 时间段的卫星在停泊轨道运行,序号为 8 时间段的卫星正在爬升,序号为 9 时间段的大部分卫星已经部署到

位,序号为 10,11 时间段的卫星已经部署到目标轨道。一些卫星在爬升过程中行为并不一致,导致第二批第二组卫星本应在 80~90 天完成目标轨道部署的同时实现升交点赤经的调整,而实际完成部署时间约为 110 天。

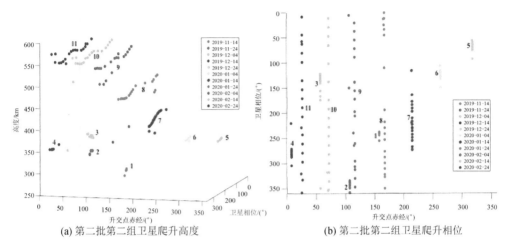

(a) 第二批第二组卫星爬升高度　　　　(b) 第二批第二组卫星爬升相位

图 12 - 9　第二批第二组卫星部署示意图

图 12 - 10 的仿真时间为 2019 年 11 月 14 日—2020 年 4 月 24 日,分析了 8 个时间段内卫星在爬升过程中高度、相位和升交点赤经的关系,部署顺序如图中序号所示。从图中可以看出,第三组卫星爬升流程与第二组卫星相同。图中序号为 2 时间段的卫星在停泊轨道运行,第三组卫星相较于第二组卫星在停泊轨道停留的时间更长。序号为 3,4,5 时间段的卫星正在爬升,序号为 6,7,8 时间段的大部分卫星已部署到目标轨道。卫星在爬升过程中行为不一致,实际完成部署的时间为 140 天左右,

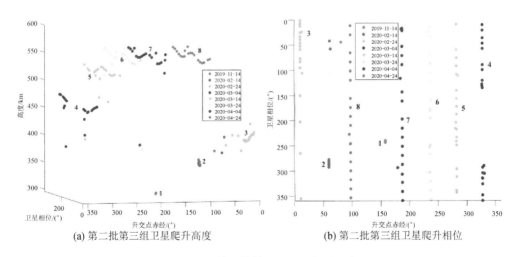

(a) 第二批第三组卫星爬升高度　　　　(b) 第二批第三组卫星爬升相位

图 12 - 10　第二批第三组卫星部署示意图

比原计划推迟了约 20 天。

　　第三批卫星发射时间为 2020 年 1 月 7 日,前 7 天时间未检测到数据。在 2020 年 1 月 14 日—2021 年 1 月 14 日 1 年的仿真时间内,再入大气的 3 颗卫星 NORAD 编号为 44948、44960 和 44965。第一组、第二组和第三组卫星运行颗数分别为 20 颗、19 颗、18 颗。图 12 - 11 的仿真时间为 2020 年 1 月 14 日—2020 年 3 月 24 日,分析了 5 个时间段内卫星在爬升过程中高度、相位和升交点赤经的关系。卫星爬升程序与第二批第一组卫星一致,与第二批第一组卫星相比卫星完成相位分离推迟了大约 20 天。

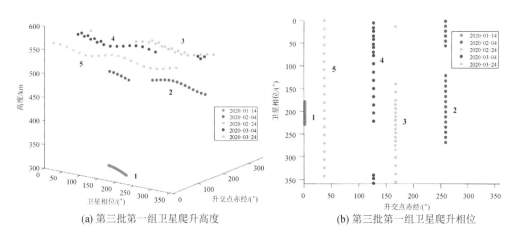

(a) 第三批第一组卫星爬升高度　　　　　　(b) 第三批第一组卫星爬升相位

图 12 - 11　第三批第一组卫星部署示意图

　　图 12 - 12 的仿真时间为 2020 年 1 月 14 日—2020 年 4 月 4 日,分析了 6 个时间段内卫星在爬升过程中高度、相位和升交点赤经的关系。从图中可以看出,爬升流程与之前保持一致。图中序号为 2,3 时间段的卫星在停泊轨道运行,序号为 4,5 时间段的卫星正在爬升,序号为 6 时间段的卫星已经部署到位。第三批第二组卫星本应在 80~90 天完成目标轨道部署,因为 NORAD 编号为 44948 的卫星坠落,所以卫星相位部署推迟。

　　图 12 - 13 的仿真时间为 2020 年 1 月 14 日—2020 年 6 月 4 日,分析了 8 个时间段内卫星在爬升过程中高度、相位和升交点赤经的关系。从图中可以看出,卫星对停泊轨道高度做了调整,在 350 km 高度停留一段时间后爬升至 380 km 高度停留,后面发射的批次卫星都将 380 km 高度轨道作为停泊轨道。图中序号为 2,3 时间段的卫星在 350 km 高度的停泊轨道运行,序号为 4 时间段的卫星在 380 km 高度的停泊轨道运行。序号为 5,6 时间段的卫星正在爬升,序号为 7、8 时间段的卫星已经部署到位。第三批第三组卫星本应在 120~130 天完成目标轨道部署,因为 NORAD 编号为 44960 的卫星坠落,所以卫星相位部署推迟。

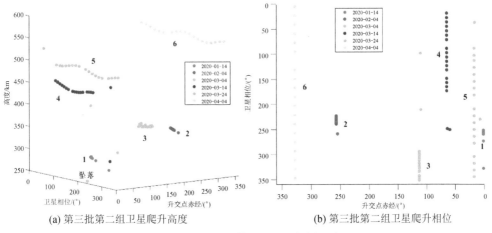

(a) 第三批第二组卫星爬升高度　　　　　　(b) 第三批第二组卫星爬升相位

图 12 - 12　第三批第二组卫星部署示意图

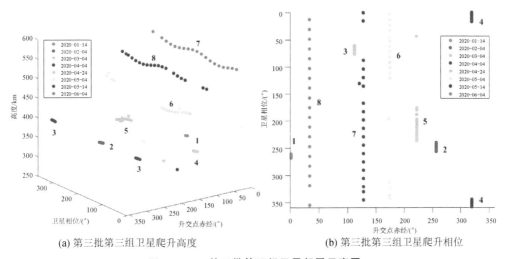

(a) 第三批第三组卫星爬升高度　　　　　　(b) 第三批第三组卫星爬升相位

图 12 - 13　第三批第三组卫星部署示意图

12.3　星链卫星星座性能分析

12.3.1　星链卫星星座壳层 1 子星座覆盖性能

目前星链卫星星座建设项目的初期阶段要求把 4 408 颗卫星部署到低地球轨道上的 5 个轨道壳层。按组网方案,2021 年 5 月最先部署完毕的壳层 1 轨道高度为 550 km、轨道倾角为 53°,拟设 1 584 颗卫星。壳层 4 与壳层 1 相近,轨道高度为 540 km、轨道倾角为 53.2°,也拟设 1 584 颗卫星。壳层 2 轨道高度为 570 km、轨道倾角为 70°，拟设 720 颗卫星。另外两个壳层(壳层 3 和壳层 5)轨道高度为 560 km、轨道倾角为 97.6°，共拟设 520 颗卫星。

　　覆盖性能体现了卫星星座在需要的时间和地点动态集中所需卫星容量的能力，星链卫星星座规模庞大，在覆盖性能方面具有极大的优势。针对目前美国太空探索技术公司主要部署的一期第一阶段 4 408 颗卫星的星座，初步分析卫星星座各轨道层的覆盖情况。图 12－14 为星链卫星星座壳层 1 子星座空间构型示意图，图 12－15 为 5°仰角下星链卫星星座壳层 1 子星座全球覆盖重数，图 12－16 为 20°仰角下星链卫星星座壳层 1 子星座全球覆盖重数。

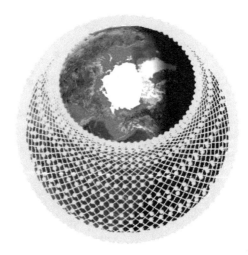

图 12－14　星链卫星星座壳层 1 子星座空间构型示意图

　　通过仿真分析可以发现，5°仰角下星链卫星星座壳层 1 子星座 1 584 颗卫星可实现南北纬 70°之间区域的覆盖，覆盖重数最高为 62 重(见图 12－15)；20°仰角下星链卫星星座壳层 1 子星座可实现南北纬 60°之间区域的覆盖，覆盖重数最高为 23 重

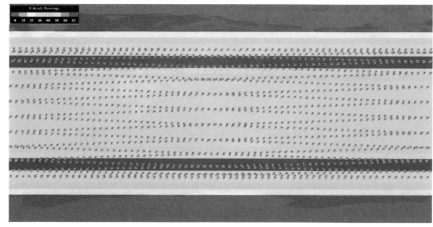

图 12－15　5°仰角下星链卫星星座壳层 1 子星座全球覆盖重数

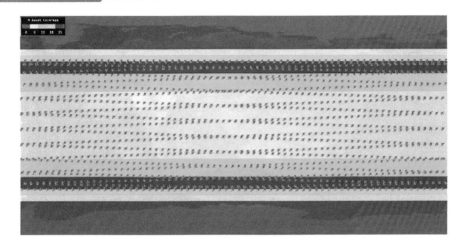

图 12 - 16　20°仰角下星链卫星星座壳层 1 子星座全球覆盖重数

（见图 12 - 16），可以实现人口稠密地区的初步网络覆盖。

从图 12 - 17 中可以看出，5°仰角下星链卫星星座壳层 1 子星座在南北纬 10°的可见卫星数为 31 颗，在南北纬 10°～45°的可见卫星数增至 62 颗，在南北纬 45°～70°的可见卫星数降至 6 颗，在南北纬 75°～90°并未有卫星过顶。20°仰角下星链卫星座壳层 1 子星座在南北纬 15°的可见卫星数为 8 颗，在南北纬 15°～50°的可见卫星数增至 23 颗，在南北纬 50°～60°的可见卫星数降至 8 颗，在南北纬 65°～90°并未有卫星过顶。其中，在不同仰角下可见卫星数最高相差 39 颗，最低相差 2 颗。

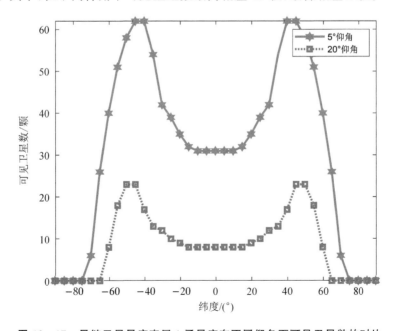

图 12 - 17　星链卫星星座壳层 1 子星座在不同仰角下可见卫星数的对比

12.3.2　星链卫星星座壳层 1、3 和 5 子星座覆盖性能

对星链卫星星座壳层 1、3 和 5 子星座进行仿真,图 12 - 18 为星链卫星星座壳层 1、3 和 5 子星座空间构型示意图,图 12 - 19 为 5°仰角下星链卫星星座壳层 1、3 和 5 子星座全球覆盖重数,图 12 - 20 为 20°仰角下星链卫星星座壳层 1、3 和 5 子星座全球覆盖重数。

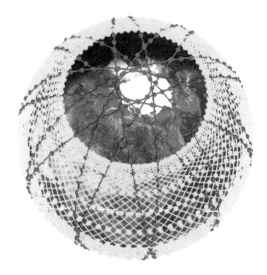

图 12 - 18　星链卫星星座壳层 1、3 和 5 子星座空间构型示意图

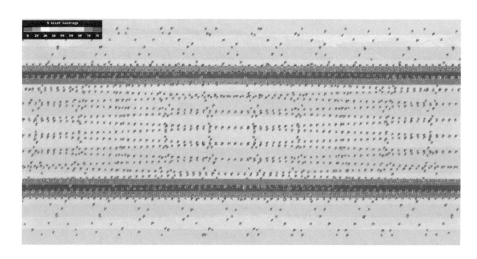

图 12 - 19　5°仰角下星链卫星星座壳层 1、3 和 5 子星座全球覆盖重数

通过仿真分析可以发现,5°仰角下星链卫星星座壳层 1、3 和 5 子星座 2 104 颗卫星可实现全球覆盖,覆盖重数最高为 75 重(见图 12 - 19);20°仰角下星链卫星星座壳

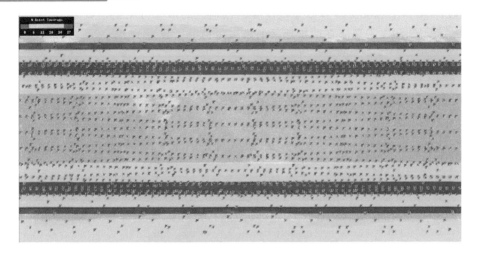

图 12 - 20　20°仰角下星链卫星星座壳层 1、3 和 5 子星座全球覆盖重数

层 1、3 和 5 子星座可实现全球覆盖,覆盖重数最高为 27 重(见图 12 - 20)。与壳层 1 子星座相比较,壳层 1、3 和 5 子星座弥补了两极地区观测不到卫星的不足。

从图 12 - 21 中可以看出,5°仰角下星链卫星星座壳层 1、3 和 5 子星座在南北纬 5°的可见卫星数为 38 颗,在南北纬 5°~50°的可见卫星数增至 72 颗,在南北纬 50°~ 75°的可见卫星数降至 34 颗,在南北纬 75°~90°的可见卫星数由 33 颗升至 48 颗,随后降至 46 颗。20°仰角下星链卫星星座壳层 1、3 和 5 子星座在南北纬 15°的可见卫星数为 8~9 颗,在南北纬 15°~50°的可见卫星数增至 27 颗,在南北纬 50°~65°的可见卫星数降至 5 颗,在南北纬 65°~90°的可见卫星数又升至 18 颗。与壳层 1 子星座

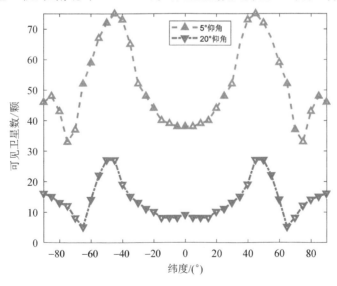

图 12 - 21　星链卫星星座壳层 1、3 和 5 子星座在不同仰角下可见卫星数的对比

相比较,5°仰角下壳层 1、3 和 5 子星座在两极地区的最高可见卫星数为 48 颗,20°仰角下壳层 1、3 和 5 子星座在两极地区的最高可见卫星数为 16 颗。

12.3.3　星链卫星星座壳层 1、3、5 和 4 子星座覆盖性能

对星链卫星星座壳层 1、3、5 和 4 子星座进行仿真,图 12 - 22 为星链卫星星座壳层 1、3、5 和 4 子星座空间构型示意图,图 12 - 23 为 5°仰角下星链卫星星座壳层 1、3、5 和 4 子星座全球覆盖重数,图 12 - 24 为 20°仰角下星链卫星星座壳层 1、3、5 和 4 子星座全球覆盖重数。

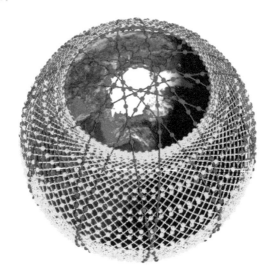

图 12 - 22　星链卫星星座壳层 1、3、5 和 4 子星座空间构型示意图

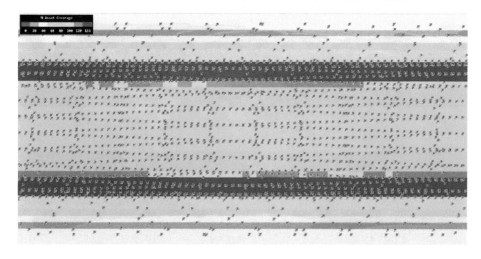

图 12 - 23　5°仰角下星链卫星星座壳层 1、3、5 和 4 子星座全球覆盖重数

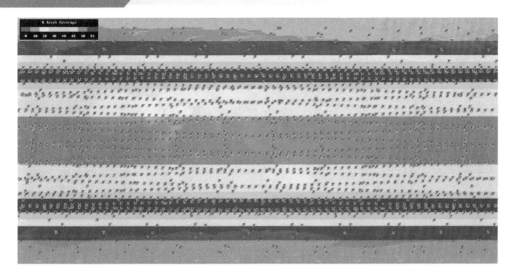

图 12 - 24　20°仰角下星链卫星星座壳层 1、3、5 和 4 子星座全球覆盖重数

通过仿真分析可以发现,5°仰角下星链卫星星座壳层 1、3、5 和 4 子星座 3 688 颗卫星可实现全球覆盖,覆盖重数最高为 138 重(见图 12 - 23)。20°仰角下星链卫星星座壳层 1、3、5 和 4 子星座可实现全球覆盖,覆盖重数最高为 51 重(见图 12 - 24)。与壳层 1、3 和 5 子星座相比较,壳层 1、3、5 和 4 子星座提升了中纬度地区可见卫星数的数量。

从图 12 - 25 中可以看出,5°仰角下星链卫星星座壳层 1、3、5 和 4 子星座在南北

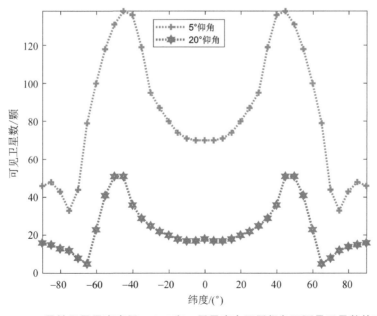

图 12 - 25　星链卫星星座壳层 1、3、5 和 4 子星座在不同仰角下可见卫星数的对比

纬 10°的可见卫星数为 70~71 颗,在南北纬 10°~45°的可见卫星数增至 138 颗,在南北纬 45°~75°的可见卫星数降至 34 颗,在南北纬 75°~90°的可见卫星数由 34 颗升至 46 颗。20°仰角下星链卫星星座壳层 1、3、5 和 4 子星座在南北纬 15°的可见卫星数为 17~18 颗,在南北纬 15°~50°的可见卫星数增至 51 颗,在南北纬 50°~65°的可见卫星数降至 5 颗,在南北纬 65°~90°的可见卫星数又升至 16 颗。与壳层 1、3 和 5 子星座相比较,5°仰角下壳层 1、3、5 和 4 子星座在中纬度地区的可见卫星数增加 63 颗,20°仰角下壳层 1、3、5 和 4 子星座在中纬度地区的可见卫星数增加 24 颗,壳层 4 子星座并没有增加两极地区的可见卫星数。

12.3.4 星链卫星星座壳层 1、3、5、4 和 2 子星座覆盖性能

对星链卫星星座壳层 1、3、5、4 和 2 子星座进行仿真,图 12-26 为星链卫星星座壳层 1、3、5、4 和 2 子星座空间构型示意图,图 12-27 为 5°仰角下星链卫星星座壳层 1、3、5、4 和 2 子星座全球覆盖重数,图 12-28 为 20°仰角下星链卫星星座壳层 1、3、5、4 和 2 子星座全球覆盖重数。

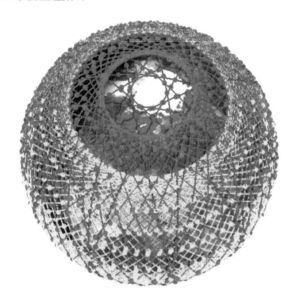

图 12-26 星链卫星星座壳层 1、3、5、4 和 2 子星座空间构型示意图

通过仿真分析可以发现,5°仰角下星链卫星星座壳层 1、3、5、4 和 2 子星座 4 408 颗卫星可实现全球覆盖,覆盖重数最高为 158 重(见图 12-27)。20°仰角下星链卫星星座壳层 1、3、5、4 和 2 子星座可实现全球覆盖,覆盖重数最高为 59 重(见图 12-28)。与壳层 1、3、5 和 4 子星座相比较,壳层 1、3、5、4 和 2 子星座提升了中纬度地区和两极地区的可见卫星数。

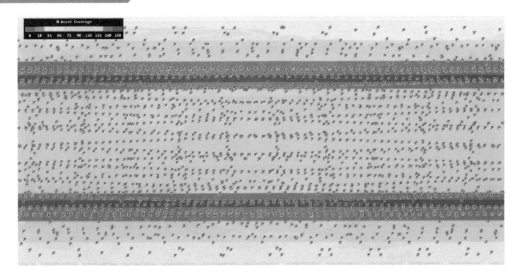

图 12 - 27　5°仰角下星链卫星星座壳层 1、3、5、4 和 2 子星座全球覆盖重数

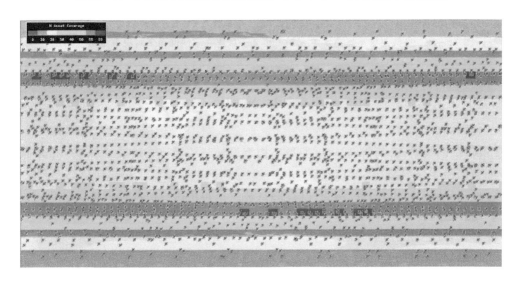

图 12 - 28　20°仰角下星链卫星星座壳层 1、3、5、4 和 2 子星座全球覆盖重数

　　从图 12 - 29 中可以看出,5°仰角下星链卫星星座壳层 1、3、5、4 和 2 子星座在南北纬 10°的可见卫星数为 83～84 颗,在南北纬 10°～45°的可见卫星数增至 158 颗,在南北纬 45°～90°的可见卫星数降至 46 颗。20°仰角下星链卫星星座壳层 1、3、5、4 和 2 子星座在南北纬 15°的可见卫星数为 21～22 颗,在南北纬 15°～50°的可见卫星数增至 59 颗,在南北纬 50°～90°的可见卫星数降至 16 颗。与壳层 1、3、5 和 4 子星座相比较,5°仰角下壳层 1、3、5、4 和 2 子星座在中纬度地区的可见卫星数增加 20 颗,20°仰角下壳层 1、3、5 和 4 子星座在中纬度地区的可见卫星数增加 8 颗。

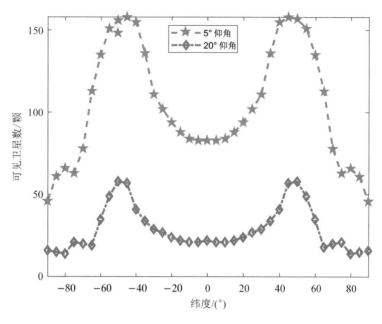

图 12-29　星链卫星星座壳层 1、3、5、4 和 2 子星座在不同仰角下可见卫星数的对比

参考文献

[1] 阮永井,胡敏,云朝明.低轨巨型星座构型设计与控制研究进展与展望[J].中国空间科学技术,2022,42(1):1-15.
[2] 薛文,胡敏,阮永井,等.基于 TLE 的星链卫星星座第一阶段部署情况分析[J].中国空间科学技术,2022,42(5):24-33.
[3] 孙俞,曹静,伍升钢,等.大型低轨星座自适应绝对站位保持法[J].力学与实践,2021,43(5):680-686.
[4] 孙俞,沈红新.基于 TLE 的低轨巨星座控制研究[J].力学与实践,2020,42(2):156-162.

附 录

星链卫星星座卫星在轨统计
（2023 年 7 月 10 日）

批 次	国际编号	发射时间	代 号	总数/颗	高度/km	壳 层	倾角/(°)
1	44235～44294	2019－05－24	"Starlink"v1.0－L0	60			53
2	44713～44772	2019－11－11	"Starlink"v1.0－L1	60	550	1	53
3	44914～44973	2020－01－07	"Starlink"v1.0－L2	60	550	1	53
4	45044～45103	2020－01－29	"Starlink"v1.0－L3	60	550	1	53
5	45178～45237	2020－02－17	"Starlink"v1.0－L4	60	550	1	53
6	45360～45419	2020－03－18	"Starlink"v1.0－L5	60	550	1	53
7	45531～45590	2020－04－22	"Starlink"v1.0－L6	60	550	1	53
8	45657～45716	2020－06－04	"Starlink"v1.0－L7	60	550	1	53
9	45730～45787	2020－06－13	"Starlink"v1.0－L8	58	550	1	53
10	46027～46083	2020－08－07	"Starlink"v1.0－L9	57	550	1	53
11	46117～46174	2020－08－18	"Starlink"v1.0－L10	58	550	1	53
12	46325～46384	2020－09－03	"Starlink"v1.0－L11	60	550	1	53
13	46532～46591	2020－10－06	"Starlink"v1.0－L12	60	550	1	53
14	46670～46729	2020－10－18	"Starlink"v1.0－L13	60	550	1	53
15	46739～46798	2020－10－24	"Starlink"v1.0－L14	60	550	1	53
16	47122～47181	2020－11－25	"Starlink"v1.0－L15	60	550	1	53
17	47349～47408	2021－01－20	"Starlink"v1.0－L16	60	550	1	53
	47413～47422	2021－01－24		10		3/5	
18	47548～47607	2021－02－04	"Starlink"v1.0－L18	60	550	1	53
19	47620～47679	2021－02－16	"Starlink"v1.0－L19	60	550	1	53
20	47722～47781	2021－03－04	"Starlink"v1.0－L17	60	550	1	53
21	47787～47846	2021－03－11	"Starlink"v1.0－L20	60	550	1	53
22	47860～47919	2021－03－14	"Starlink"v1.0－L21	60	550	1	53
23	47977～48036	2021－03－24	"Starlink"v1.0－L22	60	550	1	53

批　次	国际编号	发射时间	代　号	总数/颗	高度/km	壳　层	倾角/(°)
24	48092～48151	2021－04－07	"Starlink"v1.0－L23	60	550	1	53
25	48276～48335	2021－04－29	"Starlink"v1.0－L24	60	550	1	53
26	48353～48412	2021－05－04	"Starlink"v1.0－L25	60	550	1	53
27	48428～48487	2021－05－09	"Starlink"v1.0－L26	60	550	1	53
28	48553～48604	2021－05－15	"Starlink"v1.0－L27	52	550	1	53
29	48638～48697	2021－05－26	"Starlink"v1.0－L28	60	550	1	53
	48879～48881	2021－06－30		3		3/5	97.6
30	49131～49181	2021－09－14	"Starlink"v1.5－L29	51	570	2	70
31	49408～49460	2021－11－13	"Starlink"v1.5－L30	53	540	4	53.2
32	49724～49771	2021－12－02	"Starlink"v1.5－L31	48	540	4	53.2
33	50156～50207	2021－12－18	"Starlink"v1.5－L32	52	540	4	53.2
34	50803～50851	2022－01－06	"Starlink"v1.5－L33	49	540	4	53.2
35	51104～51152	2022－01－19	"Starlink"v1.5－L34	49	540	4	53.2
36	51456～51504	2022－02－03	"Starlink"v1.5－L35	49	540	4	53.2
	51456～51472			17			
37	51714～51759	2022－02－21	"Starlink"v1.5－L36	46	540	4	53.2
38	51768～51817	2022－02－25	"Starlink"v1.5－L37	50	540	4	53.2
39	51852～51898	2022－03－03	"Starlink"v1.5－L38	47	540	4	53.2
40	51956～52003	2022－03－09	"Starlink"v1.5－L39	48	540	4	53.2
41	52088～52140	2022－03－19	"Starlink"v1.5－L40	53	540	4	53.2
42	52261～52313	2022－04－21	"Starlink"v1.5－L41	53	540	4	53.2
43	52331～52383	2022－04－29	"Starlink"v1.5－L42	53	540	4	53.2
44	52451～52503	2022－05－06	"Starlink"v1.5－L43	53	540	4	53.2
45	52533～52588	2022－05－13	"Starlink"v1.5－L44	56	540	4	53.2
46	52598～52650	2022－05－14	"Starlink"v1.5－L45	53	540	4	53.2
47	52656～52708	2022－05－18	"Starlink"v1.5－L46	53	540	4	53.2
48	52830～52882	2022－06－17	"Starlink"v1.5－L47	53	540	4	53.2
49	52986～53038	2022－07－07	"Starlink"v1.5－L48	53	540	4	53.2
50	53043～53088	2022－07－11	"Starlink"v1.5－L49	46	560	3/5	97.6
51	53132～53184	2022－07－17	"Starlink"v1.5－L50	53	540	4	53.2

附录续表

批　次	国际编号	发射时间	代　号	总数/颗	高度/km	壳　层	倾角/(°)
52	53189～53234	2022－07－22	"Starlink"v1.5－L51	46	560	3/5	97.6
53	53242～53294	2022－07－24	"Starlink"v1.5－L52	53	540	4	53.2
54	53388～53439	2022－08－10	"Starlink"v1.5－L53	52	540	4	53.2
55	53465～53510	2022－08－12	"Starlink"v1.5－L54	46	560	3/5	97.6
56	53527～53579	2022－08－19	"Starlink"v1.5－L55	53	540	4	53.2
57	53588～53641	2022－08－28	"Starlink"v1.5－L56	54	540	4	53.2
58	53648～53693	2022－08－31	"Starlink"v1.5－L57	56	560	3/5	97.6
59	53700～53750	2022－09－05	"Starlink"v1.5－L58	51	540	4	53.2
60	53773～53806	2022－09－11	"Starlink"v1.5－L59	34	540	4	53.2
61	53818～53871	2022－09－19	"Starlink"v1.5－L60	54	540	4	53.2
62	53886～53937	2022－09－24	"Starlink"v1.5－L61	52	540	4	53.2
63	53964～54015	2022－10－05	"Starlink"v1.5－L62	52	540	4	53.2
64	54051～54104	2022－10－20	"Starlink"v1.5－L63	54	540	4	53.2
65	54157～54209	2022－10－28	"Starlink"v1.5－L64	53	540	4	53.2
66	54758～54811	2022－12－17	"Starlink"v1.5－L65	54	540	4	53.2
67	54820～54873	2022－12－28	"Starlink"v1.5－L66	54	530		43
68	55269～55319	2023－01－19	"Starlink"v1.5－L67	51	570	2	70
69	55331～55386	2023－01－26	"Starlink"v1.5－L68	56	530		43
70	55391～55439	2023－01－31	"Starlink"v1.5－L69	49	570	2	70
71	55449～55501	2023－02－02	"Starlink"v1.5－L70	53	530		43
72	55569～55623	2023－02－12	"Starlink"v1.5－L71	55	530		43
73	55628～55678	2023－02－17	"Starlink"v1.5－L72	51	570	2	70
74	55695～55715	2023－02－27	"Starlink"v2.0Mini－L73	21	530		43
75	55741～55791	2023－03－03	"Starlink"v1.5－L74	51	570	2	70
76	55914～55965	2023－03－17	"Starlink"v1.5－L75	52	570	2	70
77	55986～56041	2023－03－24	"Starlink"v1.5－L76	56	530		43
78	56093～56148	2023－03－29	"Starlink"v1.5－L77	56	530		43
79	56286～56306	2023－04－19	"Starlink"v2.0Mini－L78	21	530		43
80	56317～56362	2023－04－27	"Starlink"v1.5－L79	46	560	3/5	97.6
81	56374～56429	2023－05－04	"Starlink"v1.5－L80	56	530		43

批　次	国际编号	发射时间	代　号	总数/颗	高度/km	壳　层	倾角/(°)
82	56448~56498	2023—05—10	"Starlink"v1.5—L81	51	570	2	70
83	56503~56558	2023—05—14	"Starlink"v1.5—L82	56	530		43
84	56688~56709	2023—05—19	"Starlink"v2.0Mini—L83	22	530		43
85	56767~56818	2023—05—31	"Starlink"v1.5—L84	52	570	2	70
86	56823~56844	2023—06—04	"Starlink"v2.0Mini—L85	22	530		43
87	56876~56927	2023—06—12	"Starlink"v1.5—L86	52	530		43
88	57048~57094	2023—06—22	"Starlink"v1.5—L87	47	530		43
89	57101~57156	2023—06—23	"Starlink"v1.5—L88	56	530		43
90	57218~57265	2023—07—07	"Starlink"v1.5—L89	48	530		43
91	57290~57311	2023—07—10	"Starlink"v2.0Mini—L90	22	530		43

注:1.43°倾角的卫星现阶段轨道高度为560 km,与计划方案有差别。

2.数据来源:www.space-track.org。